水泥窑协同处置固体废物实用技术丛书

水泥窑协同处置
危险废物实用技术

李春萍　范黎明　编著

中国建材工业出版社

图书在版编目（CIP）数据

水泥窑协同处置危险废物实用技术/李春萍，范黎明编著．--北京：中国建材工业出版社，2019.6

（水泥窑协同处置固体废物实用技术丛书）

ISBN 978-7-5160-2567-3

Ⅰ.①水…　Ⅱ.①李…②范…　Ⅲ.①水泥工业—固体废物—废物处理　Ⅳ.①X783

中国版本图书馆 CIP 数据核字（2019）第 102530 号

水泥窑协同处置危险废物实用技术

Shuiniyao Xietong Chuzhi Weixian Feiwu Shiyong Jishu

李春萍　范黎明　编著

出版发行：中国建材工业出版社

地　　址：北京市海淀区三里河路 1 号

邮　　编：100044

经　　销：全国各地新华书店

印　　刷：北京鑫正大印刷有限公司

开　　本：787mm×1092mm　1/16

印　　张：21.75

字　　数：520 千字

版　　次：2019 年 6 月第 1 版

印　　次：2019 年 6 月第 1 次

定　　价：**118.00 元**

前　言

危险废物是指列入国家危险废物名录或根据国家规定的危险废物鉴别标准和鉴别方法认定的具有危险特性的固体废物，如一些含有放射性、毒性、腐蚀性和致病性的固体废物。随着我国经济的发展与工业化水平的提高，近年来我国危险废物产生量呈持续增长态势。根据国家统计局初步统计，2016年我国纳入统计的危险废物总产生量达5347.3万吨，同比增长34.5％。但是，由于统计口径等原因，我国实际危险废物产生量要远大于统计数据。每年有超过一半以上危险废物由产生单位自行利用处置，大部分游离于监管之外。根据第一次全国污染源普查公报，2007年全国危险废物产生量为4573.7万吨，是当年环境统计数据的4.24倍。2011年起国家对纳入危险废物统计的申报口径做出调整，由年产10kg以上的纳入统计调整为年产1kg以上。当年统计的危险废物产生量较上年骤增116％。综合考虑以上因素，2016年实际危险废物产量在10400万吨以上。

我国危险废物产生量分布不均且处置能力各省分布差距较大，部分省份无足够处置能力，难以消化大量的危险废物。部分地区危险废物堆存不当、非法倾倒处置问题突出，多地发现渗坑、暗管偷排废酸、废液等违法事件；部分处置设施运行不规范、不稳定，对自然环境和人体健康造成威胁。

水泥窑协同处置危险废物作为一种新兴的危险废物无害化处置技术，主要利用大型新型干法水泥窑，在基本不影响水泥正常生产的条件下安全处置危险废物。这种处置方式处置范围广，除几种明确的不适合协同处置的危险废物种类以外，其他危险废物原则上都可以通过一定的预处理工艺达到入窑要求后进行协同处置。而且，水泥窑协同处置危险废物，既实现了危险废物的全面无害化处置，又降低了处置成本，还可对资源化利用和专业焚烧处置产生的尾渣进行协同处置，在环保和经济两方面都显示出了明显优势，已具备了快速发展的条件。

本书以水泥窑协同处置危险废物的全过程管理为出发点，全面系统地介绍了水泥窑协同处置危险废物的每个流程的技术和管理要点，并列举了相关案例。本书旨在通过对水泥窑协同处置危险废物的标准规范、选址建设、处置管理技术环节与典型案例的阐述，为水泥窑协同处置危险废物的企业提供一些理论知识和指导意见，使其达到规范管理，提升处置量，降低危险废物对社会生态环境产生的影响。

本书共分九章。第一章为危险废物及其处置方法概述；第二章介绍了水泥生产工艺及协同处置优势；第三章概括了水泥窑协同处置危险废物管理；第四章至第九章分别按照水泥窑协同处置项目的流程，依次阐述了项目建设及经营许可证申请、危险废物准入、危险废物运输及暂存、危险废物入窑控制、协同处置过程控制以及协同处置企业管理。全书内容全面，案例丰富，技术实用。

在本书编著过程中，参考了大量的相关文献资料，并汲取了近年来同行研究者们成果的精华，承蒙了众多企业和学者们给予的大力支持，以及各位读者的赐教，在此一并感谢。

限于编者的经验与水平，书中难免存在不妥之处，敬请广大读者和有关专家批评指正。

编著者

2019 年 3 月于杭州

目　录

第一章　危险废物及其处置方法概述

第一节　固体废物分类

一、固体废物定义

《中华人民共和国固体废物污染环境防治法》第八十八条对固体废物的法律定义是：固体废物是指在生产、生活和其他活动中产生的丧失原有利用价值或者虽未丧失利用价值但被抛弃或者放弃的固态、半固态和置于容器中的气态物品、物质以及法律、行政法规规定纳入固体废物管理的物品、物质。

美国对固体废物的法律定义不是基于物质的物理形态（固态、液态或气态），而是基于物质是废物这一事实。例如，美国《资源保护和回收法》（Resource Conservation and Recovery Act，RCRA）对固体废物定义如下：任何来自废水处理厂、水供给处理厂或者污染大气控制设施产生的垃圾、废渣、污泥，以及来自工业、商业、矿业和农业生产以及团体活动产生的其他丢弃的物质，包括固态、液态、半固态或装在容器内的气态物质。

《日本促进建立循环型社会基本法》中"废物"是指"曾被使用过、或者虽未使用但被收集或者被废弃的物品（目前正在使用中的物品除外），或在产品的生产、加工、维修和销售过程中，能源供应，民用工程和建筑业，农业和畜牧业产品的生产和其他人类活动中产生的残次品。

二、固体废物特点

固体废物至少应该包括以下基本特点：

（1）固体废物是已经失去原有使用价值的、被消费者或拥有者丢弃的物品（材料），这个特点意味着废物不再具有原来物品的使用价值，只能被用来再循环，处置，填埋、燃烧或焚化，贮存或作为其他用途；

（2）在生产、生活过程中产生的、无法直接被用作其他产品原料的副产物，这个特点意味着废物来自社会的各个方面，不能直接作为其他产品的原料来使用，如果是间接地作为其他产品的原料来使用，那么，没有使用或无法使用的部分不能产生二次环境污染；

（3）固体废物包含多种形态、多种特征和多种特性，表现出复杂性；

（4）固体废物具有错位性，意味着在特定的范围、时间和技术条件下，固体废物在丢弃或最终处置前有可能成为其他产品的资源或被其他消费者进行利用，也就具有了废物利用的价值；

（5）固体废物具有经济性，其经济性取决于废物利用价值的大小和对废物利用的经济鼓励政策，当固体废物能获得价值时，就比较容易进行利用，经济性是固体废物利用的主要动力；

（6）固体废物具有危害性，不论是什么形式和种类的固体废物，总会对人们的生产和生活以及环境产生或多或少的不利影响，尤其是危害性大的废物就属于危险废物。

固体废物具有鲜明的时间和空间特征，它同时具有"废物"和"资源"的双重特性。从时间角度看，固体废物仅指相对于目前的科学技术和经济条件而无法利用的物质或物品，随着科学技术的飞速发展，矿物资源的日趋枯竭，自然资源滞后于人类需求，昨天的废物势必又将成为明天的资源。从空间角度看，废物仅仅相对于某一过程或某一方面没有使用价值，而并非在一切过程或一切方面都没有使用价值，某一过程的废物，往往是另一过程的原料。例如，高炉渣可以作为水泥生产的原料，电镀污泥可以回收高附加值的重金属产品，城市生活垃圾中的可燃性部分经过焚烧后可以发电，废旧塑料通过热解可以制造柴油，有机垃圾经过厌氧发酵可以生产甲烷气体进行再利用等。故固体废物有"放错地方的资源"之称。

三、固体废物产生现状

1981年，中国工业固体废物总产量为3.37亿吨，1995年增长到6.45亿吨，1996年为6.59亿吨。自1981年到1988年，中国经历了一个工业固体废物产生量以年增长率8%～15%高速增长的时期，从1989年起，增长率降为2%～5%。

据《2009年中国环境状况公报》统计，2009年全国工业固体废物产生量为204094.2万吨，比2008年增加7.3%；排放量为710.7万吨，比2008年减少9.1%；综合利用量（含利用往年贮存量）、贮存量、处置量分别为138348.6万吨、20888.6万吨、47513.7万吨。我国工业固废利用率不高，累计堆存量超过67亿吨，堆存占地面积达100多万亩，其中农田约10万亩。未经处置的工业固体废物堆存在城市工业区和河滩荒地上，风吹雨淋成为严重的污染源，使污染事故不断发生。甚至有一些固体废物被倾倒在江、河、湖泊，污染水体。年产生量最大的是矿山开采和以矿石为原料的冶炼工业产生的固体废物，超过工业固体废物产生量的80%以上。产生量大的几种工业固体废物是：尾矿2.47亿吨，煤矸石1.87亿吨，粉煤灰1.15亿吨，炉渣0.90亿吨，冶炼废渣0.8亿吨。

在所产生的工业固体废物中，33386.6万吨得到综合利用，占产生量的41.7%；贮存量为27545.8万吨，占产生量的34.4%；处理量为10526.6万吨，占产生量的

13.1%；排放进入环境的废物量为7048.2万吨，占产生量的8.8%。

我国工业固废主要产生地区集中在我国中西部，其中河北、辽宁、山西、山东、内蒙古、河南、江西、云南、四川和安徽十个地区的工业固废产生量占全国工业固废产生量的60%以上。山西、内蒙古、四川等资源丰富的省份和西部经济欠发达地区，煤炭资源和火电厂较为集中，大宗工业固体废物产生量尤其大，但是受价格、市场、政策等多方面因素的影响，这些地区的大宗工业固废综合利用规模较小，综合利用率较低。而我国沿海经济发达地区和中心城市的大宗工业固废综合利用水平较高，如江苏、浙江、上海等地的工业固废综合利用率已达到95%以上，大宗工业固体废物综合利用的区域发展不平衡问题非常突出。

固体废物减量势在必行。目前许多国家都开始实施垃圾源头削减计划，提倡在垃圾产生源头通过减少过分包装，对企业排放垃圾数量进行限制以及垃圾收费等措施将垃圾的产生量削减至最低限度。加拿大大温哥华特区的固体废物管理机构制订了垃圾减量50%的计划，并得到了社会和民众的支持，取得了不少进展。一些国家和地区甚至在法律上做了明文规定。德国的《垃圾处理法》就有关于避免废物产生、减少废物产生量的内容。这些措施无疑会减少垃圾的最终处置量，降低垃圾的处理费用，减少对宝贵的土地资源的占用。固体废物减容，对我国来说，有着更现实的意义。统计数字表明，1996年北京市日产垃圾已达1.2万吨。我国人多地少，是一个土地资源匮乏的国度，我们没有更多的地方来堆放一座座不断增加的"景山"。同时我们的经济还不够发达，我们没有更多的资金来对垃圾进行处理。北京市环境卫生管理局的资料表明：目前清运垃圾的实际成本已经达到35元/吨，垃圾处理（以无害化处理中最经济的卫生填埋方式计算）60元/吨，总计95元/吨。以垃圾日产1.2万吨计，要使垃圾全部进行无害化处理，北京市每年得花去4.2亿元人民币。如果参照大温哥华特区的做法减容50%，仅垃圾处理的费用北京市每年就能节省2.1亿元。

四、固体废物分类

（一）固体废物分类方法

固体废物有多种分类方法，既可根据其组分、形态、来源等进行划分，也可根据其危险性、燃烧特性等进行划分，目前主要的分类方法有：

（1）按废物来源可分为工业固体废物、城市固体废物、有毒有害固体废物和农业固体废物。

① 工业固体废物：是指工业企业再生产过程中未被利用的副产物。

② 城市固体废物：是指居民生活、商业活动、市政建设与维护、机关办公等过程产生的固体废物。

③ 有毒有害固体废物：这类废物具有毒性、易燃性、反应性、腐蚀性、易爆性、传染性等，在国际上被称为危险固体废弃物。危险废弃物被列入专门管理类型。

④ 农业固体废物：是指农业生产过程和农民生活中所排放出的固体废物，主要来自种植业、养殖业、居民生活等，包括秸秆、畜禽粪便、农用塑料残膜等。

（2）按其化学组成可分为有机废物和无机废物。

（3）按其形态可分为固态废物、半固态废物和液态废物。

（4）按污染特性可分为一般废物和危险废物。

（5）按其燃烧特性可分为可燃废物和不可燃废物。

依据《中华人民共和国固体废物污染环境防治法》对固体废物的分类，将其分为生活垃圾、工业固体废物和危险废物三类进行管理，2005 年修订后的《中华人民共和国固体废物污染环境防治法》还对农业废物进行了专门要求。

（二）固体废物与危险废物的关系

固体废物与危险废物的关系如图 1-1 所示。

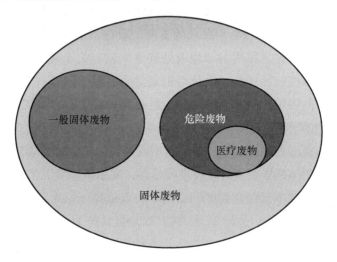

图 1-1　固体废物与危险废物的关系

五、固体废物组成

固体废物来自人类的生产和生活过程的许多环节。表 1-1 中列出了从各类发生源产生的主要固体废物组成。

表 1-1　从发生源产生的主要固体废物组成

发生源	产生的主要固体废物
矿业	废石、尾矿、金属、废木、砖瓦、水泥、砂石等
冶金、金属结构、交通、机械等工业	金属、渣、砂石、模型、芯、陶瓷、管道、绝热和绝缘材料、黏结剂、污垢、废木、塑料、橡胶、纸、各种建材、烟尘等
建筑材料工业	金属、水泥、黏土、陶瓷、石膏、石棉、砂石、纸、纤维等
食品加工业	肉、谷物、蔬菜、硬果壳、水果、烟草等

发生源	产生的主要固体废物
橡胶、皮革、塑料等工业	橡胶、塑料、皮革、布、线、纤维、染料、金属等
石油化工工业	化学药剂、金属、塑料、橡胶、陶瓷、沥青、油泥、油毡、石棉、涂料等
电器、仪器、仪表等工业	金属、玻璃、橡胶、塑料、研磨料、陶瓷、绝缘材料等
纺织、服装工业	布头、纤维、金属、橡胶、塑料等
造纸、木材、印刷等工业	刨花、锯末、碎木、化学药剂、金属填料、塑料等
居民生活	食物、垃圾、纸、木、布、庭院植物修剪物、金属、玻璃、塑料、陶瓷、燃料灰渣、脏土、碎砖瓦、废器具、粪便、杂品等
商业机关	同"居民生活",另有管道、碎砌体、沥青,其他建筑材料,含有易爆、易燃、腐蚀性、放射性废物以及废汽车、废电器等
市政维护、管理部门	碎砖瓦、树叶、死畜禽、金属、锅炉灰渣、污泥等
农业	秸秆、蔬菜、水果、果树枝条、糠秕、人及畜禽粪便、农药等
核工业和放射性医疗单位	金属、放射性废渣、粉尘、污泥、器具和建筑材料等

六、固体废物对环境的潜在污染

固体废物对环境潜在污染特点有以下几个方面:

(1) 产生量大、种类繁多、成分复杂。据统计,全国工业固体废物的产生量在2002年已经达到9.4亿吨,而且还在以每年10%的速度增加。此外,固体废物的来源十分广泛,例如,工业固体废物包括工业生产、加工、燃料燃烧、矿物采选、交通运输等行业以及环境治理过程中所产生的和丢弃的固体和半固体的物质。另外,从固体废物的分类,我们也可以大致了解固体废物的复杂状态,例如,仅在城市生活垃圾中就几乎包含了日常生活中接触到的所有物质。

(2) 污染物滞留期长、危害性强。以固体形式存在的有害物质向环境中的扩散速度相对比较缓慢,与废水、废气污染环境的特点相比,固体废物污染环境的滞后性非常强,而且一旦发生了污染,后果将非常严重。

(3) 其他处理过程的终态,污染环境的源头。在水处理工艺中,无论是采用物化处理还是生物处理方式,在水体得到净化的同时,总是将水体中的无机和有机的污染物质以固相的形态分离出来,因而产生大量的污泥或残渣。在废气治理过程中,利用洗气、吸附或除尘等技术将存在于气相的粉尘或可溶性污染物转移或转化为固体物质。因此,从这个意义上讲,可以认为废气治理和水处理过程实际上都是将液态和气态的污染物转化为固态的过程。而固体废物对环境的危害又需要通过水体、大气、土壤等介质方能进行,所以,固体废物既是废水和废气处理过程的终态,又是污染水体、大气、土壤等的源头。由于固废这一特点,对固废的管理既要尽量避免和减少其产生,又要力求避免和减少其向水体、大气以及土壤环境的排放。

第二节 危险废物概述

一、危险废物定义

危险废物的产生与无组织排放对环境安全与人类健康造成了严重影响。对危险废物进行全过程管理和处理处置是减少危险废物产生量，降低危险废物对人类与环境影响的重要措施。与废水、废气的管理相同，危险废物的管理与处理处置首先需要明确的是何种废物属于危险废物。由于危险废物种类的复杂性，也需要明确危险废物可以分为哪些种类，根据不同的危险废物制订合理的管理方案和处理处置方案。因为没有一种方法或者技术可以满足所有危险废物的资源化和处理处置，因此危险废物的定义非常重要。

（一）国外定义

危险废物又称为"有害废物""有毒废渣"等，其英文名称为"Hazardous Wastes"（以下统称为危险废物），起始于1970年美国《资源回收法》（Resource Recovery Act），现已广泛使用此名词。针对危险废物，发达国家虽然已经制定了各种法规和制度，但关于危险废物的定义，各国、各组织有自己的提法，还没有在国际上形成统一的意见。

1976年美国《资源保护回收法》对危险废物定义为：固体废物由于其特性（如数量、浓度、物理性、化学性及污染性）会引起死亡率、患疾病率的明显增加；或因不当贮存、运输、处置及管理，以致对人体健康或环境生态造成明显的伤害或具有潜在性的威胁者，称为危险废物。当初仅限于固体物，但后来又修正包括液体及装在容器内的气体。

联合国环境规划署（UNEP）把危险废物定义为："危险废物是指除放射性以外的那些废物（固体、污泥、液体和利用容器的气体），由于它的化学反应性、毒性、易爆性、腐蚀性和其他特性，引起或可能引起对人体健康或环境的危害。不管它是单独的或与其他废物混在一起，不管是产生的或是被处置的或正在运输途中的，在法律上都称危险废物。"

世界卫生组织（WHO）的定义是："危险废物是一种具有物理、化学或生物特性的废物，需要特殊的管理与处置过程，以免引起健康危害或产生其他有害环境的作用。"

世界经济合作与发展组织（OECD）的定义是：除放射性之外，一种会引起对人和环境的重大危害，这种危害可能来自一次事故或不适当的运输或处置，而被认为是危险的或在某一国家或通过该国国境时被该国法律认定为危险的废物。

日本《废物处理法》将"具有爆炸性、毒性或感染性及可能产生对人体健康或环境危害的物质"定义为"特别管理废物"，相当于通称的"危险废物"。

欧盟在指令 78P319PEEC 中对危险废物的定义是：危险废物又称有毒有害废物，是指含有该指令附录之内列出的 27 类危险物质并且所含浓度超过了危害人类健康和环境的最低风险水平的任何废物或被污染物质。为了更为准确地确定危险废物，欧盟后来在指令 91P689PEEC 中又重新进行了定义，即危险废物是满足以下任意一条的废物：①列入危险废物名录，并且这些废物表现出 75P442PEEC 附Ⅲ中一种或多种危险特性；②所有成员国所定义的表现出 75P442PEEC 附Ⅲ中一种或多种危险特性的废物。

英国把危险废物称为"特殊废物"。特殊废物为一类废弃的物品或物质，需要特别管理和处置以保护人类健康和生态环境，这类废物通常表现出一种或多种危险特性（易燃性、有毒性、反应性、腐蚀性）。

加拿大将危险废物定义为"特殊废弃物"，即指废弃物中不适合采用一般处理方法或不适合进入城市污水或生活垃圾处理系统处理处置的有害物质，这些物质往往要进行焚烧、安全填埋或其他的特殊处置。

《控制危险废物越境转移及其外置巴塞尔公约》（以下简称《巴塞公约》）是目前唯一控制危险废物越境转移的全球性国际法律文件。《巴塞尔公约》中列出了专门的危险废物目录，除非这些废物不具有危险特性，同时也指出任意一个出口、进口或过境国的国内立法确定或视为危险废物的废物也是危险废物。

（二）我国定义

根据《中华人民共和国固体废物污染防治法》的规定，危险废物是指列入国家危险废物名录或者根据国家规定的危险废物鉴别标准和鉴别方法认定的具有危险特性的废物。

根据我国《国家危险废物名录》（2016 版），危险废物的定义为：

具有下列情形之一的固体废物（包括液态废物），列入本《名录》：

（1）具有腐蚀性、毒性、易燃性、反应性或者感染性等一种或者几种危险特性的；

（2）不排除具有危险特性，可能对环境或者人体健康造成有害影响，需要按照危险废物进行管理的。

（三）我国危险废物定义的解释

（1）按照我国危险废物的定义，只要列入国家危险废物名录中的固体废物都可以被认定为危险废物，无须进一步鉴别判定。

《国家危险废物名录》是中华人民共和国环境保护部、中华人民共和国国家发展和改革委员会根据《中华人民共和国固体废物污染环境防治法》起草，自 2008 年 8 月 1 日起施行的。2016 年又对《国家危险废物名录》进行了修订，修订后的《国家危险废物名录》（2016 版）自 2016 年 8 月 1 日起施行。

《国家危险废物名录》（2016 版）将危险废物调整为 46 大类别 479 种（其中 362 种来自原名录，新增 117 种）。将原名录中 HW06 有机溶剂废物、HW41 废卤化有机溶剂和 HW42 废有机溶剂合并成 HW06 废有机溶剂与含有机溶剂废物，将原名录表述有歧义且需要鉴别的 HW43 含多氯苯并呋喃类废物和 HW44 含多氯苯并二噁英废物删除，增加了 HW50 废催化剂。新增的 117 种危险废物，源于科研成果和危险废物鉴别工作积累以及征求意见结果，主要是对 HW11 精蒸馏残渣和 HW50 废催化剂类废物进行了细化。

为提高危险废物管理效率，《国家危险废物名录》（2016 版）修订中增加了《危险废物豁免管理清单》。列入《危险废物豁免管理清单》中的危险废物，在所列的豁免环节，且满足相应的豁免条件时，可以按照豁免内容的规定实行豁免管理。共有 16 种危险废物列入《危险废物豁免管理清单》，其中 7 种危险废物的某个特定环节的管理已经在相关标准中进行了豁免，如生活垃圾焚烧飞灰满足入场标准后可进入生活垃圾填埋场填埋（填埋场不需要危险废物经营许可证）；另外 9 种是基于现有的研究基础可以确定某个环节豁免后其环境风险可以接受，如废弃电路板在运输工具满足防雨、防渗漏、防遗撒要求时可以不按危险废物进行运输。

（2）对于不在国家危险废物名录中的废物，需要根据国家危险废物鉴别标准进行鉴别，判定其是否属于危险废物。

二、危险废物分类与代码

（一）危险废物分类

危险废物分类的依据主要有：物理形态、所含化学元素、危险废物热值、废物的危险性、废物的类似分子结构和反应特性以及危险废物的来源。本节将就这些分类系统做具体讨论。

（1）按物理形态分类。按照物理形态的不同，危险废物可以细分为固态危险废物、液态危险废物、气态危险废物、半固态危险废物等。如医疗废物、冶金废渣等大多为固态危险废物；废酸、含醚废物、含有机溶剂废物等大多为液态危险废物；某些爆炸性废物是呈气态的；某些化工企业清洗容器时产生的污物，电镀、燃料等行业相关生产车间废水处理形成的污泥等都属于半固态危险废物。

（2）按危险废物所含的化学元素分类。按照危险废物所含的化学元素可以将危险废物分为以下几类：

① 清洁的危险废物。这是指只含有碳、氢、氧这三种元素的危险废物。这类废物之所以被称为清洁废物，是由于废物燃烧之后的产物比较清洁，以二氧化碳、一氧化碳、水和粉尘为主，但这并不影响该类废物的危险特性。这类废物的焚烧过程如果设计得比较完全，燃烧后一氧化碳的产生量可以忽略不计，尾气处理也只需要考虑除尘就可以了。

② 会产生气态污染物的危险废物。这类危险废物所含的化学元素有碳、氢、氧、氯、硫、氟、溴、氮等。由于含有氯、硫、氟、氮等元素，燃烧之后会产生氯化氢、氟化氢、硫氧化物、氮氧化物等气态污染物，所以如果采用焚烧工艺处理，必须设计

完整的尾气和废水处理装置。

③ 含重金属的危险废物。这类危险废物所含的化学元素有碳、氢、氧、氯、硫、氟、溴、氮、重金属和硅等。危险废物中重金属的存在会影响到废物的处理工艺和工艺条件的选择，如果采用焚烧的方法处理含重金属的危险废物，根据欧盟新颁布的法规，焚烧炉的温度必须达到 1200℃以上，才能保证大部分重金属都转移到飞灰中，同时在选择尾气处理系统时还应考虑重金属的影响，这势必会提高废物处理的成本。

④ 含碱金属的危险废物。这类危险废物所含的化学元素有碳、氢、氧、氯、硫、氟、溴、氮、重金属、硅、磷、硼和碱金属等。这类危险废物对焚烧设备的影响主要体现在碱金属的熔点较低，会影响焚烧设备的操作温度等工艺参数的设计。

（3）按危险废物的热能特性分类。危险废物的热能特性将直接影响到危险废物的处理工艺和处理成本，特别是采用焚烧的方法进行处理时，废物的热能特性就更为重要了。

根据危险废物的热能特性，可以把危险废物分为可燃废物和不可燃废物。

可燃废物是指不需要任何辅助燃料就能够维持燃烧的危险废物，这类废物的热值比较高。维持可燃废物持续燃烧的废物热值取决于废物物理形态、破坏废物所需的温度、燃烧过程中的过量空气系数、焚烧炉的热传递性能等因素。通常情况下，由于固态废物的燃烧需要较高的操作温度、较大的空气过量系数才能保证充分燃烧，固体状的危险废物比液态和气态的危险废物所需的热值高。对于气体危险废物来说，能够维持燃烧的热值只需 7000kJ/kg。对液态危险废物来说，即使采用高效燃烧器，也至少需要 10500～12800kJ/kg 才能维持燃烧。对固态危险废物来说，热值与颗粒的大小有关，也就是与热量和物质传递的面积有关，一般需要的热值为 18600kJ/kg。

不可燃废物是指没有辅助燃料就不能维持燃烧的危险废物，具体来说就是指热值低于 7000kJ/kg 的气态危险废物、热值低于 12800kJ/kg 的液态危险废物和热值低于 18600kJ/kg 的固态危险废物。

如果经过分析测试该废物属于可燃危险废物，且使用单独的焚烧系统，则在焚烧炉设计时可以省去辅助燃烧系统；如果和其他废物一起处理，则要根据热值的波动情况酌情考虑辅助燃烧系统的设计及运行参数。如果危险废物的热值很高，甚至可以把它当作燃料，则作为助燃剂使用。但在这种情况下要注意的是，危险废物的热值会影响焚烧炉的处理速度，当热值很高时，炉内温度会迅速升高，这样会对进料量产生限制，影响焚烧系统的处理能力。可以采取的措施有：投加惰性物质或通过喷水来降低炉温以恢复焚烧炉的处理能力。如果危险废物的热值很低，需要投加大量的辅助燃料才能维持燃烧，则应考虑采用其他的安全处置方法进行处理而不是焚烧。

（4）按危险废物的危险特性分类。按危险废物的危险特性可以将危险废物分为：易燃性危险废物、腐蚀性危险废物、反应性危险废物、浸出毒性危险废物、急性毒性危险废物和毒性危险废物等多种类型。将危险废物按其危险特性分类，有利于危险废物的储存、运输方面的管理。

具有不同特性的危险废物对储存池的材料和设计要求有所不同。易燃性危险废物的储存池应采用钢材或玻璃纤维加强塑料来建造。由于储存池中存放的是易燃性危险废物，储存池必须封顶或采用其他可靠的方式以避免池内的危险废物与火花或其他易燃物质接触，造成不良后果。存放腐蚀性废物的储存池所选用的建造材料必须具有低腐蚀速率，或者采用与废物和存放条件相容的防腐内衬。对于反应性废物，由于可能会与空气中的二氧化碳以及水分（特别是雨水更为危险）反应，储存池必须封顶以防止此类反应的发生。具有浸出毒性的危险废物，只有当该类废物不挥发或挥发性很差时，储存池才可以不封顶，在一般情况下还是应将储存池封住。而急性毒性和毒性废物的储存池需要绝对密封。

（5）按危险废物的类似分子结构或类似反应特征分类。类似的分子结构往往具有类似的反应特征。通过了解危险废物的分子结构可以知道该类废物的物理、化学特性，将危险废物按照分子结构类似或者反应特征类似进行分类，有助于危险废物的存放以及处理处置工艺的选择。但由于危险废物大多为多类物质的混合物，并且组分容易发生变化，而要确定其中每种物质的分子结构及其所占比例，需要相当的时间和经费，在实际工作中往往只是根据危险废物的来源判断其中的主要物质和大致成分。目前，将危险废物按照分子结构分类的工作以科研工作和理论研究为主，用于给管理者提供不同危险废物的管理依据。

根据国外研究的资料，目前按照危险废物的分子结构可以将危险废物分成无机氧化性酸、无机氧化性酸、有机酸、醇和二醇、酰胺、甲胺酸酯、碱、氰化物、醚、含卤素有机物等三十一类；按照类似反应特征，危险废物可分为可燃物、易燃物、爆炸物、可聚合物质、强氧化剂、强还原剂、与水反应的物质等九类。

（二）危险废物代码

与普通固体废物的管理不同，危险废物由于其危害性较大，因此采用不同大类下的唯一代码管理。

由于危险废物的英文为 Hazardous Wastes，因此，危险废物的大类按照英文首字母的缩写，写为 HW××。在我国《国家危险废物名录》（2016 版）中，将危险废物分为 46 大类，大类代码为 HW01～HW50，分别是：HW01 医疗废物，HW02 医药废物，HW03 废药物、药品，HW04 农药废物，HW05 木材防腐剂废物，HW06 废有机溶剂与含有机溶剂废物，HW07 热处理含氰废物，HW08 废矿物油与含矿物油废物，HW09 油/水、烃/水混合物或乳化液，HW10 多氯（溴）联苯类废物，HW11 精（蒸）馏残渣，HW12 染料、涂料废物，HW13 有机树脂类废物，HW14 新化学物质废物，HW15 爆炸性废物，HW16 感光材料废物，HW17 表面处理废物，HW18 焚烧处置残渣，HW19 含金属羰基化合物废物，HW20 含铍废物，HW21 含铬废物，HW22 含铜废物，HW23 含锌废物，HW24 含砷废物，HW25 含硒废物，HW26 含镉废物，

HW27 含锑废物，HW28 含碲废物，HW29 含汞废物，HW30 含铊废物，HW31 含铅废物，HW32 无机氟化物废物，HW33 无机氰化物废物，HW34 废酸，HW35 废碱，HW36 石棉废物，HW37 有机磷化合物废物，HW38 有机氰化物废物，HW39 含酚废物，HW40 含醚废物，HW45 含有机卤化物废物，HW46 含镍废物，HW47 含钡废物，HW48 有色金属冶炼废物，HW49 其他废物，HW50 废催化剂。

危险废物代码是危险废物的唯一代码，为 8 位数字。其中，第 1～3 位为危险废物产生行业代码，第 4～6 位为废物顺序代码，第 7～8 位为废物类别代码。

行业代码根据国家标准《国民经济行业分类》（GB/T 4754—2017）中的类别确定。

三、危险废物鉴别

（一）危险废物鉴别程序

危险废物的鉴别是有效管理及处理处置危险废物的首要前提。世界各国因其危险废物性质及立法的不同而存在差异。通常有名录法及特性法两种鉴别方法。我国的危险废物鉴别是采用名录法与特性法相结合的方法。

对未知废物首先必须确定其是否属于《国家危险废物名录》中所列的种类。如果在名录之列，则必须根据《危险废物鉴别标准》来检测其特性，按照标准来判定具有哪类危险特性；如果不在名录之列，也必须根据《危险废物鉴别标准》来判定该类废物是否属于危险废物及相应的危险特性。

《危险废物鉴别标准》要求检测的危险废物特性为易燃性、腐蚀性、反应性、浸出毒性、急性毒性、传染性及放射性等。

总体上来讲，危险废物的确定有两种方式，首先确定该废物是否在《国家危险废物名录》（以下简称《名录》）之内，即列表定义鉴别法；如果确定不在《名录》之内，再通过危险废物鉴别标准进行确定，即危险特性鉴别法。同时危险废物鉴别标准也是固体废物增补列入《名录》的理由之一。

危险废物鉴别总体程序如下：

第一步：依据《中华人民共和国固体废物污染环境防治法》，判定其是否满足固体废物定义。

第二步：其是否满足危险废物定义，或是否为《巴塞尔公约》规定的 47 类应加控制的废物类别和具有中国废物特征的废物类别（含钡废物和含镍废物）。

第三步：依据固体废物行业来源或危险特性，判定其是否在《名录》之内。

第四步：如不在《名录》之内，则通过危险特性鉴别确定是否表现一种或多种危险特性。高于鉴别标准的属危险废物，列入国家危险废物管理范围；低于鉴别标准的，不列入国家危险废物管理。

（二）危险废物鉴别标准

《危险废物鉴别标准》共有 7 部分，包括：腐蚀性鉴别（GB 5085.1—2007）、急性毒性初筛（GB 5085.2—2007）、浸出毒性鉴别（GB 5085.3—2007）、易燃性鉴别（GB 5085.4—2007）、反应性鉴别（GB 5085.5—2007）、毒性物质含量鉴别（GB 5085.6—2007）及通则（GB 5085.7—2007）。

各标准的适用范围如下：

（1）标准名称：危险废物鉴别标准　腐蚀性鉴别

适用范围：本标准规定了腐蚀性危险废物的鉴别标准。本标准适用于任何生产、生活和其他活动中产生的固体废物的腐蚀性鉴别。

（2）标准名称：危险废物鉴别标准　急性毒性初筛

适用范围：本标准规定了急性毒性危险废物的初筛标准。本标准适用于任何生产、生活和其他活动中产生的固体废物的急性毒性鉴别。

（3）标准名称：危险废物鉴别标准　浸出毒性鉴别

适用范围：本标准规定了以浸出毒性为特征的危险废物鉴别标准。本标准适用于任何生产、生活和其他活动中产生固体废物的浸出毒性鉴别。

（4）标准名称：危险废物鉴别标准　易燃性鉴别

适用范围：本标准规定了易燃性危险废物的鉴别标准。本标准适用于任何生产、生活和其他活动中产生的固体废物的易燃性鉴别。

（5）标准名称：危险废物鉴别标准　反应性鉴别

适用范围：本标准规定了反应性危险废物的鉴别标准。本标准适用于任何生产、生活和其他活动中产生的固体废物的反应性鉴别。

（6）标准名称：危险废物鉴别标准　毒性物质含量鉴别

适用范围：本标准规定了含有毒性、致癌性、致突变性和生殖毒性物质的危险废物鉴别标准。本标准适用于任何生产、生活和其他活动中产生的固体废物的毒性物质含量鉴别。

（7）标准名称：危险废物鉴别标准　通则

适用范围：本标准规定了危险废物的鉴别程序和鉴别规则。本标准适用于任何生产、生活和其他活动中产生的固体废物的危险特性鉴别。本标准适用于液态废物的鉴别，但不适用于排入水体的废水的鉴别。本标准不适用于放射性废物。

（三）危险废物鉴别规则

对于具有毒性（包括浸出毒性、急性毒性及其他毒性）和感染性等一种或一种以上危险特性的危险废物，不论是与其他固体废物混合，还是进行处理，改变了物理特性和化学组成，这种物质仍然属于危险废物。这是由于这种危险废物的特性与其他三种特性（易燃性、反应性和腐蚀性）相比，毒性化学品显示的毒性风险典型依赖于很多因素，毒性危害评估更复杂，涉及更多的变量。由于化学品通过环境迁移，它们能积累、显示长期慢性风险，即使水平低于制定的毒性特征标准。因此不论作何种处理，毒性特征是不可能因此而完全消除的，即使处理后毒性水平有所降低，低于国家危险废物名录中的水平，但是这些废物中的毒性仍然由于具有持久性、生物积累等对人体健康和环境造成潜在的威胁。因此，对于这类废物，《危险废物鉴别标准 通则》中规定按照危险废物来管理。

对于仅具有易燃性、反应性或腐蚀性其中一种危险特性的危险废物，不论是与其他固体废物混合还是进行处理改变其物理特性和化学组成，都属于危险废物。但是当该废物经 GB 5085.1～GB 5085.6 鉴别不具有危险特性，混合或经过处理后的固体废物不属于危险废物。这是因为，这些性质可以通过某种方法除去，如对于易燃性危险废物，只要将其点燃，易燃性特征就不复存在；反应性危险废物，通过一定的反应，这种特性也可以除去；腐蚀性的危险废物（如废强酸与废强碱），只要将其中和同样可以消除腐蚀性。因此，对于这类废物，按照从严管理的原则，不论是它与其他固体废物混合还是通过处理改变其物理特性和化学组成，都按照危险废物来管理。只有当废物的产生者根据危险废物鉴别标准对废物进行鉴别后，认为不具有危险特性，则按照一般废物来管理。

四、危险废物特性

从以上定义可以看出，危险废物的特性主要指毒害性、易燃性、腐蚀性、反应性、浸出毒性和传染疾病性等。根据这些特性，世界各国都制定了各自的鉴别标准和危险废物名录。如联合国环境规划署在《巴塞尔公约》中列出了"应加控制的废物类别"共 45 类，"须加特别考虑的废物类别"共 2 类，危险废物"危险特性的清单"共 14 种。

我国《国家危险废物名录》（2016 版）中规定，危险废物中的"危险特性"是指腐蚀性（Corrosivity，C）、毒性（Toxicity，T）、易燃性（Ignitability，I）、反应性（Reactivity，R）和感染性（Infectivity，In）。

（一）危险废物的腐蚀性

腐蚀性特性的鉴别目的在于识别由于具有下列性质而可能对人体健康或环境产生危害的废弃物：

（1）如果排入环境，能够使重金属游离出来；

（2）能够腐蚀处置、贮存、运输和管理设备；

（3）偶然接触能够破坏人或动物的组织。

为了识别这类潜在的危害性物质，美国环境保护署已经选定两种性质以定义腐蚀性废物，这两种性质是 pH 值和对 SAE1020 型钢的腐蚀性。美国 RCRA 法规将腐蚀性定义为：具有以下任何一种性质的废弃物即具有腐蚀特性：

（1）含水废弃物，根据标准方法测得其 pH<2 或 pH>12.5；

（2）液体废弃物，根据标准试验方法，在 55℃（130℉）实验温度下测定，对 SAE1020 型钢的腐蚀率>6.35mm（0.250 英寸）/a。

我国对腐蚀的评定标准为：

① 按照 GB/T 15555.12—1995《固体废物 腐蚀性测定 玻璃电极法》的规定制

备的浸出液，pH$\geq$12.5，或者 pH$\leq$2.0；

② 在 55℃条件下，GB/T 699—2015《优质碳素结构钢》中规定的 20 号钢材的腐蚀速率$\geq$6.35mm/a。

常见的具有腐蚀性的危险废物有：

（1）氯乙烯精制过程中使用活性炭吸附法处理含汞废水过程中产生的废活性炭（废物代码：265-001-29）；

（2）石油炼制过程中产生的废酸及酸泥（废物代码：251-014-34）；

（3）硫酸和亚硫酸、盐酸、氢氟酸、磷酸和亚磷酸、硝酸和亚硝酸等的生产、配制过程中产生的废酸液、固态酸及酸渣（废物代码：261-057-34）。

（二）危险废物的毒性

规定毒性定义的目的在于：识别常规贮存、处置和运输条件下，危险废物对环境生物和人类健康存在的危害或潜在危害。

危险废物的毒性分为急性毒性和浸出毒性。

急性毒性是指机体（人或实验动物）一次（或 24 小时内多次）接触外来化合物之后所引起的中毒甚至死亡的效应。根据《危险废物鉴别标准 急性毒性初筛》（GB 5085.2—2007）的规定，按照规定的试验方法，将①经口摄取：固体的半数致死量$\leq$200mg/kg，液体的半数致死量$\leq$500mg/kg；②经皮肤接触：半数致死量$\leq$1000mg/kg；③蒸汽、烟雾或粉尘吸入：半数致死浓度$\leq$10mg/L 的废物定义为具备急性毒性特性的危险废物。

工业毒物急性毒性分级标准见表 1-2。

表 1-2　工业毒物急性毒性分级标准

分级	小鼠一次经口 LD_{50}/（mg/kg）	小鼠吸入 2h LC_{50}/（mg/kg）	兔经皮 LD_{50}/（mg/kg）
剧毒	＜10	＜50	＜10
高毒	11～100	51～500	11～50
中等毒	101～1000	501～5000	101～500
低毒	1001～10000	5001～50000	501～5000
微毒	＞10000	＞50000	＞5000

经口化合物急性毒性的分级标准见表 1-3。

表 1-3　经口化合物急性毒性分级标准

毒性分级	小鼠一次经口 LD_{50}/（mg/kg）	约相当体重 70kg 人的致死剂量
6 级，极毒	＜1	稍尝，＜7 滴
5 级，剧毒	1～50	7 滴～1 茶匙
4 级，中等毒	51～500	1 茶匙～35g
3 级，低毒	501～5000	35～350g
2 级，实际无毒	5001～15000	350～1050g
1 级，无毒	＞15000	＞1050g

固态的危险废物遇水浸沥，其中有害的物质迁移转化，污染环境，浸出的有害物质的毒性称为浸出毒性。根据《危险废物鉴别标准 浸出毒性鉴别》（GB 5085.3—2007）的规定，按照 HJ/T 299—2007《固体废物 浸出毒性浸出方法 硫酸硝酸法》制备的固体废物浸出液中任何一种危害成分含量超过浸出毒性鉴别标准限值，则判定该固体废物是具有浸出毒性特征的危险废物。

常见的具有毒性的危险废物有：

（1）生产、销售及使用过程中产生的废含汞荧光灯管及其他含废汞电光源（废物代码：900-023-29）；

（2）废弃的铅蓄电池、镉镍电池、氧化汞电池、汞开关、荧光粉和阴极射线管（废物代码：900-044-49）；

（3）废电路板（包括废电路板上附带的元器件、芯片、插件、贴脚等）（废物代码：900-045-49）。

（三）危险废物的易燃性

危险废物的易燃性是指危险废物易于着火和维持燃烧的性质，但是像木材和纸等废物不属于易燃性危险废物。

规定可燃性的目的在于：识别那些常规储存、运输和处置条件下存在着火危害，或者是一旦失火能够严重加剧火情的废弃物。

美国 RCRA 法规对可燃性做了严格规定，凡废弃物的代表样品具有下列任何一种性质，那么这种废弃物就具有可燃性：

（1）非水溶液液体，含乙醇（体积比）小于 24％，采用 ASTM 标准规定的方法以闭杯实验器测定，或采用其他等效的标准方法测定，其闪点＜ 60℃（140℉）；

（2）非液体物质，在标准温度和压力条件下，能够因摩擦、吸潮或自发化学变化而引起火灾，并且一旦着火即猛烈持久地燃烧，造成危害；

（3）根据炸药局的标准方法，或按环保局批准的等效试验方法测定后，属于可燃性压缩气体的；

（4）能够产生氧气，快速促进有机物燃烧的任何一种物质（例如，氯酸盐、高锰酸盐、无机过氧化物或硝酸盐等）。

《危险废物鉴别标准 易燃性鉴别》（GB 5085.4—2007），将下列固体废物定义为易燃性危险废物：

（1）液态易燃性危险废物：闪点温度低于 60℃（闭杯试验）的液体、液体混合物或含有固体物质的液体；

（2）固态易燃性危险废物：在标准温度和压力（25℃、101.3kPa）下因摩擦或自发性燃烧而起火，经点燃后能剧烈而持续地燃烧并产生危害的固态废物；

（3）气态易燃性危险废物：在 20℃、101.3kPa 状态下，在与空气的混合物中体积分数≤13％时可点燃的气体，或者在该状态下，不论易燃下限如何，与空气混合，易燃范围的易燃上限与易燃下限之差大于或等于 12 个百分点的气体。

常见的具有易燃性的危险废物有：

（1）石油开采和炼制产生的油泥和油脚（废物代码：071-001-08）；

（2）石油炼制过程中的溢出废油或乳剂（废物代码：251-005-08）；

（3）生产、销售及使用过程中产生的失效、变质、不合格、淘汰、伪劣的油墨、染料、颜料、油漆（废物代码：900-299-12）。

（四）危险废物的反应性

定义危险废物反应性的目的在于：识别那些因极端不稳定性而易于猛烈反应或爆炸而给废物管理过程中所有环节带来问题的废物。

美国 RCRA 法规对反应性废物的定义是，如果一种固体废物的代表性样品具有下列任何一种性质，该废物即具有反应性特性：

（1）通常条件下是不稳定的，而且不用起爆就易发生猛烈的变化；

（2）遇水发生猛烈的反应；

（3）与水反应，生成潜在的爆炸性混合物；

（4）与水混合时，产生数量足以对人体健康或环境带来危险的有毒气体、蒸汽或烟雾。

（5）含氰化物或硫化物，并且当它暴露于 pH 值在 2~12.5 的条件时，能够产生数量足以对人体健康或环境带来危险的有毒气体、蒸汽或烟雾（即：存在反应性的氰化物和反应性硫化物）；

（6）如果遇到强引爆源或在密封条件下受热，能够发生起爆或爆炸反应；

（7）易在标准温度和标准压力下发生起爆或爆炸分解反应；

（8）属于违禁爆炸物，或《美国联邦法规》（CFR）中定义的 A 类爆炸物或 B 类爆炸物。

我国对于危险废物反应性的定义：易于发生爆炸或剧烈反应，或反应时会挥发有毒气体或烟雾的性质。根据《危险废物鉴别标准 反应性鉴别》（GB 5085.5—2007）规定，符合下列任何条件之一的固体废物，属于反应性危险废物。

（1）具有爆炸性质：①常温常压下不稳定，在无引爆条件下，易发生剧烈变化。②标准温度和压力下（25℃，101.3kPa），易发生爆轰或爆炸性分解反应。③受强起爆剂作用或在封闭条件下加热，能发生爆轰或爆炸反应。

（2）受强起爆剂作用或在封闭条件下加热，能发生爆轰或爆炸反应：①与水混合发生剧烈化学反应，并放出大量易燃气体和热量。②与水混合能产生足以危害人体健康或环境的有毒气体、蒸汽或烟雾。③在酸性条件下，每千克含氰化物废物分解产生≥250mg 氰化氢气体，或者每千克含硫化物废物分解产生≥500mg 硫化氢气体。

（3）废弃氧化剂或有机过氧化物：①极易引起燃烧或爆炸的废弃氧化剂。②对热、振动或摩擦极为敏感的含过氧基的废弃有机过氧化物。

常见的具有反应性的危险废物有：

（1）炸药生产和加工过程中产生的废水处理污泥（废物代码：267-001-015）；

（2）研究、开发和教学活动中，化学和生物实验室产生的废物（不包括 HW03、900-999-49）（废物代码：900-017-14）；

（3）三硝基甲苯（TNT）生产过程中产生的粉红水、红水，以及废水处理污泥（废物代码：267-004-15）。

（五）危险废物的感染性

感染性，是指细菌、病毒、真菌、寄生虫等病原体，能够侵入人体引起的局部组织和全身性炎症反应。

常见的具有感染性危险废物有：

（1）感染性废物（废物代码：831-001-01）；

（2）为防治动物传染病而需要收集和处置的废物（废物代码：900-001-01）；

（3）研究、开发和教学活动中产生的对人类或环境影响不明的化学废物（废物代码：900-017-14）。

五、危险废物产生现状

（一）我国危险废物产生现状

随着我国经济的发展与工业化水平的提高，近年来我国危险废物产生量呈持续增长态势。根据国家统计局初步统计，2016 年我国纳入统计的危险废物总产生量达5347.3 万吨，同比增长 34.5％（图 1-2）。

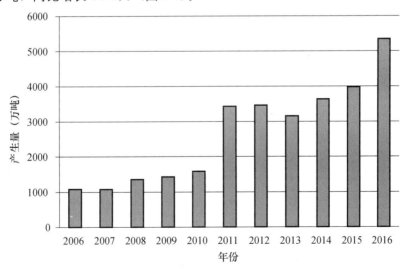

图 1-2 2006—2016 年全国危险废物产生情况及分布

2016 年，我国危险废物的综合利用量 2823.7 万吨，处置量 1605.8 万吨，贮存量1158.3 万吨，危险废物处置利用率为 82.8％（表 1-4）。

表 1-4　2011—2016 年我国工业危险废物产生和处置统计数据

年份	产生量（万吨）	综合利用量（万吨）	处置量（万吨）	贮存量（万吨）	处置利用率（%）
2011 年	3431.2	1773.1	916.5	823.7	78.4
2012 年	3465.2	2004.6	698.2	846.9	78.0
2013 年	3156.9	1700.1	701.2	810.9	76.1
2014 年	3633.5	2061.8	929.0	690.6	82.3
2015 年	3976.1	2049.9	1174.0	810.3	81.1
2016 年	5347.3	2823.7	1605.8	1158.3	82.8

数据来源：《中国环境统计年鉴》《中国统计年鉴（2017）》。

由于统计口径等原因，我国实际危险废物产生量要远大于统计数据。每年有超过一半以上危险废物由产生单位自行利用处置，大部分游离于监管之外。根据第一次全国污染源普查公报，2007 年全国危险废物产生量为 4573.7 万吨，是当年环境统计数据的 4.24 倍。2011 年起国家对纳入危险废物统计的申报口径做出调整，由年产 10kg 以上的纳入统计调整为年产 1kg 以上。当年统计的危险废物产生量较上年骤增 116%。综合考虑以上因素，2016 年实际危险废物产量在 10400 万吨以上。

我国危险废物安全处置行业实行许可证制度。近年来我国危险废物集中处置能力逐年提升。截至 2016 年年末，全国各省（区、市）颁发的危险废物（含医疗废物）经营许可证共 2149 份，核准经营规模 6471 万吨/年，分别是 2006 年的 9.1 倍和 5.5 倍。但由于危险废物安全处置行业仍存在处置装备落后、行业人才稀缺等问题，很多大型危险废物产生单位和工业园区配套建设危险废物贮存、利用和处置设施不健全等原因，危险废物处置不规范、不彻底、不安全，对我国整体的环境保护形势构成了严重的威胁。

我国危险废物产生量分布不均且处置能力各省差距较大，部分省份无足够处置能力，难以消化大量的危险废物。部分地区危险废物堆存不当、非法倾倒处置问题突出，多地发现渗坑、暗管偷排废酸废液等违法事件；部分处置设施运行不规范、不稳定，对自然环境和人体健康造成威胁。华东地区和西北地区是我国危险废物最集中的产生地区，2016 年危险废物产生量均超过 1000 万吨，分别达到 2124.9 万吨和 1032.6 万吨，占全国危险废物产生总量的 60% 左右。东北和西部地区处置利用率较低，西北地区处置利用率仅为 41.9%（图 1-3）。

2016 年危险废物产生量居前五的省（区、市）分别为山东、青海、江苏、新疆、湖南，产生量都超过 300 万吨，合计为 2643.93 万吨，占全国危险废物总产生量的 50.8%（表 1-5）。危险废物处理利用量居前五的省（区、市）分别为山东、江苏、湖南、浙江、四川，总处置利用量为 2247.7 万吨，占全国危险废物总处置利用量的 50.7%。东北地区的吉林，华东地区的安徽，西北地区的青海、新疆、甘肃，以及西南地区的云南六个省区危险废物处置利用率低于全国平均水平，其中青海、新疆、云南受条件所限，危险废物储存量逐年递增，处置市场亟待开发。

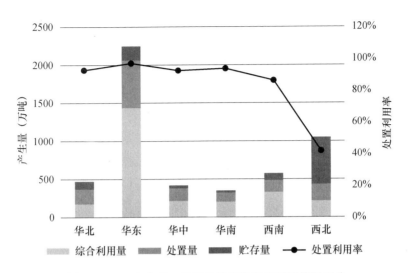

图 1-3　2016 年各省、地区危险废物处置利用情况汇总

表 1-5　2016 年各省（区、市）危险废物处置利用情况一览表

区域	省份	产生量（万吨）	利用量（万吨）	处置量（万吨）	贮存量（万吨）	处置利用率
华北地区	北京	17.84	8.28	9.41	0.15	99.2%
	天津	15.90	3.25	12.68	0.03	100.2%
	河北	93.73	73.16	21.70	5.46	101.2%
	山西	36.94	22.35	15.24	2.00	101.8%
	内蒙古	235.53	68.21	136.72	91.43	87.0%
	小计	399.93	175.25	195.75	99.07	92.8%
东北地区	辽宁	75.37	33.57	37.17	6.97	93.8%
	吉林	200.55	62.26	66.73	74.39	64.3%
	黑龙江	57.48	24.51	29.10	8.99	93.3%
	小计	333.41	120.33	133.00	90.35	76.0%
华东地区	上海	64.89	28.88	35.78	1.19	99.7%
	江苏	350.98	177.13	157.74	30.18	95.4%
	浙江	233.08	89.48	147.20	13.46	101.5%
	安徽	137.11	69.54	31.49	37.84	73.7%
	福建	86.62	56.67	27.33	14.11	97.0%
	江西	63.93	42.51	20.44	3.69	98.5%
	山东	1188.28	975.27	203.91	82.59	99.2%
	小计	2124.89	1439.50	623.90	183.06	97.1%
华中地区	河南	74.23	32.13	42.16	1.83	100.1%
	湖北	101.15	55.95	45.09	2.11	99.9%
	湖南	307.20	246.29	21.43	43.17	87.1%
	小计	411.74	214.59	166.36	35.88	92.5%

续表

区域	省份	产生量（万吨）	利用量（万吨）	处置量（万吨）	贮存量（万吨）	处置利用率
华南地区	广东	206.19	85.35	121.21	1.79	100.2%
	广西	190.77	129.02	31.72	32.80	84.3%
	海南	14.77	0.22	13.42	1.29	92.3%
	小计	341.93	203.40	117.11	27.21	93.7%
西南地区	重庆	54.09	28.72	24.06	1.91	97.6%
	四川	247.48	148.11	81.09	22.59	92.6%
	贵州	40.35	26.57	11.97	2.71	95.5%
	云南	220.27	124.36	40.13	59.89	74.7%
	西藏	—	—	—	—	—
	小计	562.20	327.75	157.25	87.10	86.3%
西北地区	陕西	65.26	18.36	35.90	15.21	83.1%
	甘肃	120.16	74.47	15.39	39.29	74.8%
	青海	462.05	32.65	5.69	424.25	8.3%
	宁夏	49.66	35.63	13.27	1.14	98.5%
	新疆	335.42	50.81	150.60	135.82	60.0%
	小计	1032.55	211.92	220.86	615.70	41.9%

数据来源：《中国统计年鉴（2017）》。

（二）我国危险废物来源

根据国家环境保护部对 2015 年我国危险废物的统计，按危险废物大类分，产生量由高到低依次为废碱、废酸、石棉废物、有色金属冶炼废物、无机氰化物废物、废矿物油，占当年全部危险废物产生量的 68%（图 1-4）。

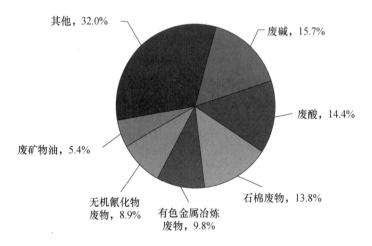

图 1-4　2015 年我国危险废物构成

我国六类主要危险废物产生分布情况详见表 1-6。

表 1-6　我国六类主要危险废物产生分布情况表（单位：万吨）

序号	危险废物种类	主要产生省份	产生量	全国总产生量
1	废碱	山东	386.8	623
		湖南	119.5	
2	废酸	广西	82.9	571
		四川	73.3	
		江苏	66.3	
		云南	65.2	
		山东	64.5	
3	石棉废物	青海	348.5	549
		新疆	200.0	
4	有色金属冶炼废物	云南	122.9	390
		内蒙古	78.4	
		甘肃	35.4	
		湖南	30.6	
		江西	21.9	
		青海	21.2	
5	无机氰化物废物	山东	188.2	356
		青海	116.2	
6	废矿物油	新疆	80.1	213
		陕西	27.1	
		辽宁	25.0	
		山东	17.1	

按产出行业分，危险废物产生量由高到低依次为化学原料和化学制品制造业、有色金属冶炼和压延加工业、非金属矿采选业、造纸和纸制品业，合计占当年全国危险废物年产生量的 61.3%（图 1-5）。其中有色金属冶炼和压延加工业、有色金属矿采选业危险废物合计达 856.73 万吨，占当年危险废物产生总量的 21.6%。

（三）其他典型行业产生的危险废物

最初的时候，危险废物被认为来源于工业。由于世界各国工业化进程的加速，各种工业产生的有毒有害的危险废物对环境和健康的影响日益显著，这些危险废物的出现，对环境造成严重污染，同时也给城市垃圾的处理和处置增加了很多困难。因此，大多数人认为工业活动是产生大量危险废物的罪魁祸首。随着人们对合成物质性质的了解和对环境问题认识的加深，所认识到的危险废物的范围也在逐渐扩大。随着社会经济的发展，危险废物不再只是工业生产的产物，虽然危险废物的主要来源还是工业，但其来源还包括居民生活、商业机构、农业生产、医疗服务，甚至包括不完善的环保设施等。

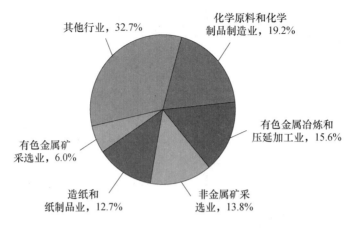

图 1-5　2015 年我国危险废物主要来源行业分布

1. 居民日常生活用品中的典型危险废物

随着人们对家庭生活的要求越来越高，生活用品中增加了许多合成物质和电子产品。许多日常使用的产品，如家用洗涤剂、个人护理用品、涂料、电池、家用电器等都是有毒的或者含有有毒有害物质，因而具有危险废物的危害特性，如果不妥善处理，会对人体健康和环境产生危害。表 1-7 列出了居民日常生活用品中的典型危险废物。这些废物之所以有害是因为它们的易燃性、腐蚀性、浸出毒性和其他毒性。

表 1-7　居民日常生活用品中的典型危险废物

家庭生活产生的危险废物	危害特性	合理的处置方法
家庭洗涤用品		
擦洗粉	腐蚀性	危险废物处理厂
喷雾剂	易燃性	危险废物处理厂
漂白粉	腐蚀性	危险废物处理厂
下水道疏通剂	腐蚀性	危险废物处理厂
家具上光剂	易燃性	危险废物处理厂
过期药物	对家庭成员有害	少量可稀释后冲入厕所
鞋油	易燃性	危险废物处理厂
污迹去除剂	易燃性	危险废物处理厂
卫生间清洁剂	易燃性	危险废物处理厂
装潢和地毯清洁剂	易燃性和腐蚀性	危险废物处理厂
个人护理用品		
洗发水	毒性	少量可稀释后冲入厕所
护理香波	毒性	少量可稀释后冲入厕所
指甲油去除剂	毒性和易燃性	危险废物处理厂
家用电器		
废旧手机	毒性	危险废物处理厂或回用中心
废旧电脑	毒性	危险废物处理厂或回用中心
废旧电视机显示屏	毒性	危险废物处理厂或回用中心
电动自行车电池	腐蚀性和毒性	危险废物处理厂或回用中心

家庭生活产生的危险废物	危害特性	合理的处置方法
涂料		
瓷釉、油基或水基颜料	易燃性	危险废物处理厂
混杂的其他用品	易燃性	危险废物处理厂
电池	腐蚀性、毒性	危险废物处理厂或回用中心
相片冲印化学品	腐蚀性、毒性	危险废物处理厂或照相馆
灭蟑螂药	毒性	危险废物处理厂

此外，一些其他机构，包括儿童福利院、养老院、学校、少教所等单位，由于活动性质与家庭生活类似，也会产生类似的危险废物。各种报告中城市垃圾中危险废物的比例变化范围很大。例如在晚春，人们从车库中清理出少量的涂料、未使用过的清洁剂，包括杀虫剂和除草剂在内的园艺用品，在这段时间内危险废物在城市垃圾中的比例就比一年中的其他时候要高得多。根据发达国家的统计，由家庭生活和这些类似机构产生的危险废物的量相当大，占国家各种行为产生的危险废物总量的 0.01%～0.1%。借用这个比例，我国近几年危险废物的产量为 800 万～1000 万吨，那么，由家庭生活和类似机构产生的危险废物每年就有 8000～10000 吨。

事实上，许多生活用品中都含有毒有害物质：家庭洗涤用品中大都含有大量的有毒有害难降解有机物，个人护理用品中含有相当多的毒性有机物和易燃物质，家用电子产品中含有大量的重金属，家庭装修用的涂料和油漆具有易燃性，这些用品一旦随意废弃或者混合在生活垃圾中处理将会给环境造成很大的污染和破坏。通常，在国家和地方法规中，不会设置限制这些生活中的危险废物的条款。因此，提倡城市生活垃圾分类收集的同时，还应做好两项工作：一是开展生活用品中危险废物相关知识的宣传、教育和普及；二是在生活垃圾分类收集点可以适当地布置相应的危险废物收集设施，以便于生活垃圾中危险废物的分类收集，减少其中的危险物质可能造成的危害。

2. 商业机构产生的典型危险废物

商业机构产生的危险废物与其提供的服务有关。例如，打印店的油墨、干洗店的溶剂、冲印店的药剂、汽车修理店的清洁剂及颜料商店的颜料和稀释剂等。

大部分商业机构产生的危险废物较少。美国环保局根据每月危险废物的产生量来确定所谓的少量危险废物制造者，其具体规定如下：①大于 100 千克，小于 1000 千克非剧毒废物；②处理剧毒废物产生的残余物、被污染的土壤不超过 100 千克；③剧毒废物小于 1 千克。产生的危险废物超过以上三条规定之一者就被称为大量危险废物制造者，而产生的危险废物数量小于这三条规定的机构就是有条件免责危险废物制造者。这三类危险废物制造者中，有条件免责危险废物制造者受管理法规的限制最少。在美国联邦和其他一些州，有条件免责危险废物制造者被允许用卫生填埋场处置少量危险废物，这样的规定可以使许多商家免除处理危险废物的责任。由于受到法律法规的保护，这些可以被免除责任的危险废物的总量在逐年增长。

3. 农业生产过程中产生的典型危险废物

农业生产过程中产生的危险废物主要是杀虫剂、除草剂等农药。有些农药虽然对害虫、杂草有很强的杀灭作用，但在环境中积累后，同时会杀死昆虫、鱼类、鸟类、哺乳动物甚至人类，因此如果对这些农药的储存方式不妥或使用不当，就会产生危害（表1-8）。

表1-8 农业生产过程中的典型危险废物及其危害

农药名称	化学分子式	用途	危害
异狄氏剂	$C_{12}H_8OCl_6$	杀虫剂、除草剂	致癌物；通过吸入或被皮肤吸收而具有毒性
氯丹	$C_6H_6Cl_6$	杀虫剂	通过吸入或被皮肤吸收而具有毒性
甲氧氯	$Cl_3CCH(C_6H_4OCH_3)_2$	杀虫剂	毒性
毒杀芬	$C_{10}H_{10}Cl_8$	杀虫剂、除草剂	通过吸入或被皮肤吸收而具有毒性
三氯苯氧丙酸	$Cl_3C_6H_2OCH(CH_3)COOH$	除草剂	毒性

4. 部分工业生产过程中产生的典型危险废物

部分工业可能产生的危险废物见表1-9。

表1-9 部分工业可能产生的危险废物

行业代号	工业类别	工序	废物类别	废物代号
07 石油和天然气开采业				
071 072	天然原油和 天然气开采	开采过程 化学测试	废矿物油 废乳化液 废酸 废碱 废有机溶剂与含有机溶剂废物 含汞废物	HW08 HW09 HW34 HW35 HW06 HW29
09 有色金属矿采选业				
091 092 093	常用有色金属矿采选 贵金属矿采选 稀有稀土金属矿采选	铜、铅锌、镍钴、锡、锑、铝、镁、汞、镉、铋等常用有色金属矿的采选活动 地壳中含量极少的金、银和铂族元素（铂、铱、锇、钌、钯、铑）矿的采选活动 在自然界中含量较小，分布稀散或难以从原料中提取，以及研究和使用较晚的金属矿开采、精选活动	废矿物油 废乳化液 含汞废物 含铜废物 含锌废物 含砷废物 爆炸性废物 无机氰化物废物	HW08 HW09 HW29 HW22 HW23 HW24 HW15 HW33
10 非金属矿采选业				
109	石棉及其他 非金属矿采选	开采过程产生的石棉尾矿渣	石棉废物	HW36
17 纺织业				
171 172 174	棉纺织及印染精加工 棉纺织及染整精加工 麻纺织及染整精加工	化学测试 煮炼 溶剂清洗、丝光处理	废酸 废碱	HW34 HW35

行业代号	工业类别	工序	废物类别	废物代号
		19 皮革、毛皮、羽毛及其制品和制鞋业		
191 192 193	皮革鞣制加工 皮革制品制造 毛皮鞣制及制品加工	干洗 溶剂清洗 灰浸 酸蚀 铬鞣 再鞣 光漆涂布 喷漆 皮革切削	废酸 废碱 废有机溶剂与 含有机溶剂废物 制革边角料和 废水处理污泥	HW34 HW35 HW06 HW21
		20 木材加工和木、竹、藤、棕、草制品业		
201	木材加工	木材防腐 木材胶合	有机树脂类废物 木材防腐剂废物	HW13 HW05
		23 印刷和记录媒介复制业		
231	印刷	胶卷（菲林）显影，胶卷（菲林）定影，影像减薄（漂白），影像加厚（物理沉淀），影像加厚（氧化），旋流式抗蚀涂布，抗蚀圆形显影，抗蚀层化学硬化，铜版蚀刻，金属版蚀刻，柯式印刷显影，橡皮版印刷，抗蚀层去除，镀铬，印刷工具清洗，凹板、轮转、丝网等，印刷方法，凸版印刷	感光材料废物 含铬废物 含铜废物 含汞废物 废酸 废碱 废有机溶剂与 含有机溶剂废物	HW16 HW21 HW22 HW29 HW34 HW35 HW06
		25 石油、煤炭及其他燃料加工业		
251 252	精炼石油产品制造 煤炭加工	石油精炼 炼焦	废乳化液 精（蒸）馏残渣	HW09 HW11
		26 化学原料和化学制品制造业		
261	基础化学原料制造	提纯、电解 酸（碱）洗 蒸（精）馏 过滤、分离 反应过程	精（蒸）馏残渣 含砷废物 含汞废物 废酸 废碱	HW11 HW24 HW29 HW34 HW35
263	农药制造	制造过程	农药废物	HW04
266	专用化学产品制造	反应过程 蒸馏 槽缸、反应器或锅炉清洗 化学测试	废有机溶剂与 含有机溶剂废物 蒸馏残余物 废酸 废碱 含重金属废物 爆炸性废物	HW06 HW11 HW34 HW35 — HW15
268	日用化学品制造	反应过程 蒸馏 槽缸、反应器或锅炉清洗 化学测试	水处理污泥 废卤化有机溶剂 废有机溶剂 蒸馏残余物 废酸 废碱 含重金属废物	HW06 HW11 HW34 HW35 —

（四）我国部分行业危险废物的产生系数

危险废物的产生几乎遍布所有的工业部分，不同的行业、不同的原材料消耗、不同的工艺产生的危险废物的量和组成有很大差别，不可能列出所有的危险废物的产生系数。

目前采用较多的产生系数是医疗废物。医疗废物产生量的估算一般有两种方法：一是按医疗机构的床位数和标准产污系数来计算，然后根据地区的差异利用不同的系数进行折算，即医疗废物产生量（千克/天）=医疗单位床位数（床）×标准产污系数［0.5千克/（床·天）］×折算系数（东部地区1.15）；二是按医疗机构大小的不同选择不同的产污系数来计算，即医疗废物产生量（千克/天）=医疗单位床位数（床）×产污系数［千克/（床·天）］，各类医疗机构的产污系数列于表1-10。

表 1-10　各类医疗机构的产污系数

类别	分类标准	产污系数［千克/（床·天）］
大型医院	拥有3万张床位以上	0.74
省属、重点市属医院	省会城市、计划单列市	0.60
市属医院	市、地级城市	0.48

化工行业是产生危险废物最多的行业，一般生产每吨产品产生1～3吨固体废物，有的产品可高达8～12吨。但是，化工固体废物的产生量和组成往往随着产品品种、生产工艺、装置规模和原料质量不同有较大的差异。

部分化工行业固体废物的单位产生量列于表1-11。

表 1-11　部分化工行业固体废物单位产生量

行业名称	产品名称	生产方式（工艺）	固体废物名称	产生量
冶金行业		酸洗钢	酸洗液	70kg/t（硫酸11%）
		铅冶炼	废渣	0.37t/t 原料（含2.9%～6.7%）
			尘	33～35kg/t 原料
	硅		废渣	20t/t（含砷0.2～0.3t）
		锌蒸馏	废渣	约0.43t/t
		镍蒸馏	废渣	40t/t 原料
		镍放射炉硫化阴极熔炼	废渣	0.3t/t
		钢镍矿电炉熔炼	废渣	1～1.2t/t
		铝电解	尘	20～100kg/t（含氟6～8kg）
			废渣	2～3t/t
		高炉（沸腾）炼汞	废渣	500～700t/t 原料（含汞0.002%～0.005%）
		重、浮选水冶法炼汞	废渣	6～13t/t 精矿（含汞0.05%～0.1%）
		重、浮选蒸馏法炼汞	废渣	3～12t/t 精矿（含汞0.004%～0.01%）

行业名称	产品名称	生产方式（工艺）	固体废物名称	产生量
无机盐工业	重铬酸钠	氧化焙烧法	铬渣	1.8～3t/t 产品
	氰化钠	氨钠法	氰渣	0.057t/t 产品
氯碱工业	烧碱	水银法	含汞盐泥	0.04～0.05t/t 产品
磷肥工业	磷酸	湿法	磷石膏	3～4t/t 产品
氨肥工业			变换废催化剂	0.47kg/t 氨
			合成废催化剂	0.23kg/t 氨
			甲醇废催化剂	4～18kg/t 甲醇
制碱工业	纯碱	氨碱法	蒸馏废液	9～11m³/t
	氢氧化钠		盐泥	盐泥是盐水量的 1%～5% 或 160kg，含汞为消耗量的 80%～90%；处理后的盐泥排量为 55～60kg，汞 8.6～14g
制酸工业	硫酸	硫酸生产水洗净化工艺	酸性废水	5～15t
		酸洗净化工艺	污酸量	30～50L/t
	硝酸		废渣	57t/t（含 HNO₃ 为 50～100mg/kg）
	氢氟酸		氟硅尘	13.6kg
	盐酸		废液	23～41kg 的稀硫酸废液
有机原料及合成材料工业	季戊四醇	低温缩合法	高浓度废母液	2～3t/t 产品
	环氧乙烷	乙烯氯化（钙化）	皂化废渣	3t/t 产品
			皂化液	40～70t/t 产品（钙法 70～120t）
			残液	约 0.1t/t
	聚甲醛	聚合法	烯醛液	3～4t/t 产品
	聚四氟乙烯	高温裂解法	蒸馏高沸残液	0.1～0.15t/t 产品
	丁二烯		糠醛渣	糠醛聚合物 4kg
	甲醇	高压法	精馏残液	0.16～0.5t/t 产品
	丁辛醇	高压羰基合成法	异丁醛副产品	0.35t/t 产品
			丁醇蒸馏塔羟基组分残液	0.86t/t 产品
		乙醛缩合法	废催化剂	0.5～1.0kg/t
	乙醛	乙烯氧化法	丁烯醛废液	0.005t/t 产品
			滤饼渣	0.03～0.06 kg/t
	醋酸	乙醛氧气氧化法	醋酸锰残液	0.5～1.2t/t 产品
	环氧丙烷环氧氯丙烷	钠法	蒸馏残液	3.2t/t 产品
			氯丙烯精馏塔釜液	0.166t/t 产品
		钙法	回收塔残液	0.13t/t 产品
	苯酚	磺化法	精馏残渣	0.1t/t 产品
			废碱液	0.6～1t/t

续表

行业名称	产品名称	生产方式（工艺）	固体废物名称	产生量
有机原料及合成材料工业	苯酐三氯乙烯		酸化液	0.2t/t
		萘氧化法	蒸馏残渣	0.06～0.08t/t 产品
		乙炔氧化法	精馏塔高沸物	0.1～0.3t/t 产品
	聚氯乙烯	乙炔法	含汞催化剂渣	1.5～2kg/t
			清釜残液	1kg/t
	F-113 苯乙烯	氟化氢、六氟乙烷合成法乙苯脱氢法	废催化剂	0.13t/t 产品
			精馏塔焦油	0.04t/t 产品
			有机渣	13.6～32kg/t
	聚乙烯醇顺丁橡胶	聚合法	蒸馏残渣	0.0035t/t 产品
			催化剂粉末	69kg/t
			污泥	约 20t/t
	肥皂、香皂		皂化黑液	5～7kg/t
			碱渣	16～20kg/t
	氯乙炔	乙炔法	酸渣	3～4kg/t
			酸渣	3～4t/t
			碱渣	60～80kg/t
	丙烯腈		含汞催化剂渣	1.5～2t/t
			废催化剂渣	0.2t/t
			污泥焚烧渣	0.1t/t
	己内酰胺异丙烯	环己酮胺羟法	精馏残液	0.054～0.16t/t
			碱液	30～50kg/t
			丙酮液	0.2t/t
	氯丁橡胶		酚钠废液	0.1t/t
			废催化剂	30kg/t
			废树脂	0.2kg/t
		电石、乙炔法	电石渣	3.2t/t 产品
			高聚物	0.02t/t 产品
	还原燃料—还原灰 BG		亚胺废渣	0.298t/t 产品
			硫化铜废渣	0.99t/t 产品
染料工业	还原染料—还原咔叽 2G		氯化母液	2.8t/t 产品
	还原咔叽 2G 还原染料—还原艳绿 FFB		废浓硫酸	14.5t/t 产品
	碱性染料—碱性紫		酸化铜渣	1t/t 产品

续表

行业名称	产品名称	生产方式（工艺）	固体废物名称	产生量
染料工业	硫性染料—双倍硫化青		氧化滤液	3.5～4.5t/t 产品
	活性染料—活性艳蓝 K-NR		含铜滤渣	1.25～1.5t/t 产品
	冰染染料—蓝色盐 VB		重氮化滤渣	0.22t/t 产品
	冰染染料—色酚 AS		有机树脂物	0.15t/t 产品
	分散染料—分散红王 S-2GFL		重氮化滤渣	0.01t/t 产品
			二硝母液	10.5t/t 产品
	分散染料—分散深蓝 HGL		偶合母液	5t/t 产品
	散深蓝 HGL 染料中间体—双乙烯酮		蒸馏残液	0.188t/t 产品
	染料中间体—H 酸		T 酸滤液	29t/t 产品
	染料中间体—2-氯蒽醌		铝盐废液	—
	染料中间体—苯胺，邻位甲苯胺		铁泥	间歇排放
	染料中间体—氨基苯甲醚		还原母液	—
感光材料工业	胶片		废胶片	16.4kg/10000m 胶片
	乳剂		废乳剂	0.8kg/10000m 胶片
	银泥	涂布含银废水絮凝沉淀回收银泥		81.9kg/10000m 胶片
	片基		废片基	83.7kg/10000m 片基
			废棉垫	69.7kg/10000m 片基

六、危险废物危害

（1）破坏生态环境。危险废物对生态环境的危害是多方面的，主要通过以下途径对水体、大气和土壤造成污染。

① 对水体的污染。危险废物随天然降水径流流入江、河、湖、海，污染地表水；

危险废物中的有害物质随渗滤液渗入土壤，使地下水污染；若将危险废物直接排入江、河、湖、海或者通过打井排入地下水系，会造成更为严重的污染，且多为不可逆的。

② 对大气的污染。危险废物本身蒸发、升华及有机废物被微生物分解而释放出的有害气体会直接污染大气；危险废物中的细颗粒、粉末随风飘逸，扩散到空气中，会造成大气粉尘污染；在危险废物的不规范运输、贮存、利用及处置过程中，产生的有害气体、粉尘也会直接或间接排放到大气中污染环境。

③ 对土壤的污染。危险废物的粉尘、颗粒随风飘落在土壤表面，而后进入土壤中污染土壤；液体、半固态危险废物在贮存过程中或被抛弃后洒落地面、渗入土壤，有害成分混入土壤中会继续迁移从而导致地下水污染或通过生物富集作用而进入食物链等。

（2）影响人类健康。危险废物对人体健康产生的危害主要从生物毒性、生物蓄积性和遗传变异性来表现。

① 生物毒性。危险废物除了能直接作用于人和动物引起机体损伤表现出急性毒性外，在水的作用下，会溶解释放出影响生物体的有害成分，产生浸出毒性。

② 生物蓄积性。有些危险废物被人和动物体吸收时，会在生物体内富集，使其在生物体内的浓度超过它在环境中的浓度，而产生对人体更大的危害性。

③ 遗传变异性。有些毒性危险废物会引起脱氧核糖核酸或核糖核酸分子发生变化，产生致癌、致畸、致突变的严重影响。具有"三致"作用的有害物质种类较多，常见的有多环芳烃类、亚硝胺类、金属有机化合物、甲基汞、部分农药等。

（3）制约可持续发展。危险废物不处理或不规范处理处置所带来的大气、水源、土壤等的污染也将会成为制约经济活动的瓶颈。

第三节　危险废物处理处置技术概述

危险废物处理处置技术路线大致分为：分类、预处理、最终处置三个核心环节（图1-6）。预处理技术就是采用物理处理、化学处理、热处理、固化处理、生物处理方法等，将危险固体废物无害化的过程，旨在减少其容积、中和其酸碱性、固定或解除其毒性、稳定其化学性质等，同时还可以回收其中可利用的成分，如有机溶剂、金属等。最终处置技术主要包括焚烧、填埋、海洋处理三种。危险废物处置工艺的发展方向主要有无害化和资源化两种。其中资源化是指将一些溶剂和金属等中能回用的组分进行资源化回用；无害化是指将缺乏回用价值的危险废物通过最终处置环节进行无害化处置。无害化的最终处置方法主要包括填埋、焚烧以及其他一些非焚烧的处置方法。

（1）物理化学处理。物理处理是通过浓缩或相变化改变固体废物的结构，使之成为便于运输、贮存、利用或处置的形态。包括压实破碎、分选、增稠、过滤、蒸馏、吸附、萃取等方法。

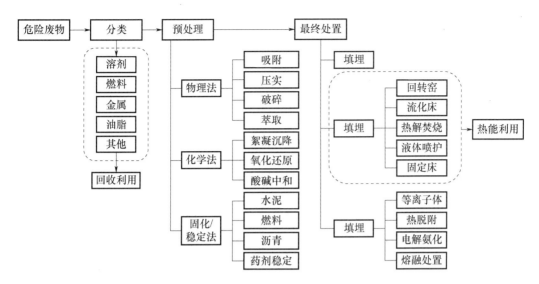

图 1-6 危险废物处理处置技术路线

化学处理是采用化学方法破坏固体废物中的有害成分，从而达到无害化，或将其转变成适于进一步处理、处置的形态。其目的在于改变被处理物质的化学性质，从而减少它的危害性。这是危险废物最终处置前常用的预处理措施。

（2）生物处理。生物处理是利用微生物分解固体废物中可降解的有机物，从而达到无害化或综合利用。生物处理方法包括好氧处理、厌氧处理和兼性厌氧处理。与化学处理方法相比，生物处理在经济上一般比较便宜，应用普遍，但处理过程所需时间长，处理效率不够稳定。

（3）热处理。热处理是通过高温破坏来改变固体废物的组成和结构，同时达到减容、无害化或综合利用的目的。其方法包括焚化、热解、湿式氧化以及焙烧、烧结等。热处理具有能最大限度地减少待处理（置）废物体积、质量的优点，因而广泛用于危险废物的处理。

（4）固化处理。固化处理是采用固化基材将废物固定或包覆起来，以降低其对环境的危害，因而能较安全运输和处置的一种处理过程。其主要用于有害废物和放射性废物，由于添加基材，固化体的容积远大于原废物的容积。

各种处理方法都有其优缺点和对不同危险废物的适用性，由于各危险废物所含组分、性质不同，很难有统一处理模式，应针对废物的特性选用适用性强的处理方法。

（5）最终处置。固体废物的最终处置方法有：堆存法、土地填埋法、土地耕作法、深井灌注法和海洋处置法。

堆存法和土地耕作法对废物成分有一定要求，一般适用于处置不溶解、不扬尘、不腐烂变质、不含重金属等不危害周围环境的固体废物，对有毒、有害物质绝不可施用，以防进入生物循环系统；深井灌注法需要将固体废物液化，形成真溶液或乳浊液，主要用来处置那些难以破坏、难以转化、不能采用其他方法处置或采用其他方法费用昂贵的废物，如高放射性废物；对于海洋处置法在国际上争议很大，我国基本持否定态度，为严格控制向海洋倾倒废物制定了有关海洋倾废管理条例，不仅对倾倒物有严格要求，而且需经过特别批准；目前土地填埋法在大多数国家已成为固体废物最终处置的一种重要方法，也是危险废物最终处置常用且行之有效的方法。

对于固体废物（废渣）可采用物理法处理，工艺包括压实、破碎、分选。对于液态废物（废液），物理法处理的工艺则包括沉降、气浮、离心、过滤、蒸馏等。

含可燃成分较多的废渣，可以采用物理化学法处理，最常见的是热处理（焚烧、热解），其后对残渣做固化。废液的物理化学法处理工艺则包括混凝、化学沉淀、酸碱中和、氧化还原、吸附与解吸、离子交换、焚烧等，在少量情况下可用到置换、电解、萃取、电渗析、反渗透、光分解等工艺。

生物法是一种较特殊的方法，一般只适用有机废物，其中用于有机固体废物的包括堆肥法和厌氧发酵法，用于有机废液的包括活性污泥法、厌氧消化法等。

选择废物的处理工艺受到诸多因素的影响，包括废物的组成与性状、安全标准、处理场地的气候和地质条件、设备操作及维修等。

一、危险废物焚烧

对于大部分可燃危险废物，经过焚烧处理后，其体积可减量到处理前的 5%～10%。与其他处理方法相比，焚烧法可以最大限度地实现减量化。高温焚烧过程可以将废弃物中的有害微生物、病毒等彻底杀灭，绝大多数有害化合物被分解为简单的无害物质（主要是二氧化碳和水），使易燃物质被彻底氧化，达到稳定状态，主要固体残余物经稳定化处理后采取安全填埋的处置方法可以基本消除二次污染的可能。因此用焚烧法处理危险废物具有无害化程度高、减容效果好、资源化率高、占地小等优点。

1. 焚烧设施总体要求

焚烧处置应采用技术成熟、自动化水平高、运行稳定的设备，并重点考虑其配置与后续废气净化设施之间的匹配性。焚烧控制条件应满足相应的标准规范要求。

焚烧炉应采用连续焚烧方式，并保证焚烧处理量在额定处理量的 70%～110% 范围内波动时能稳定运行。应设置二次燃烧室（简称二燃室），并保证烟气在二燃室 1100℃以上停留时间大于 2s。如果焚烧的物料氯、氟等含量超过 1%，则温度必须提高到 1100℃以上至少持续 2s。

采用热解焚烧技术，应根据物料特性和项目要求选择热解工艺，对于热值较低的物料宜采用热解焚烧技术，对于热值较高的废物宜采用热解气化技术。

回转窑等焚烧炉动力装置应满足最大负荷以及各种意外情况下的最大动力输送，应取平均值的 3～5 倍或以上，温度范围应控制在 820～1600℃，液体及气体停留时间 2s 以上，固体停留时间 30min～2h。

焚烧处置系统宜考虑对其产生的热能以适当形式加以利用。危险废物焚烧的热能利用应避开 200～500℃ 的温度区间。利用危险废物焚烧热能的锅炉应充分考虑烟气对锅炉的高温和低温腐蚀问题。

确保焚烧炉出口烟气中氧气含量达到 6%～10%（干烟气）；炉渣热酌减率应<5%。

2. 危险废物焚烧处理系统构成

危险废物焚烧处理系统包括：焚烧系统、余热利用系统、烟气处理系统及附属设施。焚烧系统包括焚烧炉及其附属的上料、助燃、除灰等设施；余热利用系统主要包括余热锅炉；烟气处理系统主要包括除尘及烟气脱酸等烟气净化处理设施等。焚烧技术的关键是焚烧炉设备和烟气处理系统。

某危险废物焚烧项目的工艺流程如图 1-7 所示。

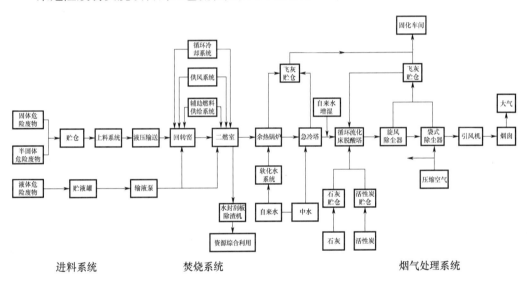

图 1-7　危险废物处置焚烧工艺

该项目采用预处理、系统进料、回转窑加二燃室焚烧、余热利用、烟气急冷、干式脱酸、活性炭吸附、滤袋除尘、湿式洗涤、烟气再加热的处理工艺。

炉前设贮仓，容积大小为可贮存 10d 的量。固体及半固体废物被送往焚烧车间前端的贮仓内，用抓斗起重机混合。

系统采用分系统进料方式，按固体废物、桶装废物、废液、废油、辅助燃料分别进料设计。

用抓斗起重机将贮仓内的危险废物抓起送入链板输送机料斗中，通过链板输送至回转窑料斗中，通过两级密封门，由推料机构送入料斗。

桶装废物采用垂直提升机进料，送至回转窑料斗中，通过密封门、推料，进入窑内焚烧。废液（油）类液体危险废物通过废液雾化泵直接喷入回转窑及二燃室内。少量不能与其他废液（油）混合液体废物，通过临时输送泵直接喷入回转窑内。

回转窑内由辅助燃料系统和供风系统将危险废物点燃并使其燃烧，在负压状态下，窑内温度850～950℃，与烟气顺流沿着回转窑的倾斜方向缓慢移动，历经一个小时左右的燃烧时间，经充分燃烧，残渣通过水封刮板出渣机带出。烟气从窑尾进入二燃室，温度上升到1100℃以上，烟气在二燃室停留时间＞2s，确保进入焚烧系统的危险废物充分燃烧，使烟气中的微量有机物及二噁英得以充分分解，分解效率超过99.99%。

经充分燃烧的高温烟气由烟道进入余热锅炉进行热量回收，产生的蒸汽供内部生产使用。

烟气经过余热锅炉后温度由原来的1100℃以上降至600℃左右进入急冷塔。为减少二噁英再合成的机会，烟气从600℃冷却至200℃时间小于1s。采用干法脱酸技术。在急冷塔出口烟道设文氏反应器，喷入石灰粉[$Ca(OH)_2$]和活性炭，$Ca(OH)_2$的给料通过根据HCl在线监测仪的信号控制给料变频电机的转速来调整。二者与烟气充分混合后，进入袋式除尘器。在文氏反应器中，$Ca(OH)_2$、活性炭与烟气强烈混合，利用$Ca(OH)_2$对酸性物质的吸收作用，以及活性炭具有的比表面积极大和吸附能力极强的特点，对烟气中的酸性气体、二噁英和重金属等污染物进行净化处理。携带较细粒径粉尘的烟气行进中经过布袋除尘器时，烟气中的粉尘被截留在滤袋外表面，从而得到净化，粉尘落入灰斗，经出灰机构排出。布袋除尘器出口烟道后设置引风机，防止低温腐蚀。引风机出口烟气淬冷段，烟气与喷入的水雾顺流接触，对烟气温度进行调整，使烟气温度达到与碱液洗涤水发生中和吸收反应的最佳温度状态。洗涤塔用于湿法对酸性气体处理，去除烟气中剩余的酸性气体。在洗涤塔的顶部装有除雾装置，可有效将小水滴去除，减少烟气带水。设烟气再加热器，通过换热装置将烟气升温至＞100℃后排放，即可避免烟雾的出现，取得较好的效果。经过加热的烟气进入烟囱达标排放。

焚烧残渣通过水封刮板出渣机收集后，放入暂存池内，经检验合格后，按一般废物填埋处理。余热锅炉、急冷塔飞灰和布袋飞灰由于重金属含量高，收集后固化填埋。

3. 焚烧炉炉型选择

随着焚烧技术的发展，焚烧设备的种类也越来越多，其炉型结构也越来越完善，各种炉型的使用范围和适用条件各不相同，下述是几种比较成熟的炉型。

炉排型焚烧炉：炉排型焚烧炉是使用最普遍的一种连续式焚烧炉，常用于处理量较大的城市生活垃圾焚烧厂中。炉排型焚烧炉的特点是垃圾在大面积的炉排上分布，厚薄较均匀，空气沿炉排片上升，供氧均匀。该炉的关键技术是炉排，一般可采用往复式、滚筒式、振动式等形式。运行方法与普通炉排燃煤炉相似。由于炉排型焚烧炉的空气是通过炉排的缝隙穿越与垃圾混合助燃，所以，小颗粒的渣土、塑料（粒径＜5mm）等废弃物会阻塞炉排的透气孔，影响燃烧效果。

旋转窑式焚烧炉：也称为回转炉、回转窑等。炉子主体部分为卧式的钢制圆筒，圆筒与水平线略倾斜安装，进料端略高于出料端，筒体可绕轴线转动。此种炉型燃料种类适应性强，用途广泛，基本适用于各类气、液、固燃料。运行时，废物从较高一端进入旋转炉，焚烧残渣从较低一端排出，液体废物可由固体废物夹带入炉中焚烧，或通过喷嘴喷入炉中焚烧。该设施的优点是可连续运转、进料弹性大，能够处理各种类型的固体和半固体危险废物，甚至液体废物，技术可行性指标较高，易于操作，运行和维护方便。与余热锅炉连同使用可以回收热分解过程中产生的大量能量，因此，其能量额定值非常高。从目前国内外的情况来看，采用旋转窑式焚烧炉对危险废物进行处理的比例是较高的。

流化床焚烧炉：由一个耐火材料作衬里的垂直容器和其中的惰性颗粒物（一般采用硅砂）组成，空气由焚烧炉底部的通风装置进入炉内，垂直上升的气流吹动炉内的颗粒物，并使之处于流化状态。流化床的优点是焚烧效率高，设计简单，运行过程开炉停炉较为灵活，投资费用少。但绝大多数的流化床装置通常仅接收一些特定的、性质比较单一的废物，不同的固体废物会干扰操作或损坏设备；由于燃烧速度快，易于生成 CO，炉内温度控制比较困难。

除了上述常用的炉型外，用于处理工业废料的焚烧炉尚有多室焚烧炉、液体喷射炉、烟雾炉、多燃烧室炉、旋风炉、螺旋燃烧炉、船用焚烧炉等小型焚烧炉。各种炉型处理固体废物的适用性见表 1-12。

表 1-12　各种焚烧炉的适用范围

炉型	适用废物						
	生活垃圾	工业固废	污泥	泥浆	液体	烟雾	有包装废物
炉排型焚烧炉	√	—	√	—	—	—	—
旋转窑式焚烧炉	√	√	√	√	√	√	√
流化床焚烧炉	√	轻质	√	√	√	—	—
多室焚烧炉	—	√	√	√	√	—	—
液体喷射炉	—	—	—	√	√	—	—
烟雾炉	—	—	—	—	—	√	—
多燃烧室炉	√	—	√	√	√	—	—
旋风炉	—	—	√	√	√	—	—
螺旋燃烧炉	—	—	√	√	√	—	—
船用焚烧炉	—	—	√	√	√	—	—

上述各种炉型适用于不同废物的焚烧处理，其中炉排型焚烧炉单炉处理量大，运行成熟、可靠，但投资较大且由于炉内活动部件多，焚烧温度不宜过高，因此，适用于处理量较大的生活垃圾焚烧处理；流化床焚烧炉有炉体较小、炉内活动部件少、炉体故障较少、运行稳定等优点，但由于热载体对炉体容易造成磨损，燃烧速度快，炉内温度不易控制，易产生 CO（可促使二噁英再合成）等缺点，所以一般只适用于轻质木屑、污泥、煤等的焚烧处理，焚烧前还要将固体废物粉碎。

危险废物焚烧装置的建设在国内尚属起步阶段，营运过程的安全及稳定性也需要重点考虑。回转窑焚烧炉在国外已有成熟、可靠的设备和运行经验，在国内采用较多。

4. 危险废物预处理

废物在入炉前需要一定的预处理：固体、半固体的混料，液体废物的过滤、伴热、加热，桶装废物的包装检验与分装、上料匹配等。其中固体与半固体废物在焚烧前需要在混料仓内混合，调整热值、含水量等参数，使其尽量均匀；收集的液体废物往往含有一定量的杂质，本系统设计在贮罐前后均有过滤装置，液体废物进入贮罐前要粗过滤，在输送泵前还要细过滤，保证燃烧器不被堵塞，燃烧充分。此外，在严寒季节以及今后焚烧高黏度废液时，还需要对废液贮罐伴热以及管道加热，保证燃烧器前液体废物黏度，从而能充分燃烧。桶装废物进场时有一定包装，如果包装过大，还需要进行分装处理，保证设备进料的畅通。

危险固体废物的进料系统包括行车抓斗、斗式提升机等。散装废物贮存在储坑内，用行车抓入散料斗，通过链板式输送机送入集料斗；标准桶装容器送入斗式提升机提升到窑头集料斗。废物最终都是由集料斗通过推杆进入回转窑焚烧。用于处理危险固体废物的回转窑是一个略微倾斜、钢制外壳内衬耐火材料的空心圆桶。

5. 危险废物配伍

危险废物入炉前，需依其成分、热值等参数进行搭配，尽可能保障焚烧炉稳定运行，降低焚烧残渣的热灼减率。搭配的过程要特别注意废物之间的相容性，以避免不相容的废物混后产生的不良后果。由于进焚烧炉废物料量和废物的性质均为不确定因素，具体的配比需视实际入厂废物量及实测热值，并结合运行经验来确定。其中高热值废液可作为辅助燃料注入二燃室。

6. 危险废物焚烧

焚烧系统由两部分组成：一燃室和二燃室。

危险废物通过进料机构送入回转窑本体内进行高温焚烧，经过 60min 左右（45～75min）的高温焚烧，物料被彻底焚烧成高温烟气和灰渣。回转窑的转速可以进行调节，保持约 50mm 厚的稳定渣层可以起到保护耐火层作用，其操作温度应控制在 850℃左右。高温烟气和灰渣从窑尾进入二燃室，焚烧灰渣从窑尾进入水封刮板出渣机，水冷后进入灰仓，定期送到安全填埋场进行填埋处理。

回转窑分窑头、本体、窑尾、传动机构等几部分。窑头的主要作用是完成物料的顺畅进料、布置一个多燃料燃烧器、助燃空气的输送，以及回转窑与窑头的密封。回转窑的窑头使用耐火材料进行保护，耐火层由一层水冷却支撑环支撑着，位于窑头的底断面。在窑头下部设置一个废料收集器以收集废物漏料。回转窑本体是一个由钢板卷成的圆筒，局部由钢板加强，内衬耐火材料。在本体上面还有两个带轮和一个齿圈，传动机构通过小带轮带动本体上的大齿圈，然后通过大齿圈带动回转窑本体转动。窑尾是连接回转窑本体以及二燃室的过渡体，它的主要作用是保证窑尾的密封以及作为烟气和焚烧灰渣的输送通道。

在回转窑焚烧炉高温焚烧的烟气从窑尾进入二燃室，烟气在二燃室燃尽，二燃室的温度控制在 1100~1200℃，为了避免辐射和二燃室外壳过热，二燃室设计成由钢板和耐火材料组成的圆柱筒体。根据焚烧理论，烟气充分焚烧的原则是 3T+1E 原则，即保证足够的温度（危险废物焚烧炉：＞1100℃）、足够的停留时间（危险废物焚烧炉：1100℃时＞2s）、足够的扰动（二燃室喉口用二次风或燃烧器燃烧让气流形成漩流）、足够的过剩氧气，其中前三个作用是由二燃室来完成。在二燃室下部设置二次风和两个多燃料燃烧器，保证二燃室烟气温度达到标准以及烟气有足够的扰动。回转窑本体内少量没有完全燃烧的气体在二燃室内得到充分燃烧，并提高二燃室温度，二燃室内温度始终维持在 1100℃以上，烟气在二燃室内停留时间大于 2s，在此条件下，烟气中的二噁英和其他有害成分的 99.99% 将被分解掉。

二燃室钢板内是由高铝砖以及隔热保温材料组成，二燃室支撑壳体温度约 200℃，保温外壁温度约 50℃，既达到了壳体防腐要求（避开 HCl 的低温和高温腐蚀区），又起到了绝热蓄能的作用，提高了炉温，减少了辅助燃料用量。

在焚烧炉启炉、进炉物料热值低时（不能自燃）以及二燃室温度达不到 1100℃时，使用辅助燃料助燃加温，通过检测一燃室和二燃室炉温及炉膛出口烟气含氧量，调节辅助燃料用量，使废物焚烧系统各项指标达到设计要求。

燃烧所需空气由鼓风机提供，空气系统中设有一次风机、二次风机、雾化风机及空气管道，分别供至一燃室、二燃室燃烧及雾化所需空气，空气管道上均装有调节门。在整个运行期间通过调节来自 PLC 控制单元的信号，以达到最佳燃烧效果。焚烧空气引自焚烧上料及储料间，使其形成负压操作。

为防备焚烧系统可能出现的紧急异常情况，在二燃室顶部设置紧急排放烟囱。当系统出现故障时，燃烧后的烟气可通过紧急排放烟囱排入大气。烟囱顶部设一电动阀门，正常时阀门处于关闭状态，当遇到紧急情况时，阀门自动打开。

7. 尾气净化系统

去除烟气中各种成分的常见方法有旋风除尘、干式洗涤塔、半干式洗涤塔、湿式洗涤塔、静电除尘及袋式除尘，烟气中有的成分选用单独一种方法即可，有的成分则需几种方法组合使用。

粉尘：可以采用单一的湿式洗涤塔、干式洗涤塔、半干式洗涤塔、静电除尘、袋式除尘或旋风除尘，几种方法组合使用效果更佳。

酸性气体：采用湿式、干式和半干式洗涤塔，这三种方法都要使用酸性气体吸收剂，常用吸收剂有氧化钙、氧化镁和氢氧化钠等，选用其中一种方法即可。

二噁英类物质：对于二噁英类物质的控制采取预防、治理相结合的方法：首先，控制焚烧炉二燃室的"3T"，即停留时间（燃烧室内停留时间≥2s），温度（焚烧温度＞850℃）和湍流（空气搅拌）。其次，烟气降温过程中，在 200~600℃之间极易合成二噁英，所以采用喷淋降温方法，缩短降温时间，减少二噁英的产生。由于粉尘可吸附二噁英，可充分利用附着在袋式除尘器滤袋表面的粉尘及活性炭吸附二噁英，以达到降低二噁英排放浓度的目的。

重金属：前述的几种方法可去除部分烟尘中的重金属残渣。

NO_x 的脱除：NO_x 的生成途径：一是废物中所含氮成分在燃烧时生成；二是空气中所含氮气在高温下氧化生成。去除 NO_x 的根本方法是抑制 NO_x 的生成，由于氧气浓度越高，产生的 NO_x 浓度也越高，因此，一般通过低氧燃烧法来控制 NO_x 的产生，即通过限制一次助燃空气量以控制燃烧中的 NO_x 量，实践已证明，这是行之有效的方法。具体措施主要有：①烟气充分混合：采用高压一次空气、二次空气均匀布风等措施，使烟气在炉内高温域充分得到混合和搅拌。②低空气比：通过降低过剩空气系数，采用低氧方式运行，降低氧浓度，抑制 NO_x 的产生。③控制炉膛温度不高于 950℃（在满足 850℃ 以上的前提下）。对于危废焚烧烟气处理的脱 NO_x 工艺，工程上采用较多的有选择性催化还原工艺（SCR）和选择性非催化还原工艺（SNCR）两种。

（1）选择性催化还原工艺。选择性催化还原工艺（SCR）是在催化剂存在的条件下，NO_x 被还原成 N_2 和水。SCR 系统设置在烟气处理系统布袋除尘器的下游段，在催化剂脱硝反应塔内喷入氨气。氨气制备是将尿素溶液进行热解产生。为了达到 SCR 所需的 200～300℃ 的温度，烟气在进入催化脱氮器之前需要加热，试验证明 SCR 可以将 NO_x 排放浓度控制在 $50mg/Nm^3$ 以下。SCR 的脱硝效率为 80%～90%。

（2）选择性非催化还原工艺。选择性非催化还原工艺（SNCR）是在高温（800～1000℃）条件下，利用还原剂将 NO_x 还原成 N_2，SNCR 不需要催化剂，但其还原反应所需的温度比 SCR 高得多，因此 SNCR 需在焚烧炉膛内完成。SNCR 的脱硝效率为 30%～50%。

一般来说，SNCR 工艺可保证 NO_x 的排放指标达到 $200mg/Nm^3$。为了使 NO_x 日均排放指标低于保证值 $100mg/Nm^3$，需进一步脱除氮氧化物或者改用其他脱硝更高效率的方法。此时，如果仅通过 SCR 脱硝将 NO_x 排放浓度从 $300mg/Nm^3$ 降到 $100mg/Nm^3$，需要催化剂的量将非常大。因此，一般从 $300mg/Nm^3$ 到 $200mg/Nm^3$ 使用 SNCR 进行脱硝，从 $200mg/Nm^3$ 到 $100mg/Nm^3$ 使用 SCR 进行脱硝，可将需要使用的催化剂量降下来，从而降低工程的运行费用。

8. 灰渣系统

危险废物焚烧后产生的残渣，大部分由回转窑尾部的灰室排出，其余少量灰渣由二燃室底部和锅炉底部排出。由回转窑的灰室排出的残渣，以及由二燃室底部卸料闸板导出的灰渣，经过湿式出渣系统，由回转窑底部的链式出渣机连续排出。

由出渣机排出的灰渣，最终掉入出渣机端部设置的料槽内。由余热锅炉下部排出的灰，经灰输送机的输送，落入专用料槽内。袋式除尘器底部的飞灰用专用贮仓储存。

9. 余热利用

用焚烧法处理废物，不仅使废物达到了无害化、减量化，在焚烧过程中还产生了大量热能，产生热能的多少根据所焚烧的废物性质、成分，尤其是热值和处理规模的不同而各异，通常这部分热能通过两种方式来回收利用：利用蒸汽锅炉产生蒸汽，当废物热值高、处理量大时，利用蒸汽发电或向城市集中供热；焚烧处理规模比较小时，可使用热水锅炉生产热水，供本厂及周边用户使用，同样达到了回收能源的目的。

利用回转窑处理危险固体废物的优点主要有：①可以处理的危险废物种类多，整桶装的废物也可以进入其中进行处理；②回转窑设置一定倾角，便于出渣；③回转窑内焚烧工况易于控制，有利于危险废物充分分解。

焚烧产生的产物极其复杂，分为灰分和烟气两部分。其中灰分大多进行安全填埋，烟气需进入烟气净化系统处理。危险固体废物的焚烧烟气中含有很多有毒有害成分，包括酸气、重金属、二噁英、磷、硫、卤化物等，因此需要对烟气进行净化。目前对于烟气污染物的控制主要集中在硫化物、氮氧化物以及烟尘，对于卤化物的处理目前技术尚不成熟。

二、危险废物填埋

（一）填埋场设计原则

危险废物的最终处置是为了使危险废物最大限度地与生物圈隔离而采取的措施。安全填埋作为固体危险废物最终处置的一种方法，目标是确保废物中有毒有害物质，无论现在和将来都不能对人类及环境造成不可接受的危害。因此，安全填埋系统的设计应符合以下原则：

（1）应以本地区需填埋的危险废物量、经济发展水平和自然条件为基础，结合城市经济建设与科学技术的发展，确定合理的建设规模，做到安全可靠、技术先进、经济合理。

（2）应符合区域性环境保护规划和城市总体规划，严格执行环境影响评价制度。其建设规模、布局和选址应在进行技术、经济和环境论证基础上，进行比选后确定。

（3）应采用成熟可靠的技术、工艺、材料和设备；对于采用的新技术和设备，应经充分的技术经济论证后确定。

（4）危险废物安全填埋处置工程建设，应坚持专业化协作和社会化服务相结合的原则，合理确定配套工程，提高运营管理水平，降低运营成本。

（二）填埋场选址要求

按照《危险废物填埋污染控制标准》（GB 18598—2001）要求，填埋场的选址要求如下：

（1）填埋场场址的选择应符合国家及地方城乡建设总体规划要求，场址应处于一个相对稳定的区域，不会因自然或人为的因素而受到破坏。

（2）填埋场场址的选择应进行环境影响评价，并经环境保护行政主管部门批准。

（3）填埋场场址不应选在城市工农业发展规划区、农业保护区、自然保护区、风景名胜区、文物（考古）保护区、生活饮用水源保护区、供水远景规划区、矿产资源储备区和其他需要特别保护的区域内。

（4）填埋场距飞机场、军事基地的距离应在 3000m 以上。

（5）填埋场场界应位于居民区 800m 以外，并保证在当地气象条件下对附近居民区大气环境不产生影响。

（6）填埋场场址必须位于百年一遇的洪水标高线以上，并在长远规划中的水库等人工蓄水设施淹没区和保护区之外。

（7）填埋场场址距地表水域的距离不应小于 150m。

（8）填埋场场址的地质条件应符合下列要求：

① 能充分满足填埋场基础层的要求；

② 现场或其附近有充足的黏土资源以满足构筑防渗层的需要；

③ 位于地下水饮用水水源地主要补给区范围之外，且下游无集中供水井；

④ 地下水位应在不透水层 3m 以下；否则，必须提高防渗设计标准并进行环境影响评价，取得主管部门同意；

⑤ 天然地层岩性相对均匀、渗透率低；

⑥ 地质构造相对简单、稳定，没有断层。

（9）填埋场场址选择应避开下列区域：破坏性地震及活动构造区；海啸及涌浪影响区；湿地和低洼汇水处；地应力高度集中，地面抬升或沉降速率快的地区；石灰溶洞发育带；废弃矿区或塌陷区；崩塌、岩堆、滑坡区；山洪、泥石流地区；活动沙丘区；尚未稳定的冲积扇及冲沟地区；高压缩性淤泥、泥炭及软土区以及其他可能危及填埋场安全的区域。

（10）填埋场场址必须有足够大的可使用面积以保证填埋场建成后具有 10 年或更长的使用期，在使用期内能充分接纳所产生的危险废物。

（11）填埋场场址应选在交通方便、运输距离较短，建造和运行费用低，能保证填埋场正常运行的地区。

（三）进厂物料要求

（1）下列废物可以直接入场填埋：

① 根据 GB 5086.1 和 GB/T 15555.1～11（其中第 2、6、9 个规范已废止，暂未规定替代标准）测得的废物浸出液中有一种或一种以上有害成分浓度超过 GB 5085.3 中的标准值并低于表 1-13 中的允许进入填埋区控制限值的废物；

② 根据 GB 5086.1 和 GB/T 15555.12 测得的废物浸出液 pH 值在 7.0～12.0 之间的废物。

（2）下列废物需经预处理后方能入场填埋：

① 根据 GB 5086.1 和 GB/T 15555.1～11 测得废物浸出液中任何一种有害成分浓度超过表 1-13 中允许进入填埋区的控制限值的废物；

② 根据 GB 5086.1 和 GB/T 15555.12 测得的废物浸出液 pH 值在 7.0～12.0 之间

的废物；

③ 本身具有反应性、易燃性的废物；

④ 含水率高于85％的废物；

⑤ 液体废物。

（3）下列废物禁止填埋：

① 医疗废物；

② 与衬层具有不相容性反应的废物。

（4）危险废物入场填埋的控制限值。

危险废物允许入场填埋的控制限值见表1-13。

表 1-13　危险废物允许入场填埋的控制限值

序号	项目	稳定化控制限值（mg/L）
1	有机汞	0.001
2	汞及其化合物（以总汞计）	0.25
3	铅（以总铅计）	5
4	镉（以总镉计）	0.50
5	总铬	12
6	六价铬	2.50
7	铜及其化合物（以总铜计）	75
8	锌及其化合物（以总锌计）	75
9	铍及其化合物（以总铍计）	0.20
10	钡及其化合物（以总钡计）	150
11	镍及其化合物（以总镍计）	15
12	砷及其化合物（以总砷计）	2.5
13	无机氟化物（不包括氟化钙）	100
14	氰化物（以 CN^- 计）	5

（5）危险废物进场的物理要求。

① 含水量：为使工业危险废物压实不致出现游离水并能达到最好的密实性，入场填埋的危险废物以不含有游离水为准。

② 可压缩性废物：诸如已被污染的空容器（如空铁桶）、被污染的废钢筋、石棉类物质等可压缩性废物，在填埋之前必须经过压缩处理。可燃性废物需进行焚烧后填埋其残渣。

③ 体积与形态：为防止破坏防渗层，最下层填埋废物块的最大直径不得超过100mm。具有内部空隙的特异形状的物质，如包装物和异型构筑物碎块等必须在压实或粉碎后填埋。

（四）填埋场设计与施工的环境保护要求

（1）填埋场应设预处理站，预处理站包括废物临时堆放、分拣破碎、减容减量处理、稳定化养护等设施。

（2）填埋场应对不相容性废物设置不同的填埋区，每区之间应设有隔离设施。但对于面积过小，难以分区的填埋场，对不相容性废物可分类用容器盛放后填埋，容器材料应与所有可能接触的物质相容，且不被腐蚀。

（3）填埋场所选用的材料应与所接触的废物相容，并考虑其抗腐蚀特性。

（4）填埋场天然基础层的饱和渗透系数不应大于 1.0×10^{-5} cm/s，且其厚度不应小于 2m。

（5）填埋场应根据天然基础层的地质情况分别采用天然材料衬层、复合衬层或双人工衬层作为其防渗层。

① 如果天然基础层饱和渗透系数小于 1.0×10^{-7} cm/s，且厚度大于 5m，可以选用天然材料衬层。天然材料衬层经机械压实后的饱和渗透系数不应大于 1.0×10^{-7} cm/s，厚度不应小于 1m。

② 如果天然基础层饱和渗透系数小于 1.0×10^{-6} cm/s，可以选用复合衬层。复合衬层必须满足下列条件：

天然材料衬层经机械压实后的饱和渗透系数不应大于 1.0×10^{-7} cm/s，厚度应满足表 1-14 所列指标，坡面天然材料衬层厚度应比表 1-14 所列指标大 10%。

表 1-14　复合衬层下衬层厚度设计要求

基础层条件	下衬层厚度
渗透系数≤1.0×10^{-7}cm/s，厚度≥3m	厚度≥0.5m
渗透系数≤1.0×10^{-6}cm/s，厚度≥6m	厚度≥0.5m
渗透系数≤1.0×10^{-6}cm/s，厚度≥3m	厚度≥1.0m

人工合成材料衬层可以采用高密度聚乙烯（HDPE），其渗透系数不大于 10^{-12} cm/s，厚度不小于 1.5mm。HDPE 材料必须是优质品，禁止使用再生产品。

③ 如果天然基础层饱和渗透系数大于 1.0×10^{-6} cm/s，则必须选用双人工合成衬层。双人工合成衬层必须满足下列条件：

天然材料衬层经机械压实后的渗透系数不大于 1.0×10^{-7} cm/s，厚度不小于 0.5m。

上人工合成衬层可以采用 HDPE 材料，厚度不小于 2.0mm。

下人工合成衬层可以采用 HDPE 材料，厚度不小于 1.0mm。

（6）填埋场必须设置渗滤液集排水系统、雨水集排水系统和集排气系统。各个系统在设计时采用的暴雨强度重现期不得低于 50 年。管网坡度不应小于 2%；填埋场底部应以不小于 2% 的坡度坡向集排水管道。

（7）采用天然材料衬层或复合衬层的填埋场应设渗滤液主集排水系统，它包括底部排水层、集排水管道和集水井；主集排水系统的集水井用于渗滤液的收集和排出。

（8）采用双人工合成材料衬层的填埋场除设置渗滤液主集排水系统外，还应设置辅助集排水系统。主集排水系统包括底部排水层、坡面排水层、集排水管道和集水井；

辅助集排水系统的集水井主要用作人工合成衬层的渗漏监测。

（9）排水层的透水能力不应小于 0.1cm/s。

（10）填埋场应设置雨水集排水系统，以收集、排出汇水区内可能流向填埋区的雨水、上游雨水以及未填埋区域内未与废物接触的雨水。雨水集排水系统排出的雨水不得与渗滤液混排。

（11）填埋场设置集排气系统以排出填埋废物中可能产生的气体。

（12）填埋场必须设有渗滤液处理系统，以便处理集排水系统排出的渗滤液。

（13）填埋场周围应设置绿化隔离带，其宽度不应小于 10m。

（14）填埋场施工前应编制施工质量保证书并获得环境保护主管部门的批准。施工中应严格按照施工质量保证书中的质量保证程序进行。

（15）在进行天然材料衬层施工之前，要通过现场施工试验确定合适的施工机械、压实方法、压实控制参数及其他处理措施，以论证是否可以达到设计要求。同时在施工过程中要进行现场施工质量检验，检验内容与频率应包括在施工设计书中。

（16）人工合成材料衬层在铺设时应满足下列条件：

① 对人工合成材料应检查指标合格后才可铺设，铺设时必须平坦，无皱褶；

② 在保证质量条件下，焊缝尽量少；

③ 在坡面上铺设衬层，不得出现水平焊缝；

④ 底部衬层应避免埋设垂直穿孔的管道或其他构筑物；

⑤ 边坡必须锚固，锚固形式和设计必须满足人工合成材料的受力安全要求；

⑥ 边坡与底面交界处不得设角焊缝，角焊缝不得跨过交界处。

（17）在人工合成材料衬层铺设、焊接过程中和完成之后，必须通过目视、非破坏性和破坏性测试检验施工效果，并通过测试结果控制施工质量。

（五）填埋场导排及防渗

根据防渗材料及其结构不同，填埋场的防渗系统有单衬层系统、复合衬层系统、双衬层系统和多衬层系统之分。现在的危险废物安全填埋场通常都有基础及四壁衬层排水系统和表面覆盖系统，必要时还需要在填埋场的周边建造垂直密封系统。衬层材料多使用黏土和柔性膜（通常为 HDPE），也有使用钢筋混凝土材料的。使用黏土和柔性膜建造填埋场防渗衬层是国际上较为通用的一种形式，它具有造价低、适用性好、防渗性能强和技术成熟等优点。对于某些特殊情况下的填埋场，也有使用钢筋混凝土盒子的情况。如在日本，钢筋混凝土结构常作为危险废物填埋场基本结构；在欧洲如英国等国家，也有使用钢筋混凝土结构的实例。钢筋混凝土填埋场具有强度高、适用于较复杂地质条件场地等优点，配合 HDPE 等防渗材料，可以达到较高的防渗性能，但钢筋混凝土填埋场的造价较高。

（六）填埋场工艺流程

填埋场的工艺流程如图 1-8 所示。

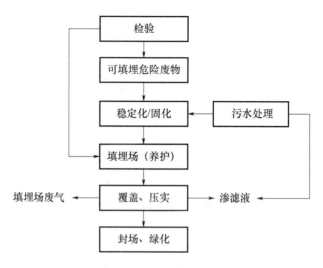

图 1-8 填埋工艺流程

（七）填埋场运行管理要求

（1）在填埋场投入运行之前，要制订一个运行计划。此计划不但要满足常规运行，而且要提出应急措施，以便保证填埋场的有效利用和环境安全。

（2）填埋场的运行应满足下列基本要求：

① 入场的危险废物必须符合《危险废物填埋污染控制标准》对废物的入场要求；

② 散状废物入场后要进行分层碾压，每层厚度视填埋容量和场地情况而定；

③ 填埋场运行中应进行每日覆盖，并视情况进行中间覆盖；

④ 应保证在不同季节气候条件下，填埋场进出口道路通畅；

⑤ 填埋工作面应尽可能小，使其得到及时覆盖；

⑥ 废物堆填表面要维护最小坡度，一般为 1：3（垂直：水平）；

⑦ 通向填埋场的道路应设栏杆和大门加以控制；

⑧ 必须设有醒目的标志牌，指示正确的交通路线，标志牌应满足《环境保护图形标志　固体废物贮存（处置）场》（GB 15562.2—1995）的要求；

⑨ 每个工作日都应有填埋场运行情况的记录，应记录设备工艺控制参数，入场废物来源、种类、数量，废物填埋位置及环境监测数据等；

⑩ 运行机械的功能要适应废物压实的要求，为了防止发生机械故障等情况 ，必须有备用机械；

⑪ 危险废物安全填埋场的运行不能在露天进行，必须有遮雨设备，以防止雨水与未进行最终覆盖的废物接触；

⑫ 填埋场运行管理人员，应参加环保管理部门的岗位培训，合格后上岗。

（3）危险废物安全填埋场分区原则。

① 可以使每个填埋区能在尽量短的时间内得到封闭；

② 使不相容的废物分区填埋；

③ 分区的顺序应有利于废物运输和填埋。

（4）填埋场管理单位应建立有关填埋场的全部档案，从废物特性、废物倾倒部位、场址选择、勘察、征地、设计、施工、运行管理、封场及封场管理、监测直至验收等全过程所形成的一切文件资料，必须按国家档案管理条例进行整理与保管，保证完整无缺。

（八）填埋场污染控制要求

（1）严禁将集排水系统收集的渗滤液直接排放，必须对其进行处理并达到《污水综合排放标准》（GB 8978—1996）中第一类污染物最高允许排放浓度要求及第二类污染物最高允许排放浓度标准要求后方可排放。

（2）危险废物填埋场废物渗滤液第二类污染物排放控制项目为：pH 值，悬浮物（SS），五日生化需氧量（BOD_5），化学需氧量（COD_{Cr}），氨氮（$NH_3\text{-}N$），磷酸盐（以 P 计）。

（3）填埋场渗滤液不应对地下水造成污染。填埋场地下水污染评价指标及其限值按照《地下水质量标准》（GB/T 14848—2017）执行。

（4）地下水监测因子应根据填埋废物特性由当地环境保护行政主管部门确定，必须是具有代表性，能表示废物特性的参数。常规测定项目为：浊度，pH 值，可溶性固体，氯化物，硝酸盐（以 N 计），亚硝酸盐（以 N 计），氨氮，大肠杆菌总数。

（5）填埋场排出的气体应按照《大气污染物综合排放标准》（GB 16297—1996）中无组织排放的规定执行。监测因子应根据填埋废物特性由当地环境保护行政主管部门确定，必须是具有代表性，能表示废物特性的参数。

（6）填埋场在作业期间，噪声控制应按照《工业企业厂界环境噪声排放标准》（GB 12348—2008）的规定执行。

（九）封场要求

（1）当填埋场处置的废物数量达到填埋场设计容量时，应实行填埋封场。

（2）填埋场的最终覆盖层为多层结构，应包括下列部分：

① 底层（兼作导气层）：厚度不应小于 20cm，倾斜度不小于 2%，由透气性好的颗粒物质组成。

② 防渗层：天然材料防渗层厚度不应小于 50cm，渗透系数不大于 10^{-7} cm/s；若采用复合防渗层，人工合成材料层厚度不应小于 1.0mm，天然材料层厚度不应小于 30cm。其他设计要求同衬层。

③ 排水层及排水管网：排水层和排水系统的要求同底部渗滤液集排水系统，设计时采用的暴雨强度重现期不应小于 50 年。

④ 保护层：保护层厚度不应小于 20cm，由粗砾性坚硬鹅卵石组成。

⑤ 植被恢复层：植被层厚度一般不应小于 60cm，其土质应有利于植物生长和场地恢复；同时植被层的坡度不应超过 33%。在坡度超过 10% 的地方，须建造水平台阶；

坡度小于20％时，标高每升高3m，建造一个台阶；坡度大于20％时，标高每升高2m，建造一个台阶。台阶应有足够的宽度和坡度，要能经受暴雨的冲刷。

（3）封场后应继续进行下列维护管理工作，并延续到封场后30年：

① 维护最终覆盖层的完整性和有效性；

② 维护和监测检漏系统；

③ 继续进行渗滤液的收集和处理；

④ 继续监测地下水水质的变化。

（4）当发现场址或处置系统的设计有不可改正的错误，或发生严重事故及发生不可预见的自然灾害，使得填埋场不能继续运行时，填埋场应实行非正常封场。非正常封场应预先做出相应补救计划，防止污染扩散。实施非正常封场必须得到环保部门的批准。

（十）监测要求

（1）对填埋场的监督性监测的项目和频率应按照有关环境监测技术规范进行，监测结果应定期报送当地环保部门，并接受当地环保部门的监督检查。

（2）填埋场渗滤液。

① 利用填埋场的每个集水井进行水位和水质监测。

② 采样频率应根据填埋物特性、覆盖层和降水等条件加以确定，应能充分反映填埋场渗滤液变化情况。渗滤液水质和水位监测频率至少为每月一次。

（3）地下水。

① 地下水监测井布设应满足下列要求：

a. 在填埋场上游应设置一眼监测井，以取得背景水源数值。在下游至少设置三眼井，组成三维监测点，以适应下游地下水的羽流几何型流向；

b. 监测井应设在填埋场的实际最近距离上，并且位于地下水上下游相同水力坡度上；

c. 监测井深度应足以采取具有代表性的样品。

② 取样频率。填埋场运行的第一年，应每月至少取样一次；在正常情况下，取样频率为每季度至少一次。

发现地下水质出现变差现象时，应加大取样频率，并根据实际情况增加监测项目，查出原因以便进行补救。

三、危险废物物化

物化处理是危险废物处置过程中的一个重要工序，其目的是将液态危险废物经处理后降低甚至是解除其危害性，并送往下一工序去做最终处置。

由于危险废物的种类较多，物化工艺复杂多样。几种常见的物化工艺如下：

（一）重金属、废酸碱处理工艺

常用的含重金属废液处理方法有化学法、离子树脂交换法、吸附法、电解法、膜分离法等，由于收运来的重金属废液（主要是含铬废物），其中存在大量的有毒成分六价铬离子，故需要先用还原剂进行解毒；碱性废液主要来自化工制品及工矿等其腐蚀性极强，所以应对其进行酸碱中和预处理，使处理后的废液呈中性。

提高 pH 值时最常用的化学品是石灰石、烧碱、纯碱，降低 pH 值时最常用的化学品是硫酸。用石灰石处理酸性废水，虽然成本最低，且使用方便，但用它处理含硫酸盐的废水，容易产生硫酸钙沉淀物并覆盖在石灰石上，阻止了进一步的反应，同时也增加了后续的分离系统负荷，因而效果并不好。采用烧碱或纯碱虽然价格较高，但处理过程中产生的沉淀物较少甚至没有，使中和反应得以快速进行。

（二）热处理含氰废液的处理

热处理含氰废液处理方法较多，对于 CN^- 浓度不是很高的废液，可以采用氯氧化法，将 CN^- 氧化为 CO_2 和 N_2。利用氯的强氧化性氧化氰化物，使其分解成低毒物或无毒物的方法称为氯氧化法。在反应过程中，为防止氯化氰和氯逸入空气中，反应常在碱性条件下进行，故常称作碱性氯化法。

氯氧化法具有以下特点：

用氯氧化法处理含氰废水能获得较满意的结果，氰化物浓度可降低到 0.5mg/L 甚至更低。氰酸盐能进一步水解，生成无毒物，有毒的重金属生成难溶沉淀物，排放水的重金属浓度能符合国家规定的排放标准。解毒所需要的药剂（次氯酸钠）容易获得，其特性早已为人所熟悉，可确保安全生产。

其工艺流程简述如下：

在反应槽内加入次氯酸钠，在碱性条件下与热处理含氰废液反应，利用完全氧化法（次氯酸钠适度过量），即可将 CN^- 氧化为 CO_2 和 N_2。为了避免反应液的蒸汽挥发到大气中，产生二次污染，反应槽为完全封闭，顶部的放散管收集挥发蒸汽并经物化处理车间的气体洗涤装量净化处理后再排至大气中。

（三）废乳化液处理

考虑废乳化液中可能含有其他杂质，因此设置预处理装置，去除其中的固体和漂浮物，收集浮油。预处理后的废液经泵提升至废乳化液储槽中，均匀水质和水量。

均质后的乳化废液经泵提升进入破乳液储槽，依次投加不同种类的复合破乳剂进行破乳。视来料废液特性的不同，破乳反应时间为 60～90min，使废液中的乳化油转化为浮油去除，降低废液中的有机物。破乳后的废液经泵提升至高效气浮系统，进一步去除其中的细微杂质等。

高效气浮系统产生的浮渣送至焚烧车间，出水经泵提升至高效氧化槽，高效氧化槽中的废液首先调节 pH 值，然后依次投加不同种类的复合氧化剂，氧化反应 60～90min，进一步降解去除废水中残留的有机物。

氧化后的出水经 pH 值回调后进入污泥脱水系统进行泥水分离，脱水后的泥饼送至固化车间进一步处理，滤液进入滤液收集池，若滤液收集池中废水水质较好，则可超越活性炭吸附过滤系统，直接进入破乳液储槽；若滤液收集池中废水水质较差，则进入活性炭吸附过滤系统进一步处理后，再进入破乳液处理观察槽中。

破乳液处理观察槽中的水进入车间集水池，然后经泵提升至污水处理系统进一步处理。

（四）物化车间废气处理

物化车间内各储罐及反应釜内产生的废气均通过放散管收集至酸雾洗涤塔内进行喷淋净化处理，处理后产生的废水重新回到反应釜内进行处理，处理后达标的气体通过引风机抽出后直排。

四、危险废物固化

危险废物固化技术即通过无机凝硬性材料或化学稳定化药剂将危险废物转变成不溶性的稳定物质。固化技术源于 20 世纪 50 年代对放射性危险废物的固化处置，后来针对危险废物的处置各国也开展了相应的技术研究，目前主要有水泥固化、石灰固化、自胶结固化、有机聚合物固化、塑性固化、陶瓷固化、水玻璃固化和药剂稳定化等。

固化法能降低废物的渗透性，并且能将其制成具有高应变能力的最终产品，从而使有害废物变成无害废物。

（一）水泥固化法

水泥固化是以水泥为固化剂将危险废物进行固化的一种处理方法。水泥中加入适当比例的水，混合后会发生水化反应，产生凝结后失去流动性则逐渐硬化。水泥固化法是用污泥（危险固体废物和水的混合物）代替水加入水泥中，使其凝结固化的方法。

水泥是最常用的危险废物稳定剂。水泥的品种繁多，包括普通硅酸盐水泥、矿渣硅酸盐水泥、矾土水泥、沸石水泥等，都可以用作废物固化处理的基材。其中普通硅酸盐水泥（也称为波特兰水泥）是用石灰石、黏土及其他硅酸盐物质混合，在水泥窑中高温煅烧，然后研磨成粉末状。它是钙、硅、铝及铁的氧化物的混合物。其主要成分是硅酸二钙和硅酸三钙。在水泥固化时，可将废物与水泥混合起来，如果在废物中没有足够的水分，还要加水使之水化。水化以后的水泥形成与岩石性能相近的，整体的钙铝硅酸盐的坚硬晶体结构。废物被掺入水泥的基质中，在一定条件下，废物经过物理的、化学的作用更进一步减少它们在废物-水泥基质中的迁移率。典型的例子，如形成溶解性比金属离子小得多的金属氧化物。人们还经常把少量的飞灰、硅酸钠、膨润土或专利产品的活性剂加入水泥中增进反应过程，最终依靠所加药剂使粒状的像土壤的物料变成了黏合的块状产物，从而使大量的废物稳定化/固化。

由于水泥比较便宜，并且操作设备简单，固化体强度高、长期稳定性好，对受热和风化有一定的抵抗力，因而水泥固化法利用价值较高。水泥固化法的缺点：水泥固化体的浸出率较高，通常为 $10^{-4} \sim 10^{-5}\,\mathrm{g/（cm^2 \cdot d）}$，因此需做涂覆处理；由于油类、有机酸类、金属氧化物等会妨碍水泥水化反应，为保证固化质量，必须加大水泥的配比量，结果固化体的增容比较高；有的废物需进行预处理和投加添加剂，使处理费用增高。

目前，水泥基材稳定化/固化技术已广泛用于处理各种废物，尤其含各种金属（如：镉、铬、铜、铅、镍、锌等）的电镀污泥，也用于处理含有机物的复杂废物，如含 PCB5、油脂、氯乙烯、二氯乙烯、树脂、石棉等。这种工艺设备技术有比较成熟的经验，实践证明是适用性最为广泛的技术之一，大量的危险废物都可以通过此种技术得到固化。因水泥是碱性物质，可与废酸类废物直接进行中和；由于水泥固化时需要用到水做反应剂，所以对含水量比较大的废物也适用。此法是所有固化处理方法中最为经济和常用的方法。

（二）石灰固化法

石灰固化是指以石灰、熔矿炉炉渣以及含有硅成分的粉煤灰和水泥窑灰等具有波索来反应（Pozzolanic Reaction）的物质为固化基材而进行的危险废物固化操作。在适当的催化环境下进行波索来反应，将污泥中的重金属成分吸附于所产生的胶体结晶中。但因波索来反应不同于水泥水合作用，石灰固化处理所提供的结构强度不如水泥固化，因而较少单独使用。

常用的技术是加入氢氧化钙（熟石灰）使污泥得到稳定。与其他稳定化过程一样，在投加石灰同时向废物中加入少量添加剂，可以获得额外的稳定效果（如存在可溶性钡时添加硫酸根），使用石灰作为稳定剂同时具有提高 pH 值的效果。此方法基本上应用于处理重金属污泥等无机污染物以及废酸和油类污泥等。

石灰与凝硬性物料结合会产生能在化学及物理上将废物包裹起来的黏结性物质。天然和人造材料都可以用，包括火山灰和人造凝硬性物料。人造材料如烧过的黏土、页岩料和废油页岩、烧过的纱网、烧结过的砂浆和粉煤灰等。化学固定法中最常用的凝硬性物料是粉煤灰和水泥窑灰。有人对石灰-凝硬性物料反应机理进行推测，认为：凝硬性物料经历着与沸石类化合物相似的反应，即它们的碱离子成分相互交换。另一种解释认为主要的凝硬性反应是由于像水泥的水合作用那样，生成了称之为硅酸三钙的新的水合物。

（三）塑料固化法

塑料固化是将塑料作为凝结剂，使含有重金属的污泥固化而将重金属封闭起来，同时又可将固化体作为农业或建筑材料加以利用的固化方法。

塑料固化技术按所用塑料（树脂）不同可分为热塑性塑料固化和热固性塑料固化两类。热塑性塑料有聚乙烯、聚氯乙烯树脂等，在常温下呈固态，高温时可变为熔融胶粘液体，将有害废物掺和包容其中，冷却后形成塑料固化体。热固性塑料有脲醛树脂和不饱和聚酯树脂等。脲醛树脂具有使用方便、固化速度快、常温或加热固化均佳的特点，与有害废物所形成的固化体具有较好的耐水性、耐热性及耐腐蚀性。不饱和聚酯树脂在常温下有适宜的黏度，可在常温、常压下固化成型，容易保证质量，适用于对有害废物和放射性废物的固化处理。

塑料固化法的特点是：一般均可在常温下操作；为使混合物聚合凝结，仅加入少量的催化剂即可；增容比和固化体的密度较小。此法既能处理干废渣，也能处理污泥浆，并且塑性固体不可燃。其主要缺点是塑料固化体耐老化性能差，固化体一旦破裂，污染物浸出会污染环境，因此，处置前都应有容器包装，因而增加了处理费用。此外，在混合过程中释放的有害烟雾，污染周围环境。

（四）水玻璃固化法

水玻璃固化是以水玻璃为固化剂，无机酸类（如硫酸、硝酸、盐酸等）作为辅助剂，与有害污泥按一定的配料比进行中和与缩合脱水反应，形成凝胶体，将有害污泥包容，经凝结硬化逐步形成水玻璃固化体。用水玻璃进行污泥的固化，其基础就是利用水玻璃的硬化、结合、包容及吸附的性能。

水玻璃固化法具有工艺操作简便，原料价廉易得，处理费用低，固化体耐酸性强，抗透水性好，重金属浸出率低等特点。但目前此法尚处于试验阶段。

（五）沥青固化法

沥青固化是以沥青为固化剂与危险废物在一定的温度、配料比、碱度和搅拌作用下产生皂化反应，使危险废物均匀地包容在沥青中，形成固化体。

沥青的主要来源是天然的沥青矿和原油。我国目前所使用的大部分沥青来自石油蒸馏的残渣。石油沥青是脂肪烃和芳香烃的混合物，其化学成分很复杂，包括沥青质、油分、游离碳、胶质、沥青酸和石蜡等。从固化的要求出发，较理想的沥青组分是含有较高的沥青质和胶质以及较低的石蜡。如果石蜡含量过高，则容易在环境反应力下产生开裂。用于危险废物固化的沥青可以是直馏沥青、氧化沥青、乳化沥青等。另外，沥青固化的废物与固化基材之间的质量比通常为 $1:1\sim2:1$，固化产物的增容率为 $30\%\sim50\%$。但因物料需要在高温下操作，其操作安全性相对较差，设备的投资费用与运行费用比水泥固化和石灰固化法高。

经沥青固化处理所生成的固化体空隙小、致密度高，难以被水渗透，同水泥固化体相比较，有害物质的沥滤率更低，并且采用沥青固化，无论污泥的种类和性质如何，均可得到性能稳定的固化体。此外，沥青固化处理后随即就能硬化，不需要像水泥固化那样要经过 $20\sim30d$ 的养护。但是，由于沥青的导热性不好，加热蒸发的效率不高，倘若污泥中所含水分较大，蒸发时会有起泡现象和雾沫夹带现象，容易排出废气发生污染。对于水分含量大的污泥，在进行沥青固化之前，要通过分离脱水的方法使水分降到 $50\%\sim80\%$。再有，沥青具有可燃性，必须考虑到加热蒸发时，沥青过热有燃烧的危险。

（六）药剂稳定化技术

目前国内外所选用的固化基材主要以水泥、石灰和粉煤灰为主，酌加一定量的添加剂，通过凝结剂与废物中危险成分的物理包容胶和化学胶结作用使固体趋于稳定，水泥固化增容率高达 1.5～2.0。随着法规对固化浸出率的要求日益严格，需要使用更多的凝结剂和添加剂，这样会造成费用增加，从而失去廉价的优势。另一个重要问题是废物的长期稳定性，固化稳定化技术的机理是废物和凝结剂之间的化学键合力、凝结剂对废物的物理包容、凝结剂水合产物对废物的吸附作用，当包容体破裂后，废物会重新进入环境造成不可预见的影响。

药剂稳定化技术是通过药剂和重金属间的化学键合力的作用，形成稳定化产物，在填埋场环境下不会再浸出。药剂稳定化技术增容率为 1，可以有效利用填埋场库容。

采用药剂稳定化工艺，虽然投资增大，运行费也会提高，但重金属废物经药剂稳定化处理后形成长期稳定化产物，减少对环境的长期影响。采用该工艺可以降低废物处理的增容率，尤其对于处理场选址非常困难，节约库容十分重要的工程，药剂稳定化技术更为适合。

药剂稳定化技术主要有以下几种：pH 值控制技术、无机硫化物沉淀技术、有机硫化物沉淀技术、有机螯合物技术、氧化还原技术。

（1）pH 值控制技术。因为大部分金属离子的溶解度与 pH 值有关，pH 值对于金属离子的固定有显著影响。当 pH 值较高时，许多金属离子将形成氢氧化物沉淀。大多数金属在 pH 值为 8.0～9.7 范围内基本沉淀完成。但 pH 值过高时，会形成带负电荷的羟基络合物，溶解度反而升高。许多金属离子都有这种性质：Cu 当 pH＞9.0 时、Pb 当 pH＞9.3 时、Zn 当 pH＞9.2 时、Ni 当 pH＞10.2 时、Cd 当 pH＞11.1 时，都会形成金属络合物，造成溶解度增加。一般需要将含重金属废物的 pH 值调到 8 以上 9 以下。

pH 值控制技术为：加入碱性药剂，将 pH 值调整到使重金属离子具有最小溶解度的范围。常用的 pH 值调节剂有石灰 $[CaO$ 或 $Ca(OH)_2]$、苏打（Na_2CO_3）、氢氧化钠（$NaOH$）等。

（2）无机硫化物沉淀技术。应用最广的是无机硫化物沉淀剂，大多数重金属硫化物在所有 pH 值下溶解度都大大低于其氢氧化物，为防止 H_2S 逸出和沉淀物再溶解，仍需将 pH 值保持在 8 以上。硫化剂要在固化剂添加之前加入，因为固化剂中的钙、铁、镁等会与危险废物中的重金属争夺硫离子。

常用的无机硫化物沉淀剂有：可溶性无机硫化沉淀剂（硫化钠、硫氢化钠、硫化钙）；不可溶性无机硫沉淀剂（硫化亚铁、单质硫）。

（3）有机硫化物沉淀技术。由于有机含硫化合物普遍具有较高的分子量，因而与重金属形成的不可溶性沉淀具有很好的工艺性，易于沉淀、脱水、过滤等操作，可以将废水和固体废物中的重金属浓度降到很低，而且非常稳定，适宜的 pH 值范围也较大，主要用于处理含汞废物和焚烧余灰。

常用的有机硫化物沉淀剂有：二硫代氨基甲酸盐、硫脲、硫代酰胺、黄原酸盐。

（4）有机螯合物技术。高分子有机螯合剂是利用其高分子长链上的二硫代羧基官能团以离子键和共价键的形式捕集废物中的重金属离子，生成稳定的交联网状的高分子螯合物，能在更宽的 pH 值范围内保持稳定。例如：乙二胺对 Pb^{2+}、Cd^{2+}、Ag^+、Ni^{2+}、Cu^{2+} 重金属离子的去除率均达 98％以上，对 Co^{2+}、Cr^{3+} 重金属离子去除率均达 85％以上。主要用于处理 Pb、Cd、Zn、Cr、Ni 等。

常用的高分子有机螯合剂有：硫脲、多胺类、聚乙烯亚胺类。

（5）氧化还原技术。该技术主要是六价铬（Cr^{6+}）还原为三价铬（Cr^{3+}），五价砷（As^{5+}）还原为三价砷（As^{3+}）。常用的还原剂有硫酸亚铁、硫代硫酸钠、亚硫酸氢钠、二氧化硫等。

固化技术主要适用于对工业生产和其他处置废物过程中产生的废渣的处理以及对土壤的去污处理。实践表明，无机废物宜采用自胶结固化法进行处置，而有机废物则宜采用无机物包容法进行处置。稳定化/固化处置技术已经比较成熟，所需的材料比较廉价而且充足，可以处置较大范围的危险废物，与焚烧以及堆肥相比，其处置成本更低。当然，该技术也存在一些不足，如处置后废物的体积和质量均有所增加、含有有机物的废物在固化时较困难、处置过程中需要熟练的技术工人以及昂贵的设备、处置中操作不当便会导致二次污染等。

五、危险废物其他处理

（一）等离子气化技术

等离子气化技术是采用等离子火炬或弧将危险废物加热至 3000～5000℃，最高可加热至 10000℃以上，使基本粒子的活动能量远大于分子间化学键的作用，此时物质的微观运动以原子热运动为主，原来的物质被打破为原子状态而丧失活力，从而使危险废物转变为无害的物质。在此过程中，原料里的有机物被分解成可燃气体，而无机物熔化成可冷却为优质建筑材料的液态渣。等离子气化技术与一般焚烧技术相比有着明显的优势，不会产生二噁英。此外，等离子气化技术可以实现设备的小型化，设备结构简单，操作简便，运行安全可靠。然而，我国尚需解决如反应动力学、反应器的设计等诸多难题。等离子气化技术处置危险固体废物源于 20 世纪 60 年代初期，主要用于处置低放射性物质、化学武器等。20 世纪 90 年代末，美国西屋公司在日本开展了一个中试规模的等离子气化项目，主要用于将生活垃圾和污水污泥转化为新能源，上海于 2013 年年末引进了该公司技术用于危险废物的处置。目前，加拿大阿尔特公司在全球范围内积极推进建设商业化模式的多个等离子体垃圾处理项目。

等离子气化处理危险废物项目前期投入较多，资金回收需要较长的时间，但从长远的角度看，该项目在产生较好的环境效益的同时也会带来可观的经济效益。以美国一等离子气化工厂为例，该工厂的年度经济预算见表 1-15。工厂建设费用约为 1.5 亿美元，在工厂正常运营处理危险废物的同时也会产生诸如电能、灰渣等具有经济效益的附加产品，而且美国政府对该工厂进行相应的补贴并使其享有免税的优惠政策，每年的回流资金约为 707 万美元。我国目前对有关危险废物处置方面的相关政策不够完善，为此，相关部门需要加大对新兴技术及无害化产业的投入，制定相关的优惠政策，以新兴的技术促进新的产业，从而带动经济的持续健康发展。

表 1-15　等离子气化工厂的年度经济预算（万美元）

回报总计	电力生产	接收危险废物收取费用	回收销售额	灰渣销售额	硫化氢或氯化氢销售额	费用总计	运行费用	债务费用	税金
3130.3	1323.0	918.8	856.8	31.5	0.2	2423.5	982.8	1440.7	0

（二）超临界水氧化技术

超临界水氧化技术最初是由美国麻省理工学院的 Modell 学者在 20 世纪 80 年代中期提出的，是指有机废物在水的超临界态下（温度大于 374℃、压力大于 22.1MPa 时）发生深度氧化反应，分解成 CO_2、H_2O 和 N_2。国内外专家对超临界水氧化技术处理各类有机物做了大量的研究，范围由常见的醇类、酚类及硝基苯等逐渐扩大到氰化物、芳烃衍生物等难处理的有毒物质。大量研究表明，许多不易降解处理的有机物在超临界水氧化技术作用下能快速被氧化，分解成无毒的小分子化合物，达到消毒灭废的效果，而且该技术具有设备小，分解物易回收利用等优点，因而该技术在有毒有机危险废物处理中得到了高速发展。

徐雪松通过研究认为当超临界反应处在 420℃，24MPa，pH 值为 10，$\rho_{(COD)}$ 为 1000 mg/L 的反应初始条件下对油性污泥 COD 去除率高达 95%。Chien 等利用超临界水氧化技术处理废弃的电路板，效果极为理想。与湿式氧化法相比，超临界水氧化技术可以在很大程度上提高氧化速率，产物无须再进行后续处理。与焚烧法相比，其既节省了前期的脱水、干燥所需费用，也避免了 NO_x、SO_2 和二噁英等有害物质的处理费用，超临界水氧化法与焚烧法的技术性对比见表 1-16，不同处理方式的处理费用见表 1-17。

表 1-16　超临界水氧化法与焚烧法的技术性对比

指标	超临界水氧化法	焚烧法
$t/℃$	400~650	1200~2000
P/MPa	20~30	常压
热量来源	自身	外界
排出物	无色、无毒	二噁英、NO_x 等
后续处理	不需要	需要

表 1-17　不同处理方式的处理费用（元/t）

超临界水氧化技术	填埋处理法	直接烘干处理法	厌氧消化法
360~420	600~800	950~1200	750~900

超临界水氧化技术在我国已步入产业化实施阶段，新奥环保技术有限公司在河北

廊坊投资了 1.2 亿元的超临界污泥处理项目已投入运营，是国内首套自主研发和建造的工业化超临界水氧化装置，处理能力达到 240t/d。当然这项技术目前仍有许多难题需要攻克，例如金属在高温高压条件下容易被腐蚀以及反应过程中生成的无机盐易导致管道堵塞等。

（三）快速碳酸化技术

快速碳酸化技术最早是由 Seifritz 在 1990 年提出，它是将危险固体废物充分彻底地暴露在高浓度的二氧化碳环境中，以加快其反应，最初用于矿物的碳酸化处置。许多有害物质尤其是工业热反应之后产生的一些废弃物可与二氧化碳发生反应，主要包括钢铁渣、电石渣、废石灰、煤飞尘和废物的焚化炉灰、废弃的建筑材料以及某些金属在冶炼过程中的尾矿等，采用快速碳酸化处置技术可降低 80% 的重金属浓度。

目前国内外专家对快速碳酸化技术均比较重视。吴昊泽等对碳酸化处理危险固体废物技术的反应机理和工艺路线等进行了深入的研究；Gunning P. J 等运用快速碳酸化技术对 17 种工商业危险固体废物进行了处理，表明碳化反应可有效地降低废物中铅、钡等重金属的浸出。Arickx. S 等利用碳化后的产物为原料制备出了性能优良的建筑材料。快速碳酸化技术虽能大大降低重金属的流动，但预处理过程较为烦琐，而且处置成本较高，距大规模的应用还有诸多难题需要解决。

在国外，危险固体废物处理技术水平先进、公民环保意识较强、相关法律法规和管理体系完善，非常值得我们学习。发达国家秉承危险固体废物污染控制的"3C"原则，即清洁生产（Clean）、循环利用（Cycle）、有效控制（Control）原则。首先加强危险固体废物的源头治理，减少产生量，其次运用新技术促进危险固体废物循环再利用，再者重视最终不能再利用部分的有效控制和妥善处理，做到危险固体废物的减量化、资源化和无害化。例如德国推行政企分开、共同治理的政策，从危险固体废物产生到最终处理、处置的完成，均按照严格的步骤和程序，由环保部门全程监控监管，保证处理过程中的安全性与数据准确性，危险固体废物的最终处理方法是耗重资采用转炉焚烧。美国则制定有毒物质释放清单，将排污企业公布，并采用公众监督的方式对危险固体废物进行监管，其主要处理技术有焚烧法、高温灭菌法、微波法和化学法等。

第二章　水泥生产工艺及协同处置优势

第一节　水泥起源与发展

一、水泥起源与发展

（一）胶凝材料

1. 胶凝材料定义

水泥起源于胶凝材料，是在胶凝材料的发展过程中逐渐演变和发明的。胶凝材料是指在物理、化学作用下，能从浆体变成坚硬的石状体，并能胶结其他物料而具有一定机械强度的物质，又称胶结料。胶凝材料分为无机胶凝材料和有机胶凝材料两大类，如沥青和各种树脂属于有机胶凝材料。无机胶凝材料按照硬化条件又可分为水硬性胶凝材料和非水硬性胶凝材料两种。水硬性胶凝材料在拌水后既能在空气中硬化，又能在水中硬化，通常称为水泥，如硅酸盐水泥、铝酸盐水泥等。非水硬性胶凝材料只能在空气中硬化，故又称气硬性胶凝材料，如石灰、石膏等。

2. 胶凝材料的发展

胶凝材料的发展历史悠久，可以追溯到人类的史前时期。它先后经历了天然的黏土、石膏-石灰、石灰-火山灰、天然水泥、硅酸盐水泥、多品种水泥等各个阶段。

远在新石器时代，距今 4000～10000 年前，由于石器工具的进步，劳动生产力的提高，人类为了生存开始在地面挖穴建造居住的屋室。当时的人们利用黏土和水后具有一定的可塑性，而且水分散失后具有一定强度的胶凝特性，来砌筑简单的建筑物，有时还在黏土浆中掺入稻草、稻壳等植物纤维，以起到加筋和提高强度的目的。黏土是最原始的、天然的胶凝材料，但未经煅烧的黏土不抗水且强度低。这个时期称为天然黏土时期。

随着火的发现，在前 3000—公元前 2000 年，石膏、石灰及石灰石开始被人类利用。人们利用石灰岩和石膏岩在火中煅烧脱水、在雨中胶结产生胶凝的特性，开始用经过煅烧所得的石膏或石灰来调制砌筑砂浆。这个阶段可称为石膏-石灰时期。

随着生产的发展，在公元初，古希腊人和古罗马人都发现，在石灰中掺加某些火山灰沉积物，不仅强度提高，而且具有一定的抗水性。在中国古代建筑中所大量应用的由石灰、黄土、细砂组成的三合土实际上也是一种石灰-火山灰材料。随着陶瓷生产的需要，人们发现将碎砖、废陶器等磨细后代替天然的火山灰与石灰混合，同样能制成具有水硬性的胶凝材料，从而将火山灰质材料由天然发展到人工制造，将煅烧过的黏土与石灰混合可以获得具有一定抗水性的胶凝材料。这个阶段可称为石灰-火山灰时期。

随着港口建设的需要，在18世纪下半叶，英国人 J. Smetetonf 发现掺有黏土的石灰石经过煅烧后获得的石灰具有水硬性。他第一次发现了黏土的作用，制成了"水硬性石灰"。例如英国伦敦港口的灯塔建设，就是用水硬性石灰作为建筑材料。随后出现的罗马水泥，也是将含有适量黏土的黏土质石灰石经过煅烧而成。在此基础上，发展到用天然水泥岩（黏土含量在20%～25%的石灰石）煅烧、磨细而制成天然水泥，这个阶段可称为天然水泥时期。

（二）水泥的发明

在19世纪初期（1810—1825年），人们开始组织生产以人工配合的石灰石和黏土为原料，再经过煅烧、磨细而成的水硬性胶凝材料。1824年，英国人 J. Aspdin 将石灰石和黏土配合烧制成块，再经磨细成水硬性胶凝材料，加水拌和后能硬化成人工石块，且具有较高强度，因为这种胶凝材料的外观颜色与当时建筑工地上常用的英国波特兰岛上出产的岩石颜色相似，故称之为"波特兰水泥（Portland Cement，中国称为硅酸盐水泥）"。J. Aspdin 于1824年10月首先取得了该项产品的专利权。例如，1825—1843年修建的泰晤士河隧道工程就大量使用波特兰水泥。这个阶段可称为硅酸盐水泥时期，也可称为水泥的发明期。

随着现代工业的发展，到20世纪初，仅有的硅酸盐水泥、石灰、石膏等几种胶凝材料已经远远不能满足重要工程建设的需要，生产和发展多品种、多用途的水泥是市场的客观需求，如铝酸盐水泥、快硬水泥、抗硫酸盐水泥、低热水泥以及油井水泥等。后来，又陆续出现了硫铝酸盐水泥、氟铝酸盐水泥、铁铝酸盐水泥等特种水泥品种，从而使水硬性胶凝材料得以发展。多品种、多用途水泥的大规模生产，形成了现代水泥工业。这个阶段可称为多品种水泥阶段。

随着科学技术的进步和社会生产力的提高，胶凝材料将有更快的发展，以满足日益增长的各种工程建设和人们物质生活的需要。

（三）水泥的定义和分类

水泥是指磨细成粉状、加入一定量的水后成为塑性浆体，既能在水中硬化，又能在空气中硬化，能把砂、石等颗粒或纤维材料牢固地胶结在一起，具有一定强度的水硬性无机胶凝材料。英文为 cement，由拉丁文 caementum 发展而来。

（1）水泥按用途及性能分为：

① 通用水泥：一般土木建筑工程通常采用的水泥。通用水泥主要是指《通用硅酸盐水泥》（GB 175—2007）规定的六大类水泥，即硅酸盐水泥、普通硅酸盐水泥、矿渣硅酸盐水泥、火山灰质硅酸盐水泥、粉煤灰硅酸盐水泥和复合硅酸盐水泥。

② 专用水泥：专门用途的水泥。如：G 级油井水泥、道路硅酸盐水泥。

③ 特性水泥：某种性能比较突出的水泥。如：快硬硅酸盐水泥、低热矿渣硅酸盐水泥、膨胀硫铝酸盐水泥、磷铝酸盐水泥和磷酸盐水泥。

（2）水泥按其主要水硬性物质名称分为：

① 硅酸盐水泥，即国外通称的波特兰水泥，又分为：

Ⅰ型硅酸盐水泥：不掺加任何掺合料的纯熟料水泥，代号为 P·Ⅰ。

Ⅱ型硅酸盐水泥：由纯熟料掺入 5％的石灰石或粒化高炉矿渣的水泥，代号为 P·Ⅱ。

普通硅酸盐水泥：由纯熟料、6％～20％的掺合料、适量石膏磨制的水泥，代号为 P·O。

② 铝酸盐水泥。

③ 硫铝酸盐水泥。

④ 铁铝酸盐水泥。

⑤ 氟铝酸盐水泥。

⑥ 磷酸盐水泥。

⑦ 以火山灰或潜在水硬性材料及其他活性材料为主要组分的水泥。例如：

矿渣硅酸盐水泥：由水泥熟料、20％～70％粒化高炉矿渣、适量石膏磨制的水泥，代号为 P·S。允许用石灰石或其他活性掺合料代替一部分矿渣，替代后水泥中的粒化高炉矿渣不得少于 20％。

火山灰质硅酸盐水泥：由水泥熟料、20％～40％火山灰质掺合料、适量石膏磨制的水泥，代号为 P·P。

粉煤灰硅酸盐水泥：由水泥熟料、20％～40％的粉煤灰、适量石膏磨制的水泥，代号为 P·F。

（3）水泥按主要技术特性分为：

① 快硬性（水硬性）：分为快硬水泥和特快硬水泥两类；

② 水化热：分为中热水泥和低热水泥两类；

③ 抗硫酸盐性：分为中抗硫酸盐水泥和高抗硫酸盐水泥两类；

④ 膨胀性：分为膨胀水泥和自应力水泥两类；

⑤ 耐高温性：铝酸盐水泥的耐高温性以水泥中氧化铝含量分级。

（四）水泥的命名

水泥的命名按不同类别分别以水泥的主要水硬性矿物、混合材料、用途和主要特性进行，并力求简明准确，名称过长时，允许有简称。

通用水泥以水泥的主要水硬性矿物名称冠以混合材料名称或其他适当名称命名。

专用水泥以其专门用途命名，并可冠以不同型号。

特性水泥以水泥的主要水硬性矿物名称冠以水泥的主要特性命名，并可冠以不同型号或混合材料名称。

以火山灰性或潜在水硬性材料以及其他活性材料为主要组分的水泥是以主要组分的名称冠以活性材料的名称进行命名，也可再冠以特性名称，如石膏矿渣水泥、石灰火山灰水泥等。

几种水泥的命名举例如下：

（1）水泥：加水拌和成塑性浆体，能胶结砂、石等材料，既能在空气中硬化又能在水中硬化的粉末状水硬性胶凝材料。

（2）硅酸盐水泥：由硅酸盐水泥熟料、0％～5％石灰石或粒化高炉矿渣、适量石膏磨细制成的水硬性胶凝材料，分 P·Ⅰ 和 P·Ⅱ，即国外通称的波特兰水泥。

（3）普通硅酸盐水泥：由硅酸盐水泥熟料、6％～15％混合材料、适量石膏磨细制成的水硬性胶凝材料，代号：P·O。

（4）矿渣硅酸盐水泥：由硅酸盐水泥熟料、20％～70％粒化高炉矿渣和适量石膏磨细制成的水硬性胶凝材料，代号：P·S。

（5）火山灰质硅酸盐水泥：由硅酸盐水泥熟料、20％～50％火山灰质混合材料和适量石膏磨细制成的水硬性胶凝材料，代号：P·P。

（6）粉煤灰硅酸盐水泥：由硅酸盐水泥熟料、20％～40％粉煤灰和适量石膏磨细制成的水硬性胶凝材料，代号：P·F。

（7）复合硅酸盐水泥：由硅酸盐水泥熟料、20％～50％两种或两种以上规定的混合材料和适量石膏磨细制成的水硬性胶凝材料，代号：P·C。

（8）中热硅酸盐水泥：以适当成分的硅酸盐水泥熟料，加入适量石膏磨细制成的具有中等水化热的水硬性胶凝材料。

（9）低热矿渣硅酸盐水泥：以适当成分的硅酸盐水泥熟料，加入适量石膏磨细制成的具有低水化热的水硬性胶凝材料。

（10）快硬硅酸盐水泥：由硅酸盐水泥熟料加入适量石膏，磨细制成早强度高的以 3d 抗压强度表示强度等级的水泥。

（11）抗硫酸盐硅酸盐水泥：由硅酸盐水泥熟料，加入适量石膏磨细制成的抗硫酸盐腐蚀性能良好的水泥。

（12）白色硅酸盐水泥：由氧化铁含量少的硅酸盐水泥熟料加入适量石膏，磨细制成的白色水泥。

（13）道路硅酸盐水泥：由道路硅酸盐水泥熟料、0％～10％活性混合材料和适量石膏磨细制成的水硬性胶凝材料。

（14）砌筑水泥：由活性混合材料，加入适量硅酸盐水泥熟料和石膏，磨细制成主要用于砌筑砂浆的低强度等级水泥。

（15）油井水泥：由适当矿物组成的硅酸盐水泥熟料、适量石膏和混合材料等磨细制成的适用于一定井温条件下油、气井固井工程用的水泥。

（16）石膏矿渣水泥：以粒化高炉矿渣为主要组分，加入适量石膏、硅酸盐水泥熟料或石灰磨细制成的水泥。

二、水泥工业的发展概况

自从波特兰水泥诞生、形成水泥工业性产品批量生产并实际应用以来，水泥工业的发展历经多次变革，工艺和设备不断改进，品种和产量不断扩大，质量和管理水平不断提高。

（一）世界水泥的发展概况

第一次工业革命，催生了硅酸盐水泥的问世。第二次工业革命的兴起，推动了水泥生产设备的更新。世界水泥生产的发展历史节点如下：

（1）1756年，英国工程师J.斯米顿在研究某些石灰在水中硬化的特性时发现：要获得水硬性石灰，必须采用含有黏土的石灰石来烧制；用于水下建筑的砌筑砂浆，最理想的成分是由水硬性石灰和火山灰配成。这个重要的发现为近代水泥的研制和发展奠定了理论基础。

（2）1796年，英国人J.帕克用泥灰岩烧制出了一种水泥，外观呈棕色，很像古罗马时代的石灰和火山灰混合物，命名为罗马水泥。因为它是采用天然泥灰岩作原料，不经配料直接烧制而成的，故又名天然水泥。其具有良好的水硬性和快凝特性，特别适用于与水接触的工程。

（3）1813年，法国土木技师毕加发现了石灰和黏土按三比一混合制成的水泥性能最好。

（4）1824年，英国建筑工人约瑟夫·阿斯谱丁（Joseph Aspdin）发明了水泥并取得了波特兰水泥的专利权。他用石灰石和黏土为原料，按一定比例配合后，在类似于烧石灰的立窑内煅烧成熟料，再经磨细制成水泥。因水泥硬化后的颜色与英格兰岛上波特兰地方用于建筑的石头相似，被命名为波特兰水泥。它具有优良的建筑性能，在水泥史上具有划时代意义。

（5）1825年，人类用间歇式的土窑烧成水泥熟料。

（6）1871年，日本开始建造水泥厂。

（7）1877年，英国的克兰普顿发明了回转炉，取得了回转窑烧制水泥熟料的专利权，并于1885年经兰萨姆改革成更好的回转炉。

（8）1893年，日本远藤秀行和内海三贞二人发明了不怕海水的硅酸盐水泥。

（9）1905年，发明了湿法回转窑。

（10）1907年，法国比埃利用铝矿石的铁矾土代替黏土，混合石灰岩烧制成了水泥。由于这种水泥含有大量的氧化铝，所以叫作"矾土水泥"。

（11）1910年，立窑实现了机械化连续生产，发明了机立窑。

（12）1928年，德国人发明了立波尔窑，使窑的产量明显提高，热耗降低。

（13）1950 年，悬浮预热器的发明，更使熟料热耗大幅度降低，熟料冷却设备也有了较大发展，其他的水泥制造设备也不断更新换代。该年全世界水泥总产量为 1.3 亿吨。

（14）1971 年，日本将德国的悬浮预热器技术引进之后，开发了水泥窑外分解技术，从而带来了水泥生产技术的重大突破，揭开了现代水泥工业的新篇章。各具特色的预分解窑相继发明，形成了新型干法水泥生产技术。

随着原料预均化、生料均化、高功能破碎与粉磨和 X 线荧光分析等在线检测方法的发展，以及计算机及自动控制技术的广泛应用，新型干法水泥生产的质量明显提高，在节能降耗方面取得了突破性的进展，生产规模不断扩大，熟料质量明显提高，体现出新型干法水泥工艺独特的优越性。

20 世纪 70 年代中叶，水泥厂的矿山开采、原料破碎、生料制备、熟料煅烧、水泥制备以及包装等生产环节均实现了自动控制。新型干法水泥窑开始逐步取代湿法、普通干法和机立窑等生产设备和水泥生产工艺。

1980 年，全世界水泥产量为 8.7 亿吨；2000 年，全世界水泥产量为 16 亿吨；2007 年水泥年产量约为 20 亿吨。

20 世纪，人们在不断改进波特兰水泥性能的同时，研制成功了一批适用于特殊建筑工程的水泥，如高铝水泥、特种水泥等。全世界的水泥品种已发展到 100 多种。

（二）世界水泥工业现状

2007—2017 年全球水泥产量走势如图 2-1 所示。

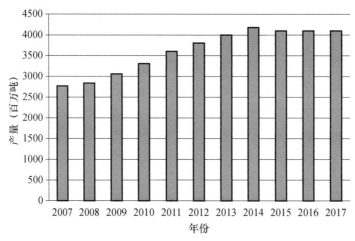

图 2-1 世界水泥产量走势

根据相关资料显示，2017 年全球有 159 个国家和地区生产水泥，或在综合水泥厂或在粉磨站。2017 年，全球（除中国外）水泥总产能为 24.9 亿吨，这 159 个国家中有 141 个国家拥有熟料工厂，有 18 个国家只有粉磨站，需要进口熟料进行水泥生产。全球（除中国外）总计拥有 671 家企业从事水泥生产加工工作，其中：综合水泥厂有 1523 座，粉磨站有 564 家。全球（除中国外）产量位于前三甲的水泥集团分别是：法国与瑞士的拉法基-豪瑞（LH）、德国的海德堡（HC）和墨西哥的西麦克斯（Cemex）。

当前世界上水泥产量最大的 10 个国家如图 2-2 所示。该排名统计截至 2017 年 11 月，包含了所有已建成的综合水泥厂和粉磨站，那些还在建设或者拟建的工厂产能暂未统计在内。

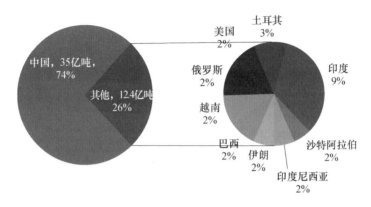

图 2-2　当前世界上水泥产量最大的 10 个国家

（三）中国水泥的发展概况

中国水泥工业自 1889 年开始建立水泥厂，迄今已有 130 年的历史。水泥工业先后经历了初期创建、早期发展、衰落停滞、快速发展及结构调整等阶段，展现了中国水泥工业漫长、曲折和辉煌的历史。

（1）1889 年，中国第一个水泥厂——河北唐山细绵土厂（后改组为启新洋灰公司，现为启新水泥厂）建立，于 1892 年建成投产。

1889—1937 年的近 50 年间，中国水泥工业发展非常缓慢，最高水泥总产量仅为 114 万吨。这一阶段是中国水泥的早期发展阶段。

（2）1937—1945 年，中国先后建设了哈尔滨、本溪、小屯、抚顺、锦西、牡丹江、工源、琉璃河、重庆、辰西、嘉华、昆明、贵阳、泰和等水泥厂。1946—1949 年，又建设了华新、江南等水泥厂。这些水泥厂大多数是由外国人主持设计和建设，生产设备也主要来自国外。因为战乱，水泥厂都不能稳定地生产。1949 年，全国水泥总产量为 66 万吨。这一阶段是中国水泥工业的衰落停滞阶段。

（3）自 1949 年中华人民共和国成立后，水泥工业得到了迅速发展。中国在 1952 年制定了第一个全国统一标准，确定水泥生产以多品种、多强度等级为原则，并将波特兰水泥按其所含的主要矿物组成改称为矽酸盐水泥，后又改称为硅酸盐水泥至今。20 世纪五六十年代，中国开始研制湿法回转窑和半干法立波尔窑成套设备，并进行预热器窑的试验，使中国水泥生产技术和生产设备取得了较大进步。这期间，先后新建、扩建了 30 多个重点大中型湿法回转窑和半干法立波尔窑生产企业，同期还建设了一批立窑水泥企业。在七八十年代，中国自行研制的日产 700t、1000t、1200t、2000t 熟料的预分解窑生产线分别在新疆、江苏、上海、辽宁和江西建成投产。到 20 世纪 80 年代末，中国新型干法水泥生产能力已占大中型水泥厂生产能力的 1/4。改革开放以来，中国水泥生产年产量平均增长 12％以上，1985 年，中国水泥产量跃居世界第一并保持至今。2000 年，中国水泥总产量达 5.5 亿吨。

（四）中国水泥工业现状

多年以来，中国一直是世界上水泥产能最大的国家。根据美国地质调查局（USGS）的数据显示，中国目前的水泥产能在 25 亿吨左右，但是其他的一些来源则指出中国目前的水泥产能已经高达 35 亿吨。虽然中国水泥产能巨大，但是中国水泥市场仍然主要由一些大型的本土水泥生产企业所掌控，国外跨国水泥企业对中国水泥市场的影响非常有限。

根据发展改革委的数据显示，2017 年前 8 个月中国总计生产水泥 15 亿吨，较 2016 年同期下降 0.5％，而 2016 年前 8 个月的水泥产量较 2015 年同期增长 2.5％。

中国国家规划机构在 2017 年 3 月 6 日宣布，国家正推进削减包括煤炭、钢铁和水泥在内的一些行业的产能。水泥计划削减 10％，但是政府尚未公布实现这一目标的具体方法和时间表。大规模的合并可能是方法之一，此外，大批量的小型生产商可能将被迫关闭。目前，中国一些省份已经拆除了大量的水泥厂，以使水泥产能恢复到更加适当的水平。

2017 年，中国水泥熟料产能前十名如图 2-3 所示。

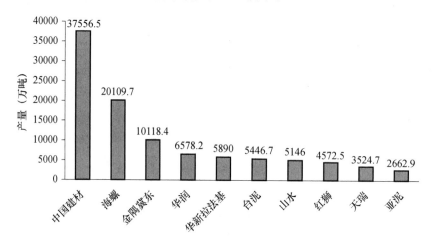

图 2-3　2017 年中国水泥熟料产能排名

三、水泥工业的发展趋势

现今，世界水泥工业的主体仍是新型干法水泥窑。未来的发展趋势如下：

（1）水泥生产线能力的大型化。20 世纪 70 年代，世界水泥生产线的建设规模为 1000～3000t/d；80 年代发展为 3000～5000t/d；在 90 年代达到 4000～10000t/d。目前，最大生产线为 12000t/d。

（2）矿山数字化。矿山数字化由以下内容组成：建立三维矿山数字化模型，直观掌握矿山资源实时状况；构建矿山品位在线分析系统，实现矿山搭配开采精细化，以便充分利用矿山资源，稳定生产；配备设备监控装置、可视化管理平台及车辆调度系统，实现矿山生产自动化、智能化、可视化管理。

（3）水泥工业的生态化。从 20 世纪 70 年代开始，欧洲一些水泥公司就开始进行采用废弃物替代水泥生产所用的自然资源的研究。随着科学技术的发展和人们环保意识的增强，可持续发展的问题越来越得到重视。越来越多的水泥厂采用了不可燃废弃物代替混合材、可燃废弃物替代煤炭的技术，而且原材料的替代率也越来越高。例如，瑞士 HOLCIM 水泥公司使用可燃废弃物替代燃料已达 80％以上；法国 LAFARGE 水泥公司的燃料替代率达 50％以上；美国大部分水泥厂利用可燃废物替代煤炭；日本有一半的水泥厂处理各种废弃物；欧洲的水泥公司每年都要焚烧处理 100 多万吨有害废弃物。

为实现可持续发展，与生态环境和谐共存，世界水泥工业的发展动态如下：

① 最大限度地减少粉尘、SO_2、NO_x、CO_2 等污染物排放；

② 加强余热利用，最大限度地减少水泥热耗及电耗，最大限度地节能降耗；

③ 不断提高原燃料替代比例；

④ 努力提高窑系统运转率；

⑤ 实现高智能的生产自动控制；

⑥ 不断提高管理水平。

（4）水泥生产的智能化。运用信息化技术，实现水泥生产过程中的自动化和智能化，创新各种工艺过程的专家系统，实现远程控制和无人化操作，保证水泥生产运行稳定，提高熟料品质，实现销售网络逐渐电子化、网络化，是水泥智能化的发展方向。

第二节　新型干法水泥生产工艺

一、新型干法水泥生产工艺概述

20 世纪 50～70 年代出现的悬浮预热和预分解技术（即新型干法水泥技术）大大提高了水泥窑的热效率和单机生产能力，以其技术先进性、设备可靠性、生产适应性和工艺性能优良等特点，促进水泥工业向大型化发展，也是实现水泥工业现代化的必经之路。

新型干法水泥生产技术是指以悬浮预热和窑外预分解技术为核心，把现代科学技术和工业生产的最新成果广泛地应用于水泥生产的全过程，形成一套具有现代高科技特征和符合优质、高产、节能、环保以及大型化、自动化的现代水泥生产方法。

新型干法水泥生产的工艺过程按主要生产环节论述为：矿山采运（自备矿山时，

包括矿山开采、破碎、均化）、生料制备（包括物料破碎、原料预均化、原料的配比、生料的粉磨和均化等）、熟料煅烧（包括煤粉制备、熟料煅烧和冷却等）、水泥的粉磨（包括粉磨站）与水泥包装（包括散装）等。其中：生料制备是指石灰质原料、黏土质原料和少量的铁铝校正材料经破碎后，按一定比例配合、磨细并调配成成分合适、质量均匀的生料。生料在水泥窑内煅烧至部分熔融所得到的以硅酸钙为主要成分的硅酸盐水泥熟料。熟料加适量石膏或适量混合材、外加剂等共同磨细，包装出厂或散装出厂。

由于生料制备的主要工序是生料粉磨，水泥制成及出厂的主要工序是水泥的粉磨，中间有个烧制的过程，因此，也可将水泥的生产过程即生料制备、熟料煅烧、水泥制成及出厂这三个环节概括为"两磨一烧"。

新型干法水泥生产的工艺流程如图 2-4 所示。

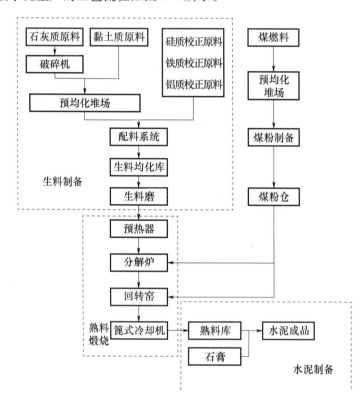

图 2-4　新型干法水泥生产工艺流程

二、新型干法水泥生产原料

（一）水泥生产原材料种类

生产硅酸盐水泥熟料的原材料分为主要原料和辅助材料。主要原料有石灰质原料（主要提供 CaO）和黏土质原料（主要提供 SiO_2、Al_2O_3、Fe_2O_3）。此外，还需要补足某些成分不足的校正原料，称为辅助材料。辅助原料有校正材料、外加剂、燃料、缓凝剂和混合材料。在实际生产过程中，根据具体生产情况有时还需要加入一些其他材料，例如，加入矿化剂、助熔剂以改善生料的易烧性和液相性质等；加入助磨剂以提高磨机的粉磨效果等。在水泥的制成过程中，还需要在熟料中加入缓凝剂以调节水泥凝结时间，加入混合材共同粉磨以改善水泥性质和增加水泥产量。

通常，生产1t硅酸盐水泥熟料约消耗1.6t干原料，其中：干石灰质原料占80%左右，干黏土原料占10%~15%。

生产硅酸盐水泥的各种原材料种类见表2-1。

表2-1　生产硅酸盐水泥的原材料种类

类别		名称	备注
主要原料	石灰质原料	石灰石、白垩、贝壳、泥灰岩、电石渣等	生产水泥熟料
	黏土质原料	黏土、黄土、页岩、千枚岩、河泥、粉煤灰等	
校正原料	铁质校正原料	硫铁矿渣、铁矿石、铜矿渣	生产水泥熟料
	硅质校正原料	河砂、砂岩、粉砂岩、硅藻土等	
	铝质校正原料	炉渣、煤矸石、铝矾土等	
外加剂	矿化剂	萤石、萤石-石膏、硫铁矿、金属尾矿等	生产水泥熟料
	晶种	熟料	生产水泥熟料
	助磨剂	亚硫酸盐纸浆废液、三乙醇胺、醋酸钠	生料、水泥粉磨
燃料	固体燃料	烟煤、无烟煤	为生产水泥熟料提供热源
	液体燃料	重油	
缓凝材料		石膏、硬石膏、磷石膏、工业副产品石膏等	制作水泥
混合材料		粒化高炉矿渣、石灰石等	制作水泥

（二）水泥生料原料

1. 石灰质原料

凡是以碳酸钙为主要成分的原料都属于石灰质原料。石灰质原料可以分为天然石灰质原料和人工石灰质原料两类。常见的天然石灰质原料有：石灰石、泥灰岩、白垩、大理石、海生贝壳等。中国水泥工业生产中常用的是含有碳酸钙的天然石灰石，其次是泥灰岩，个别小水泥厂采用白垩和贝壳作为原料。

中国部分水泥厂所用的石灰石、泥灰岩、白垩等化学成分见表2-2。

表2-2　部分水泥厂石灰质原料化学成分（%）

厂名	名称	烧失量	SiO_2	Al_2O_3	Fe_2O_3	CaO	MgO	Na_2O+K_2O	SO_3	Cl^-
冀东	石灰石	38.49	8.04	2.07	0.91	48.04	0.82	0.80	—	0.00057
宁国		41.30	3.99	1.03	0.47	51.91	1.17	0.13	0.27	0.0030
江西		41.59	2.50	0.92	0.59	53.17	0.47	0.11	0.02	0.0038
新疆		42.23	3.01	0.28	0.20	52.98	0.50	0.09	0.13	0.0060
双阳		42.48	3.03	0.32	0.16	54.20	0.36	0.06	0.02	—
华新		39.83	5.82	1.77	0.82	49.74	1.16	0.23	—	—

厂名	名称	烧失量	SiO_2	Al_2O_3	Fe_2O_3	CaO	MgO	Na_2O+K_2O	SO_3	Cl^-
贵州	泥灰岩	40.24	4.86	2.08	0.80	50.69	0.91	—	—	—
北京		36.59	10.95	2.64	1.76	45.00	1.20	1.45	0.02	0.001
偃师白垩		36.37	12.22	3.26	1.40	45.84	0.81	—	—	—
浩良河大理岩		42.20	2.70	0.53	0.27	51.23	2.44	0.13	0.10	0.004

(1) 原料分类。

① 石灰石。石灰石是由碳酸钙组成的化学与生物沉积岩，其主要矿物由方解石（$CaCO_3$）微粒组成，并常含有白云石（$CaCO_3 \cdot MgCO_3$）、石英（结晶 SiO_2）、燧石（主要成分是 SiO_2）、黏土质及铁质等杂质。由于所含杂质不同，按矿物组成又可将石灰石分为白云质石灰岩、硅质石灰岩、黏土质石灰岩等。它是一种具有微晶或潜晶结构的致密岩石，其矿床的结构多为层状、块状及条带状。

纯净的石灰石在理论上含有 56% 的 CaO 和 44% 的 CO_2，。但实际上，自然界中的石灰石常因杂质的含量不同而呈灰青、灰白、灰黑、淡黄及红褐色等不同的颜色。石灰石一般呈块状，结构致密，性脆，含水率一般不大于 1.0%，但夹杂着较多黏土杂质的石灰石，其水分含量一般较高。

石灰质原料在水泥生产中的主要作用是提供 CaO，其次还提供 SiO_2、Al_2O_3、Fe_2O_3，并同时带入少许杂质，如 MgO、R_2O（Na_2O+K_2O）、SO_3 等。

石灰石的主要有害成分为 MgO、R_2O（Na_2O+K_2O）和游离 SiO_2，尤其对 MgO 含量应给以足够的注意。

② 泥灰岩。泥灰岩是由碳酸钙和黏土物质同时沉积所形成的均匀混合的沉积岩，属于石灰岩向黏土过渡的中间类型岩石。其主要矿物也是方解石，常见的为粗晶粒状结构、块状结构。

泥灰岩因含有黏土量不同，其化学成分和性质也随之变化。如果泥灰岩中的 CaO 含量超过 45%，称为高钙泥灰岩；若其 CaO 含量小于 43.5%，称为低钙泥灰岩。

③ 白垩。白垩是海生生物外壳与贝壳堆积而成，富含生物遗骸，主要是由隐晶或无定形细粒疏松组成的石灰岩，其主要成分是碳酸钙，含量为 80%～90%，有的碳酸钙含量可达 90% 以上。

白垩一般呈黄白或乳白色，有的因风化或含有不同的杂质而呈淡灰、浅黄、浅褐色等。白垩质地松而软，便于采掘。

白垩多藏于石灰石地带，一般在黄土层下，土层较薄，有些产地离石灰岩很近。中国河南省生产白垩。

(2) 石灰质原料质量要求。石灰质原料的质量要求见表 2-3。

表 2-3 石灰质原料的质量要求（%）

成分	CaO	MgO	f-SiO_2	SO_3	Na_2O+K_2O
含量	≥48	≤3	≤4	≤1	≤0.6

（3）石灰质原料性能测试方法。石灰质原料的性能测试方法见表 2-4。

表 2-4　石灰质原料性能测试方法

测试指标	分析方法	参考标准
元素含量	化学分析方法	
分解温度	差热分析法	
矿物组成	X射线衍射	《水泥化学分析方法》（GB/T 176—2017）
晶粒特性	透射电子显微镜	
杂质特性	电子探针	

2. 黏土质原料

黏土质原料的主要化学成分为 SiO_2，其次是 Al_2O_3、Fe_2O_3 和 CaO。在水泥生产中，它主要提供生产水泥熟料所需的酸性氧化物（SiO_2、Al_2O_3、Fe_2O_3）。

中国水泥工业采用的天然黏土质原料有黏土、黄土、页岩、泥岩、粉砂岩及河泥等。其中使用最多的是黏土和黄土。随着国民经济的发展以及水泥厂大型化的趋势，为保护耕地，不占农田，近年来多采用页岩、粉砂岩等作为黏土质原料。

（1）原料分类。

① 黏土。黏土是多种细微的呈疏松状或胶状密实的含水铝硅酸盐矿物的混合体。黏土一般是由富含长石等铝硅酸盐矿物的岩石经漫长地质年代风化而形成的。它包括华北及西北地区的红土、东北地区的黑土与棕壤、南方地区的红壤与黄壤等。

纯黏土的组成近似于高岭石（$Al_2O_3 \cdot 2SiO_2 \cdot 2H_2O$），但由于形成和产地的差别，水泥生产采用的黏土常含有各种不同的矿物，不能用一个固定的化学式来表示。根据主导矿物的不同，可将黏土分为高岭石类、蒙脱石类、水云母类。不同类别的黏土矿物，其工艺性能的见表 2-5。

表 2-5　不同黏土矿物的工艺性能

黏土类型	主导矿物	黏粒含量	可塑性	热稳定性	结构水脱水温度（℃）	分解至最高活性温度（℃）
高岭石类	$Al_2O_3 \cdot 2SiO_2 \cdot 2H_2O$	很高	好	良好	480～600	600～800
蒙脱石类	$Al_2O_3 \cdot 4SiO_2 \cdot nH_2O$	高	很好	优良	550～750	500～700
水云母类	水云母、伊利石等	低	差	差	550～650	400～700

黏土广泛分布于中国的华北、西北、东北及南方地区。黏土中常常含有石英砂、方解石、黄铁矿、碳酸镁、碱及有机物等杂质，且因所含杂质不同而颜色不同，多呈现黄色、棕色、红色、褐色等，其化学成分也相差较大，但主要含 SiO_2、Al_2O_3 以及少量的 Fe_2O_3、CaO、MgO、R_2O（Na_2O+K_2O）、SO_3 等。

② 黄土。黄土是没有层理的黏土与微粒矿物的天然混合物。成因以风积为主，也有成因于冲积、坡积、洪积和淤积的。

黄土的化学成分以 SiO_2 和 Al_2O_3 为主，其次含有 Fe_2O_3、CaO、MgO 以及

R_2O（Na_2O+K_2O）、SO_3 等。其中 R_2O 含量高达 3.5%～4.5%。黄土以黄褐色为主，其矿物组成较复杂，黏土矿物以伊利石为主，蒙脱石次之，非黏土矿物有石英、长石以及少量的白云母、方解石、石膏等矿物。由于黄土中含有细粒状、斑点状、薄膜状和结核状的碳酸钙，因此，一般黄土中的 CaO 含量达 5%～10%，碱含量主要由白云母、长石等带入。

③ 页岩。页岩是黏土经过长期胶结而成的黏土岩。一般形成于海相或陆相沉积，或形成于海相和陆相交互沉积。

页岩的主要成分是 SiO_2 和 Al_2O_3，还有少量的 Fe_2O_3 以及 R_2O 等，化学成分类似于黏土，可作为黏土使用，但其硅酸率较低，配料时通常需要掺加其他硅质校正原料。页岩的主要矿物是石英、长石、云母、方解石以及其他岩石碎屑。

页岩颜色不定，一般为灰黄色、灰绿色、黑色及紫色，结构致密坚实，层理发育通常呈页状或薄片状，含碱量 2%～4%。

④ 粉砂岩。粉砂岩是由直径为 0.01～0.1mm 的粉砂经长期胶结变硬后的碎屑沉积岩。粉砂岩的主要矿物是石英、长石、黏土等，胶结物质有黏土质、硅质、铁质及碳酸盐质。颜色呈淡黄色、淡红色、淡棕色和紫红色等。硬度取决于胶结程度，一般疏松，但也有较坚硬的。粉砂岩的含碱量为 2%～4%。

⑤ 河泥类。河泥是由于江、河、湖、泊的水流流速分布不同，携带的泥沙分级沉降产生的。其成分取决于河岸崩塌物和流域内地表流失土的成分。如果在固定的江河地段采掘，则其化学成分相对稳定，颗粒级配均匀。使用河泥类材料不仅不占用农田，而且有利于江河的疏通。

（2）黏土质原料品质要求。黏土质原料的一般质量要求见表 2-6。

表 2-6　黏土质原料的质量要求

品位	硅率（n）	铝率（p）	MgO	R_2O	SO_3
一等品	2.7～3.5	1.5～3.5	<3.0	<4.0	<2.0
二等品	2.0～2.7 或 3.5～4.0	不限	<3.0	<4.0	<2.0

为了便于配料又不掺硅质校正材料，要求黏土质原料硅率最好为 2.7～3.1，铝率为 1.5～3.0，此时黏土质原料中的氧化硅含量应为 55%～72%。如果黏土硅率过高（>3.5），则可能是含粗砂粒（>0.1mm）过多的砂质土；如果硅率过小（<2.3～2.5），则是以高岭石为主导矿物的黏土，此时要求石灰质原料含有较高的 SiO_2，否则就要添加难磨难烧的硅质校正原料。

所选黏土质原料尽量不含碎石、卵石，粗砂含量应<5.0%，这是因为粗砂为结晶状态的游离 SiO_2，对粉磨不利，未磨细的结晶 SiO_2 会严重恶化生料的易烧性。若每增加 1% 的结晶 SiO_2，在 1400℃ 煅烧时熟料中的游离 CaO 将提高近 0.5%。

当黏土质原料 n=2.0～2.7 时，一般需掺加硅质原料来提高含硅量；当 n=3.5～4.0 时，一般需要一等品或含硅量低的二等品黏土质原料搭配使用，或掺加铝质校正原料。

（3）黏土质原料性能测试方法。黏土质原料的性能测试方法见表2-7。

表 2-7　黏土质原料测试方法

测试指标	分析方法	行业标准
元素含量	化学分析方法	《水泥用硅质原料化学分析方法》（JC/T 874—2009）
分解温度	差热分析法	
矿物组成	X射线衍射	
晶粒特性	透射电子显微镜	
杂质特性	电子探针	

另外，对黏土质原料中的粗粒石英含量、晶粒大小和形态要予以足够的重视，因为当石英含量为70.5%、粒径超过0.5mm时，就会显著影响生料的易烧性。

3. 校正原料

当石灰质原料和黏土质原料配合所得的生料成分不符合配料方案要求时，必须根据所缺少的组分掺加相应的原料，这些以补充某些成分不足为主要目的的原料称为校正原料。

校正原料分为铁质校正原料、硅质校正原料和铝质校正原料三种。

（1）校正原料类别。

① 铁质校正原料。当氧化铁含量不足时，应掺加氧化铁含量大于40%的铁质校正原料。常用的铁质校正原料有低品位的铁矿石、炼铁厂尾矿及硫酸工业废渣——硫铁矿渣等。硫铁矿渣的主要成分为Fe_2O_3，其含量大于50%，棕褐色粉末，含水率较高。

有的水泥厂采用铅矿渣、铜矿渣代替铁粉，不仅可以用作校正原料，而且其中所含的FeO还能降低烧成温度和液相黏度，起到矿化剂作用。

几种铁质校正原料的化学成分分析见表2-8。

表 2-8　几种铁质校正原料的化学分析（%）

种类	烧失量	SiO_2	Al_2O_3	Fe_2O_3	CaO	MgO	FeO	CuO
低品位铁矿石	3.25	46.09	10.37	42.70	0.73	0.14	—	—
硫铁矿渣	3.18	26.45	4.45	60.30	2.34	2.22	—	—
铜矿渣	4.09	38.40	4.69	10.29	8.45	5.27	30.90	—
铅矿渣	3.10	30.56	6.94	12.93	24.20	0.60	27.30	0.13

② 硅质校正原料。当生料中SiO_2含量不足时，需要掺加硅质校正原料。常用的硅质校正原料有硅藻土、硅藻石、富含SiO_2的河砂、砂岩、粉砂岩等。但是，砂岩中的矿物主要是石英，其次是长石，结晶SiO_2对粉磨和煅烧都有不利影响，所以要尽可能少采用。河砂的石英结晶更为粗大，只有在无砂岩等矿源时才采用。最好采用风化砂岩或粉砂岩，其SiO_2含量不太低，但易于粉磨，对煅烧影响小。

几种硅质校正原料的化学成分分析见表2-9。

表 2-9　几种硅质校正原料的化学分析（%）

种类	烧失量	SiO_2	Al_2O_3	Fe_2O_3	CaO	MgO	总计	SM（硅率）
砂岩	8.46	62.92	12.74	5.22	4.34	1.35	95.03	3.50
砂岩	3.79	78.75	9.67	4.34	0.47	0.44	97.46	5.62
河砂	0.53	89.68	6.22	1.34	1.18	0.75	99.70	11.85
粉砂岩	5.63	67.28	12.33	5.14	2.80	2.33	95.51	3.85

③ 铝质校正原料。当生料中的 Al_2O_3 含量不足时，需要掺加铝质校正原料。常用的铝质校正原料有炉渣、煤矸石、铝矾土等。

几种铝质校正原料的化学成分分析见表 2-10。

表 2-10　几种铝质校正原料的化学分析（%）

种类	烧失量	SiO_2	Al_2O_3	Fe_2O_3	CaO	MgO	总计
铝矾土	22.11	39.78	35.36	0.93	1.60	—	99.78
煤渣灰	9.54	52.40	27.64	5.08	2.34	1.56	98.56
煤渣	12.98	55.68	29.32	7.54	5.02	0.93	98.49

（2）校正原料质量要求。校正原料的一般质量要求见表 2-11。

表 2-11　校正原料的质量要求

校正原料	硅率	SiO_2（%）	R_2O（%）
硅质	>4.0	70～90	<4.0
铝质	$Al_2O_3>30$（%）		
铁质	$Fe_2O_3>40$（%）		

（3）校正原料测试方法。校正原料的性能测试方法见表 2-12。

表 2-12　校正原料测试方法

测试指标	行业标准
硅质	《水泥用硅质原料化学分析方法》（JC/T 874—2009）
铝质	—
铁质	《水泥用铁质原料化学分析方法》（JC/T 850—2009）

三、水泥生产燃料

水泥工业是消耗大量燃料的企业。燃料按其物理形态可分为固体燃料、液体燃料和气体燃料三种。中国水泥工业生产一般采用固体燃料，以煤为主。

（1）煤的分类。煤可分为无烟煤、烟煤和褐煤。

① 无烟煤。无烟煤又叫硬煤、白煤，是一种碳化程度高、干燥无灰基挥发分含量小于 10% 的煤。其收缩基低位热值一般为 5000～7000kcal/kg。

无烟煤结构致密坚硬，有金属光泽，密度较大，含碳量高，着火温度为 600～

700℃，燃烧火焰短，是立窑煅烧熟料的主要燃料。

② 烟煤。烟煤是一种碳化程度较高、干燥灰分基挥发分含量为15％～40％的煤。其收缩基低位热值一般为5000～7500kcal/kg。

烟煤结构致密，较为坚硬，密度较大，着火温度为400～500℃，燃烧火焰短，是回转窑煅烧熟料的主要燃料。

③ 褐煤。褐煤是一种碳化程度较低的煤，有时可清楚地看出原来的木质痕迹。其挥发分含量较高，可燃基挥发分可达40％～60％，灰分20％～40％，热值为450～2000kcal/kg。褐煤中自然水分含量大，性质不稳定，易风化或粉碎。

（2）煤的质量要求。水泥工业用煤的一般质量要求见表2-13。

表2-13　水泥工业用煤的质量要求

窑型	灰分（％）	挥发分（％）	硫（％）	低位发热量（kcal/kg）
湿法窑	≤28	18～30	—	≥5200
立波尔窑	≤25	18～80	—	≥5500
机立窑	≤35	≤15	—	≥4500
预分解窑	≤28	22～32	≤3	≥5200

（3）煤的性能测试方法。煤的性能测试方法见表2-14。

表2-14　煤的性能测试方法

测试指标	国家标准
水分	《煤的工业分析方法》（GB/T 212—2008）
灰分	
挥发分	
固定碳	

四、水泥生料制备工艺

生料制备是水泥原料加工处理的过程，它又包括原料的破碎及预均化和生料的粉磨及预均化等步骤。从矿山开采得到的原料都是块度很大的石料，这种原料的硬度高，难以直接进行粉磨、烧制。

破碎过程就是将大块原料尽可能地破碎成粒度小且均匀的物料，以减轻粉磨设备的负荷，提高磨机产量。原料经过破碎处理后，尽可能地减少因运输和贮存引起的不同粒度原料分离的现象，有利于下一步对原料的均化。

原料预均化是提高水泥生料成分稳定性、提高生产质量的工艺。均化堆料的方法有很多种，主要的几种方式有："人"字形堆料法、水平层堆料法、波浪形堆料法、横向倾斜层堆料法。然后根据不同的堆料方法采取端面取料、侧面取料或者底部取料。这样可以尽可能降低因开采、运输等因素导致的原料成分波动。

原料经过破碎和均化后按比例进行混合，然后送入生料磨中进行粉磨。粉磨过程可以进一步降低物料粒度，当提供相同热量时，物料粒度越小的生料其反应速度越快，熟料烧结越容易。

生料制备的最后一个步骤是预均化处理，这也是熟料制备工艺前能有效提高生料成分稳定性的操作。生料均化一般在生料均化库中进行，采用空气搅拌，在重力的作用下产生"漏斗效应"，促使生料在下落的过程中充分混合。

水泥生产用的原材料大多需要经过一定的预处理之后才能配料、计量及粉磨。预处理工艺包括：破碎、烘干、原料预均化、输送及储存等。

1. 破碎

利用机械方法将大块物料变成小块物料的过程称为破碎。也有将产品粒度大于5mm的粉碎过程称为破碎。物料每经过一次破碎，则成为一个破碎段，每个破碎段破碎前后的粒度之比称为破碎比。

一般石灰石需要经过2次破碎之后才能达到入磨的粒度要求。黏土质原料通常只需一段破碎。

担任破碎过程的设备是破碎机。水泥工业中常用的破碎机有颚式破碎机、锤式破碎机、反击式破碎机、圆锥式破碎机、反击-锤式破碎机、立轴锤式破碎机等。

水泥厂常用的破碎设备的工艺特性见表2-15。

表2-15 水泥厂常用破碎设备的工艺特性

破碎机类型	破碎原理	破碎比	允许物料含水量（%）	适合破碎的物料
颚式、旋回式、颚旋式破碎机	挤压	3～6	<10	石灰石、熟料、石膏
细碎颚式破碎机	挤压	8～10	<10	石灰石、熟料、石膏
锤式破碎机	冲击	10～15	<10	石灰石、熟料、石膏、煤
反击式破碎机	冲击	10～40	<12	石灰石、熟料、石膏
立轴锤式破碎机	冲击	10～20	<12	石灰石、熟料、石膏、煤
冲击式破碎机	冲击	10～30	<10	石灰石、熟料、石膏
风选锤式破碎机	冲击、磨剥	50～200	<8	煤
高速粉煤机	冲击	50～180	8～13	煤
齿辊式破碎机	挤压、磨剥	3～15	<20	黏土
刀式黏土破碎机	挤压、冲击	8～12	<18	黏土

2. 烘干

烘干是指利用热能将物料中的水分汽化并排出的过程。

在水泥生产中，所用的原料、燃料、混合材料等所含的水分大多比生产工艺要求的水分要高。当采用干法粉磨时，物料水分过高会降低磨机的粉磨效率甚至影响磨机生产，同时不利于粉状物料的输送、储存和均化。在原料的准备过程中，烘干的主要对象是原料和燃料。

（1）被烘干物料的水分要求。石灰石、黏土、铁粉以及煤的水分要求见表2-16。

表 2-16　水泥原料的水分要求（%）

种类	石灰石	黏土	铁粉	煤
含水率	0.5～1.0	<1.5	<5.0	<3.0

（2）烘干工艺。烘干系统有两种：一种是单独烘干系统，即利用单独的烘干设备对物料进行烘干。其主要设备是回转式烘干机、流态烘干机、振动式烘干机、立式烘干窑等。其中以回转式烘干机应用最广。

在新建的水泥厂中，一般采用另一种烘干系统，即烘干兼粉磨的烘干磨。这样可以简化工艺流程，节省设备和投资，还可以减少管理人员，抑制扬尘产生，并可以充分利用干法窑和冷却机的废气余热。

3. 原料预均化

通过采用一定的工艺措施达到降低物料的化学波动振幅，使物料的化学成分均匀一致的过程叫均化。

水泥厂物料的均化包括原料、燃料（煤）的预均化和生料、水泥的均化。

由于水泥生料是以天然矿物作原料配制而成，随着矿山开采层位及开采地段的不同，原料成分波动在所难免；此外，为了充分利用矿山资源，延长矿山服务期，需要采用高低品位矿石搭配或由数个矿山的矿石搭配的方法。水泥生料化学成分的均匀性，不仅直接影响熟料质量，而且对水泥窑的产量、热耗、运转周期及窑的耐火材料消耗等均有较大影响，因此对入窑生料的均匀性有严格的要求；以煤为燃料的水泥厂，煤灰将大部分或全部掺入熟料中，并且煤热值的波动直接影响熟料的煅烧，因此煤质的波动对窑的热工制度和熟料的产量、质量都有影响，生产中有必要考虑煤的均化措施；出厂水泥质量的稳定与否，直接关系到用户土建工程质量和生命财产的安全，为确保出厂水泥质量的稳定，生产工艺中必须考虑水泥的均化措施。

实际上，水泥生产的整个过程就是一个不断均化的过程，每经过一个过程都会使原料或半成品进一步得到均化。就生料制备而言，原料矿山的搭配开采与搭配使用、原料的预均化、原料配合及粉磨过程的均化、生料的均化这四个环节相互组成一条与生料制备系统并存的生料均化系统——生料均化链。四个环节的均化效果见表 2-17。

表 2-17　生料均化链中各环节的均化效果（%）

环节	原料矿山的搭配开采与搭配使用	原料的预均化	原料配合及粉磨过程的均化	生料的均化
均化工作量	0～10	30～40	0～10	40

从表 2-17 中可以看出：在生料制备的均化链中，最重要的环节，也就是均化效果最好的环节，是第二和第四两个环节，这两个环节担负着生料均化链全部工作量的80%左右。因此，原料的预均化和生料的均化尤其重要。

原料经过破碎后，有一个储存、再存取的过程。如果在这个过程采用不同的储取方式，将储入时成分波动较大的原料均化为取出时均匀的原料，这个过程称为预均化。

粉磨后的生料在储存过程中利用多库搭配、机械倒库和气力搅拌等方法，使生料成分趋于一致，这就是生料的均化。

原料预均化的基本原理就是在物料堆放时，由堆料机把进来的原料连续地按一定的方式堆成尽可能多的相互平行、上下重叠和相同厚度的料层。取料时，在垂直于料层的方向，尽可能同时切取所有料层，依次切取，直到取完，即"平铺直取"。

4. 储存

（1）物料的储存期。某物料的储存量能满足工厂生产需要的天数，称为该物料的储存期。合理的物料储存期应综合考虑外部运输条件、物料成分波动及质量要求、气候影响、设备检修等因素后确定。物料的最低可用储存期及一般储存期可按照表 2-18 选用。

表 2-18　物料最低可用储存期及一般储存期

物料名称	最低可用储存期（d）	一般储存期（d）
石灰质原料	5～10	9～18
黏土质原料	10	13～20
校正原料	20	20～30
煤	10	22～30

（2）物料的储存设施。物料的储存设施一般为各种储库，也有预均化设施兼储存，还有露天堆场或堆棚等。

5. 水泥生料制备

（1）配料。

① 配料原则。根据水泥品种、原燃料品质、工厂具体生产条件等选择合理的熟料矿物组成或率值，并由此计算所用原料及燃料的配合比，称为生料配料，简称配料。

配料计算是为了确定各种原燃料的消耗比例，改善物料易磨性和生料的易烧性，为窑磨创造良好的操作条件，达到优质、高产、低消耗的生产目的。合理的配料方案既是工厂设计的依据，又是正常生产的保证。

设计水泥厂时，根据原料资源情况进行合理的配料，从而尽可能地充分利用矿山资源确定各原料的配比。计算全厂的物料平衡，作为全厂工艺设计主机选型的依据。

配料的基本原则是：配制的生料易于粉磨和煅烧；烧出的熟料具有较高的强度和良好的物理化学性能；生产过程易于控制，便于生产操作管理，尽量简化工艺流程；结合工厂生产条件，经济、合理地使用矿山资源。

② 配料计算。配料计算中的常用基准有三个：

a. 干燥基准：用干燥状态物料（不含物理水）作计算基准，简称干基。

如不考虑生产损失，有：各种干原料之和＝干生料（白生料）

b. 灼烧基准：生料经灼烧以后去掉烧失量之后，处于灼烧状态，以灼烧状态作计算基准称为灼烧基准。如不考虑生产损失，有：灼烧生料＋煤灰（掺入熟料中的）＝

熟料

c. 湿基准：用含水物料作计算基准时称为湿基准，简称湿基。

③ 配料方案。决定配料方案的是熟料矿物组成或熟料的三率值。配料方案实际上就是选择熟料三率值 KH（石灰饱和系数）、SM 或 n（硅率）、IM 或 p（铝率）。熟料三率值的表达式及取值范围见表 2-19。

表 2-19　熟料三率值

名称	石灰饱和系数（KH）	硅率（SM 或 n）	铝率（IM 或 p）
表达式	$KH=\dfrac{CaO-1.65Al_2O_3-0.35Fe_2O_3}{2.8SiO_2}$	$SM=\dfrac{SiO_2}{Al_2O_3+Fe_2O_3}$	$LM=\dfrac{Al_2O_3}{Fe_2O_3}$
取值范围	0.87～0.96	1.7～2.7	0.9～1.9

④ 配料计算。生料配料的计算方法很多，有代数法、图解法、尝试误差法、矿物组成法等。随着计算机技术的发展，计算机配料已经取代了人工计算，使计算过程变得更简单，结果更准确。

生料配料计算中，应用较多的是尝试误差法中的递减试凑法，即从熟料化学成分中依次递减配合比的原料成分，试凑至符合要求为止。下面介绍该方法：

计算基准：100kg 熟料。

计算依据：原料的化学成分；煤灰的化学成分；煤的工业分析及发热量；热耗等。

计算步骤：

a. 列出原料、煤灰的化学成分，并处理成总量 Σ 为 100%。若 $\Sigma>100\%$，则按比例缩减使综合等于 100%；若 $\Sigma<100\%$，是由于某些物质没有被测定出来，此时可把小于 100% 的差值注明为"其他"项。

b. 列出煤的工业分析资料（收到基）及煤的发热量（收到基，低位）；

c. 列出各种原料入磨时的水分；

d. 确定熟料热耗，计算煤灰掺入量；

e. 选择熟料率值；

f. 根据熟料率值计算熟料化学成分；

g. 递减试凑求各原料配合比；

h. 计算熟料化学成分并校验熟料率值；

i. 将干燥原料配合比换算成湿原料配合比。

⑤ 自动配料控制。大多水泥厂采用生料成分配料控制系统自动调整原料配比。系统框图如图 2-5 所示。

（2）粉磨。生料粉磨是在外力作用下，通过冲击、挤压、研磨等克服物体变形时的应力与质点之间的内聚力，使块状物料变成细粉（$<100\mu m$）的过程。

水泥生产过程中，每生产 1 吨硅酸盐水泥至少要粉磨 3 吨物料（包括各种原料、燃料、熟料、混合料、石膏）。据统计，干法水泥生产线粉磨作业需要消耗的动力约占

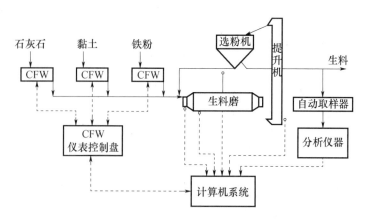

图 2-5　生料成分配料控制系统

全厂动力的 60% 以上，其中生料粉磨占 30% 以上，煤磨约占 3%，水泥粉磨约占 40%。因此，合理选择粉磨设备和工艺流程，优化工艺参数，正确操作，控制作业制度，对保证产品质量、降低能耗具有重大意义。

大多数水泥厂采用生料的烘干兼粉磨系统，即在粉磨的过程中同时进行烘干。烘干兼粉磨系统中应用较多的是球磨、立磨、辊压机等。烘干热源多采用悬浮预热器、预分解窑或篦式冷却机的废气，以节约能源。生料烘干兼粉磨的工艺流程如图 2-6 所示。

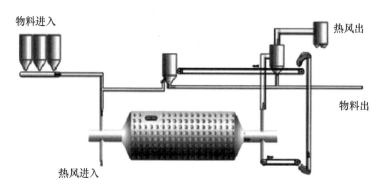

图 2-6　生料烘干兼粉磨流程

（3）生料均化。粉磨好的生料进入生料均化库暂存。

新型干法水泥生产过程中，稳定入窑生料成分是稳定熟料烧成热工制度的前提，生料均化系统起着稳定入窑生料成分的最后一道把关作用。

均化原理：采用空气搅拌，重力作用，产生"漏斗效应"，使生料粉在向下卸落时，尽量切割多层料面，充分混合。利用不同的流化空气，使库内平行料面发生大小不同的流化膨胀作用，有的区域卸料，有的区域流化，从而使库内料面产生倾斜，进行径向混合均化。

生料均化技术是新型干法生产水泥的重要环节，是保证熟料质量的关键。近年来，国内外各种生料均化库不断改进，以求用最少的电耗获得尽可能大的均化效果。自 20

世纪 50 年代出现空气搅拌库以来，以扇形库为代表的间歇式空气搅拌库获得了普遍推广。为简化流程，避免二次提升，60 年代初开始采用双层均化库。双层均化库上层为搅拌库，下层为储存库。双层库虽然均化效果高，但土建费用高，电耗大，且间歇均化对入窑生料可能产生不连续的阶梯偏差，不利于窑的操作。60 年代末 70 年代初国外研究开发了多种连续式均化库，投产后效果很好，且操作简单，电耗大幅降低。加上采用原料预均化堆场和磨头自动配料系统，连续式均化库得到广泛应用。

（4）生料易烧性。配合形成生料的各种原料品位越高，成分波动越小，其中晶体含量越少，结晶越不完全，以及生料越均匀，则生料的易烧性会大大提高。生料易烧性好，烧成熟料所需的热量越少，熟料越易于烧成，其产量也越高，质量越好。因而，在选择原料时，应尽可能选择质量好、成分波动小、含结晶氧化物少的原料。同时加强原料的预均化与生料的均化，降低生料的波动，提高其均匀性，就能有效提高煅烧效率，提高窑的产量和质量。

生料易烧性是指生料在窑内煅烧成熟料的相对难易程度。生产实践证明，生料易烧性不仅直接影响熟料质量和窑的运转率，还关系到燃料的消耗量。

影响易烧性的因素较多，目前定量评价主要有试验法和经验公式法。试验法按《水泥生料易烧性试验方法》（GB/T 26566—2011）进行。生料分别在不同温度 1350℃、1400℃、1450℃下，经 30min 煅烧，检测灼烧后物料 f-CaO 含量。f-CaO 越多，易烧性越差；f-CaO 越低，易烧性越好。试验法优点是结果准确、科学；缺点是过程繁杂，检测时间长，日常控制很难实施，但可以用于定期检测、掌握情况。

在日常控制中，常用经验公式，简单实用。

公式为

$$K = [(3KH-2)\,n\,(p+1)] / (2p+10)$$

其中，K 表示烧成指数，值越大，易烧性越差；KH、n、p 依次为饱和比、硅率、铝率。分别用生料率值和熟料率值代入计算得到生料的烧成指数和熟料的烧成指数。两者结合考虑，通过控制生料成分来实现熟料烧成指数的控制目标。

五、熟料煅烧

（一）熟料煅烧流程

传统的湿法、干法回转窑生产水泥熟料，生料的预热、分解和烧成过程均在窑内完成，回转窑作为烧成设备，能够满足煅烧温度和停留时间，但传热、传质效果不佳，不能适应需热量较大的预热和分解过程。新型干法水泥窑的悬浮预热和窑外分解技术从根本上改变了物料的预热和分解状态，使得物料不再堆积，而是悬浮在气流中，与气流的接触面积大幅度增加，因此传热速度快、效率高，大幅度提高了生产效率和热效率。

熟料烧制可分为四个过程：悬浮预热、窑外分解、窑内烧结和熟料冷却。常见的预热器是多级旋风预热器，在其中含热废气与生料发生热交换。生料从最上面的第一级旋风筒连接风管喂入，在高速上升气流的带动下，生料折转向上随气流运动，然后被送入旋风筒内。在气流和重力的作用下，物料贴着筒壁分散下落，最后进入下一级旋风筒的喂料管中，重复以上运动过程。经过五级旋风筒的预热，生料就可以被加热到 800℃左右，而含热废气则由约 1100℃ 降低到约 300℃。由于物料在旋风筒内处于悬浮分散状态，热交换过程可以很快发生。预热器的使用充分利用了窑尾产生废气，降低了熟料烧成的热耗。预热器最底部一级旋风筒和分解炉相连，物料通过管道进入分解炉，并在其中进行分解。生料与喷入分解炉的煤粉在炉内充分分散、混合和均布，炉内高温使得煤粉燃烧，迅速向物料传递热量。物料中的碳酸盐在高温的作用下，迅速吸热、分解，释放出二氧化碳。入窑前，物料的分解率可以达到 90％以上，进一步减轻了窑内水泥煅烧的热负荷，提高了煤粉的利用率。物料进入回转窑后进一步分解，并随着窑的转动向前移动，窑内煤粉燃烧产生的热量使得物料发生一系列的化学反应，最后生成水泥熟料的主要成分硅酸三钙。随后熟料被送到篦式冷却机中，冷却机采用风冷的方式，冷却风从底部吹入对熟料进行冷却。同时，熟料在篦板的往复作用下逐渐向前移动。篦式冷却机可以对炽热的熟料起到骤冷作用，提高了熟料的强度，同时还有出料温度低、冷却能力大等优点。

（二）悬浮预热技术

悬浮预热技术从根本上改变了物料预热过程的传热状态，将窑内物料堆积状态的预热和分解过程，分别移到悬浮预热器和分解炉内，在悬浮状态下进行。由于物料悬浮在热气流中，与气流的接触面积大幅度增加，因此，传热快，传热效率高。同时，生料粉与燃料在悬浮状态下均匀混合，燃料燃烧产生的热及时传给物料，使之迅速分解。所以，这种快速高效的传热传质工艺，大幅度提高了生产效率和热效率。

生料在预热器内要反复经过分散—悬浮—换热—气固分离四个过程。生料中的碳酸钙在入窑前，分解率得到较大幅度的提高（达到 40％左右），大大减轻了窑的热负荷，从而提高窑的生产效率。

1. 结构

预热器的主要功能是充分利用回转窑和分解炉排出的废气余热加热生料，使生料预热及部分碳酸盐分解。为了最大限度提高气固间的换热效率，实现整个煅烧系统的优质、高产、低消耗，必须具备气固分散均匀、换热迅速和高效分离三个功能。

旋风预热器是由旋风筒和连接管道组成的热交换器，是主要的预热设备。换热管道是旋风预热器系统中的核心装备，它不但承担着上下两级旋风筒间的连接和气、固流输送任务，同时还承担着物料分散、均匀分布、密闭锁风和换热任务，所以，换热管道上还配有下料管、撒料器、锁风阀等装备，它们同旋风筒一起组合成一个换热单元。

预热器主要由旋风筒、风管、下料溜管、锁风阀、撒料板、内筒挂片等部分组成。旋风筒的主要作用是气、固分离，传热只占 6%～12.5%。旋风筒分离效率的高低，对系统的转热速率和传热效率有重要影响。根据理论计算，使用五到六级旋风筒，其传热效果最佳，常用的是五级旋风筒。

旋风筒和连接管道组成预热器的换热单元功能，如图 2-7 所示。

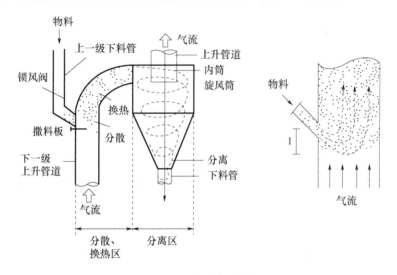

图 2-7　预热器单元结构

2. 作用

（1）物料分散。换热的 80% 是在入口管道内进行的。喂入预热器管道中的生料，在与高速上升气流的冲击下，物料折转向上随气流运动，同时被分散。物料下落点到转向处的距离（悬浮距离）及物料被分散的程度取决于气流速度、物料性质、气固比、设备结构等。因此，为使物料在上升管道内均匀迅速地分散、悬浮，应注意下列问题：

① 选择合理的喂料位置，合理控制生料细度：为了充分利用上升管道的长度，延长物料与气体的热交换时间，喂料点应选择靠近进风管的起始端，即下一级旋风筒出风内筒的起始端。但加入的物料必须能够充分悬浮、不直接落入下一级预热器，即产生短路。

② 选择适当的管道风速：要保证物料能够悬浮于气流中，就必须有足够的风速，一般要求料粉悬浮区的风速为 16～22m/s。为加强气流的冲击悬浮能力，可在悬浮区局部缩小管径或加插板（扬料板），使气体局部加速，增大气体动能。

③ 保证喂料均匀：要保证喂料的均匀性，要求来料管的锁风阀（一般采用重锤阀）灵活、严密；来料多时，它能起到一定的阻滞缓冲作用；来料少时，它能起到密封作用，防止系统内部漏风。

④ 旋风筒的结构：旋风筒的结构对物料的分散程度也有很大影响，如旋风筒的锥体角度、布置高度等对来料落差及来料均匀性有很大影响。

⑤ 在喂料口加装撒料装置：早期设计的预热器下料管无撒料装置，物料分散差，热效率低，经常发生物料短路，热损失增加，热耗高。

（2）撒料板。为了提高物料分散效果，在预热器下料管口下部的适当位置设置撒料板，当物料喂入上升管道下冲时，首先撞击在撒料板上被冲散并折向，再由气流进一步冲散悬浮。

（3）锁风阀。锁风阀（又称翻板阀）既有保持下料均匀畅通作用，又起密封作用。它装在上级旋风筒下料管与下级旋风筒出口的换热管道入料口之间的适当部位。锁风阀必须结构合理，轻便灵活。

对锁风阀的结构要求如下：阀体及内部零件坚固、耐热，避免过热引起变形损坏；阀板摆动轻巧灵活，重锤易于调整，既要避免阀板开、闭动作过大，又要防止料流发生脉冲，做到下料均匀；阀体具有良好的气密性，阀板形状规整与管内壁接触严密，同时要杜绝任何连接法兰或轴承间隙的漏风；支撑阀板转轴的轴承（包括辊动、滑动轴承等）要密封良好，防止灰尘渗入；阀体便于检查、拆装，零件要易于更换。

（4）气固分离。当气流携带料粉进入旋风筒后，被迫在旋风筒筒体与内筒（排气管）之间的环状空间内做旋转流动，并且一边旋转一边向下运动，由筒体到锥体，一直可以延伸到锥体的端部，然后转而向上旋转上升，由排气管排出。

旋风筒的主要作用是气固分离。提高旋风筒的分离效率是减少生料粉内、外循环，降低热损失和加强气固热交换的重要条件。影响旋风筒分离效率的主要因素有：

① 旋风筒的直径：在其他条件相同时，筒体直径小，分离效率高。

② 旋风筒进风口的形式及尺寸：气流应以切向进入旋风筒，减少涡流干扰；进风口宜采用矩形，进风口尺寸应使进口风速在 $16\sim22m/s$ 之间，最好在 $18\sim20m/s$ 之间。

③ 内筒尺寸及插入深度：内筒直径小、插入深，分离效率高。

④ 筒体高度：增加筒体高度，分离效率提高。

⑤ 锁风阀密封性：旋风筒下料管锁风阀漏风，将引起分离出的物料二次飞扬，漏风越大，扬尘越严重，分离效率越低。

⑥ 物料特性：物料颗粒大小、气固比（含尘浓度）及操作的稳定性等，都会影响分离效率。

（三）预分解技术

预分解技术的出现是水泥煅烧工艺的一次技术飞跃。它是在预热器和回转窑之间增设分解炉和利用窑尾上升烟道，设燃料喷入装置，使燃料燃烧的放热过程与生料的碳酸盐分解的吸热过程，在分解炉内以悬浮态或流化态下迅速进行，使入窑生料的分解率提高到 90% 以上。将原来在回转窑内进行的碳酸盐分解任务，移到分解炉内进行；燃料大部分从分解炉内加入，少部分由窑头加入，减轻了窑内煅烧带的热负荷，延长了衬料寿命，有利于生产大型化；由于燃料与生料混合均匀，燃料燃烧热及时传递给物料，使燃烧、换热及碳酸盐分解过程得到优化。因而具有优质、高效、低耗等一系列优良性能及特点。

预分解窑的关键装备有旋风筒、换热管道、分解炉、回转窑、冷却机，简称筒—管—炉—窑—机。这五组关键装备五位一体，彼此关联，互相制约，形成了一个完整的熟料煅烧热工体系，分别承担着水泥熟料煅烧过程的预热、分解、烧成、冷却任务。

预分解窑系统的示意如图 2-8 所示。

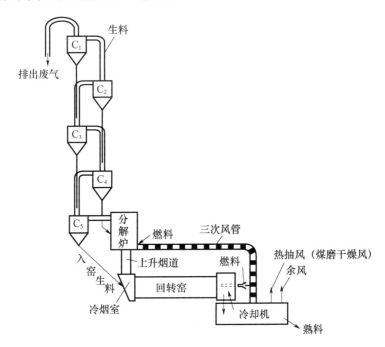

图 2-8　预分解窑煅烧系统示意

1. 特点

预分解技术的特点是：

（1）碳酸盐分解任务外移；

（2）燃料少部分由窑头加入，大部分从分解炉内加入，减轻了窑内煅烧带的热负荷，延长衬料寿命，缩小窑的规格并使生产大型化；

（3）燃料燃烧放热、悬浮态传热和物料的吸热分解三个过程紧密结合进行。

2. 分类

（1）按分解炉内气流的主要运动形式可分为：旋流式（SF 型）、喷腾式（FLS 型）、悬浮式（prepol 型、pyroclon 型）及流化床式（MFC、N-MFC 型）。在这四种形式的分解炉内，生料及燃料分别依靠"涡旋效应""喷腾效应""悬浮效应"和"流态化效应"分散于气流之中。由于物料之间在炉内流场中产生相对运动，从而达到高度分散、均匀混合和分布、迅速换热、延长物料在炉内的滞留时间，达到提高燃烧效率、换热效率和入窑物料碳酸盐分解率的目的。

（2）按分解炉与窑的连接方式大致分为三种类型：

① 同线型分解炉。这种类型的分解炉直接坐落在窑尾烟室之上。这种炉型实际是上升烟道的改良和扩展。它具有布置简单的优点，窑气经窑尾烟室直接进入分解炉，由于炉内气流量大，氧气含量低，要求分解炉具有较大的炉容或气、固滞留时间长。这种炉型布置简单、整齐、紧凑，出炉气体直接进入最下级旋风筒，因此它们可布置在同一平台，有利于降低建筑物高度。同时，采用"鹅颈"管结构增大炉容，亦有利于布置，不增加建筑物高度。

同线型分解炉如图 2-9 所示。

② 离线型分解炉。这种类型的分解炉自成体系。采用这种方式时，窑尾设有两列预热器，一列通过窑气，另一列通过炉气，窑列物料流至窑列最下级旋风筒后再进入分解炉，同炉列物料一起在炉内加热分解后，经炉列最下级旋风筒分离后进入窑内。同时，离线型窑一般设有两台主排风机，一台专门抽吸窑气，另一台抽吸炉气，生产中两列工况可以单独调节。在特大型窑，则设置三列预热器、两个分解炉。

离线型分解炉如图 2-10 所示。

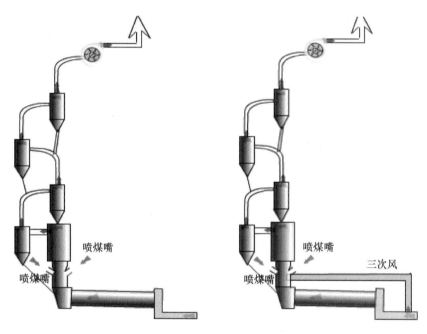

图 2-9　同线型分解炉示意　　　　　图 2-10　离线型分解炉示意

③ 半离线型分解炉。这种类型的分解炉设于窑的一侧。这种布置方式中，分解炉内燃料在纯三次风中燃烧，炉气出炉后可以在窑尾上升烟道下部与窑气会合，亦可在上升烟道上部与窑气会合，然后进入最下级旋风筒。这种方式工艺布置比较复杂，厂房较大，生产管理及操作亦较为复杂。其优点在于燃料燃烧环境较好，在采用"两步到位"模式时，有利于利用窑气热焓，防止黏结堵塞。中国新研制的新型分解炉亦有采用这种模式的。

半离线型分解炉如图 2-11 所示。

3. 分解炉的发展方向

分解炉未来的发展方向是：

（1）适当扩大炉容，延长气流在炉内的滞留时间，以空间换取保证低质燃料完全燃烧所需的时间；

（2）改进炉的结构，使炉内具有合理的三维流场，力求提高炉内固、气滞留时间比，延长物料在炉内滞留时间；

（3）保证物料向炉内均匀喂料，并做到物料入炉后，尽快分散、均布；

（4）改进燃烧器的形式、结构与布置，使燃料入炉后尽快点燃，注重改善中低质及低挥发分燃料在炉内的迅速点火起燃的环境；

（5）下料、下煤点及三次风之间布局的合理匹配，以有利于燃料起火、燃烧和碳酸盐分解，提高燃料燃尽率；

（6）降低窑炉内 NO_x 生成量，并在出窑、入炉前制造还原气氛，促使 NO_x 还原，满足环保要求；

（7）优化分解炉在预分解窑系统中的部位、布置和流程，有利于分解炉功能的充分发挥，提高全系统功效；

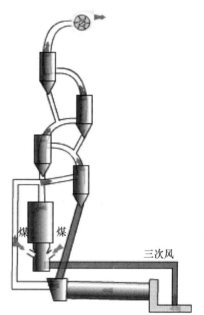

图 2-11　半离线型分解炉示意

（8）采取措施，促进替代燃料和可燃废弃物的利用。

（四）回转窑技术

生料在旋风预热器中完成预热和预分解后，下一道工序是进入回转窑中进行熟料的烧成。在回转窑中碳酸盐进一步迅速分解并发生一系列的固相反应，生成水泥熟料矿物。

水泥熟料的煅烧过程，是水泥生产中最重要的过程。该过程是在回转窑中进行，回转窑具有台时产量高、所生产水泥熟料质量好、机械化和自动化程度高等优点，被多数水泥厂所采用。一般情况下，回转窑筒体具有一定的倾斜角度，物料在其中会随着筒体转动而不断翻滚向前。回转窑为燃料燃烧、物料之间的化学反应提供了最够的空间和热反应环境。

1. 结构

回转窑结构示意如图 2-12 所示。

2. 作用

在预分解窑系统中，回转窑具有五大功能：

（1）燃料燃烧功能：作为燃料燃烧装置，回转窑具有广阔的空间和热力场，可以

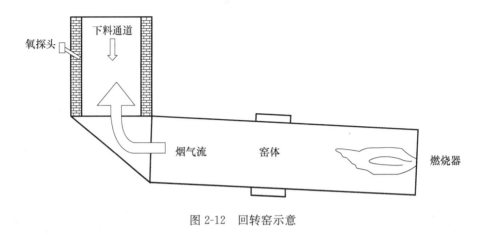

图 2-12　回转窑示意

供应足够的空气，装设优良的燃烧装置，保证燃料充分燃烧，为熟料煅烧提供必要的热量。

（2）热交换功能：作为热交换装备，回转窑具有比较均匀的温度场，可以满足水泥窑熟料形成过程各个阶段的换热要求，特别是熟料矿物生成的要求。

（3）化学反应功能：作为化学反应器，随着水泥矿物熟料形成不同阶段的需求，既可以分阶段地满足不同矿物形成时对热量和温度的要求，又可以满足它们对时间的要求，是目前用于水泥熟料矿物最终形成的最佳装备。

（4）物料输送功能：作为输送装备，它具有更大的潜力，因为物料在回转窑断面内的填充率、窑斜度和转速都很低。

（5）降解利用废物功能：20世纪以来，回转窑的优越环保功能迅速被挖掘，它所具有的高温、稳定热力场、碱性环境等已经成为降解各种有毒有害危险废物的最好装置。

3. 工艺带划分

硅酸盐水泥的主要成分包括 CaO、SiO_2、Al_2O_3 和 Fe_2O_3，在高温的条件下进行一系列的反应生成硅酸三钙（C_3S）、硅酸二钙（C_2S）、铝酸三钙（C_3A）、铁铝酸四钙（C_4AF）等矿物。回转窑内部空间按温度可以大致分为四个区域：分解带、过渡带、烧成带和冷却带。物料在进入时分解率达到 90% 左右，剩余没有分解的物料将在进入回转窑后逐渐分解。过渡带部分温度高达 $900\sim1150℃$，使得生料中的二氧化硅、三氧化二铁和三氧化二铝等氧化物发生固相反应。

4. 物料在窑内的工艺反应

物料在回转窑内分别发生分解反应、固相反应、烧结反应，叙述如下：

（1）分解反应：分解反应主要是在分解炉内完成。一般从 4 级预热器排出的物料，是分解率为 85%～95%、温度为 $820\sim850℃$ 的细颗粒粉料，当它刚进入回转窑时，还能继续分解，但由于重力作用，物料沉积在窑的底部，形成堆积层，料层内部的分解反应停止，只有表层的料粉继续分解。

（2）固相反应：当粉料分解完成以后，料温进一步升高，开始发生固相反应。固相反应主要在回转窑内进行，最后生成硅酸三钙（C_3S）、硅酸二钙（C_2S）、铝酸三钙（C_3A）、铁铝酸四钙（C_4AF）等矿物。

固相反应是放热反应，放出的热量用来提高物料温度，使料温较快地升高到烧结温度。

（3）烧结反应：料温升高到 1300℃ 以上时，部分铝酸三钙（C_3A）和铁铝酸四钙（C_4AF）熔融为液相，此时硅酸二钙（C_2S）和游离 CaO 开始溶解于液相，并相互扩散，C_2S 吸收 CaO 生成硅酸三钙（C_3S），再结晶析出。随着温度的连续升高，液相量增多，液相黏度降低，C_2S 吸收 CaO 也加速进行。

5. 熟料矿物组成

（1）熟料的化学组成。熟料中的主要氧化物有 CaO、SiO_2、Al_2O_3、Fe_2O_3。其总和通常占熟料总量的 95％ 以上。此外还有其他氧化物，如 MgO、SO_3、Na_2O、K_2O、TiO_2、P_2O_5 等，其总量通常占熟料的 5％ 以下。

国内部分新型干法水泥生产企业的硅酸盐水泥熟料化学成分见表 2-20。

表 2-20 国内部分新型干法水泥生产企业的硅酸盐水泥熟料化学成分（％）

厂家	CaO	SiO_2	Al_2O_3	Fe_2O_3	MgO	K_2O+Na_2O	SO_3	Cl^-
冀东	65.08	22.36	5.53	3.46	1.27	1.23	0.57	0.010
宁国	65.89	22.50	5.34	3.47	1.66	0.69	0.20	0.015
江西	65.90	22.27	5.59	3.47	0.81	0.08	0.07	0.005
双阳	65.88	22.57	5.29	4.41	0.97	1.89	0.82	0.104
铜陵	65.54	22.10	5.62	3.40	1.41	1.19	0.40	0.018
柳州	65.90	21.22	5.89	3.70	1.00	0.76	0.30	0.007
鲁南	63.74	21.47	5.55	3.52	3.19	1.22	0.25	0.026
云浮	65.89	21.61	5.78	2.98	1.70	1.07	0.56	0.005

实际生产中，硅酸盐水泥中各主要氧化物含量的波动范围一般为：CaO，62％～67％；SiO_2，20％～24％；Al_2O_3，4％～7％；Fe_2O_3，2.5％～6％。

（2）熟料的矿物组成。在硅酸盐水泥熟料中，各氧化物不是单独存在的，而是以两种或两种以上的氧化物反应组合成各种不同的氧化物集合体，即以熟料矿物的形态存在。这些熟料矿物结晶细小，通常为 30～60μm，因此可以说，硅酸盐水泥熟料是一种多矿物组成的、结晶细小的人造岩石。

熟料中的主要矿物及其含量见表 2-21。

表 2-21 熟料中的主要矿物组成

序号	矿物名称	分子式	简写	含量（％）
1	硅酸二钙	$2CaO \cdot SiO_2$	C_2S	15～35
2	硅酸三钙	$3CaO \cdot SiO_2$	C_3S	50～65
3	铝酸三钙	$3CaO \cdot Al_2O_3$	C_3A	6～12
4	铁铝酸四钙	$4CaO \cdot Al_2O_3 \cdot Fe_2O_3$	C_4AF	8～12

硅酸三钙和硅酸二钙合称硅酸盐矿物，一般约占 75%；铝酸三钙和铁铝酸四钙合称熔剂矿物，一般约占 22%。硅酸盐矿物和熔剂矿物总和约占 95%。

此外，熟料里还含有游离氧化钙（f-CaO）、方镁石（MgO）及玻璃体等。

（3）熟料矿物的特性。

硅酸三钙：加水调和后，凝结时间正常，水化较快，粒径为 $40\sim45\mu m$ 的硅酸三钙颗粒加水后 28d，可以水化 70% 左右。强度发展比较快，早期强度高，强度增进率较大，28d 强度可以达到一年强度的 $70\%\sim80\%$，四种熟料矿物中强度最高。水化热较高，抗水性较差。

硅酸二钙：C_2S 与水作用时，水化速度较慢，至 28d 龄期仅水化 20% 左右，凝结硬化缓慢，早期强度较低，28d 以后强度仍能较快增长，一年后可接近 C_3S。它的水化热低，体积干缩性小，抗水性和抗硫酸盐侵蚀能力较强。

中间相：填充在阿利特、贝利特之间的物质通称为中间相，它包括铝酸盐、铁酸盐、组成不定的玻璃体、含碱化合物、游离氧化钙及方镁石等。

铝酸三钙：铝酸三钙水化迅速，放热多，凝结硬化很快，如不加石膏等缓凝剂，易使水泥急凝。铝酸三钙硬化也很快，水化 3d 内就大部分发挥出来，早期强度较高，但绝对值不高，以后几乎不再增长，甚至倒缩。干缩变形大，抗硫酸盐侵蚀性能差。

铁相固溶体：C_4AF 水化硬化速度较快，因而早期强度较高，仅次于 C_3A。与 C_3A 不同的是，它的后期强度也较高，类似 C_2S。抗冲击，抗硫酸盐侵蚀能力强，水化热较铝酸三钙低。

游离氧化钙：过烧的游离氧化钙结构比较致密，水化很慢，通常在加水 3d 以后反应比较明显。随着游离氧化钙含量的增加，试体抗拉、抗折强度降低，3d 以后强度倒缩，严重时甚至引起安定性不良。游离氧化钙水化生成氢氧化钙时，体积膨胀 97.9%，影响水泥产品的安定性。

方镁石：方镁石的水化比游离氧化钙更为缓慢，要几个月甚至几年才明显起来。方镁石水化生成氢氧化镁时，体积膨胀 148%，导致体积安定性不良。方镁石膨胀的严重程度与其含量、晶体尺寸等都有关系。方镁石晶体小于 $1\mu m$，含量 5% 时，只引起轻微膨胀；方镁石晶体 $5\sim7\mu m$，含量 3% 时，就会严重膨胀。

（五）熟料冷却技术

水泥工业在回转窑诞生之初，并没有任何熟料冷却设备，热的熟料倾卸于露天堆场自然冷却。19 世纪末期出现了单筒冷却机；1930 年德国伯力休斯公司在发明了立波尔窑的基础上研制成功回转篦式冷却机；1937 年美国富勒公司开始生产第一台推动篦式冷却机。100 多年来，在国际水泥工业科技进步的大潮中，熟料冷却技术不断改进、更新换代、长足发展。目前，熟料冷却机在水泥工业生产过程中，已不再是当初仅仅为了冷却熟料的设备，而是在预分解窑系统中与旋风筒、换热管道、分解炉、回转窑等密切结合，组成了一个完整的新型水泥熟料煅烧装置，成为不可缺少的具有多重功能的重要装备。

1. 作用

熟料冷却机的功能及其在预分解窑系统中的作用如下：

（1）作为一个工艺装备，它承担着对高温熟料的骤冷任务。骤冷可阻止熟料矿物晶体长大，特别是阻止 C_3S 晶体长大，有利于熟料强度及易磨性能的改善；同时，骤冷可使液相凝固成玻璃体，使 MgO 及 C_3A 大部分固定在玻璃体内，有利于熟料的安定性的改善。

（2）作为热工装备，在对熟料骤冷的同时，承担着对入窑二次风及入炉三次风的加热升温任务。在预分解窑系统中，尽可能地使二、三次风加热到较高温度，这样不仅可有效地回收熟料中的热量，也对燃料（特别是中低质燃料）起火预热、提高燃料燃尽率和保持全窑系统有一个优化的热力分布起重要作用。

（3）作为热回收装备，它承担着对出窑熟料携出的大量热焓的回收任务。一般来说，其回收的热量为 1250～1650kJ/kg 熟料。这些热量以高温热随二、三次风进入窑、炉之内，有利于降低系统燃烧煤耗。否则，这些热量回收率差，必然增大系统燃料用量，同时亦增大系统气流通过量，对于设备优化选型、提高生产效率和节能降耗都是不利的。

（4）作为熟料输送装备，它承担着对高温熟料的输送任务。对高温熟料进行冷却有利于熟料输送和贮存。

2. 原理

熟料冷却机原理示意如图 2-13 所示。

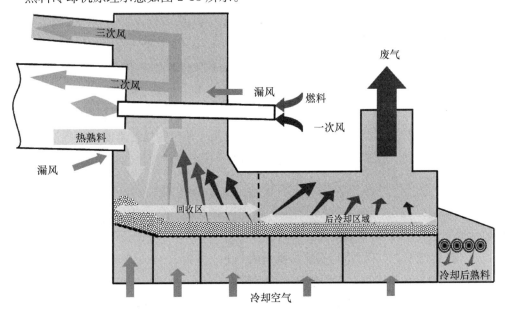

图 2-13　熟料冷却机原理示意

熟料冷却机原理在于高效、快速地实现熟料与冷却空气之间的气固换热。熟料冷却机经历了由单筒、多筒到箅式，以及箅式冷却机由回转式到推动式和推动式的第一、二、三、四代技术的发展，无论是气固之间的逆流、同流、错流换热，都是围绕提高气固换热系数，增大气固接触面积，增加气固换热温差等提高气固换热速率和效率方向展开的。同时，熟料冷却机设备结构及材质的改进，又不断提高设备运转率和节省能耗。

过去使用的多筒或单筒冷却机，冷却空气是由窑尾排风机经过回转窑及冷却机吸入，物料虽由扬板扬起，以增大气固换热面积，但是由于气固相对流动速度小，接触面积亦小，同时逆流换热 Δt 值亦小，因此换热效率低。

第三代箅式冷却机（以下简称箅冷机）由于采用"阻力箅板"，相对减小了熟料料层阻力变化对熟料冷却的影响；采用"空气梁"，热端箅床实现了每块或每个小区箅板，根据箅上阻力变化，调整冷却风量；同时，采用高压风机鼓风，减少冷却空气量，增大气固相对速率及接触面积，从而使换热效率大为提高。此外，由于阻力箅板在结构、材质上的优化设计，提高了使用寿命和运转率。

鉴于"阻力箅板"虽然解决了由于熟料料层分布不均造成的诸多问题，但是由于其阻力大，动力消耗高，因此新一代箅冷机又向"控制流"方向发展。采用空气梁分块或分小区鼓风，根据箅上料层阻力自动调节冷却风压和风量，实现气固之间的高效、快速换热。同时，鉴于使用活动箅板推动熟料运动，造成箅板间及有关部位之间的磨损，新一代箅冷机也正在向棒式和悬摆式等固定床方向发展。

新型箅冷机技术的不断创新，不但使换热效率大幅度提高，减少了冷却风量，降低了出箅冷机熟料温度，实现了熟料的骤冷，并且使入窑二次风及入炉三次风温度进一步得到提高，优化了预分解窑全系统的生产。

（六）预分解窑温度分布

预分解水泥窑的专用燃烧室内，燃料的燃烧率高达 65%，主要是由于热生料停留时间较长、窑尾废气处于旋风预热器的底部区域，并且还使用了额外的三次风。能源主要用来分解生料，当生料被送入水泥窑，几乎完全被分解，可以达到远高于 90% 的分解程度。分解炉内燃烧用的热空气是通过管道从冷却机输送过来的。物料约在 870℃ 离开分解炉。在旋风预热器窑系统中气体和固体的温度分布情况如图 2-14 所示。

（七）生料在煅烧过程中的理化变化

水泥生料经过连续升温，达到相应的高温时，其煅烧会发生一系列物理化学变化，最后形成熟料。硅酸盐水泥熟料主要由硅酸三钙（C_3S）、硅酸二钙（C_2S）、铝酸三钙（C_3A）、铁铝酸四钙（C_4AF）等矿物所组成。

水泥生料在加热煅烧过程中所发生的主要变化有：

（1）自由水的蒸发。无论是干法生产还是湿法生产，入窑生料都带有一定量的自由水分，由于加热，物料温度逐渐升高，物料中的水分首先蒸发，物料逐渐被烘干，

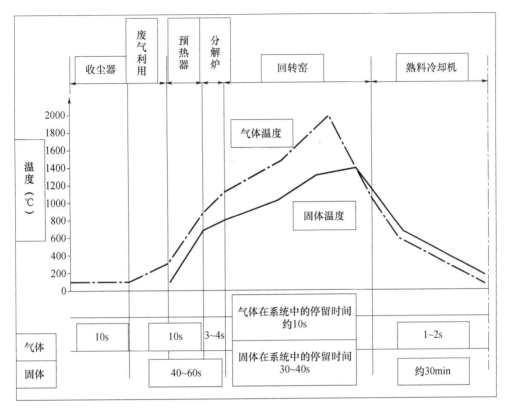

图 2-14　旋风预热器窑系统中气体与固体的温度分布

其温度逐渐上升，温度升到 100～150℃时，生料自由水分全部被排出，这一过程也称为干燥过程。

（2）黏土脱水与分解。当生料被烘干后，继续加热，温度上升较快，当温度升到 450℃时，黏土中的主要组成高岭土（$Al_2O_3 \cdot 2SiO_2 \cdot 2H_2O$）失去结构水，变为偏高岭石（$2SiO_2 \cdot Al_2O_3$）。

$$Al_2O_3 \cdot 2SiO_2 \cdot 2H_2O \longrightarrow Al_2O_3 + 2SiO_2 + 2H_2O$$

高岭土进行脱水分解反应时，在失去化学结合水的同时，本身结构也受到破坏，变成游离的无定形的三氧化二铝和二氧化硅。其具有较高的化学活性，为下一步与氧化钙反应创造了有利条件。在 900～950℃，由无定形物质转变为晶体，同时放出热量。

（3）石灰石的分解。脱水后的物料，温度继续升至 600℃以上时，生料中的碳酸盐开始分解，主要是石灰石中的碳酸钙和原料中夹杂的碳酸镁进行分解，并放出二氧化碳，其反应式如下：

600℃：　　　　　　　　　　$$MgCO_3 \longrightarrow MgO + CO_2$$

900℃：　　　　　　　　　　$$CaCO_3 \longrightarrow CaO + CO_2$$

实验表明：碳酸钙和碳酸镁的分解速度随着温度升高而加快，在 600～700℃时碳酸镁已开始分解，加热到 750℃分解剧烈进行。碳酸钙分解温度较高，在 900℃时才快速分解。

$CaCO_3$ 是生料中主要成分，分解时需要吸收大量的热量，在熟料形成过程中消耗热量约占干法窑热耗的一半以上，分解时间和分解率都将影响熟料的烧成，因此 $CaCO_3$ 的分解是水泥熟料生产中重要的一环。

$CaCO_3$ 的分解还与颗粒粒径、气体中 CO_2 的含量等因素有关。石灰石的分解虽与温度相关，但石灰石颗粒粒径越小，则表面积总和越大，使传热面积增大，分解速度加快。因此适当提高生料的粉磨细度有利于碳酸盐的分解。

$CaCO_3$ 的分解具有可逆的性质，如果其反应在密闭容器中和一定温度下进行，则随着 $CaCO_3$ 的分解产生 CO_2 气体的总量增加，其分解速度就要逐渐减慢甚至为零，因此在煅烧窑内或分解炉内加强通风，及时将 CO_2 气体排出有利于 $CaCO_3$ 的分解。窑系统内 CO_2 来自碳酸盐的分解和燃料的燃烧，废气中 CO_2 含量每减少2%，约可使分解时间缩短10%。当窑系统内通风不畅时，CO_2 不能及时排出，废气中 CO_2 含量的增加，会影响燃料燃烧使窑温降低，废气中 CO_2 含量的增加和温度降低都会延长 $CaCO_3$ 的分解时间。由此看出，窑内通风对 $CaCO_3$ 的分解起着重要作用。

（4）固相反应。黏土和石灰石分解以后分别形成了 CaO、MgO、SiO_2、Al_2O_3 等氧化物，这时物料中便出现了性质活泼的游离氧化钙，它与生料中的 SiO_2、Fe_2O_3 和 Al_2O_3 等氧化物进行固相反应，其反应速度随温度升高而加快。

水泥熟料中各种矿物并不是经过一级固相反应就形成的，而是经过多级固相反应的结果，反应过程比较复杂，其形成过程大致如下：

$800\sim900℃$：

$$CaO + Al_2O_3 \longrightarrow CaO \cdot Al_2O_3 \tag{CA}$$

$$CaO + Fe_2O_3 \longrightarrow CaO \cdot Fe_2O_3 \tag{CF}$$

$800\sim1100℃$：

$$2CaO + SiO_2 \longrightarrow 2CaO \cdot SiO_2 \tag{C_2S}$$

$$CaO \cdot Fe_2O_3 + CaO \longrightarrow 2CaO \cdot Fe_2O_3 \tag{C_2F}$$

$$7(CaO \cdot Al_2O_3) + 5CaO \longrightarrow 12CaO \cdot 7Al_2O_3 \tag{$C_{12}A_7$}$$

$1100\sim1300℃$：

$$12CaO \cdot 7Al_2O_3 + 9CaO \longrightarrow 7(3CaO \cdot Al_2O_3) \tag{C_3A}$$

$$7(2CaO \cdot Fe_2O_3) + 2CaO + 12CaO \cdot 7Al_2O_3 \longrightarrow$$
$$7(4CaO \cdot Al_2O_3 \cdot Fe_2O_3) \tag{C_4AF}$$

应该指出，影响上述化学反应的因素很多，它与原料的性质、粉磨的细度及加热条件等因素有关。如生料磨得越细，混合得越均匀，就增大了各组分之间的接触面积，有利于固相反应的进行；又如从原料的物理化学性质来看，黏土中的二氧化硅若是以结晶状态的石英砂存在，就很难与氧化钙反应，若是由高岭土脱水分解而来的无定形二氧化硅，没有一定晶格或晶格有缺陷，故易与氧化钙进行反应。

从以上化学反应的温度不难发现，这些反应温度都小于反应物和生成物的熔点

（如 CaO、SiO_2 与 $2CaO \cdot SiO_2$ 的熔点分别为 2570℃、1713℃ 与 2130℃），就是说物料在以上这些反应过程中都没有熔融状态物出现，反应是在固体状态下进行的，但是以上反应（固相反应）在进行时放出一定的热量。因此，这些反应统称为"放热反应"。

（5）熟料的烧成。由于固相反应，生成了水泥熟料中 C_4AF、C_3A、C_2S 等矿物，但是水泥熟料的主要矿物 C_3S 要在液相中才能大量形成。当物料温度升高到近 1300℃ 时，会出现液相，形成液相的主要矿物为 C_3A、C_4AF、R_2O 等熔剂矿物，但此时，大部分 C_2S 和 CaO 仍为固相，但它们很容易被高温的熔融液相所溶解，这种溶解于液相中的 C_2S 和 CaO 很容易起反应，而生成硅酸三钙。

$$2CaO \cdot SiO_2 + CaO \longrightarrow 3CaO \cdot SiO_2 \qquad (C_3S)$$

这个过程也称石灰吸收过程。

大量 C_3S 的生成是在液相出现之后，普通硅酸盐水泥组成一般在 1300℃ 左右时就开始出现液相，而 C_3S 形成最低温度约在 1350℃，在 1450℃ 下 C_3S 绝大部分生成，所以熟料烧成温度可写成 1350～1450℃。它是决定熟料质量的关键，若此温度有保证则生成的 C_3S 较多，熟料质量较好；反之，生成 C_3S 较少，熟料质量较差。不仅如此，此温度还影响着 C_3S 的生成速度，随着温度的升高，C_3S 生成的速度也就加快，在 1450℃ 时，反应进行非常迅速，此温度称为熟料烧成的最高温度，所以水泥熟料的煅烧设备，必须能够使物料达到如此高的温度；否则，烧成的熟料质量受影响。

任何反应过程都需要一定的时间，C_3S 的形成也一样，它的形成不仅需要有温度的保证，而且需在该温度下停留一段时间，使之能反应充分，在煅烧较均匀的回转窑内时间可短些，时间过长易使 C_3S 生成粗而圆的晶体，使其强度发挥慢而低。一般需要在高温下煅烧 20～30min。

（6）熟料的冷却。当熟料烧成后，温度开始下降，同时 C_3S 的生成速度也不断减慢，温度降到 1300℃ 以下时，液相开始凝固，C_3S 的生成反应完结，这时凝固体中含有少量的未化合的 CaO，则称为游离氧化钙。温度继续下降便进入熟料的冷却阶段。

熟料烧成后，就要进行冷却，其目的在于改进熟料质量，提高熟料的易磨性；回收熟料余热，降低热耗，提高热效率；降低熟料温度，便于熟料的运输、储存和粉磨。

熟料冷却的好坏及冷却速度，对熟料质量影响较大。因为部分熔融的熟料，其中的液相在冷却时，往往还和固相进行反应。

在熟料的冷却过程中，将有一部分熔剂矿物（C_3A 和 C_4AF）形成结晶体析出，另一部分熔剂矿物则因冷却速度较快来不及析晶而呈玻璃态存在。C_3S 在高温下是一种不稳定的化合物，在 1250℃ 时，容易分解，所以要求熟料自 1300℃ 以下要进行快冷，使 C_3S 来不及分解，越过 1250℃ 以后 C_3S 就比较稳定。

对于 1000℃ 以下的冷却，也是以快速冷却为好，这是因为熟料中的 C_2S 有 α'、α、β、γ 四种结晶形态，温度及冷却速度对 C_2S 的晶型转化有很大影响，在高温熟料中，只存在 α-C_2S；若冷却速度缓慢，则发生一系列的晶型转化，最后变为 γ-C_2S，在这一转化过程中由于密度的减小，使体积增大 10％左右，从而导致熟料块的体积膨胀，变成粉末状，在生产中叫做"粉化"现象。γ-C_2S 与水不起水化作用，几乎没有硬性，因而会使水泥熟料的质量大为降低。为了防止这种有害的晶型转化，要求熟料快速冷却。

熟料快速冷却还有下列诸多好处：

① 可防止 C_2S 晶体长大或熟料完全变成晶体。有关资料表明：晶体粗大的 C_2S 会使熟料强度降低，若熟料中的矿物完全变成晶体，就难以粉磨。

② 快冷时，MgO 凝结于玻璃体中，或以细小的晶体析出，可以减轻水泥凝结硬化后由于方镁石晶体不易水化而后缓慢水化出现体积膨胀，使安定性不良。

③ 快冷时，熟料中的 C_3A 晶体较少，水泥不会出现快凝现象，并有利于抗硫酸盐性能的提高。

④ 快冷可使水泥熟料中产生应力，从而增大了熟料的易磨性。

⑤ 熟料的冷却可以部分地回收熟料出窑带走的热量，即可降低熟料的总热耗，从而提高热的利用率。

由此，熟料的冷却对熟料质量和节约能源都有着重要意义，因而回转窑要选用高效率的冷却，并减少冷却机各处的漏风，以提高其冷却效率的同时回收熟料的显热，从而提高了窑的热效，特别是对于预分解窑，其意义重大。

六、水泥制备

硅酸盐水泥的制备是将硅酸盐水泥熟料与石膏、混合材料经粉磨、储存、均化达到质量要求的过程，是水泥生产过程中的最后一个环节。

（1）熟料储存。经煅烧出窑后的熟料，需要进行储存处理。熟料储存处理的作用如下：

① 保证窑、磨的生产平衡。生产中备有一定储量的熟料，在窑出现短时间（3～5d）内的停产情况下，可满足磨机生产需要的量，保证磨机连续工作。

② 降低熟料温度，保证磨机的正常工作。从冷却机出来的熟料温度一般在 100～300℃之间。过热的熟料加入磨机中不仅会降低磨机产量，而且会使磨机筒体因热膨胀而伸长，对轴承产生压力；熟料过热还会影响磨机的润滑，对磨机的安全运转不利；另外，磨机内温度过高，使石膏脱水过多，将引起水泥凝结时间不正常。

③ 改善熟料质量，提高易磨性。出窑熟料中含有一定数量的 f-CaO，储存时能吸收空气中部分水汽，使部分 f-CaO 消解为 $Ca(OH)_2$，在熟料内部产生膨胀应力，因而提高了熟料的易磨性，改善水泥安定性。

④ 有利于质量控制。根据出窑熟料质量不同，分别存放，以便搭配使用，保持水泥质量的稳定。

（2）添加混合材料。磨制水泥时，掺加数量不超过国家标准规定的混合材料，一方面可以增加水泥产量，降低成本，改善和调节水泥的某些性质，另一方面综合利用了工业废渣，减少了环境污染。

要根据生产水泥的品种，确定选用混合材料的种类。尽量选用运距近，进厂价格低的混合材料。根据进厂混合材料的干湿状况进行干燥处理。另外，需要调配混合材料，使其质量均匀。

常用的混合材料包括石膏、矿渣等。石膏在水泥中主要是起延缓水泥凝结时间的作用，同时有利于促进水泥早期强度的提高。磨制水泥时加入的石膏，要求来源定点，种类分清，质量均匀，通常是石膏经破碎设备破碎后在储库中备用。

（3）水泥产品检测方法。

① 测试指标。

a. 物理指标：凝结时间、安定性、强度、细度等；

b. 化学指标：烧失量，不溶物，SO_3，SiO_2，Fe_2O_3，Al_2O_3，CaO，MgO，TiO_2，K_2O，Na_2O，Cl^-，硫化物，MnO，P_2O_5，CO_2，f-CaO，六价铬等。

② 国家标准。

《通用硅酸盐水泥》（GB/T 175—2008）；

《水泥化学分析方法》（GB/T 176—2008）；

《水泥中水溶性铬（Ⅵ）的限量及测定方法》（GB31893—2015）。

七、新型干法窑耐火材料选择

（1）预热带和分化带。这两处的温度相对较低，要求砖衬的导热系数小、耐磨性好，在这个区域来自原料、燃料的硫酸碱和氯化碱开始蒸发，在窑内凝集和富集，并进入砖的内部。通常黏土砖与碱反应构成钾霞石和白榴石，使砖面发酥，砖体内产生胀大而导致开裂脱落。而含 Al_2O_3 25％～28％和 SiO_2 65％～70％的耐碱砖或耐碱隔热砖在一定温度下与碱反应时，砖的外表当即构成一层高黏度的釉面层，避免了脱落，但这种砖不能抵抗 1200℃ 以上的运行温度。因而预热带通常选用磷酸盐结合高铝砖、抗脱落高铝砖或选用耐碱砖。

（2）分解带。分解带一般采用抗剥落性好的高铝砖，硅莫砖在性能上优于高铝砖，寿命比其约高出一倍，但价格较高，窑尾进料口宜采用抗结皮的碳化硅浇注料。

（3）过渡带和烧成带。过渡带窑皮不稳定，要求窑衬抵抗气氛变化能力好、抗热震性好、导热系数小、耐磨。国外推荐采用镁铝尖晶石砖，但该砖的导热系数大，筒体温度高，相对热耗要大，不利于降低能耗。国内硅莫砖的导热系数小、耐磨，其性能在一定程度上可与进口材料相媲美。

烧成带温度高，化学反应激烈，要求砖衬抗熟料侵蚀性、抗 SO_3 和 CO_2 能力强。国外一般采用镁铝尖晶石砖，但该砖挂窑皮比较困难，而白云石砖抗热震性不好，易水化；国外的镁铁尖晶石砖在挂窑皮上效果较好，但造价太高。国内新采用的低铬方镁石复合尖晶石砖使用情况较好。

（4）冷却带和窑口。冷却带和窑口处气温高达 1400℃，温度波动较大，熟料的研磨和气流的冲刷都很严重。要求砖衬的导热系数小，耐磨性、抗热震性好；抗热震性优良的碱性砖，如尖晶石砖或高铝砖适用于冷却带内。国外一般推荐使用尖晶石砖，但尖晶石砖的导热系数大，且耐磨性不好。国内近年来大多采用硅磨砖和抗剥落性好的耐磨砖。

窑口部位多采用抗热震性好的浇注料，如耐磨抗热震的高铝砖或钢纤维增韧的浇注料和低水泥高铝质浇注料，但在窑口温度极高的大型窑上则采用普通的或钢纤维增韧的刚玉质浇注料。

八、常见的异常窑况分析

（一）预分解窑系统结皮、堵塞

预分解窑在生产过程中，入窑物料的碳酸盐分解率基本达 90％以上，才能满足窑内烧成的要求。物料的分解烧成过程实际上是一个复杂的物理、化学反应过程，其中一些成分黏结在预热器、分解炉的管壁上，形成结皮而造成堵塞。

1. 结皮

结皮是物料在预分解窑的预热器、分解炉等管道内壁上，逐步分层黏挂，形成疏松多孔的尾状覆盖物，多发部位是窑尾下料斜坡，缩口上、下部，以及旋风预热器的锥体部位。一般认为结皮的发生与所用的原料、燃料及预分解窑各处温度变化有关，下面就此相关的几个原因进行分析。

（1）原燃材料中的有害成分的影响。在预分解窑生产中，原燃材料中的有害成分主要指硫、氯、碱。生料和熟料中的碱主要源于黏土质原料及泥灰质的石灰岩和燃料；硫和氯化物主要由黏土质原料和燃料带入。

由生料及燃料带入系统中碱、氯、硫的化合物，在窑内高温下逐步挥发，挥发出来的碱、氯、硫以气相的形式与窑气混合在一起，通过缩口后，被带到预热器内，当它们与生料在一定的温度范围内相遇时，这些挥发物可被冷凝在生料表面上。冷凝的碱、氯、硫随生料又重新回到窑内，造成系统内这些有害成分的往复循环，逐渐积聚。这些碱、氯、硫组成的化合物熔点较低，当它在系统内循环时，凝聚于生料颗粒表面上，使生料表面的化学成分改变，当这些物料处于较高温度下，其表面首先开始熔化，产生液相，生成部分低熔化合物。这些化合物与温度较低的设备或管道壁接触时，便可能黏结在上面，如果碱、氯、硫含量较多而温度又较高，生成的液相多而黏，则使料粉层层黏挂，愈结愈厚，形成结皮。

（2）燃料煤的机械不完全燃烧的影响。煤的机械不完全燃烧为预分解窑系统内结皮范围的扩大提供了条件。造成煤的不完全燃烧主要原因是煤粉太粗、燃烧速度慢、空气量不足及操作不当等，在该燃烧区域内燃料燃烧不完全，而在其他区域继续燃烧，从而使系统内煤燃烧区域发生变化，导致了系统内温度布局的不稳定。随着温度区域的变化，结皮部位也就随之改变，特别是预热器系统里的旋风筒收缩部位，由于物料在碱、氯、硫的作用下表面熔化，其黏性增加，在与筒壁接触时形成结皮。所以在预分解窑生产时，煤流的稳定、煤质的稳定是非常关键的，它是关系到系统稳定的首要前提。

（3）漏风的影响。预分解窑的预热器系统处在高负压状态下工作，密封工作的好坏直接影响到煤的燃烧、温度的稳定，而结皮与煤、燃烧、温度等因素相关。漏风能在瞬间使物料在碱、氯、硫的作用下表面的熔化部分凝固，在漏风的周围形成结皮，该处结皮厚且强度高。

2. 堵塞

当物料被加热到一定温度时，物料本身将发生变化，特别是分解炉中加入的燃料占燃料总量的55%～60%，煤粉在燃烧过程中放出大量热量，物料在高温状态中的性能发生变化。如产生黏性，黏结在旋风筒壁面上，或者物料结团、结块等，它们在通过旋风筒下锥体和管道时最容易出现结皮、滞留和堵塞。

当高温物料表面与其他低熔点成分物质（钠、钾、氯、硫）在高速气流中相遇时，其物料的表面就会产生液相，使物料的表面具有黏性，而黏结其他物料，越黏越多，就出现结团。当这种表面具有黏性的物料与壁面接触时，可使物料表面液相降温，而附着在壁面上，形成锥体结皮或下料管道结皮现象，这样就减小了物料通过面积，物料通过能力降低或受阻。

以上分析说明物料中碱、氯、硫这些低熔点的物质，在生产过程中不易控制，是造成堵塞的原因。局部高温或者系统内温度的升高，则与煤量的控制分不开，是加速物料表面形成液相的原因之一。所以说，物料中的有害物质的含量、温度的高低是造成预热器工况波动的主要原因，也是堵塞的主要原因。

在预分解窑生产中，生料、燃料中带进系统的氯、碱、硫在窑内高温区挥发，在预热器内随气流向上运动，温度也随之下降，并冷凝下来，随生料重新回到窑内，这样形成一个循环富集的过程。在硫酸钾、硫酸钙和氯化钾多组分系统中，最低熔点为650～700℃，硫酸盐与氯化物会以熔态形式沉降下来，并与入窑物料和窑内粉尘一起构成黏聚物质，这种在生料颗粒上形成的液相物质薄膜层，会阻障生料颗粒流动而造成黏结。

煤粉在燃烧过程中产生大量的CO_2，碳酸盐分解也会释放出大量的CO_2，在系统通风受阻或用风不合理时，CO_2浓度将会增大，会使已分解的碳酸盐进行逆向反应，二氧化碳与氧化钙再化合成碳酸钙。由于碳酸盐在高温下分解生成的氧化钙为多孔、松散结构，活性较强，而碳酸钙结构较致密，活性差，所以导致粉状物料的板结。

还原气氛对硫、氯、碱的挥发影响也很大，随着未燃烧碳的增加，SO_3的挥发量也增加。

此外，生料波动、喂料量不均、用煤不当、局部高温过热、系统漏风、预热器衬料剥落、翻板阀灵活性差、内筒烧坏脱落、翻板阀烧坏不锁风等均会导致结皮堵塞。

（二）回转窑内结球、结圈

1. 窑内结球

窑内结球是预分解窑出现的一种不正常窑况，结球严重的时候，其粒径大小不等、接二连三，给生产带来直接的影响。如结球影响回转窑的正常安全运转；大球出窑后，掉到篦冷机上，还容易把设备砸坏；处理大球又需要人工进行，造成停窑。既费时耗力，又影响了水泥的产量和质量，影响了企业的经济效益。

（1）原因分析。不同的厂家、不同的炉型、不同的原燃材料、不同的管理，造成窑内结球的原因各不相同。

① 有害成分。根据国内外一些预分解窑出现的结球现象，对其成分进行分析得知，有害成分（主要是 K_2O、Na_2O、SO_3）是造成结球的重要原因，结球料有害成分的含量明显高于相应生料中有害成分的含量。有害成分能促进中间特征矿物的形成，而中间相是形成结皮、结球的特征矿物［如钙明矾石（$2CaSO_4 \cdot K_4SO_4$）、硅方解石（$2C_2S \cdot CaSO_4$）等］，原燃料中的有害成分在烧成带高温下挥发，并随窑内气流向窑尾移动，造成窑后结球特征矿物的形成。同时，物料在向窑头方向运动的过程中，随着窑内温度与气氛的变化，特征矿物分解转变，其中的有害成分进入高温带后绝大部分挥发出来，形成内循环，使有害成分在窑系统中不断富集。有害成分含量越高，挥发率越高，富集程度越高，内循环量波动的上级值越大，则特征矿物的生成机会越多，窑内出现结球的可能性越大。

② 配料方案。某厂从原燃料带进生料中的有害成分来看，R_2O 为 0.73%，灼烧基硫碱比为 0.256%，燃料中 SO_3 为 1.51%，未超过控制界限，而 Cl^- 为 0.019%，超过了控制界限，超量不大。但在试生产期间，出现熟料结球现象，最大直径达 1.9m。通过对配料方案的分析：硅率值低是造成预分解窑内结球的原因：该厂生产的熟料中，Al_2O_3 和 Fe_2O_3 的总含量为 9.5% 左右，有的超过 10%，其中，Al_2O_3 含量高是主要原因。

③ 窑内通风。由于窑内通风发生变化，窑尾温度高，促使窑尾部分产生物料黏结，向窑头方向运动时，黏结加强，黏结成大料球。由于有长厚窑皮，结球的机会进一步增大。

④ 其他原因。燃烧器的选用和调节操作不当，煤灰的不均匀掺入，煤粉的细度、灰分和煤灰熔点等都会影响正常燃烧而产生结球。

另外，开停机、投止料频繁；窑的运转率低，窑内热工制度波动大，窑内物料分解率波动；冷却机系统故障；二、三次风供给对煤粉的燃烧影响都是结球的原因之一。

（2）控制措施。

① 限制原燃材料中的有害物质的含量，一般要求：$R_2O < 1\%$，$Cl^- < 0.015\%$，燃料中 $S < 3.5\%$，灼烧基硫碱比 ≤ 1.0。

② 熟料烧成时的液相量不宜过大，液相量控制在25%左右。

③ 保证窑的快转率，控制好窑内物料的填充率。

④ 合理用风，保证煤粉燃烧充分，减少煤粉不完全燃烧现象的发生。

⑤ 稳定入窑生料成分。入窑生料成分不均匀，喂料量不稳定，煤粉制备不合格（太粗）等原因，易引起窑内结球。

⑥ 回灰均匀掺入。可防止回灰集中入窑，造成有害成分富集，而引起结球。

⑦ 加强操作控制，稳定入窑分解率，对防止结球有积极作用。

2. 窑内结圈

结圈是指窑内在正常生产中因物料过度黏结，在窑内特定的区域形成一道阻碍物料运动的环形、坚硬的圈。这种现象在回转窑内是一种不正常的窑况，它破坏正常的热工制度，影响窑内通风，造成窑内来料波动很大，直接影响回转窑的产量、质量、消耗和长期安全运转。处理窑内结圈费时费力，严重时停窑停产，其危害是严重的。

预分解窑窑内结圈可分为前结圈、后结圈两种，两种结圈的形成机理不相同，后结圈为熟料圈，前结圈为煤粉圈，处理方法也不相同。

（1）后结圈原因分析。后结圈实际上是在烧成带末端与放热反应带交界处挂上一层厚"窑皮"。从挂"窑皮"的原理可知，要想在窑衬上挂"窑皮"就必须具备挂"窑皮"的条件，否则就挂不上。当"窑皮"结到一定厚度时，为防止"窑皮"过厚，就必须改变操作条件，使不断黏挂上去的"窑皮"和被磨蚀下来的"窑皮"量相等，这是合理的操作方法，而窑内的条件随时都在变化，随着料、煤、风、窑速的变化而改变。若控制不好就易结成厚"窑皮"而成圈，烧成带"窑皮"拉得过长，这是后结圈形成的根本原因。造成窑内后结圈的具体原因很多，也很复杂，以下对后结圈的成因进行简要分析。

① 生料化学成分。从生产实践经验得知，后结圈往往结在物料刚出现液相的地方，物料温度在1200~1300℃范围内，由于物料表面形成液相，表面张力小、黏度大，在离心力作用下，易与耐火砖表面或者已形成"窑皮"表面黏结。因此，在保证熟料质量和物料易烧性好的前提下，为防止结圈，配料时应考虑液相量不宜过多，液相黏度不宜过大。影响液相量和液相黏度的化学成分主要是Al_2O_3和Fe_2O_3，因此要控制好它们的含量。

② 原燃材料中有害成分。原燃材料中碱、氯、硫含量的多少，对物料在窑内产生液相的时间、位置影响较大。物料所含有害物质过多，其熔点将降低，结圈的可能性增大。正常情况下，此类结圈大多发生在放热反应带以后的地方，其危害大，处理困难。

③ 煤灰的影响。由于煤灰中一般含Al_2O_3较高，因此当煤灰掺入物料中时，使物料液相量增加，往往易结圈。煤灰的降落量主要与煤中灰分含量和煤粒粗细有关，灰分含量高、煤粒粗，煤灰降落量就多。当煤粒粗、灰分高、水分大，燃烧速度变慢，

会使火焰拉长，高温带后移，"窑皮"拉长易结圈。

④ 操作和热工制度的影响。

a. 用煤过多，产生化学不完全燃烧，使火焰成还原性，促使物料中的铁离子还原为亚铁离子，亚铁离子易形成低熔点的矿物，使液相过早出现，容易结圈。

b. 二、三次风配合不当，火焰过长，使物料预烧好，液相出现早，黏结窑衬能力增强，特别是在预热器温度高、分解率高的情况下，火焰过长，出现后结圈的可能性很大。

c. 喂料量与总风量使用不合理，导致窑内热工制度不稳定，窑速波动异常，也易出现后结圈。

实践证明，热工制度严重不稳定，必定产生结圈，而影响热工制度稳定的因素又是多方面的，同时结圈又反过来导致热工制度的不稳定。

（2）前结圈原因分析。前结圈发生在烧成带和冷却带交界处，由于风煤配合不好，或者煤粉粒度粗，煤灰和水分大，影响煤粉的燃烧，使黑火头长，烧成带向窑尾方向移动，熔融的物料凝结在窑口处使"窑皮"增厚，发展成前结圈，或者由于煤粉落在熟料上，在熟料中形成还原性燃烧，铁离子被还原成为亚铁离子，形成熔点低的矿物或者由于煤灰分中 Al_2O_3 含量高而使熟料液相量增加，黏度增大，当遇到入窑二次风被降温、冷却，就会逐渐凝结在窑口处形成圈。当圈的厚度适当时，对窑内煅烧有利，能延长物料在烧成带停留时间，使物料反应更完全，并降低 f-CaO 的含量。如圈的厚度过高，则影响入窑二次风量，则影响物料的烧成。

① 前结圈的原因。

a. 煤质本身的质量及煤粉的制备质量较差。

b. 熟料中熔剂矿物含量过高或 Al_2O_3 含量高。

c. 燃烧器在窑口断面的位置不合理，影响煤粉燃烧，使结圈速度加快，火焰发散也可导致前结圈。

d. 窑前负压力时间过长，二次风温低，冷却机料层控制不当。

导致前结圈的原因较少，分析容易，控制起来也容易。前结圈形成会减少窑内的通风面积，影响入窑的二次风量；影响正常的火焰形状，使煤粉燃烧不完全，造成结圈恶性加剧；影响窑内物料运动、停留时间；易结大块，容易磨损与砸伤窑皮，影响窑衬使用寿命，严重时操作困难，造成停窑。

② 操作中对前结圈的控制、处理及注意事项。

a. 把握好煤粉制备和煤粉质量对前结圈的控制是有益的，在煤粉粗、煤的灰分高时，密切注意燃烧器喷嘴在窑内的位置，利用火焰控制结圈的发展。

b. 熔剂矿物含量高，特别是 Al_2O_3 含量高时，喷嘴位置一定要靠后，不能伸进窑内，使前结圈的部位处于高温状态，使之得到控制。

c. 如果已结前圈，应迅速调整燃烧器喷嘴在窑口断面的位置，避免前结圈加剧，保证生产的正常进行。

d. 前结圈若处理不当，还可加剧结圈，使圈后"窑皮"受损，严重时导致衬料受损而红窑。这是因为圈后温度高，滞留物料多，窑内通风受影响，圈口风速增大，使火焰不完整、刷窑皮，而导致红窑发生。因此，在前结圈处理时要考虑到保证火焰顺畅，保护窑皮。

（三）冷却机堆"雪人"

由于入窑二次空气量不足，燃料燃烧速度较慢，导致煤粉不完全燃烧，熟料在窑内翻滚过程中表面黏上细煤粉，落入篦冷机后，在熟料表面继续进行无焰燃烧，释放出热量，越是加风冷却红料越是不断，使本来应该受到骤冷的液相不但不消失反而维持相当一段时间。另一方面由于煤灰包裹在熟料表面，导致熟料表面铝率偏高，液相黏度加大，更为重要的是，不完全燃烧极易导致还原气氛。在还原气氛下，熟料中的 Fe_2O_3 被还原为低熔点的 FeO，生成低熔点矿物，极易黏附在墙壁上。如果这种还原气氛持续的时间过长或篦床操作不当，如停床、慢床致使物料在篦床一室形成堆积状态，熟料与墙壁有足够的接触时间，再加上盲板的阻风作用，使靠近墙壁的熟料冷却效果差，一部分液相就会在墙壁上黏挂，逐渐形成"雪人"。

简单来说，篦冷机形成"雪人"的原因如下。

（1）出窑熟料温度过高，发黏。引起出窑熟料温度过高的原因很多，比如煤落在熟料上燃烧、煤嘴过于偏向物料、窑前温度控制得过高等，落入冷却机后堆积而成"雪人"。

（2）熟料结粒过细且大小不均。当窑满负荷高速运转时，大小不均的熟料落入冷却机时产生离析，细粒熟料过多地集中使冷却风不易通过，失去高压风骤冷而长时间在灼热状态，这样不断堆积而成"雪人"。

（3）由于熟料的铝率过高而造成。铝率过高，熔剂矿物的熔点变高，延迟了液相的出现，易使出窑熟料发黏，入冷却机后堆积而成"雪人"。

第三节　水泥窑协同处置概述

水泥窑焚烧处理危险废物在发达国家中已经得到了广泛的认可和应用。随着水泥窑焚烧危险废物的理论与实践的发展、各国相关环保法规的健全，该项技术在经济和环保方面显示出了巨大优势，形成了产业规模，在发达国家危险废物处理中发挥着重要作用。

中国是水泥生产和消费大国，受资源、能源与环境因素的制约，水泥工业必须走可持续发展之路；同时中国各类废物产生量巨大，无害化处置率低，尤其是危险废物，由于其处理难度大，处理设施投资与处理成本高，是中国固体废物管理中的薄弱环节。因此，水泥窑协同处置固体废物在中国有着广泛的发展前景。

水泥窑协同处置是一种新的废弃物处置手段，它是指将满足或经过预处理后满足入窑要求的固体废物投入水泥窑，在进行水泥熟料生产的同时实现对固体废物的无害化处置过程。

在固体废物处置方式中，水泥窑协同处置近期得到行业内人士广泛关注，它是一种新的废弃物处置手段，适用范围广，可处理危险废物、生活垃圾、工业固废、污泥、污染土壤等。水泥窑协同处置发展趋势迅猛，可以作为一般城市固体废物处置、一般工业固体废物处置和危险固体废物处置的重要补充。

一、水泥窑协同处置危险废物的优势

（一）危险废物焚烧工艺

从第一章第三节可知，危险废物焚烧处理系统包括：焚烧系统、余热利用系统、烟气处理系统及附属设施。焚烧系统包括焚烧炉及其附属的上料、助燃、除灰等设施，焚烧技术的关键是焚烧炉设备和烟气处理系统。余热利用系统主要包括余热锅炉，烟气处理系统主要包括除尘及烟气脱酸等烟气净化处理设施等。

（二）水泥窑协同处置工艺

水泥窑协同处置危险废物的工艺流程如图 2-15 所示。

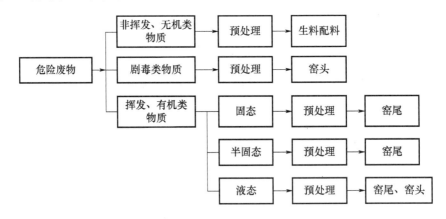

图 2-15　水泥窑协同处置危险废物的工艺流程

（三）水泥窑协同处置与危险废物焚烧工艺的比较

（1）工艺参数比较。水泥窑协同处置与危险废物焚烧的工艺参数比较见表 2-22。

表 2-22　水泥窑协同处置与危险废物焚烧的工艺参数比较

参数	水泥回转窑	焚烧炉
气体最高温度（℃）	2200	1450
物料最高温度（℃）	1500	1350
气体在>1100℃停留时间（s）	6~10	1~3
物料在>1100℃停留时间（s）	2~30	2~20
气体的湍流度（雷诺式指数）	>100000	>10000

（2）运行比较。各种专业焚烧炉的处理规模不大，一般为 $15\sim30t/d$，最大不超过 $100t/d$。专业焚烧炉适应性较强，可处理各种形态的废物，但是为保证达到无害化处理要求，需要加入大量辅助燃料（油），导致处理成本过高。

为控制尾气，需要设计复杂的尾气处理系统才能满足环保要求。同时，所产生的焚烧炉渣和富集二噁英、重金属的焚烧飞灰作为危险废物，仍需进一步处置。

（3）处置成本比较。部分国家危险废物焚烧处置成本见表 2-23。

表 2-23　部分国家危险废物焚烧处置成本

序号	国别	危险废物类别	成本
1	美国	桶装卤素液体有机物	198 美元/桶
		桶装非卤素液体有机物	105 美元/桶
		散装非卤素液体	0.53 美元/加仑
		桶装可泵送的污泥	310 美元/桶
		散装可泵送的污泥	560 美元/t
2	德国	可燃性工业废物	470 欧元/t
		低热值废物	625 欧元/t
3	中国	北京水泥厂	1200 元/t

（四）水泥窑协同处置的优势

（1）焚烧温度高。水泥窑内物料温度一般高于 $1450℃$，气体温度则高于 $1750℃$；甚至可达更高温度 $1500℃$（物料温度）和 $2200℃$（气体温度）。在此高温下，废物中有机物将产生彻底的分解，一般焚毁去除率达到 99.99% 以上，对废物中有毒有害成分将进行彻底的"摧毁"和"解毒"。

（2）停留时间长。水泥回转窑筒体长，废物在水泥窑高温状态下持续时间长。根据统计数据，物料从窑头到窑尾总停留时间在 40min 左右，气体在温度大于 $950℃$ 的停留时间在 8s 以上，高于 $1300℃$ 停留时间大于 3s，可以使废物长时间处于高温之下，更有利于废物的燃烧和彻底分解。

（3）焚烧状态稳定。水泥工业回转窑是热惯性很大、十分稳定的燃烧系统。它是由回转窑金属筒体、窑内砌筑的耐火砖以及在烧成带形成的结皮和待煅烧的物料组成，不仅质量巨大，而且耐火材料具有的隔热性能更使得系统热惯性增大，不会因为废物投入量和性质的变化，造成大的温度波动。

（4）良好的湍流。水泥窑内高温气体与物料流动方向相反，湍流强烈，有利于气固相的混合、传热、传质、分解、化合、扩散。

（5）碱性的环境气氛。生产水泥采用的原料成分决定了在回转窑内是碱性气氛，水泥窑内的碱性物质可以与废物中的酸性物质中和为稳定的盐类，有效地抑制酸性物质的排放，便于其尾气的净化，而且可以与水泥工艺过程一并进行。

（6）没有废渣排出。在水泥生产的工艺过程中，只有生料和经过煅烧工艺所产生的熟料，没有一般焚烧炉焚烧产生炉渣的问题。

（7）固化重金属离子。利用水泥工业回转窑煅烧工艺处理危险废物，可以将废物成分中的绝大部分重金属离子固化在熟料中，最终进入水泥成品中，避免了再度扩散。

（8）全负压系统。新型干法回转窑系统是负压状态运转，烟气和粉尘不会外逸，从根本上防止了处理过程中的再污染。

（9）废气处理效果好。水泥工业烧成系统和废气处理系统，使燃烧之后的废气经过较长的路径和良好的冷却和收尘设备，有着较高的吸附、沉降和收尘作用，收集的粉尘经过输送系统返回原料制备系统可以重新利用。

（10）焚烧处置点多。适应性强：水泥工业不同工艺过程的烧成系统，无论是湿法窑、半干法立波尔窑，还是预热窑和带分解炉的旋风预热窑，整个系统都有不同高温投料点，可适应各种不同性质和形态的废料。

（11）减少社会总体废气排放量。由于可燃性废物对矿物质燃料的替代，减少了水泥工业对矿物质燃料（煤、天然气、重油等）的需求量。总体而言，比单独的水泥生产和焚烧废物产生的废气排放量大为减少。

（12）建设投资较小，运行成本较低。利用水泥回转窑来处置废物，虽然需要在工艺设备和给料设施方面进行必要的改造，并需新建废物贮存和预处理设施，但与新建专用焚烧厂比较，可大大节省了投资。在运行成本上，尽管设备的折旧、电力和原材料的消耗、人工费用提升等使得费用增加，但是燃烧可燃性废物可以节省燃料，降低燃料成本，燃料替代比例越高，经济效益越明显。

利用新型干法水泥熟料生产线在焚烧处理可燃性工业废物的同时产生水泥熟料，属于符合可持续发展战略的新型环保技术。在继承传统焚烧炉的优点时，有机地将自身高温、循环等优势发挥出来。既能充分利用废物中的有机成分的热值实现节能，又能完全利用废物中的无机成分作为原料生产水泥熟料；既能使废物中的有机物在新型回转式焚烧炉的高温环境中完全焚毁，又能使废物中的重金属固化到熟料中。

二、水泥窑处置危险废物的发展历程

（一）水泥窑协同处置发展历程

国外水泥窑协同处置危险废物经历了起步、发展、广泛应用三个阶段。在《巴塞尔公约》中，水泥窑生产过程中协同处置危险废物的方法已经被认为是对环境无害的处理方法，即最佳可行性技术。

（1）起步阶段。水泥窑协同处置技术历史悠久，起源于 20 世纪 70 年代。1974 年，加拿大 Lawrence 水泥厂首先将聚氯苯基等化工废料投入回转窑中进行最终处置并获得成功，开启了水泥窑协同处置危险废物的序幕。

（2）发展阶段。由于水泥窑协同处置不仅可以实现危险废物处理的减量化、无害化和稳定化，而且可以将危险废物作为燃料利用，实现危险废物处理的资源化，所以此项技术逐渐在先进发达国家得到推广应用。到 20 世纪 80 年代，水泥窑协同处置危险废物技术在欧洲的德国、法国、比利时、瑞士等，美洲的美国和加拿大，亚洲的日本等国家得到有效推广。例如，1994 年，美国共 37 家水泥厂用危险废物作为水泥窑的替代燃料，处理了近 300 万吨危险废物。20 世纪八九十年代，日本水泥工业已从其他产业接收大量废弃物和副产品。

（3）广泛应用。2000 年后，Holcim、Lafarge、CE. MEX、Heidelberg 等著名国际水泥企业大规模开展废弃物处置利用工作。美国水泥厂一年焚烧的工业危险废物是焚烧炉处理的 4 倍之多，全美国液态危险废物的 90％在水泥窑进行焚烧处理；2000 年后，挪威协同处置危险废物的水泥厂覆盖率为 100％；2001 年，日本水泥厂的废物利用量已达到 355kg/t 水泥；2003 年，欧洲共 250 多个水泥厂参与协同处置固体废物业务。

（二）发达国家水泥窑协同处置现状

经过 40 多年的发展，水泥窑协同处置技术相对比较成熟，早已成为发达国家普遍采用的处置技术，为水泥工业可持续发展和固废处置提供了广阔的市场空间。

1. 欧洲

瑞士、法国、英国、意大利、挪威、瑞典等国家利用水泥窑焚烧废物都有 20 年的历史。瑞士赫尔辛姆（Holcim）公司是强大的水泥生产跨国公司，Holcim 公司从 20 世纪 80 年代起开始利用废物作为水泥生产的替代燃料，该公司在世界各大洲水泥厂的燃料替代率都在迅速增长，设在欧洲的水泥厂燃料替代率最高，1999 年已经达到 28％；设在亚洲和大洋洲的水泥厂燃料替代率最低，1999 年仅为 2％。1999 年该公司设在比利时的某个世界上最大的湿法水泥厂中，燃料替代率已达到 80％，其余约 20％的燃料为回收的石油焦，目前该厂的燃料成本已降为 2％左右。2000 年，Holcim 公司设在欧洲的 35 个水泥厂处理和利用的废物总量就达 150 万吨。法国 Lafarge 公司从 20 世纪 70 年代开始研究推进废物代替自然资源的工作。经过近 40 年的研究和发展，危险废物处置量稳步增长。Lafarge 公司在法国处置的废物类型主要有水相、溶剂、固体、油、乳化剂和原材料等。目前该公司设在法国的水泥厂焚烧处置的危险废物量占全法国焚烧处置的危险废物量的 50％，燃料替代率达到 50％左右。2001 年，Lafarge 公司由于处置废物而实现了以下目标：节约 200 万吨矿物质燃料；降低燃料成本达 33％左右；收回了约 400 万吨的废料；减少了全社会 500 万吨 CO_2 气体的排放。

2012 年，欧洲各国水泥厂燃料替代比例如图 2-16 所示。

2009 年，欧盟 27 国不同替代燃料所占的比例如图 2-17 所示。

（1）德国。德国水泥生产始于 1877 年，20 世纪的前 50 年受第二次世界大战及战后重建的影响，水泥产量快速增长。德国水泥行业有 34 个综合水泥厂，综合水泥产能总计 3200 万吨/年。

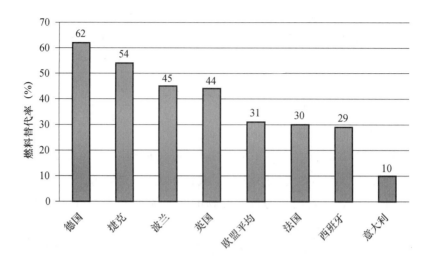

图 2-16　欧洲各国水泥厂燃料替代率

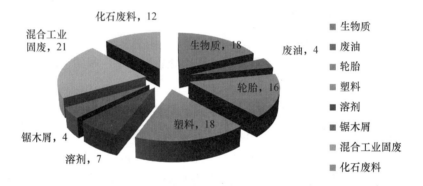

图 2-17　欧盟国家不同类别燃料所占比例

在德国水泥工业历史的前 100 年，煤炭是水泥厂的首选燃料。20 世纪 70 年代的石油危机对德国水泥工业产生重大影响，导致了行业的两次重大转变。第一个是生产线转变为更大、更高热效率的干法生产线，水泥产量从 350t/d 提高至 2400t/d；第二个是水泥生产替代燃料的初步研究，现在研究成果显著。

德国拥有全世界现代化程度最高、高效及环保意识最高的水泥工业，也是世界上较早进行水泥厂废物处理和利用的国家。自 20 世纪 70 年代煤炭逐渐被石油焦和替代燃料所取代，90 年代替代燃料的应用得到蓬勃发展。由于相对较早地应用替代燃料，德国成为全球水泥窑燃料替代率最高的国家。

1987—2013 年德国水泥窑燃料替代率变化如图 2-18 所示。1998—2013 年德国不同种类替代燃料的热值变化如图 2-19 所示。

（2）意大利。意大利水泥厂燃料替代率逐年增加。2011—2013 年，燃料替代率分别为 7.2％、10.2％和 11.4％。2011—2013 年，意大利水泥厂不同替代燃料种类用量如图 2-20 所示。

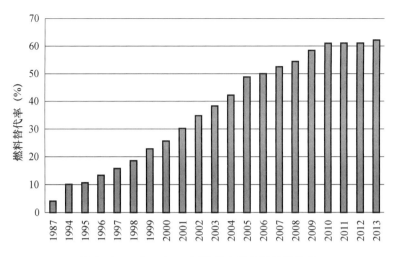

图 2-18　1987—2013 年德国水泥窑燃料替代率

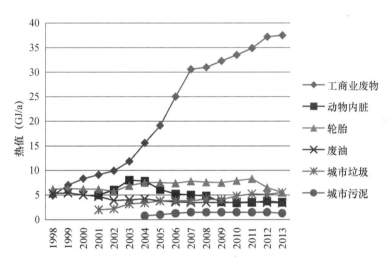

图 2-19　1998—2013 年德国水泥窑替代燃料热值

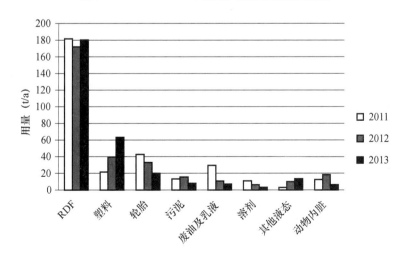

图 2-20　意大利水泥厂不同替代燃料种类用量

2. 日本

日本拥有水泥生产企业 20 家，计 36 家工厂，拥有 64 台窑体，全部为新型干法预热回转窑，熟料生产能力为 8030 万吨。

日本资源匮乏，而水泥生产技术先进，日本水泥企业在废物利用和处理方面处于世界前列，水泥企业的废物利用量持续增长。替代原料中高炉矿渣最多，占全日本高炉矿渣总量的 50%；其次是粉煤灰，占全日本粉煤灰总量的 60%；副产石膏利用量相当于全日本水泥企业所需石膏用量的 90%。替代燃料中，废旧轮胎最多，相当于日本废旧轮胎总量的 35%。2010 年日本水泥行业每生产 1t 水泥利用废物量达 400kg。总体而言，日本水泥企业原料替代率较高，燃料替代率仅为 5%，尚有较大的上升空间。

日本一般对危险废物采用先焚烧处理，然后通过生料配比计算，将其焚烧灰按比例加到水泥原料中，在水泥回转窑中烧制。

3. 美国

美国拥有庞大且非常完善的水泥产业，2016 年其水泥产量为 1.205 亿吨。美国地质调查局公布的数据显示，美国 2016 年的熟料产能为 1.09 亿吨，2016 年全美生产熟料 8290 万吨。该国庞大的水泥产能来自 97 座综合水泥厂，较之前减少 2 座。

美国水泥市场上有着众多的跨国水泥生产商，例如拉法基豪瑞、西麦斯、CRH 和 Buzzi，部分公司通过美国品牌来运行当地的水泥公司，例如海德堡水泥的 Essroc。美国自身掌控的水泥企业已经逐渐减少，很可能很快就全部消失。

美国环保署（EPA）大力提倡水泥窑焚烧处理废物。20 世纪 80 年代中期以来，随着美国联邦法规对废物管理，尤其是危险废物处理要求的加强，废物焚烧处理量迅速增加，由于具有诸多优点，水泥窑处理危险废物发展迅速。1994 年美国共有 37 家水泥厂或轻骨料厂得到授权用危险废物作为替代燃料烧制水泥，处理了近 300 万吨危险废物，占全美 500 万吨危险废物的 60%。全美液态危险废物的 90% 在水泥窑进行焚烧处理。

（三）我国水泥窑协同处置发展现状

中国水泥行业对废物的利用主要局限于原料替代方面。目前国内绝大部分的粉煤灰、矿渣、硫铁渣等都在水泥生产中得到了利用和处理。全国水泥原料的 20% 来源于冶金、电力、化工、石化等行业产生的各种工业废物，减少了对天然矿物资源的使用量。根据中国水泥行业的生产技术水平，一般生产 1t 水泥需原料 1.6t，按中国水泥产量 25 亿吨/年计，每年利用的各种工业废物即达 8 亿吨，既节省了宝贵的资源，又解决了工业废物环境污染问题，同时也为水泥工业带来了一定的经济效益。

20 世纪 90 年代中期以来，随着中国经济的快速增长和可持续发展战略在中国的贯彻实施，北京、上海、广州等特大型中心城市的政府和水泥企业，开始了关于"水泥工业处置和利用可燃性工业废物"问题的研究和工业实践，引起了国家有关部委和水泥行业的重视。1995 年 5 月，北京金隅集团旗下的北京水泥厂开始用水泥回转窑试烧废油墨、废树脂、废油漆、有机废液等，研发了全国第一条协同处置工业废物环保示范线。2000年1月，北京水泥厂取得了北京市环保局颁发的"北京市危险废物经营许可证"。可处理的废弃物的种类涵盖了《国家危险废物名录》（1998年版）中列出的47类危险废弃物中的37类，如：废酸碱、废化学试剂、废有机溶剂、废矿物油、废乳化液、医药废物、涂料染料废物、含重金属废物（不含汞）、有机树脂类废物、精（蒸）馏残渣、焚烧处理残渣等。为保证各类废物的稳定处置，北京水泥厂自主研发了八套废物处置系统：浆渣制备系统、废液处置系统、化学试剂处置系统、废酸处置系统、飞灰处置系统、垃圾筛上物处置系统、玻璃钢处置系统、污泥处置系统，是北京市危险弃物无害化处置、固废利用等领域实践循环经济的典范。经过多年发展，公司已逐步成为危险废物无害化处置、固废利用等领域实践循环经济的典范，处置的废物类别涵盖了危险废物、生活垃圾、市政污泥、污染土壤等。

上海万安企业总公司（原上海金山水泥厂）于1996年开始处置上海先灵葆制药有限公司生产氟洛芬产品过程中产生的废液。上海万安也是我国20世纪少有的几家已取得危险废物处置经营许可证的水泥企业之一，该公司在1996年就取得了上海市环保局颁发的9种危险废物的处置经营许可证。

宁波科环新型建材有限公司（原宁波舜江水泥有限公司）2004年开展了电镀污泥的水泥窑协同处置业务，年处置电镀污泥2万～3万吨。2011年，烟台山水水泥有限公司、太原狮头集团废物处置有限公司、太原广厦水泥有限公司、陕西秦能资源科技开发有限公司、柳州市金太阳工业废物处置有限公司5家企业获得了危险废物经营许可证。

华新水泥（武穴）有限公司是目前我国另一家较为成功开展水泥窑协同处置危险废物工程的水泥企业，2007年建成了协同处置工业废物的水泥生产线，取得了湖北省颁发的15类危险废物的处置经营许可证，2011年处置危险废物2762.79t。

截至2017年9月底，全国获得危险废物经营许可证的水泥企业共计39家，占全国具有危险废物处理资质企业总数的不足2%；涉及的新型干法水泥生产线约40条；核准经营规模229.61万吨，占全国危险废物核准处置规模的3.5%。各协同处置危险废物企业的核准经营规模见表2-24。

表2-24 各省市水泥窑协同处置危险废物企业统计表（万吨）

省份	企业名称	核准处置规模	小计
陕西	礼泉海螺水泥有限责任公司	20	79
	尧柏特种水泥集团有限公司蒲城分公司	11	
	乾县海螺水泥有限责任公司	10	
	西安尧柏环保科技工程有限公司	10	
	陕西富平水泥有限公司	9	
	西安蓝田尧柏水泥有限公司	8.5	
	陕西实丰水泥股份有限公司	6.9	
	宝鸡众喜凤凰山水泥有限公司	3.6	

续表

省份	企业名称	核准处置规模	小计
浙江	杭州富阳双隆环保科技有限公司（胥口南方）	9	53.03
	杭州富阳双隆环保科技有限公司（山亚南方）	9	
	浙江红狮环保科技有限公司	13	
	宁波科环新型建材股份有限公司	10	
	浙江环立环保科技有限公司（富阳南方）	8.03	
	浙江明境环保科技有限公司（湖州南方）	4	
河南	河南锦荣水泥有限公司	14.6	14.6
山西	广灵金隅水泥有限公司	3	11
	陵川金隅水泥有限公司	3	
	威顿水泥集团有限责任公司	5	
北京	北京金隅红树林环保技术有限公司	10	10.96
	北京市琉璃河水泥有限公司	0.96	
青海	格尔木宏扬环保科技有限公司	10	10
吉林	吉林亚泰水泥有限公司（双阳）	2.25	8.25
	冀东水泥永吉有限责任公司	6	
辽宁	大连东泰产业废弃物处理有限公司	8.1	8.1
云南	会泽滇北工贸有限公司（水泥厂）	4.5	8.1
	云南壮山实业股份有限公司	3.6	
新疆	吐鲁番天山水泥有限责任公司	8	8
河北	曲阳金隅水泥有限公司	3	6
	涿鹿金隅水泥有限公司	2	
	宣化金隅水泥有限公司	1	
内蒙古	巴彦淖尔市静脉产业园高新技术环保有限公司	5	5
福建	三明金牛水泥有限公司	0.5	3.5
	大田红狮环保科技有限公司	3	
广西	柳州金太阳工业废物处置有限公司	3	3
海南	华润水泥（昌江）有限公司	3	3
江苏	溧阳中材环保有限公司和天山水泥厂	2.7	2.7
重庆	重庆拉法基瑞安地维水泥有限公司	0.75	0.75
	重庆基源环保科技有限公司	1.47	1.47
湖北	华新环境工程（武穴）有限公司	1.15	1.15
合计			237.61

水泥窑协同处置危险废物企业规模远大于采用焚烧等传统方式。水泥窑协同处置危险废物企业平均核准处置规模达到 6.09 万吨/年，是全国危险废物处置企业平均核准处置规模的 2 倍多。单个企业处置规模排序依次为礼泉海螺水泥有限责任公司 20 万

吨/年，河南锦荣水泥有限公司 14.6 万吨/年和红狮集团旗下的浙江红狮环保科技有限公司 13 万吨/年。

从开展水泥窑协同处置危险废物的企业（集团）的协同处置能力看，居全国行业前五位的分别为尧柏水泥、海螺水泥、南方水泥、金隅集团（含冀东）、浙江红狮，处置规模分别达到 45.4 万吨、33.6 万吨、30 万吨、29 万吨和 16 万吨，占到全国总量的 65%，如图 2-21 所示。

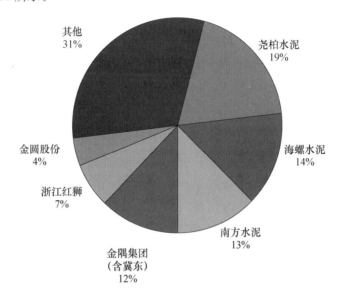

图 2-21　主要水泥集团危险废物经营情况

随着国内水泥窑协同处置危险废物项目的陆续实施，其在经济性、适应性、安全性等方面已显现出比现有的高温焚烧和安全填埋等传统方式更为明显的优势。目前我国 4000t/d 及以上的新型干法水泥窑已实现全国布局，在国家大力推进生态文明建设大背景下，环保和生态环境治理成为当前供给侧结构性改革"补短板"的重要内容，水泥窑协同处置危险废物作为一种新兴的危险废物无害化处置方式，今后将得到国家进一步的政策鼓励和支持，一批相对落后的传统处置方式或将逐步被这一新兴处置方式替代。

三、水泥窑协同处置危险废物的途径

根据固体废物的成分与性质，不同的废物在水泥生产过程中的处置途径不同，主要包括以下四个方面：

替代燃料：主要为高热值有机废物；

替代原料：主要为无机矿物材料废物；

混合材料：适宜在水泥粉磨阶段添加的成分单一的废物；

工艺材料：可作为水泥生产某些环节，如火焰冷却、尾气处理的工艺材料的废物。

此处只介绍前两种途径。

1. 替代燃料

（1）替代燃料定义。替代燃料，也称作二次燃料、辅助燃料，是使用可燃废物生产水泥窑熟料，替代天然化石燃料。可燃废物在水泥工业中的应用不仅可以节约一次能源，同时有助于环境保护，具有显著的经济、环境和社会效益。发达国家自20世纪70年代开始使用替代燃料以来，替代燃料的数量和种类不断扩大，而水泥工业成为利用废物的首选行业。根据欧盟的统计，欧洲18％的可燃废物被工业领域利用，其中有将近一半是水泥行业，水泥行业的利用量是电力、钢铁、制砖、玻璃等行业的总和。发达国家政府已经认识到替代燃料对节能、减排和环保的重要作用，都在积极推动。

（2）替代燃料使用原则。

① 最低热值要求。使用废弃物作替代燃料时应有最低热值要求。因为水泥窑是一个敏感的热工系统，不论是热流、气流还是物料流稍有变化都会破坏原有的系统平衡，使用替代燃料时系统应免受过大的干扰。一些欧洲国家从能量替换比上考虑将11MJ/kg的热值作为替代燃料的最低允许热值。同时需要考虑使用替代燃料时，达到部分取代常规燃料后所节省的燃料费用足以支付废料的收集、分类、加工、储运的成本。

② 必须适应水泥窑的工艺流程需要。可燃废料的形态、水分含量、燃点等都会决定使用过程的工艺流程设计，而这个设计必须与原有水泥窑的工艺流程很好地配合。另外，新型干法窑需严格控制钾、钠、氯这类有害成分的含量，应以不影响工艺技术要求为准。

③ 符合环保的原则。废弃物中含有的有害物质通常比常规原燃料高，水泥回转窑在利用和焚烧废弃物（包括危险废物）时，除应控制有害物质排放量不会有明显提高外，更主要的是应注意所生产水泥的生态质量。因为水泥是用来配制混凝土胶凝材料的，而混凝土建筑物，如公路、房屋建筑、水处理设施、水坝及饮用水管道等，必须确保对土壤、地下水以及人的健康不会产生危害，对废弃物带入的有害物质必须根据混凝土所能接受的最大量加以限定。

（3）常规替代燃料种类。含有一定热量的危险废物可用作水泥熟料生产过程中的燃料。水泥窑替代燃料种类繁多，数量及适用情况各异，常见的替代燃料种类可分为以下几种：

① 废轮胎；

② 使用过的各种润滑油、矿物油、液压油、机油、洗涤用柴油或汽油、各种含油残渣等；

③ 木炭渣、化纤、棉织物、医疗废物等。这类废物比较特殊，可能含各种病菌，在喂水泥窑之前应由废料回收公司进行预处理，如消毒、杀菌、封装、打包等；

④ 纸板、塑料、木屑、稻壳、玉米秆等。这些废料热值较低，密度小，体积大，

须采用专门的称量喂料装置将其喂入水泥窑内燃烧；

⑤ 废油漆、涂料、石蜡、树脂等；

⑥ 石油渣、煤矸石、油页岩、城市下水道污泥等。

（4）危险废物替代燃料种类。

① 液态危险废物：醇类、酯类、废化学试剂、废溶剂类、废油、废油墨、废油漆等；

② 半固态危险废物：使用过的各种废润滑油、各种含油残渣、油泥、漆渣等；

③ 固态危险废物：活性炭、石蜡、树脂、石油焦等。

2. 替代原料

从理论上说，含有 CaO、SiO_2、Al_2O_3、Fe_2O_3 的水泥原料成分的废弃物都可作为水泥原料。根据固体废弃物自身的化学成分，一般用于代替以下水泥的原料组分。

（1）常见的替代原料种类。

① 代替黏土作组分配料：用以提供 SiO_2、Al_2O_3、Fe_2O_3 的原料，主要有粉煤灰、炉渣、煤矸石、金属尾矿、赤泥、污泥焚烧灰、垃圾焚烧灰渣等。根据实际情况可部分替代或全部替代。煤矸石、炉渣不仅给水泥熟料中带入化学组分，而且可以带入部分热量。

② 代替石灰质原料：用以提供 CaO 的原料，主要有电石渣、氯碱法碱渣、石灰石屑、碳酸法糖滤泥、造纸厂白泥、高炉矿渣、钢渣、磷渣、镁渣、建筑垃圾等。

③ 代替石膏作矿化剂：磷石膏、氟石膏、盐田石膏、环保石膏、柠檬酸渣等，因其含有 SO_3、磷、氟等都是天然的矿化成分，且 SO_3 含量高达 40％以上，可全部代替石膏。

④ 代替熟料作晶种：炉渣、矿渣、钢渣等，可全部代替。

⑤ 校正原料：用以替代铁质、硅质等的校正原料，替代铁质的校正原料主要有低品位铁矿石、炼铜矿渣、铁厂尾矿、硫铁矿渣、铅矿渣、钢渣；替代硅质校正原料主要有碎砖瓦、铸模砂、谷壳焚烧灰等。

（2）常见的危险废物替代原料种类。一般为不含有机物的危险废物，如电镀污泥、氟化钙、重金属浸出浓度超过国家危险废物鉴别标准限值的重金属污染土壤等。

四、水泥窑协同处置危险废物的类别

水泥窑之所以能够成为废物的处理方式，主要是因为废物能够为水泥生产所用，可以以二次原料和二次燃料的形式参与水泥熟料的煅烧过程，二次燃料通过燃烧放热把热量供给水泥煅烧过程，而燃烧残渣则作为原料通过煅烧时的固、液相反应进入熟料主要矿物，燃烧产生的废气和粉尘通过高效收尘设备净化后排入大气，收集到的粉尘则循环利用，达到既生产了水泥熟料又处理了废物，同时减少环境负荷的良好效果。

水泥窑可以处理的废物包括生活垃圾（包括废塑料、废橡胶、废纸、废轮胎等）、各种污泥（下水道污泥、造纸厂污泥、河道污泥、污水处理厂污泥等）、工业固体废物（粉煤灰、高炉矿渣、煤矸石、硅藻土、废石膏等）、工业危险废物、农业废物（秸秆、粪便）、动植物加工废物、受污染土壤、应急事件废物等固体废物。

从《国家危险废物名录》角度划分，不可以进入水泥窑协同处置的类别有医疗废物、爆炸性废物、含汞废物、石棉废物，《名录》中的其他类别均可处置。

第三章 水泥窑协同处置危险废物管理

第一节 国外水泥窑协同处置危险废物管理

一、欧盟对水泥窑协同处置危险废物的管理

欧盟对固体废物进行分类管理，《欧洲废物名单》（European Waste List）（理事会 2001/573/EC 号决议）是欧洲通用的固体废物分类体系，列举了 839 种固体废物，其中包括 405 种危险废物。要求 2002 年后欧盟成员国必须将《欧洲废物名单》纳入各自的相关法律、法规。

欧盟将固体废物焚烧处置分为焚烧设备和掺烧设备。焚烧设备包括垃圾焚烧炉和特殊垃圾焚烧炉；掺烧设备是以生产产品为主、以废物做燃料的设备，水泥窑协同处置危险废物就属于掺烧设备。针对两类设备，欧盟制定了不同的排放控制标准。

（1）水泥窑协同处置规范。针对水泥行业污染物排放控制的法规主要有两部：《关于综合污染预防与控制的指令（IPPC）》（96/61/EC）和《关于废物焚烧的指令（WID）》（2000/76/EC）。

①《关于综合污染预防与控制指令（IPPC）》（96/61/EC）。1996 年欧盟委员会颁布了《关于综合污染预防与控制指令（IPPC）》（96/61/EC），之后经历了 4 次修订，2008 年将该指令及 4 个修订指令编纂成一个完整的污染综合预防与控制指令 2008/1/EC。2010 年将现有的关于工业排放的 7 个指令，即 IPPC 指令、大型燃烧装置指令、废物焚烧指令、溶剂排放指令和 3 个钛白粉指令整合为一个指令升级为工业排放指令（IED）2010/75/EU。

该指令涉及能源工业、金属生产及加工、无机非金属矿业和制造业、化工、废物处理等多种行业。旨在对以上行业所产生的污染实行综合预防和控制，减少各生产环节产生的废物向大气、土壤和水体中的排放，包括有关预防和减少废物的措施，最大限度地减少整个欧盟范围内各种工业源的污染，有效地保护生态环境。该指令规定的污染物排放限值以最佳实用技术（Best Available Technology，BAT）为基础。

②《关于废物焚烧的指令（WID）》（2000/76/EC）。2000 年欧盟委员会颁布《关于废物焚烧的指令（WID）》（2000/76/EC），整合和替代了原有的《垃圾焚烧厂准则》（89/369/EEC 和 89/429/EEC）和《危险废物焚烧准则》（94/67/EC），规定焚烧炉和

工业窑炉焚烧或共烧废物（含危险废物）的技术和管理。其核心的管理规定是：不论是单独焚烧还是与其他燃料共烧，都要获得经营许可证，并为保证操作和技术水平规定了排放限值，排放限值不再根据废物是否为危险废物进行划分，而是根据焚烧炉或共烧的技术设备和监测设备而定，规定的排放限值不论废弃物利用量多少和是否为有毒、有害废弃物都适用，对有毒、有害废弃物仅在生产条件和接收方法上有不同的要求。但是，当燃烧废物产生热量大于总热量的40%时，工业窑炉的污染物排放和管理要求按照焚烧炉执行。

由于水泥熟料煅烧工艺特性，规程中对 SO$_2$、TOC、HCl 和 HF 的排放做了适当放宽，由原料条件所限造成的排放可以不计在内。

总体上看，该指令对焚烧炉的排放限值和监测频次比水泥窑要求严格，而协同处置废物水泥窑的要求比不处置废物的水泥窑要求严格。纳入许可证管理的也不只是废物排放限值，指令中对焚烧和共烧企业的废物检验、接收、预处理都提出了相应的要求，尤其是对危险废物提出了更高的要求。此外，还设定了焚烧和共烧的操作设备的最低技术条件和监控。

（2）投料限制。欧盟 2000/76/EC 指令明确指出，权威机构提供的协同处置许可证中，必须明确列出协同处置的废物种类。

欧洲部分国家水泥窑协同处置废物的进料参数限值见表 3-1 和表 3-2。

表 3-1　欧洲部分国家水泥窑协同处置废物的进料参数限值（mg/kg）

参数	西班牙	比利时	法国	瑞士	奥地利
热值（MJ/kg）				25	15
卤素（以 Cl 计）（%）	2	2	2	0.5	
Cl（%）					1
F	0.2%				600
S	3%	3%	3g/MJ		5%
Ba				200	
Ag				5	
Hg	10	5	10	5	2
Cd	100	70		5	60
Tl	100	30		3	10
Hg＋Cd＋Tl	100		100		
Sb		20		5	
Sb＋As＋Co＋Ni＋Pb＋Sn＋V＋Cr	0.5%	2500	2500		
As		200		15	
Co		200		20	
Ni		1000		200	
Cu		1000		400	

续表

参数	西班牙	比利时	法国	瑞士	奥地利
Cr		1000		300	
V		1000		100	
Pb		1000		400	
Sn				10	5000
Mn		2000			
Be		50		5	
Se		50		5	
Te		50			
Zn		5000		2000	
PCBs	30	30	25	10	
Br+I		2000			
氰化物		100			

表 3-2　欧盟成员国替代燃料的各种元素限值（mg/kg）

指标	可燃性废物	废溶剂、废油和废油漆等
As	5～15	15～20
Sb	5	10～100
Be	5	2
Pb	200	15～800
Cd	2	1～20
Cu	100	50～300
Cr	100	180～500
Co	20	25
Mn		70～100
Ni	100	30～100
Hg	0.5	1.0～2.0
Tl	3	1～5
V	100	10～100
Zn	400	300～3000
Sn	10	30～100
Cl（%）	1	0.4
PCBs	50～100	

从表 3-1 和表 3-2 可以看出，欧盟成员国对进料的各项参数都是根据各国的实际情况制定的，有些限值差异较大，但是所有水泥窑处置废物时都应该符合 2000/76/EC 指令的要求。

（3）燃烧条件。在燃烧条件限定方面主要涉及烟气的最低温度和停留时间，并与所用废物中的卤素含量有关：当废物中卤素含量不超过 1% 时，烟气温度应高于850℃，最低停留时间 2s。当废物中卤素含量超过 1% 时，烟气温度应高于 1100℃，最低停留时间 2s，燃烧气体氧含量最低应为 6%。

（4）排放限值。欧盟 2000/76/EC 指令中关于水泥窑协同处置废物的大气排放限值见表 3-3。

表 3-3 水泥窑协同处置废物的大气排放限值（mg/m^3）

污染物	水泥窑协同处置限值	欧盟成员国水泥窑排放限值的范围	欧盟成员国水泥窑长期排放平均值
颗粒物	30	50～150	20～200
TOC	10*		10～100
HCl	10	30	<25
HF	1	1～5	<5
NO_x	500** (800***)	500～1800	500～2000
SO_2	50*	150～600	10～2500
CO	由管理部门设定		50～2000
Cd+Tl	0.05		<0.1
Hg	0.05		<0.1
Sb+As+Pb+Cr+Co+Cu+Mn+Ni+V	0.5		<0.3
二噁英类	0.1	0.1	<0.1

* 若 SO_2 和 TOC 并非由废物产生，经管理部门批准可不受该排放限值限制。
* * 新建工厂。
* * * 已有工厂。

测量结果在以下状态下标准化：温度 273K，压力 101.3kPa，水泥窑为含 10% 氧气的干烟气。对于连续监测项目，取日平均值；对于非连续监测项目，取采样周期内平均值。

（5）监测要求。NO_x、CO、颗粒物、TOC、HCl、HF、SO_2 执行连续监测，但对HCl、HF、SO_2 可在确定排放不超标的条件下执行定期监测。重金属、二噁英类执行定期监测，新投产第 1 年每季度检测 1 次，以后每年检测 2 次，若检测不超过排放限值的 50%，可以申请减少检测次数。多环芳烃等其他污染物的监测要求可由各成员国自行制定。

（6）其他规范。欧盟针对特定废物制定的法律还包括：《关于废油处置的指令》（75/439/EEC）、《关于二氧化钛行业废物的指令》（78/176/EEC）、《关于含危险废物的电池和蓄电池的指令》（91/157/EEC）、《关于包装和包装废物的指令》（94/62/EC）、《关于 PCBs 和 PCTs 处置的指令》（96/59/EC），《关于废弃车辆的指令》（2000/53/EC）、《关于电子和电气设备中限制使用某些物质的指令》（2002/95/EC）、《关于废弃电子和电气设备的指令》（2002/96/EC）。

欧盟框架性法律还包括：《关于废物在欧共体内运输及进出欧共体的监控的法规》（93/295/EEC）、《关于缔结巴塞尔公约的决定》（93/98/EEC）、《关于废物运输控制程序的法规》（1999/1547/EC）。

二、美国对水泥窑协同处置危险废物的管理

美国的危险废物焚烧设施遵循的联邦法案主要有《资源保护和恢复法案（RCRA）》《清洁空气法案（CAA）》两个。其中，RCRA 中涉及水泥窑协同处置危险废物管理法规与标准有：1991 年发布的锅炉和工业窑炉（水泥窑）焚烧危险废物的 BIF 标准、1999 年发布的 RCRA 许可证管理要求的规定；CAA 中涉及危险废物焚烧设施污染物排放标准为国家标准，即最大可实现控制技术（MACT）标准。

（1）BIF 标准与 MACT 标准之间的关系。BIF 标准是美国环保署（EPA）在 1991 年发布的锅炉和工业窑炉焚烧危险废物的标准。所有焚烧危险废物的锅炉和工业窑炉应按照标准中的各项要求进行许可证申请，获得 EPA 的经营许可后方可进行危险废物焚烧工作。

MACT 排放标准是 EPA 在 2001 年发布的对危险废物焚烧设施的有害气体污染物国家排放标准。标准从 2004 年就开始执行。2005 年发布了替换标准，到 2008 年 10 月正式生效。因此，在 2005 年 10 月 12 日以后，对于所有新建焚烧危险废物的锅炉和工业窑炉设施，许可申请不再按照 BIF 标准的要求执行。对于现存的焚烧危险废物的锅炉和工业窑炉设施，如果通过 EPA 规定的综合消能测试，证明符合 MACT 标准，也不需要再执行 BIF 标准，而是执行 MACT 标准。

BIF 标准的主要内容包括：标准的适用性、焚烧前的管理、焚烧设施的许可标准、焚烧设施的过渡期标准以及有机物、颗粒物、重金属、氯化氢和氯气的排放控制标准等。

MACT 标准的适用范围包括：危险废物焚烧炉、水泥窑处置危险废物、危险废物制轻骨料窑、固体燃料锅炉处理危险废物、液体燃料锅炉处理危险废物以及盐酸生产熔炉处理危险废物等类型。标准的制定分为两个阶段，其中阶段 I 包括危险废物焚烧炉、水泥窑处置危险废物、危险废物制轻骨料窑等类型；阶段 II 包括固体燃料锅炉处理危险废物、液体燃料锅炉处理危险废物以及盐酸生产熔炉处理危险废物等类型。

MACT 中，水泥窑处置危险废物的排放标准见表 3-4。

表 3-4　美国水泥窑处置危险废物排放标准

污染物	排放标准值	
	现有水泥窑（2004 年 4 月 20 日之前）	新建水泥窑（2004 年 4 月 20 日之后）
二噁英类	0.2ng/m³ 或 0.4ng/m³（一级除尘器进口温度不高于 204℃）	
汞	废物浓度 3.0mg/kg，或排放浓度不超过 0.120mg/Nm³	废物浓度 1.9mg/kg，或排放浓度不超过 0.120mg/Nm³
半挥发性金属（Pb＋Cd）	排放浓度不超过 0.33mg/MJ 废物热值和 0.33mg/Nm³	排放浓度不超过 0.027mg/MJ 废物热值和 0.18mg/Nm³
低挥发性金属（As＋Be＋Cr）	排放浓度不超过 0.009mg/MJ 废物热值和 0.056mg/Nm³	排放浓度不超过 0.007mg/MJ 废物热值和 0.054mg/Nm³
总氯元素（氯化氢＋氯气）	120μL/L（以氯计）	186μL/L（以氯计）
颗粒物	64.1mg/Nm³，不透明度不超过 20%（不适用于安装了袋式除尘检漏系统和颗粒物监测系统）	5.26mg/Nm³，不透明度不超过 20%（不适用于安装了袋式除尘检漏系统和颗粒物监测系统）
CO 或碳氢化合物（以丙烷计）	有旁路：旁路 CO 为 100μL/L 或 HC 为 10μL/L；无旁路：主烟囱排气口 CO 为 100μL/L 或 HC 为 20μL/L	有旁路：旁路 CO 为 100μL/L 或 HC 为 10μL/L，且主烟囱排气口 HC 为 50μL/L（1996 年 4 月 19 日后建，且之前无水泥窑存在）；无旁路：主烟囱排气口 CO 为 100μL/L 且 HC 为 50μL/L（1996 年 4 月 19 日后建，且之前无水泥窑存在）或 HC 为 20μL/L
有机污染物	每种主要有机有害污染物（POHC）的破坏去除率应达到 99.99%；若燃烧危险废物含有 F020、F021、F022、F023、F026 或 F027 类废物（主要为含二噁英类的废物），则每种主要有机有害污染物的破坏去除率应达到 99.9999%	

注：以上排放均是基于 7%氧含量、293K、压力 101.3kPa。

F020：3,4 氯酚生产过程和使用过程产生的废物及 3,4 氯酚生产杀虫剂等相关产品过程中产生的废物；

F021：五氯酚生产过程和使用过程产生的废物及五氯苯酚生产相关产品过程中产生的废物；

F022：碱性环境下利用 4,5,6 氯苯进行生产时产生的废物；

F023：3,4 氯酚生产或使用过程采用的设备再用于生产其他材料时产生的废物；

F026：碱性环境下利用 4,5,6 氯苯进行生产时采用的设备再用于生产其他材料时产生的废物；

F027：丢弃的、不再使用的含有 3,4,5 氯苯酚的物品；丢弃的、不再使用的源自这些氯酚原料的产品。

（2）水泥窑窑灰的管理。水泥窑窑灰在 EPA 的法规中定义为特殊废物，暂时排除在 RCRA 的危险废物管理范围之外，目前按照非危险废物管理。

① 水泥窑窑灰的豁免标准。采用 TCLP 金属浸出方法，对水泥窑协同处置危险废物产生的残渣制定了豁免的标准，见表 3-5。如果满足表 3-5 中的标准限值，则不作为危险废物进行管理。

表 3-5　水泥窑协同处置危险废物残渣豁免标准（mg/L）

指标	Sb	As	Ba	Be	Cd	Cr	Pb	Hg	Ni	Se	Ag	Tl
限值	1.0	5.0	100	0.007	1.0	5.0	5.0	0.2	7.0	1.0	5.0	7.0

② 美国水泥窑窑灰农用标准。当窑灰中的重金属含量低于表 3-6 中的限值时，可以直接作为农用，否则需要进行必要的处理。

表 3-6　水泥窑窑灰农用标准（mg/kg）

指标	As	Cd	Pb	Tl	二噁英
浓度限值	13	22	1500	15	0.04ngTEQ/kg

③ 美国水泥窑窑灰填埋处置标准。美国水泥窑窑灰填埋处置标准见表 3-7。

表 3-7　水泥窑窑灰填埋处置标准（mg/kg）

指标	Sb	As	Ba	Be	Cd	Cr	Pb	Hg	Se	Ag	Tl
限值	0.006	0.05	2.0	0.004	0.005	0.1	0.015	0.002	0.05	0.01	0.002

三、日本对水泥窑协同处置危险废物的管理

（1）相关法律。1993 年日本实施《环境基本法》，相当于环境宪法。

2000 年日本通过《促进循环型社会基本法》，其宗旨是改变传统社会经济发展模式，建立"循环型社会"。下设两部综合法：《废弃物处理法》和《资源有效利用促进法》。其中，《废弃物处理法》下设有：《多氯联苯废弃物妥善处理特别法》《容器和包装物的分类收集与循环法》等；《资源有效利用促进法》下设有：《建筑材料再生利用法》《食品再生利用法》《绿色采购法》《家电再生利用法》和《汽车再生利用法》等。

（2）日本对水泥窑销毁含氟氯烃类废物的技术要求

① 设备的要求。为了使水泥生产过程中在原燃料中投加的含氟氯烃废物产生的粉尘、卤化物等有害物质的浓度满足相关标准，应选择悬浮预热回转窑或新型干法回转窑作为处理设施，并配置相应的烟气处置设备对粉尘等进行处理。

② 运行控制条件。在含氟氯烃废物协同处置过程中，为确保排放的尾气达标及运行安全，应进行与常规水泥生产相同的运行控制。

③ 投加要求。投加含氟氯烃废物时应考虑水泥窑设施的共处理能力、烟气处理设备的处理能力以及对水泥熟料质量的影响。

④ 投加方法。应在正常的运行条件下，从窑头喷煤嘴附近投入；投加装置应配置流量计等计量系统，实现定量投加。

第二节　我国水泥窑协同处置危险废物管理

一、我国关于危险废物处置相关的法律

我国关于固体废物的相关法律有：《中华人民共和国固体废物污染环境防治法》《中华人民共和国环境保护法》《中华人民共和国水污染防治法》《中华人民共和国大气污染防治法》《中华人民共和国循环经济促进法》《中华人民共和国清洁生产促进法》

《中华人民共和国节约能源法》《中华人民共和国可再生能源法》《国家鼓励的资源综合利用认定管理办法》等。

2013 年 6 月 18 日，最高人民法院和最高人民检察院联合发布了《关于办理环境污染刑事案件适用法律若干问题的解释》（法释〔2013〕15 号，以下简称《2013 年解释》），对环境污染犯罪的定罪量刑标准和有关法律适用问题作了明确。《2013 年解释》施行以来，司法机关和环保部门依法查处环境污染犯罪，加大惩治力度，取得了良好效果。2013 年 7 月至 2016 年 10 月，全国法院年均受理污染环境类犯罪和环境监管失职案共计 1400 余件，生效判决人数 1900 余人。相较于过去年均二三十件的案件量，污染环境刑事案件量增长十分明显。与此同时，环境污染犯罪又出现了一些新的情况和问题，如危险废物犯罪呈现出产业化迹象，大气污染犯罪打击困难，篡改、伪造自动监测数据和破坏环境质量监测系统的刑事规制存在争议等。为有效解决实际问题，进一步加大对生态环境的司法保护力度，最高人民法院会同最高人民检察院经深入调查研究、广泛征求意见，对《2013 年解释》进行了新的解释，于 2016 年 11 月 7 日最高人民法院审判委员会第 1698 次会议、2016 年 12 月 8 日最高人民检察院第十二届检察委员会第 58 次会议通过，自 2017 年 1 月 1 日起施行。

2015 年 1 月 1 日，新的《中华人民共和国环境保护法》（下称《环境保护法》）正式实施，将环境行政执法链条与刑事司法相衔接。

2016 年 6 月，新版《国家危险废物名录》发布，自 2016 年 8 月 1 日起施行。

《中华人民共和国固体废物污染环境防治法》（以下简称《固废法》）于 1996 年 4 月颁布实施，为固体废物污染环境防治工作提供了重要法律依据。自实施以来，先后经历 4 次修订和修正，最新一次修订是在 2016 年。

《中华人民共和国环境保护税法》（以下简称《环境保护税法》）于 2018 年 1 月 1 日实施，2018 年 10 月进行了修订。

（一）《关于办理环境污染刑事案件适用法律若干问题的解释》

《关于办理环境污染刑事案件适用法律若干问题的解释》中与危险废物处置直接相关或因危险废物处置不当造成后果的相应条款如下：

第一条 实施刑法第三百三十八条规定的行为，具有下列情形之一的，应当认定为"严重污染环境"：

a. 在饮用水水源一级保护区、自然保护区核心区排放、倾倒、处置有放射性的废物、含传染病病原体的废物、有毒物质的；

b. 非法排放、倾倒、处置危险废物三吨以上的；

c. 排放、倾倒、处置含铅、汞、镉、铬、砷、铊、锑的污染物，超过国家或者地方污染物排放标准三倍以上的；

d. 排放、倾倒、处置含镍、铜、锌、银、钒、锰、钴的污染物，超过国家或者地方污染物排放标准十倍以上的；

e. 通过暗管、渗井、渗坑、裂隙、溶洞、灌注等逃避监管的方式排放、倾倒、处置有放射性的废物、含传染病病原体的废物、有毒物质的；

f. 二年内曾因违反国家规定，排放、倾倒、处置有放射性的废物、含传染病病原体的废物、有毒物质受过两次以上行政处罚，又实施前列行为的；

g. 重点排污单位篡改、伪造自动监测数据或者干扰自动监测设施，排放化学需氧量、氨氮、二氧化硫、氮氧化物等污染物的；

h. 违法减少防治污染设施运行支出一百万元以上的；

i. 违法所得或者致使公私财产损失三十万元以上的；

j. 造成生态环境严重损害的；

k. 致使乡镇以上集中式饮用水水源取水中断十二小时以上的；

l. 致使基本农田、防护林地、特种用途林地五亩以上，其他农用地十亩以上，其他土地二十亩以上基本功能丧失或者遭受永久性破坏的；

m. 致使森林或者其他林木死亡五十立方米以上，或者幼树死亡二千五百株以上的；

n. 致使疏散、转移群众五千人以上的；

o. 致使三十人以上中毒的；

p. 致使三人以上轻伤、轻度残疾或者器官组织损伤导致一般功能障碍的；

q. 致使一人以上重伤、中度残疾或者器官组织损伤导致严重功能障碍的；

r. 其他严重污染环境的情形。

第三条 实施刑法第三百三十八条、第三百三十九条规定的行为，具有下列情形之一的，应当认定为"后果特别严重"：

a. 致使县级以上城区集中式饮用水水源取水中断十二小时以上的；

b. 非法排放、倾倒、处置危险废物一百吨以上的；

c. 致使基本农田、防护林地、特种用途林地十五亩以上，其他农用地三十亩以上，其他土地六十亩以上基本功能丧失或者遭受永久性破坏的；

d. 致使森林或者其他林木死亡一百五十立方米以上，或者幼树死亡七千五百株以上的；

e. 致使公私财产损失一百万元以上的；

f. 造成生态环境特别严重损害的；

g. 致使疏散、转移群众一万五千人以上的；

h. 致使一百人以上中毒的；

i. 致使十人以上轻伤、轻度残疾或者器官组织损伤导致一般功能障碍的；

j. 致使三人以上重伤、中度残疾或者器官组织损伤导致严重功能障碍的；

k. 致使一人以上重伤、中度残疾或者器官组织损伤导致严重功能障碍，并致使五人以上轻伤、轻度残疾或者器官组织损伤导致一般功能障碍的；

l. 致使一人以上死亡或者重度残疾的；

m. 其他后果特别严重的情形。

第四条 实施刑法第三百三十八条、第三百三十九条规定的犯罪行为，具有下列情形之一的，应当从重处罚：

a. 阻挠环境监督检查或者突发环境事件调查，尚不构成妨害公务等犯罪的；

b. 在医院、学校、居民区等人口集中地区及其附近，违反国家规定排放、倾倒、处置有放射性的废物、含传染病病原体的废物、有毒物质或者其他有害物质的；

c. 在重污染天气预警期间、突发环境事件处置期间或者被责令限期整改期间，违反国家规定排放、倾倒、处置有放射性的废物、含传染病病原体的废物、有毒物质或者其他有害物质的；

d. 具有危险废物经营许可证的企业违反国家规定排放、倾倒、处置有放射性的废物、含传染病病原体的废物、有毒物质或者其他有害物质的。

第五条 实施刑法第三百三十八条、第三百三十九条规定的行为，刚达到应当追究刑事责任的标准，但行为人及时采取措施，防止损失扩大、消除污染，全部赔偿损失，积极修复生态环境，且系初犯，确有悔罪表现的，可以认定为情节轻微，不起诉或者免予刑事处罚；确有必要判处刑罚的，应当从宽处罚。

第六条 无危险废物经营许可证从事收集、贮存、利用、处置危险废物经营活动，严重污染环境的，按照污染环境罪定罪处罚；同时构成非法经营罪的，依照处罚较重的规定定罪处罚。

实施前款规定的行为，不具有超标排放污染物、非法倾倒污染物或者其他违法造成环境污染的情形的，可以认定为非法经营情节显著轻微危害不大，不认为是犯罪；构成生产、销售伪劣产品等其他犯罪的，以其他犯罪论处。

第七条 明知他人无危险废物经营许可证，向其提供或者委托其收集、贮存、利用、处置危险废物，严重污染环境的，以共同犯罪论处。

第八条 违反国家规定，排放、倾倒、处置含有毒害性、放射性、传染病病原体等物质的污染物，同时构成污染环境罪、非法处置进口的固体废物罪、投放危险物质罪等犯罪的，依照处罚较重的规定定罪处罚。

第十条 违反国家规定，针对环境质量监测系统实施下列行为，或者强令、指使、授意他人实施下列行为的，应当依照刑法第二百八十六条的规定，以破坏计算机信息系统罪论处：

a. 修改参数或者监测数据的；

b. 干扰采样，致使监测数据严重失真的；

c. 其他破坏环境质量监测系统的行为。

重点排污单位篡改、伪造自动监测数据或者干扰自动监测设施，排放化学需氧量、氨氮、二氧化硫、氮氧化物等污染物，同时构成污染环境罪和破坏计算机信息系统罪的，依照处罚较重的规定定罪处罚。

从事环境监测设施维护、运营的人员实施或者参与实施篡改、伪造自动监测数据、干扰自动监测设施、破坏环境质量监测系统等行为的，应当从重处罚。

第十五条　下列物质应当认定为刑法第三百三十八条规定的"有毒物质"：

a. 危险废物，是指列入国家危险废物名录，或者根据国家规定的危险废物鉴别标准和鉴别方法认定的，具有危险特性的废物；

b.《关于持久性有机污染物的斯德哥尔摩公约》附件所列物质；

c. 含重金属的污染物；

d. 其他具有毒性，可能污染环境的物质。

第十六条　无危险废物经营许可证，以营利为目的，从危险废物中提取物质作为原材料或者燃料，并具有超标排放污染物、非法倾倒污染物或者其他违法造成环境污染的情形的行为，应当认定为"非法处置危险废物"。

（二）《中华人民共和国环境保护法》

（1）明确了生态文明建设和可持续发展理念。修订后的《环境保护法》调整了环境保护和经济发展的关系，将"使环境保护工作同经济建设和社会发展相协调"修改为"使经济社会发展与环境保护相协调"，彻底改变了环境保护在两者关系中的次要地位。

（2）明确了保护环境的基本国策和基本原则。新法增加了环境保护是国家的基本国策的规定，彰显了国家对环境与发展相协调一致的清醒认识和战略考虑。明确了环境保护坚持保护优先、预防为主、综合治理、公众参与、损害担责的原则。

（3）完善了环境管理八项基本制度。

① 建立环境监测制度；

② 严格实施环境影响评价制度：未依法进行环境影响评价的建设项目，不得开工建设；

③ 建立跨行政区域联合防治协调机制；

④ 实行防治污染设备"三同时"制度：防治污染的设施不符合要求的，不能发放排污许可证，不能投入生产；

⑤ 实行重点污染物排放总量控制制度和区域限批制度；

⑥ 实行排污许可管理制度：未取得排污许可证的，不得排放污染物；

⑦ 增加了生态保护红线规定；

⑧ 建立环境与健康评估研究制度。

（4）强化了政府的环境保护责任。修订后的《环境保护法》规定各级政府应承担9项责任：一是对本行政区域的环境质量负责；二是改善环境质量；三是加大财政投入；四是加强环境保护宣传和普及工作；五是对生活废弃物进行分类处置；六是推广清洁能源的生产和使用；七是做好突发环境事件的应急准备；八是统筹城乡污染设施建设；九是接受同级人大及其常委会的监督。同时明确了政府不依法履行职责应承担相应的法律责任。

（三）2016 版《国家危险废物名录》

《国家危险废物名录》是中华人民共和国国家发展和改革委员会根据《中华人民共和国固体废物污染环境防治法》制定的，自 2008 年 8 月 1 日起施行。2016 年对其进行了修订。

2016 版《国家危险废物名录》（以下简称《名录》）进行了以下几个方面的调整：

（1）修改了前言。与 2008 年版《名录》相比，本次修订前言部分主要调整内容包括：一是明确了医疗废物的管理内容；二是修改了危险废物与其他固体废物的混合物，以及危险废物处理后废物属性的判定说明；三是新增危险废物豁免管理以及通过危险废物鉴别确定是危险废物时如何对其归类的说明。

（2）调整《名录》废物种类。2008 年版《名录》共有 49 个大类别 400 种危险废物。本次修订将危险废物调整为 46 大类别 479 种（362 种来自原名录，新增 117 种）。其中，将原名录中 HW06 有机溶剂废物、HW41 废卤化有机溶剂和 HW42 废有机溶剂合并成 HW06 废有机溶剂与含有机溶剂废物，将原名录中 HW43 含多氯苯并呋喃类废物和 HW44 含多氯苯并二噁英类废物删除，增加了 HW50 废催化剂类废物。

（3）增加《危险废物豁免管理清单》。为提高危险废物管理效率，此次修订中增加了《危险废物豁免管理清单》。列入《危险废物豁免管理清单》中的危险废物，在所列的豁免环节，且满足相应的豁免条件时，可以按照豁免内容的规定实行豁免管理。共有 16 种危险废物列入《危险废物豁免管理清单》，其中 7 种危险废物的某个特定环节的管理已经在相关标准中进行了豁免，如生活垃圾焚烧飞灰满足入场标准后可进入生活垃圾填埋场填埋（填埋场不需要危险废物经营许可证）；另外 9 种是基于现有的研究基础可以确定某个环节豁免后其环境风险可以接受，如废弃电路板在运输工具满足防雨、防渗漏、防遗撒要求时可以不按危险废物进行运输。

（4）取消 2008 年版《名录》的"＊"标注。2008 年版《名录》中对来源复杂，其危险特性存在例外的可能性，且国家具有明确鉴别标准的危险废物，标注以"＊"，所列此类危险废物的产生单位确有充分证据证明所产生的废物不具有危险特性的，该特定废物可不按照危险废物进行管理，此类危险废物共 33 种。这一做法造成了部分固体废物在不同地区的管理要求存在较大差异，且与《固废法》关于"危险废物是指列入国家危险废物名录或者根据国家规定的危险废物鉴别标准和鉴别方法认定的具有危险特性的固体废物"的相关规定不符。

（5）废弃危险化学品目录采用《危险化学品目录》。2008 年版《名录》附录 A 列明了优先管理类废弃危险化学品共 498 种，仅包括具有毒性的化学品，未包括具有其他危险特性的化学品。在此次修订中，根据我国《危险废物鉴别标准》对危险特性的规定，将具有危险特性的危险化学品全部纳入。鉴于国家安全生产监督管理总局等 10 个部门发布的《危险化学品目录》涵盖了所有危险特性，本次修订时直接采用了《危险化学品目录》。

（四）《中华人民共和国固体废物污染环境防治法》

原则方面：在污染防治原则层面，明确"无害化"是"资源化"的前提；提出固体废物综合利用过程和产品的污染防治要求，防止二次污染，确保"资源化"过程和产品的"无害化"。提出"最大限度降低填埋处理量"，源头减量和资源化成为趋势。

责任主体方面：提出建立固废排污许可证，固废纳入排污许可证管理，强调废物产生者的主体责任不随固废转移而转让，由"产品的生产者、销售者、进口者、使用者对其产生的固体废物依法承担污染防治责任"变为"固体废物的产生者对其产生的固体废物依法承担固体废物污染环境防治责任"。

危废强制险：推出危废强制险，参与者包括危废收集、贮存、运输、利用、处置单位。

农业固废：强化农业固废管理规定，明确农业固废生产者回收利用责任。

（五）《中华人民共和国环境保护税法》

《环境保护税法》是党的十八届三中全会提出"落实税收法定原则"要求后，全国人大常委会审议通过的第一部单行税法，也是我国第一部专门体现"绿色税制"、推进生态文明建设的单行税法。《环境保护税法》全文共5章、28条，分别为总则、计税依据和应纳税额、税收减免、征收管理、附则。

《环境保护税法》的总体思路是由"费"改"税"，即按照"税负平移"原则，实现排污费制度向环保税制度的平稳转移。法案将"保护和改善环境，减少污染物排放，推进生态文明建设"写入立法宗旨，明确"直接向环境排放应税污染物的企业事业单位和其他生产经营者"为纳税人，确定大气污染物、水污染物、固体废物和噪声为应税污染物。

《中华人民共和国环境保护税法实施条例》第五条规定：应税固体废物的计税依据，按照固体废物的排放量确定。固体废物的排放量为当期应税固体废物的产生量减去当期应税固体废物的贮存量、处置量、综合利用量的余额。

在其税额表中明确说明：危险废物环保税应纳税额按照每吨1000元执行。

二、我国关于危险废物处置相关的政策

作为《巴塞尔公约》签署国，我国需要遵循公约的有关规定，禁止在未征得进口国同意的情况下向其他缔约方出口危险废物。如果认为某种废物不能得到环境无害化管理，缔约方应防止此类废物进口，也不得向非缔约方在内的国家出口该类危险废物。同时根据我国法律，禁止经中华人民共和国过境转移危险废物。

2001年12月，国家环境保护总局、国家经济贸易委员会、科学技术部联合发布了《危险废物污染防治技术政策》（环发〔2001〕199号），提出了危险废物的产生、收集、运输、分类、检测、包装、综合利用、贮存和处理处置等全过程污染防治的技术选择，并指导相应设施的规划、立项、选址、设计、施工、运营和管理，引导相关产业的发

展。目标是到 2015 年所有城市的危险废物基本实现环境无害化处理处置。该政策于 2013 年进行了修订，发布了征求意见稿，增加了鼓励危险废物优先再利用，开展利用其他废物处理设施或工业窑炉共处置危险废物的研究和示范等相关内容。

2003 年国家发展改革委、国家环境保护总局、卫生部、财政部、建设部联合发布《关于实行危险废物处置收费制度促进危险废物处置产业化的通知》，提出全面推行危险废物处置收费制度，促进危险废物处置良性循环。

2004 年国家环境保护总局印发《全国危险废物和医疗废物处置设施建设规划》（环发〔2004〕16 号）：2003 年，建设一批前期基础好、具有示范作用的危险废物和医疗废物集中处置工程；2004 年，建设设区城市的医疗废物集中处置工程；2005 年至 2006 年建设其他危险废物处置工程。同时，提高放射性废物安全收贮能力，建立危险废物和医疗废物全过程环境监管体系。到 2006 年，全国危险废物、医疗废物和放射性废物基本实现安全贮存和处置。

2012 年环境保护部、发展改革委、工业和信息化部以及卫生部联合编制了《"十二五"危险废物污染防治规划》（环发〔2012〕123 号），统筹推进危险废物焚烧、填埋等集中处置设施建设。鼓励跨区域合作，集中焚烧和填埋危险废物。鼓励大型石油化工等产业基地配套建设危险废物集中处置设施。鼓励使用水泥回转窑等工业窑炉协同处置危险废物。

针对我国危险废物安全处置"散、小、弱"的现状，政府相关部门高度重视合理配置危险废物安全处置能力，在《"十三五"生态环境保护规划》中提出"鼓励产生量大、种类单一的企业和园区配套建设危险废物收集贮存、预处理和处置设施，引导和规范水泥窑协同处置危险废物"和"淘汰一批工艺落后、不符合标准规范的设施，提标改造一批设施，规范管理一批设施"的要求。

废弃危险化学品作为一类特殊的固体废物，2005 年国家环境保护总局颁布了《废弃危险化学品污染环境防治办法》，适用于国内废弃危险化学品的产生、收集、运输、贮存、利用、处置等活动，包括了实验室产生的废弃危险化学品；提出了无害化处置的原则；提出了产生者应当申报等。

为加强对医疗废物的管理，国务院 2003 年颁布了《医疗废物管理条例》，对医疗废物的产生、收集、运输、贮存和处置的有关管理做出了规定。为落实这一条例，卫生部和国家环境保护总局联合颁布了《医疗废物管理行政处罚办法》。

2016 年 1 月 25 日环境保护部发布了《危险废物产生单位管理计划制定指南》，并自发布之日起施行。

为做好新建危险废物利用处置项目在试生产期间经营许可证的申请和审批工作，2016 年 10 月 22 日，环境保护部对《危险废物经营单位审查和许可指南》部分条款进行修改。

2016 年 12 月 14 日，环境保护部发布《水泥窑协同处置固体废物污染防治技术政策》(以下简称《技术》),引导水泥行业绿色循环低碳发展。《技术》规定,水泥窑协同处置固体废物是指将满足或经过预处理后满足入窑要求的固体废物投入水泥窑,在进行水泥熟料生产的同时实现对固体废物的无害化处置过程。处置固体废物的类型主要包括危险废物、生活垃圾、城市和工业污水处理污泥、动植物加工废物、受污染土壤、应急事件废物等。

环境保护部下发了《建设项目危险废物环境影响评价指南》,对建设项目危险废物的属性判定、产生量核算、污染防治措施等进行了规范。

三、我国关于危险废物处置相关的标准规范

我国关于危险废物处置的相关标准和规范有:

《危险废物填埋污染控制标准》(GB 18598—2001)

《危险废物集中焚烧处置工程建设技术规范》(HJ/T 176—2005)

《危险废物贮存污染控制标准》(GB 18597—2001)

《危险废物焚烧污染控制标准》(GB 18484—2001)

《危险废物焚烧大气污染物排放标准》(DB11/503—2007)

《危险废物(含医疗废物)焚烧处置设施二噁英排放监测技术规范》(HJ/T 365—2007)

《医疗废物集中焚烧处置工程建设技术规范》(HJ/T 177—2005)

《医疗废物焚烧环境卫生标准》(GB/T 18773—2008)

《含多氯联苯废物焚烧处置工程技术规范》(HJ 2037—2013)

《含多氯联苯废物污染控制标准》(GB 13015—2017)

《危险废物鉴别标准》(GB 5085.1~7—2007)

《危险货物包装标志》(GB 190—2009)

《危险废物收集、贮存、运输技术规范》(HJ 2025—2012)

《工业企业设计卫生标准》(GBZ 1—2010)

《工作场所有害因素职业接触限值》(GBZ 2.122—2007)

《道路危险货物运输管理规定》交通部令〔2005〕第9号

《汽车运输危险货物规则》(JT/T 617.1~7—2004)

《铁路危险货物运输管理规则》铁运〔2006〕79号

《水路危险货物运输规则》交通部令〔1996〕第10号

《环境保护图形标志》(GB 15562.1~2—1995)

四、我国关于水泥窑协同处置危险废物相关的标准规范

《水泥工厂设计规范》(GB 50295—2016)

《水泥窑协同处置污泥工程设计规范》(GB 50757—2012)

《水泥窑协同处置工业废物设计规范》（GB 50634—2010）

《水泥工业大气污染物排放标准》（GB 4915—2013）

《水泥窑协同处置固体废物污染控制标准》（GB 30485—2013）

《水泥窑协同处置固体废物技术规范》（GB 30760—2014）

《水泥窑协同处置固体废物环境保护技术规范》（HJ 662—2013）

《水泥窑协同处置固体废物污染防治技术政策》环境保护部 2016 年第 72 号公告

《水泥窑协同处置危险废物经营许可证审查指南（试行)》环境保护部 2017 年第 22 号公告

《排污单位自行监测技术指南 水泥工业》（HJ 848—2017）

第四章 项目建设及经营许可证申请

第一节 水泥窑协同处置危险废物项目选址

一、标准及规范要求

（一）位置要求

（1）《水泥窑协同处置工业废物设计规范》（GB 50634—2015）。

厂址选择：

① 新建水泥窑协同处置工业废物的生产线，厂址的选择及工业废物预处理车间的布局应符合本地区工业布局和建设发展规划的要求，并应按国家有关法律、法规及前期工作的规定进行。

② 现有水泥生产线进行协同处置工业废物的技术改造工程，预处理车间的选址应根据交通运输、供电、供水、供热、工程地质、企业协作、场地现有设施、工业废物来源及储存、协同处置衔接、预处理的环境保护等条件进行技术比较后确定。

③ 厂址选择应符合城乡总体发展规划和环境保护专业规划，并应符合当地的大气污染防治、水资源保护和自然生态保护要求，同时应通过环境影响评价和环境风险评价。

④ 厂址条件应符合下列要求：

厂址选择应符合现行国家标准《地表水环境质量标准》（GB 3838）和《环境空气质量标准》（GB 3095）的有关规定，处置危险废物的工厂选址还应符合国家标准《危险废物焚烧污染控制标准》（GB 18484）的有关规定。

a. 厂址应具备满足工程建设要求的工程地质条件和水文地质条件，不应建在受洪水、潮水或内涝威胁的地区，应设置抵御 100 年一遇洪水的防洪、排涝设施。

b. 水泥窑协同处置危险废物预处理车间与主要居民区以及学校、医院等公共设施的距离不应小于 800m。

c. 有异味产生的预处理车间应避开环境保护敏感区，烟囱高度的设置应符合现行国家标准《恶臭污染物排放标准》（GB 14554）的有关规定。

d. 水泥窑协同处置工业废物应保证预处理车间达到双路电力供应。

e. 水泥窑协同处置工业废物生产线应有供水水源和污水处理及排放系统，必要时应建设独立的污水处理及排放系统。

（2）《水泥窑协同处置固体废物环境保护技术规范》（HJ 662—2013）。

用于协同处置固体废物的水泥生产设施所在位置应该满足以下条件：

① 符合城市总体发展规划、城市工业发展规划要求。

② 所在区域无洪水、潮水或内涝威胁。设施所在标高应位于重现期不小于 100 年一遇的洪水位之上，并建设在现有和各类规划中的水库等人工蓄水设施的淹没区和保护区之外。

③ 协同处置危险废物的设施，经当地环境保护行政主管部门批准的环境影响评价结论确认与居民区、商业区、学校、医院等环境敏感区的距离满足环境保护的需要。

④ 协同处置危险废物的，其运输路线应不经过居民区、商业区、学校、医院等环境敏感区。

（3）《水泥窑协同处置固体废物污染控制标准》（GB 30485—2013）。

用于协同处置固体废物的水泥窑所处位置应满足以下条件：

① 符合城市总体发展规划、城市工业发展规划要求；

② 所在区域无洪水、潮水或内涝威胁。设施所在标高应位于重现期不小于 100 年一遇的洪水位之上，并建设在现有和各类规划中的水库等人工蓄水设施的淹没区和保护区之外。

（4）《水泥窑协同处置固体废物技术规范》（GB 30760—2014）。

水泥窑协同处置固体废物设施所处场地应满足 GB 30485 和 HJ 662 的要求。

（5）《水泥窑协同处置危险废物经营许可证审查指南（试行）》环境保护部 2017 年第 22 号公告。

① 协同处置危险废物的水泥生产企业所处位置应当符合城乡总体发展规划、城市工业发展规划的要求。

② 水泥窑协同处置危险废物项目应当符合国家和地方产业政策、危险废物污染防治技术政策、危险废物污染防治规划的相关要求，应与地方现有及拟建危险废物处置项目统筹规划。

③ 水泥窑协同处置危险废物项目应提供环境影响评价文件及其批复复印件等项目审批手续相关文件。

④ 危险废物预处理中心和水泥生产企业所在区域无洪水、潮水或内涝威胁，设施所在标高应位于重现期不小于 100 年一遇的洪水位之上，并建设在现有和各类规划中的水库等人工蓄水设施的淹没区和保护区之外。

（二）熟料生产能力

（1）《水泥窑协同处置工业废物设计规范》（GB 50634—2015）。

水泥窑协同处置工业废物宜在 2000t/d 及以上的新型干法水泥熟料生产线上进行。

（2）《水泥窑协同处置固体废物环境保护技术规范》（HJ 662—2013）。

满足以下条件的水泥窑可用于协同处置固体废物：

① 窑型为新型干法水泥窑；

② 单线设计熟料生产规模不小于 2000t/d。

（3）《水泥窑协同处置固体废物污染控制标准》（GB 30485—2013）。

用于协同处置固体废物的水泥窑应满足：单线设计熟料生产规模不小于 2000t/d 的新型干法水泥窑。

（4）《水泥窑协同处置固体废物技术规范》（GB 30760—2014）。

协同处置固体废物的水泥窑应是新型干法预分解窑，设计熟料规模大于 2000t/d。

（5）《水泥窑协同处置固体废物污染防治技术政策》环境保护部 2016 年第 72 号公告。

处置固体废物应采用单线设计熟料生产规模 2000t/d 及以上的水泥窑。本技术政策发布之后新建、改建或扩建处置危险废物的水泥企业，应选择单线设计熟料生产规模 4000t/d 及以上水泥窑；新建、改建或扩建处置其他固体废物的水泥企业，应选择单线设计熟料生产规模 3000t/d 及以上水泥窑。

（6）《水泥窑协同处置危险废物经营许可证审查指南（试行）》环境保护部 2017 年第 22 号公告。

协同处置危险废物的水泥窑应为设计熟料生产规模不小于 2000t/d 的新型干法水泥窑。

（三）具备设施

（1）《水泥窑协同处置固体废物环境保护技术规范》（HJ 662—2013）。

用于协同处置固体废物的水泥窑应具备以下功能：

① 采用窑磨一体机模式。

② 配备在线监测设备，保证运行工况的稳定。包括：窑头烟气温度、压力；窑表面温度；窑尾烟气温度、压力、O_2 浓度；分解炉或最低一级旋风筒出口烟气温度、压力、O_2 浓度；顶级旋风筒出口烟气温度、压力、O_2 和 CO 浓度。

③ 水泥窑及窑尾余热利用系统采用高效布袋除尘器作为烟气除尘设施，保证排放烟气中颗粒物浓度满足 GB 30485 的要求。水泥窑及窑尾余热利用系统排气筒配备粉尘、NO_x、SO_2 浓度在线监测设备，连续监测装置需满足 HJ76 的要求，并与当地监控中心联网，保证污染物排放达标。

④ 配备窑灰返窑装置，将除尘器等烟气处理装置收集的窑灰返回送往生料入窑系统。

（2）《水泥窑协同处置固体废物污染控制标准》（GB 30485—2013）。

① 采用窑磨一体机模式。

② 水泥窑及窑尾余热利用系统采用高效布袋除尘器作为烟气除尘设施。

③ 协同处置危险废物的水泥窑，按 HJ 662 要求测定的焚毁去除率应不小于 99.9999％。

（3）《水泥窑协同处置固体废物技术规范》（GB 30760—2014）。

协同处置固体废物的水泥窑应是新型干法预分解窑，生产过程控制采用现场总线或 DCS 或 PLC 控制系统、生料质量控制系统、生产管理信息分析系统；窑尾安装大气污染物连续监测装置。窑炉烟气排放采用高效除尘器除尘，除尘器的同步运转率为 100％。

（4）《水泥窑协同处置固体废物污染防治技术政策》环境保护部 2016 年第 72 号公告。

协同处置固体废物应利用现有新型干法水泥窑，并采用窑磨一体化运行方式。

（5）《水泥窑协同处置危险废物经营许可证审查指南（试行）》环境保护部 2017 年第 22 号公告。

窑尾烟气采用高效布袋（含电袋复合）除尘器作为除尘设施，水泥窑及窑尾余热利用系统窑尾排气筒（以下简称窑尾排气筒）配备满足《固定污染源烟气（SO_2、NO_x、颗粒物）排放连续监测系统技术要求及检测方法》（HJ76）要求，并安装与当地环境保护主管部门联网的颗粒物、氮氧化物（NO_x）和二氧化硫（SO_2）浓度在线监测设备。

（四）排放

（1）《水泥窑协同处置固体废物环境保护技术规范》（HJ 662—2013）。

对于改造利用原有设施协同处置固体废物的水泥窑，在改造之前原有设施应连续两年达到 GB 4915 的要求。

（2）《水泥窑协同处置固体废物污染控制标准》（GB 30485—2013）。

对于改造利用原有设施协同处置固体废物的水泥窑，在进行改造之前原有设施应连续两年达到 GB 4915 的要求。

（3）《水泥窑协同处置固体废物污染防治技术政策》环境保护部 2016 年第 72 号公告。

鼓励利用符合《水泥行业规范条件（2015 年本）》的水泥窑协同处置固体废物，拟改造前应符合《水泥窑协同处置固体废物污染控制标准》（GB 30485—2013）的要求。

（4）《水泥窑协同处置危险废物经营许可证审查指南（试行）》环境保护部 2017 年第 22 号公告。

对于改造利用原有设施协同处置危险废物的水泥窑，在改造之前，原有设施的监督性监测结果应连续两年符合《水泥工业大气污染物排放标准》（GB 4915—2013）的要求，并且无其他环境违法行为。

二、实际操作中的其他要求

水泥窑协同处置危险废物项目建设前，应进行实地考察，在满足以上国家相关标准、规范的前提下，还应注意以下事项：

（1）生产线有预留空间，可容纳暂存库、预处理车间及辅助设施。

（2）周边没有拆迁纠纷。在实地考察时，还应该注意在水泥厂建设时，是否与周边居民、企业等存在拆迁纠纷，并提前与当地环保部门及环评机构沟通，就拟建的协同处置危险废物项目征求环评单位的初步意见，安全距离内是否有拆迁风险。

（3）地方政府的其他要求。项目前期考察阶段，应及时与当地政府主管部门沟通，就拟建的协同处置危险废物项目征求环境保护主管部门、工业生产主管部门等的意见，询问当地政府部门的其他要求，如水泥窑协同处置安全距离的要求、水泥窑熟料生产能力、环评批复条件以及运营必备条件等。

三、选址归纳小结

作为协同处置危险废物的水泥窑，其选址的要求总结如下：

（1）新建水泥窑协同处置危险废物的生产线，厂址选择应符合城乡总体发展规划、城市工业发展规划、环境保护专业规划，并应符合当地的大气污染防治、水资源保护和自然生态保护要求，具备满足工程建设要求的工程地质条件和水文地质条件；所在区域无洪水、潮水或内涝威胁。设施所在标高应位于重现期不小于 100 年一遇的洪水位之上，并建设在现有和各类规划中的水库等人工蓄水设施的淹没区和保护区之外。

（2）协同处置危险废物的设施及运输路线，经当地环境保护行政主管部门批准的环境影响评价结论确认与居民区、商业区、学校、医院等环境敏感区的距离满足环境保护的需要。

（3）水泥窑协同处置危险废物应选择新型干法水泥窑，且单线设计熟料生产规模不小于 2000t/d（最好不小于 4000t/d）。水泥窑工艺采用窑磨一体机模式，窑尾采用高效布袋除尘器作为烟气除尘设施并配备在线监测设备，在协同项目建设前应连续两年达到 GB 4915 的要求，并且无其他环境违法行为。

（4）生产线有预留空间，可容纳暂存库、预处理车间及辅助设施。

（5）水泥厂建设时，环评范围内没有遗留拆迁问题。

（6）当地环境保护主管部门的其他要求。

四、案例分析

（一）青海某项目

（1）项目介绍。该水泥厂位于青海省某城市 4A 级山区风景区入口处。水泥厂紧邻自有矿山，开采的石灰石采用皮带输送至水泥厂。原址为河道，水泥厂建设时将河道后移（现河道位于水泥厂围墙外），在平坦地域建设了两条熟料生产线：1 条 3200t/d 水泥熟料新型干法水泥窑生产线和 1 条 4000t/d 水泥熟料新型干法水泥窑生产线。

3200t/d 熟料生产线于 2010 年投运，4000t/d 熟料生产线于 2012 年投运。两条熟料线均采用窑磨一体机模式，配备了窑尾布袋除尘和窑头袋除尘作为烟气除尘设施并配备在线监测设备，烟气排放连续 5 年以上达到 GB 4915 的要求，并且无其他环境违法行为。

拟依托两条熟料生产线分别建设 15 万吨/年危险废物处置项目。其中一期为 10 万吨/年，依托 4000t/d 水泥熟料新型干法水泥窑生产线建设；二期为 5 万吨/年，依托 3200t/d 水泥熟料新型干法水泥窑生产线建设。2016 年成立了环保公司，已经完成了项目备案、可研报告和环评报告编制。

（2）不符合分析。水泥厂熟料生产能力、配套环保设施均符合标准和规范的要求。但是水泥厂位于峡谷内，标高达不到"重现期不小于 100 年一遇的洪水位之上"的要求，且河道紧邻水泥厂围墙外。上游拟建设水库，水库为农业灌溉水源。水泥厂位于国家 4A 级风景区入口处。

（3）结论。环评不予批复。

（二）陕西某项目

（1）项目介绍。该水泥厂位于陕西省某城市的川陕鄂渝交界处。现有 1 条 4000t/d 水泥熟料新型干法水泥窑生产线，于 2014 年投运。熟料生产线采用窑磨一体机模式，配备了窑尾布袋除尘作为烟气除尘设施并配备在线监测设备，烟气排放连续 3 年以上达到 GB 4915 的要求，无其他环境违法行为。

拟依托该熟料生产线建设 5 万吨/年危险废物处置项目。2017 年成立了环保公司，已经完成了项目备案、可研报告和环评报告编制，于 2018 年 2 月通过了环评专家会。

（2）不符合分析。水泥厂熟料生产能力、窑尾配套环保设施符合标准和规范的要求。但是水泥厂建设时遗留了 2 户居民的拆迁问题。且陕西省环保厅规定：水泥窑协同处置危险废物项目，在项目试运行前，窑头、窑尾均需配备高效布袋除尘作为烟气除尘设施。

（3）结论。完成 2 户居民的拆迁后再予以批复环评报告。项目建设中需要将窑头的静电除尘设施改为布袋除尘设施。

（三）内蒙古某项目

（1）项目介绍。该水泥厂位于内蒙古自治区东部某城市。现有 1 条水泥熟料新型干法水泥窑生产线，于 2008 年投运。该熟料生产线环评批复为 4800t/d，实际建设能力为 2500t/d，采用窑磨一体机模式，配备了静电作为烟气除尘设施并配备在线监测设备，烟气排放连续 10 年以上达到 GB 4915 的要求，无其他环境违法行为。

拟依托该熟料生产线建设 10 万吨/年危险废物处置项目。2017 年成立了环保公司，已经完成了项目备案、可研报告和环评报告编制，于 2018 年 1 月通过了环评专家会。

（2）不符合分析。水泥厂熟料生产能力实际为 2500t/d，且采用静电除尘设施。水泥厂建设时遗留了周边 10 户居民的拆迁问题。

（3）结论。将协同处置能力变更为 5 万吨/年。完成周边居民的拆迁后再予以批复环评报告。项目建设中需要将窑尾的静电除尘设施改为布袋除尘设施。

（四）湖南某项目

（1）项目介绍。该水泥厂位于湖南中部某城市。现有 1 条 4000t/d 水泥熟料新型干法水泥窑生产线，于 2017 年投运。该熟料生产线采用窑磨一体机模式，配备了布袋除尘作为烟气除尘设施并配备在线监测设备，2018 年 1 月通过了废气部分环保设施验收。

拟依托该熟料生产线建设 10 万吨/年危险废物处置项目。2017 年成立了环保公司，已经完成了项目备案、可研报告和环评报告编制，于 2018 年 2 月通过了环评专家会。

（2）不符合分析。水泥厂为新建项目，烟气排放不满足连续 2 年以上达到 GB 4915 的要求。水泥厂建设时遗留了周边 300 户居民的拆迁问题。

（3）结论。完成周边居民的拆迁后再予以批复环评报告。项目建设完成后，需满足烟气排放连续 2 年以上达到 GB 4915 的要求，才予以颁发试生产证书。

（五）湖南某项目

（1）项目介绍。该水泥厂位于湖南南部某城市。现有 1 条 4000t/d 水泥熟料新型干法水泥窑生产线，于 2013 年投运。水泥厂建设时环评防护距离为 500m。该熟料生产线采用窑磨一体机模式，配备了布袋除尘作为烟气除尘设施并配备在线监测设备，烟气排放连续 5 年以上达到 GB 4915 的要求，无其他环境违法行为。

拟依托该熟料生产线建设 10 万吨/年危险废物处置项目。2018 年成立了环保公司，已经完成了项目备案、可研报告和环评报告编制，于 2018 年 10 月通过了环评专家会。

（2）不符合分析。当地环境保护主管部门要求：水泥窑协同处置危险废物项目，必须满足 800m 以上的范围内无环境敏感目标。但该项目 800m 处有居民。

（3）结论。将协同处置危险废物改为协同处置一般固废项目。

（六）河南某项目

（1）项目介绍。该水泥厂位于河南北部某城市。现有 1 条 2000t/d 水泥熟料新型干法水泥窑生产线，于 2012 年投运。该熟料生产线采用窑磨一体机模式，配备了布袋除尘作为烟气除尘设施并配备在线监测设备，烟气排放连续 6 年以上达到 GB 4915 的要求，无其他环境违法行为。

拟依托该熟料生产线建设 3 万吨/年危险废物处置项目。2018 年成立了环保公司，已经完成了项目备案、可研报告和环评报告编制，于 2018 年 10 月通过了环评专家会。

（2）不符合分析。2018 年 12 月 28 日，河南省工信厅印发《河南省水泥行业转型发展行动方案（2018—2020 年）》，力争到 2020 年实现"两减两升"，即水泥企业明显减少，污染物排放总量大幅减少，水泥产能控制在 2 亿吨以内；企业智能化水平明显提升，资源综合利用水平明显提升，全员劳动生产率提高 30%，水泥窑配套协同处置城市生活垃圾生产线 5 条左右。

（3）结论。停止建设。

第二节 水泥窑协同处置危险废物项目手续

一、前期报批流程

水泥窑协同处置危险废物项目需要办理的手续及其流程如图 4-1 所示。

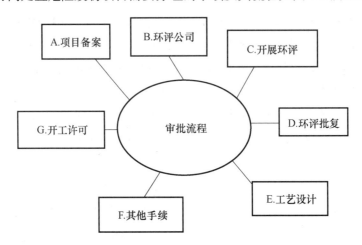

图 4-1 水泥窑协同处置危险废物项目需要办理的手续及其流程

二、前期准备

（一）危险废物调研

危险废物调研是确定水泥窑协同处置类别、处置规模和处置风险的基础。做好当地危险废物的类别、产生量等调查，掌握危险废物的产生、贮存和利用处置情况，是实现危险废物全过程监管的前提条件。

（1）调研对象。作为危险废物的管理部门，各级环境保护主管部门是首选的危险废物调研对象，其次还有工业园区、行业协会等，也对本园区及本行业的危险废物掌握较多。

通过与环保部门、工业园区及行业协会的沟通，对本地的危险废物类别、产生量、大型产废企业分布区域、本地危险废物处置情况等做到初步了解。调查表格式见表 4-1。

将危险废物产生类别较多、产生量较大的企业列为重点企业，整理出重点企业的名单、地点、联系方式、危险废物产生类别、危险废物产生量等信息，为开展详细调查奠定基础。

（2）详细调研。对危险废物的重点企业进行详细调研，包括公司性质、工艺流程、危险废物特性等。危险废物产生企业基本情况调查表详见表 4-2；危险废物特性调查表见表 4-3。

表 4-1 本省（地区、县）危险废物调查表

危险废物产生及利用情况（万吨）	主要危险废物种类（吨）					
	第一	第二	第三	第四	第五	备注
产生量						
处置量						
综合利用量						
贮存量						
排放量						
处置方式						

表 4-2 危险废物产生企业基本情况调查表

单位名称				
单位性质	□外资；□合资；□国有；□乡镇；□集体；□私营			
所属行业		企业代码		
地址			邮政编码	
开户行			账号	
法人代表		联系电话	传真	
环保联系人		联系电话	电子信箱	
曾用名称、运输关联、其他信息				

单位概况简述：（包括但不限于：公司的主要产品及用途、生产规模、主要原材料等）

调查方业务经理		联系电话	
传真		备注	

表 4-3 危险废物特性调查表

废物名称		产生量	（吨/天）	（吨/月）	（吨/年）
编号					
废物外观					
包装需求	□厂家自备		□处置单位提供		
包装方式	所选用的包装物应完好，无跑冒滴漏，确保在装卸、运输、贮存过程中的安全。 □200L 大口铁桶　□200L 大口塑料桶　□1 立方袋 □200L 小口铁桶　□200L 小口塑料桶　□编织袋 □1 立方罐　　　　□开口立方罐　　　　□50L 塑料桶 □75L 塑料桶　　　□1.6 立方铁箱　　　□其他				
物理形态	□固体　□半固体　□液体　　□气体　□黏稠物　□污泥 □粉末　□大块物　□瓶装试剂　□盐渣　□其他				

续表

有害成分	□卤素 □重金属 □硫 □磷 □有机物 □强酸 □强碱 □氰化物 □可溶性盐 □汞 □砷 □其他
危险特性	□毒性 □传染性 □腐蚀性 □挥发性 □易燃性 □易爆性 □反应性
废物产生工艺流程描述	（废物产生工艺过程及废物中主要的化合物成分，以化学名或分子式表示）：
备注	

（二）处置类别确定

（1）规范要求。

①《水泥窑协同处置工业废物设计规范》（GB 50634—2015）。

水泥生产中无害化处置的工业废物种类见表 4-4；水泥窑不宜处置的工业废物应符合表 4-5 的规定。

表 4-4　水泥生产中无害化处置的工业废物种类

处置类型	工业废物名称	工业废物类型	
		一般工业废物	危险废物
无害化处置	过期的杀虫剂	√	—
	多氯联苯	—	√
	过期的医药产品	—	√

表 4-5　水泥窑不宜处置的工业废物

处置类型	工业废物名称	工业废物类型	
		一般工业废物	危险废物
不宜处置	电子废物	—	√
	电池	—	√
	医疗废物	—	√
	腐蚀剂	—	√
	爆炸物	—	√
	放射性废物	—	√

②《水泥窑协同处置固体废物污染控制标准》（GB 30485—2013）。

禁止下列固体废物入窑进行协同处置：

a. 放射性废物；

b. 爆炸物及反应性废物；

c. 未经拆解的废电池、废家用电器和电子产品；

d. 含汞的温度计、血压计、荧光灯管和开关；

e. 铬渣；

f. 未知特性和未经鉴定的废物。

入窑固体废物应具有相对稳定的化学组成和物理特性，其重金属以及氯、氟、硫等有害元素的含量及投加量应满足 HJ 662 的要求。

③《水泥窑协同处置固体废物技术规范》（GB 30760—2014）。

下列固体废物不应入窑进行协同处置：

a. 放射性废物；

b. 传染性、爆炸性及反应性废物；

c. 未经拆解的废电池、废家用电器和电子产品；

d. 含汞的温度计、血压计、荧光灯管和开关；

e. 有钙焙烧工艺生产铬盐过程中产生的铬渣；

f. 石棉类废物；

g. 未知特性和未经鉴定的废物。

④《水泥窑协同处置固体废物环境保护技术规范》（HJ 662—2013）。

禁止在水泥窑中协同处置以下废物：

a. 放射性废物；

b. 爆炸物及反应性废物；

c. 未经拆解的废电池、废家用电器和电子产品；

d. 含汞的温度计、血压计、荧光灯管和开关；

e. 铬渣；

f. 未知特性和未经鉴定的废物。

⑤《水泥窑协同处置固体废物污染防治技术政策》环境保护部 2016 年第 72 号公告。

严禁利用水泥窑协同处置具有放射性、爆炸性和反应性废物，未经拆解的废家用电器、废电池和电子产品，含汞的温度计、血压计、荧光灯管和开关，铬渣，以及未知特性和未经过检测的不明性质废物。

（2）可处置类别归纳。根据国家规范中的相关要求，将可以进入水泥窑协同处置的危险废物类别列出，见表 4-6。

表 4-6　水泥窑内可以处置的危险废物类别

大类编号	名称	大类编号	名称	大类编号	名称	大类编号	名称
HW01*	医疗废物*	HW04**	农药废物**	HW07	热处理含氰废物	HW10	多氯（溴）联苯类废物
HW02	医药废物	HW05	木材防腐剂废物	HW08	废矿物油与含矿物油废物	HW11**	精（蒸）馏残渣**
HW03	废药物、药品	HW06**	废有机溶剂与含有机溶剂废物**	HW09	油/水、烃/水混合物或乳化液	HW12**	燃料、涂料废物**

续表

大类编号	名称	大类编号	名称	大类编号	名称	大类编号	名称
HW13**	有机树脂类废物**	HW22**	含铜废物**	HW31**	含铅废物**	HW40**	含醚废物**
HW14**	新化学物质废物**	HW23**	含锌废物**	HW32**	无机氟化物废物**	HW45**	含有机卤化物废物**
HW15*	爆炸性废物*	HW24**	含砷废物**	HW33	无机氰化物废物	HW46**	含镍废物**
HW16	感光材料废物	HW25**	含硒废物**	HW34	废酸	HW47**	含钡废物**
HW17	表面处理废物	HW26**	含镉废物**	HW35	废碱	HW48	有色金属冶炼废物
HW18	焚烧处置残渣	HW27**	含锑废物**	HW36*	石棉废物*	HW49	其他废物
HW19	含金属羰基化合物	HW28**	含碲废物**	HW37	有机磷化合物废物	HW50	废催化剂
HW20**	含铍废物**	HW29*	含汞废物*	HW38	有机氰化物废物		
HW21**	含铬废物**	HW30**	含铊废物**	HW39**	含酚废物**		

注：能直接进入水泥窑处置的危险废物：HW02 医药废物，HW03 废药物、药品，HW05 木材防腐剂废物，HW07 热处理含氰废物，HW08 废矿物油与含矿物油废物，HW09 油/水、烃/水混合物或乳化液，HW10 多氯（溴）联苯类废物，HW16 感光材料废物，HW17 表面处理废物，HW18 焚烧处置残渣，HW19 含金属羰基化合物废物，HW33 无机氰化物废物，HW34 废酸，HW35 废碱。

* 禁止进入水泥窑协同处置的危险废物：HW01 医疗废物，HW15 爆炸性废物，HW29 含汞废物，HW36 石棉废物。

** 需要经过计算分析，核定处置类别和处置量的危险废物：HW04 农药废物，HW06 废有机溶剂与含有机溶剂废物，HW11 精（蒸）馏残渣，HW12 染料、涂料废物，HW13 有机树脂类废物，HW14 新化学物质废物，HW20 含铍废物，HW21 含铬废物，HW22 含铜废物，HW23 含锌废物，HW24 含砷废物，HW25 含硒废物，HW26 含镉废物，HW27 含锑废物，HW28 含碲废物，HW30 含铊废物，HW31 含铅废物，HW32 无机氟化物废物，HW39 含酚废物，HW40 含醚废物，HW45 含有机卤化物废物，HW46 含镍废物，HW47 含钡废物，HW48 有色金属冶炼废物，HW49 其他废物，HW50 废催化剂。

（三）处置规模确定

在完成当地的危险废物产生和处置现状调查后，以拟处置的危险废物种类及特性、水泥窑的熟料生产能力和水泥原料的有害元素含量等，确定拟建项目的处置规模。处置规模的确定依据参考当地危险废物需求、标准规范中的要求、水泥厂原燃料特性以及相关同行业经验。

（1）标准及规范要求。

在《水泥窑协同处置危险废物经营许可证审查指南（试行）》（以下简称《指南》）中，对水泥窑协同处置危险废物的规模做了规定，内容如下：

① 水泥窑协同处置危险废物的规模不应超过水泥窑对危险废物的最大容量。在保

证水泥窑熟料产量不明显降低的条件下，水泥窑对危险废物的最大容量可参考《指南》附表 2 确定。危险废物作为替代混合材时，水泥磨对危险废物的最大容量不超过水泥生产能力的 20%。水泥窑协同处置危险废物的规模还应考虑危险废物中有害元素包括重金属、硫（S）、氯（Cl）、氟（F）和硝酸盐、亚硝酸盐的含量，确保由危险废物带入水泥窑（或水泥磨）的有害元素的总量满足《水泥窑协同处置固体废物环境保护技术规范》（HJ 662）中第 6.6.7～6.6.9 条的要求，每生产 1 吨熟料由危险废物带入水泥窑的硝酸盐和亚硝酸盐总量（以 N 元素计）不超过 35g。

② 水泥窑同时协同处置可燃危险废物、不可燃的半固态、液态或含水率较高的固态危险废物时，水泥窑对可燃危险废物、不可燃的半固态、液态危险废物的最大容量应在《指南》附表 2 所示的基础上进行相应的减小。

③ 附表。《指南》中的处置规模规定见表 4-7 和表 4-8。

表 4-7　水泥窑对危险废物的最大容量

废物特性和形态			可投加的危险废物的最大质量
可燃			与废物低位热值相关，参见表 4-8
不可燃	液态		一般不超过水泥窑熟料生产能力的 10%
	固态	含有机质或氰化物的小粒径	一般不超过水泥窑熟料生产能力的 15%
		含有机质或氰化物的大粒径或大块状	一般不超过水泥窑熟料生产能力的 4%
		不含有机质（有机质含量＜0.5%，二噁英含量＜10ngTEQ/kg，其他特征有机物含量≤常规水泥生料中的有机物含量）和氰化物（CN⁻ 含量＜0.01mg/kg）	一般不超过水泥窑熟料生产能力的 15%
		半固态	一般不超过水泥窑熟料生产能力的 4%

表 4-8　水泥窑对可燃危险废物的最大容量与危险废物低位热值的关系

可燃危险废物低位热值（MJ/kg）	3	5	10	15	20	25	30	35	40
可投加的可燃危险废物质量占水泥窑熟料生产能力的百分比（%）	15	16	22	19	18	15	12	10	9

（2）国内同行业处置规模。国内部分水泥窑协同处置企业的危险废物经营许可证规模见表 4-9。

表 4-9　国内部分水泥窑协同处置企业的危险废物经营许可证规模

项目名称	依托水泥窑规模（吨/天）	危废处理规模（万吨/年）	危废种类数量	审批/投产时间情况
宁波科环新型建材股份有限公司	2500	10	（4 类）HW17、HW08、HW18、HW49	浙危废经第 28 号，2013 年投产
浙江红狮环保科技有限公司	4500	13	（10 类）HW02、HW04、HW06、HW11、HW12、HW17、HW18、HW21、HW46、HW49	浙环建〔2014〕37 号浙危废经第 142 号

项目名称	依托水泥窑规模（吨/天）	危废处理规模（万吨/年）	危废种类数量	审批/投产时间情况
北京金隅红树林环保科技有限责任公司	3200	10	（28类）HW02、HW03、HW04、HW05、HW06、HW07、HW08、HW09、HW11、HW12、HW13、HW14、HW16、HW17、HW18、HW19、HW24、HW32、HW33、HW34、HW35、HW37、HW38、HW39、HW40、HW47、HW49、HW50	D11000018 2006年投产
格尔木宏扬环保科技有限公司水泥窑综合利用工业废弃物项目	4000	10	（32类）HW02、HW03、HW04、HW05、HW06、HW07、HW08、HW09、HW11、HW12、HW13、HW16、HW17、HW18、HW19、HW20、HW22、HW24、HW32、HW33、HW34、HW35、HW36、HW37、HW38、HW39、HW40、HW45、HW47、HW48、HW49、HW50	青环发〔2016〕113号
西安尧柏环保科技工程有限公司	4500	10	（24类）HW02、HW04、HW06、HW08、HW09、HW11、HW12、HW13、HW16、HW17、HW18、HW21、HW22、HW31、HW32、HW33、HW34、HW35、HW36、HW39、HW45、HW48、HW49、HW50	陕环批复〔2017〕138

（3）拟建项目处置规模确定。拟建的水泥窑协同处置项目规模可以按照以上标准规范中的要求，计算出重金属的最大投加量，折算成危险废物的规模。也可按照水泥熟料的产量做出初步估算，如式（4-1）所示：

$$处置规模（吨/年）＝水泥熟料产能×1.6×5‰×310天 \quad (4-1)$$

（四）处置模式确定

（1）规范要求。在《水泥窑协同处置危险废物经营许可证审查指南（试行）》中，对水泥窑协同处置危险废物的模式做了定义和相关的要求，内容如下：

① 定义。

a. 分散联合经营模式，是指水泥生产企业和危险废物预处理中心分属不同的法人主体的情况下，危险废物在预处理中心经预处理满足水泥窑协同处置入窑（磨）要求后，运送至水泥生产企业不再进行其他预处理而直接入窑（磨）协同处置的经营模式。

b. 分散独立经营模式，是指水泥生产企业和危险废物预处理中心属于同一法人主体的情况下，危险废物在预处理中心经预处理满足水泥窑协同处置入窑（磨）要求后，运送至水泥生产企业不再进行其他预处理而直接入窑（磨）协同处置的经营模式。

c. 集中经营模式，是指在水泥生产企业厂区内对危险废物进行预处理和协同处置的经营模式，包括危险废物预处理和水泥窑协同处置设施或运营属于同一法人或分属不同法人主体的情况。

d. 水泥窑协同处置危险废物单位，是指开展水泥窑协同处置危险废物活动和辅助水泥窑协同处置的危险废物预处理活动的独立法人或由独立法人组成的联合体。

② 人员要求。

a. 采用分散独立经营模式和集中经营模式的单位，应有至少1名具备水泥工艺专业高级职称的技术人员，至少1名具备化学与化工专业中级及以上职称的技术人员，至少3名具备环境科学与工程专业中级及以上职称的技术人员，至少3名具有3年及以上固体废物污染治理经历的技术人员，至少1名依法取得注册助理安全工程师及以上执业资格或安全工程专业中级及以上职称的专职安全管理人员。

b. 采用分散联合经营模式的危险废物预处理中心，应有至少1名具备水泥工艺专业中级及以上职称（或水泥工艺专业大学本科及以上学历或5年及以上在水泥工艺专业工作经历）的技术人员，至少1名具备化学与化工专业中级及以上职称的技术人员，至少3名具备环境科学与工程专业中级及以上职称的技术人员，至少3名具有3年及以上固体废物污染治理经历的技术人员，至少1名依法取得注册助理安全工程师及以上执业资格或安全工程专业中级及以上职称的专职安全管理人员。

c. 采用分散联合经营模式的水泥生产企业，应有至少1名具备水泥工艺专业高级职称的技术人员，至少1名具备化学与化工或环境科学与工程专业中级及以上职称的技术人员。

d. 水泥生产企业应设置水泥窑协同处置危险废物管理部门，负责危险废物的协同处置和安全管理等工作。

③ 运输要求。预处理产物从预处理中心至水泥生产企业之间的运输应按危险废物进行管理。

④ 实验室要求。

a. 采用分散联合经营或分散独立经营模式时，危险废物预处理中心和水泥生产企业应制定预处理产物质量标准并在当地质监部门进行备案，预处理产物质量标准中至少应规定预处理产物的重金属包括汞（Hg）、镉（Cd）、铊（Tl）、砷（As）、镍（Ni）、铅（Pb）、铬（Cr）、锡（Sn）、锑（Sb）、铜（Cu）、锰（Mn）、铍（Be）、锌（Zn）、钒（V）、钴（Co）、钼（Mo）以及硫（S）、氯（Cl）、氟（F）含量限值，预处理中心生产的并运送至水泥生产企业进行协同处置的预处理产物应满足预处理产物质量标准。

b. 危险废物预处理中心和采用集中经营模式的协同处置单位的实验室应具备危险废物、预处理产物、水泥生产常规原料和燃料中的重金属以及硫（S）、氯（Cl）、氟（F）含量的分析能力。

c. 采用分散联合经营或分散独立经营模式的水泥生产企业如果不具备危险废物、预处理产物、水泥生产常规原料和燃料中的重金属以及硫（S）、氯（Cl）、氟（F）含量的分析能力，可经当地环保部门许可后，委托其他分析检测机构进行定期送样分析，送样分析频次应不少于每周1次，并将预处理产物的送样分析结果与预处理产物质量标准进行比对，评估预处理中心生产的预处理产物的质量可靠性。预处理产物连续2个月的送样分析结果与预处理质量标准一致时，送样分析频次可减为每月1次，若在此期间出现送样分析结果与预处理产物质量标准不一致，则送样分析频次重新调整为每周 1 次。

d. 协同处置单位分析化验的其他要求应符合《水泥窑协同处置固体废物环境保护技术规范》（HJ 662）中的相关规定。

⑤ 贮存设施要求。危险废物预处理中心和水泥生产企业厂区内应建设危险废物专用贮存设施，贮存设施的选址、设计及运行管理应满足《危险废物贮存污染控制标准》（GB 18597）和《危险废物收集、贮存、运输技术规范》（HJ 2025）的相关要求。

采用分散联合经营模式和分散独立经营模式时，危险废物预处理中心内的危险废物贮存设施容量应不小于危险废物日预处理能力的 15 倍，水泥生产企业厂区内的危险废物贮存设施容量应不小于危险废物日协同处置能力的 2 倍。

采用集中经营模式时，对于仅有一条协同处置危险废物水泥生产线的水泥生产企业，厂区内的危险废物贮存设施容量应不小于危险废物日协同处置能力的 10 倍；对于有两条及以上协同处置危险废物水泥生产线的水泥生产企业，厂区内的危险废物贮存设施容量应不小于危险废物日协同处置能力的 5 倍。

（2）协同处置模式选择。根据规范中的相关要求，当技术人员储备不足、实验室投入不足、水泥生产企业的场地富余时，一般以集中经营模式为首选方案。反之，当水泥生产企业与危险废物的收集和预处理运距较远、实验室设备充裕、水泥生产企业内没有满足暂存库要求的空余场地时，可选择分散联合经营模式和分散独立经营模式。

无论采用哪种模式，暂存库容量、人员、实验室检测均需满足《水泥窑协同处置危险废物经营许可证审查指南（试行）》和《水泥窑协同处置固体废物环境保护技术规范》（HJ 662）中的相关规定；暂存库的消防及安全条件需满足《危险废物贮存污染控制标准》（GB 18597）和《危险废物收集、贮存、运输技术规范》（HJ 2025）的相关要求。

三、手续报批重点环节

（一）项目立项

（1）选址可行性分析。在项目备案之前，需要对水泥熟料生产企业进行实地考察，按照本章第一节的各项要求一一落实，评估拟建项目选址的可行性及存在问题。

（2）政府部门的意见。在确认水泥熟料生产企业符合条件的情况下，需要与当地的发展与改革委员会、经济和信息化委员会等工业主管部门进行沟通，了解水泥熟料生产企业法人是否被列入当地负面清单，如失信人名单或存在债务纠纷；了解水泥熟料生产企业所在地的红线范围、政府相关规划以及未来发展情况等。

与当地环境保护主管部门沟通，了解项目周边 300km 范围内危险废物的产生和处置情况，如危险废物类别、总量，已有危险废物处置企业的处置类型、规模、处置类别等。

（3）成立公司。到工商、税务、公安部门办理成立公司的相关手续，取得营业执照和公章。也可找代理公司做公司注册以及税务办理等事宜。

（4）编写可行性研究报告或项目建议书。选择有相应设计资质和经验的设计单位编写项目可行性研究报告或项目建议书。项目可行性研究报告或项目建议书中的工艺路线和处置规模需结合水泥熟料的生产能力、贮存场地、工艺设备以及当地的危险废物产生量等实际情况，尽量不要二次改动。项目可行性研究报告或项目建议书中需有专篇说明系统能耗水平、二次污染物排放及处置、安全管理等内容。

（5）项目备案手续。报县级发展与改革委员会或经济和信息化委员会进行项目立项申请或备案。备案后须取得住房和城乡规划建设局的项目规划意见书、当地国土资源管理部门的土地选址意见书等。

（二）环评批复

（1）环评报告编制。环评报告编制单位应为建材或火电甲级资质单位。以编制过水泥窑协同处置的环评公司为第一选择，以时间、编制价格、综合实力来择优选择环评公司，也可在省环保厅网站上公众服务栏寻找合适的环评公司。

环评报告应围绕本项目拟处置危险废物的来源、类别、处置量，在对各类危险废物的特性以及水泥厂各类原材料、产品特性进行测试分析的基础上计算物料平衡、有害元素平衡和水平衡等。

环评报告编制期间，需要对项目建设周边做详细的环境现状监测，监测内容包括：大气环境质量现状（北方有采暖期和非采暖期）、地表水环境质量现状、地下水环境质量现状（枯水期、丰水期）、噪声环境质量现状、土壤环境质量现状（2018 年新导则）及生态环境质量现状等。

（2）环评报告论证及修改。编制好的环评报告需要举行专家论证会，根据专家提出的意见在规定时间内及时完成修改，列出修改索引，连同修改稿一并上传到网站。

（3）环评批复。经过公示期后，环境保护主管部门会将环评批复意见下达给项目建设单位。

（三）工艺设计

（1）设计环节重要流程。设计阶段的重要流程及审批环节如图 4-2 所示。

（2）设计单位选择。应选择有相应设计资质和水泥窑协同处置危险废物经验的设计单位进行工艺设计。

（3）地质勘查。设计前应对项目现场进行实际地质勘查，地质勘查是设计报备和图审的必要条件。尽量不要用水泥厂已有的地质勘查资料，地质勘查报告出来后可以会同设计院资质资料及时备案。

（4）设计注意事项。

① 设计总体工艺要与初级设计、可行性研究报告、环评报告等相一致。

② 应该根据协同处置的模式、工艺整体特点、设备的输送能力、现有设施配套等

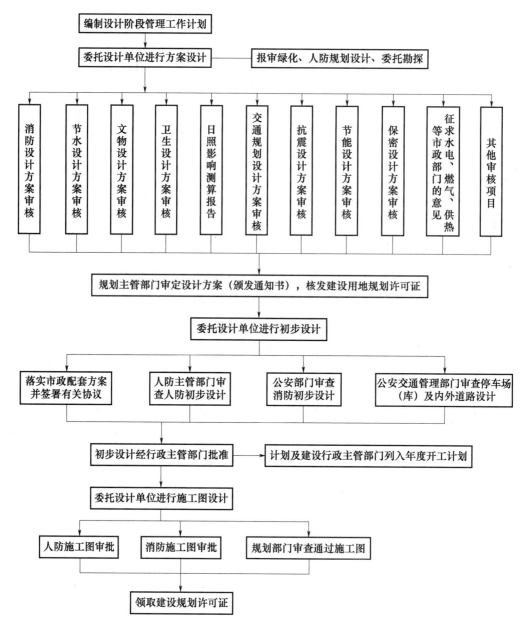

图 4-2　设计阶段流程及审批环节

设计厂房布置，尽量减少厂内运输。厂内运输要设定专用路线，远离办公和生活区域。

③ 在适当位置选择雨水收集池和事故池。消防水池可以和水泥厂共用。

④ 要考虑空间位置。根据选择的协同处置模式布置贮存库的大小及贮存库与预处理车间的距离。水泥窑的设计要合理安排物料泵送管道、皮带输送廊道以及除臭管道等走向和最大输送距离。例如，半固态物料的泵送距离最远不宜超过 100m，液态物料的泵送距离最远不宜超过 150m，皮带输送时不宜有 90°垂直输送等。

⑤ 计量、破碎、输送等设备选型要与物料的特性和处置量相适应。

⑥ 安全专篇部分要上报安监局备案。

（四）其他手续

其他需要进行的手续包括：节能评估（能评）、安全评价（安评）、社会稳定风险评估（稳评）及职业健康评价等。

水泥窑协同处置危险废物还应该编制环境应急预案，经专家评审后备案。

准备发改委出具的《立项报告》，国土资源局的《建设用地批准书》，环保部门批复的《环境影响评价报告》，设计院的总规划方案及规划局对总规划方案的批复，设计院的施工蓝图及《图纸审查合格证书》，批复的能源评估（能评）、安全评价（安评）、社会稳定风险评估（稳评）及职业健康评价报告，专家评审后的《应急预案》等资料，开工前，在规划局办理《建设工程规划许可证》。

（五）开工许可

当各种施工条件完备时，建设单位应当按照计划批准的开工项目向工程所在地县级以上人民政府建设行政主管部门办理施工许可证手续，领取施工许可证。

申请开工许可证需要具备的条件有：

（1）已经办理该建筑工程用地批准手续；

（2）在城市规划区的建筑工程，已经取得规划许可证；

（3）需要拆迁的，其拆迁进度符合施工要求；

（4）已经确定建筑施工企业；

（5）有满足施工需要的施工图纸及技术资料；

（6）有保证工程质量和安全的具体措施；

（7）建设资金已经落实；

（8）法律、行政法规规定的其他条件。

四、案例分析

（一）青海某项目

（1）项目介绍。该水泥厂位于青海省某城市。现有1条4000t/d水泥熟料新型干法水泥窑生产线，于2013年投运。2016年，依托该生产线，建设了10万吨/年的危险废物处置项目，2017年正式投入运营。

（2）项目缺陷分析。在项目前期，没有充分调研青海省的危险废物产生情况和特性，设计方案中选择的计量设施、泵送能力、泵送距离等均与实际处置的物料特性和处置量不相符，导致生产中计量装置无法使用，泵送系统严重堵塞。

（3）结论。需要投入大笔经费进行技改。

（二）广东某项目

（1）项目介绍。该水泥厂位于广东省某城市。现有1条4500t/d水泥熟料新型干法水泥窑生产线，于 2015 年投运。2017 年，依托该生产线，拟建设 10 万吨/年的危险废物处置项目，2018 年 7 月取得环评批复。

（2）问题分析。由于周边居民反对，无法取得社会稳定风险评估，迟迟拿不到开工许可证。

（3）结论。需要走村入户，做大量稳定工作。

第三节　水泥窑协同处置危险废物项目建设

建设单位为了保证项目施工顺利进行，需从事相关的管理工作，可分为施工准备的管理和施工阶段的管理，其中施工阶段的管理主要指的是做好工程建设项目的进度控制、投资控制和质量控制。

一、建设准备

（一）建设准备工作流程

项目建设阶段的准备工作流程如图 4-3 所示。

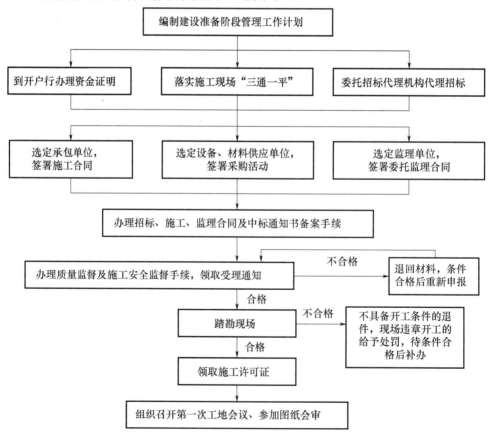

图 4-3　建设项目准备工作流程

（二）人员准备

成立项目指挥部，指定项目总工或项目负责人。要求项目总工或项目负责人有工程建设的管理经验并对设计、土建、设备、电气、生产等专业至少要精通三个以上。项目组需要配备行政、机或电专业人员。成立招标小组，确定监理公司，建立项目工程例会等项目建设管理制度。

项目负责人应从工程设计、布局、土建、设备、电气、生产工艺方面，规划出两根线，一是项目建设线，二是项目证照线；项目建设与项目手续的同步性牢牢紧扣全局，每一步都要考虑节点上是否有审批和报监手续。

（三）技术准备

（1）熟悉、审查施工图纸和有关的设计文件。

① 阅图自审，写出图纸自审记录，为图纸会审做准备。

② 参加图纸会审（一般由建设单位组织）。图纸会审由建设单位主持，监理单位参加，设计单位向施工单位进行设计技术交底以达到明确要求，彻底弄清设计意图，发现问题，消灭差错的目的。然后再由建设单位、监理单位、设计单位、施工单位共同对施工图进行会审，作出会审（审核）记录，最后共同签章生效。需要抓住会审的要点：

a. 设计是否符合国家现行政策和本地区的实际情况？

b. 工程的结构是否符合安全、消防的可靠性，经济合理的原则，有哪些合理的改进意见？

c. 根据本单位的特长和机械装备能力，现场施工条件是否满足安全施工的要求？

d. 工程的建筑、结构、设备安装、管线等专业施工图纸之间是否存在矛盾？钢筋细部节点与水电和其他预埋节点是否符合施工要求？

e. 图纸各部位尺寸、标高是否统一？图纸说明是否一致？基坑深度是否符合施工要求？

f. 各种管道的走向是否合理？是否与地上（下）建筑物、构筑物相交叉？

g. 大型构件和设备的吊装方案是否可行等？

③ 设计图纸的现场签证工作。分建设单位、设计单位提出的设计修改变更；施工单位提出的设计修改变更需由施工单位先向监理单位上报技术核定单，监理单位审查完毕后经建设单位转设计单位核定。

（2）原始资料的调查分析（自然条件和技术经济条件的调查分析）。

（3）编制施工图预算和施工预算。施工图预算是施工单位编制的确定建筑安装工程造价的经济文件，是施工企业签订承包合同、实行工程成本核算等方面的主要依据；施工预算直接受施工图预算的控制，是控制施工成本、考核用工、两算对比、签发施工任务单、进行经济核算的依据。

（4）编制施工组织设计。施工组织设计是用来指导施工全过程中各项活动的技术、经济的指导性文件，其主要内容包括：

① 工程概况及工程特点。

② 施工顺序及施工方法。

③ 单位工程施工进度计划。

④ 主要材料、构件、半成品、设备、施工机具计划。

⑤ 施工平面布置图，内容包含如下：

a. 设计施工平面图；

b. 施工设施计划（分生产性、生活性两类）；

c. 临时用水布置图；

d. 临时用电配置图；

e. 临时道路配置；

f. 排水系统配置；

g. CI 规划。

⑥ 施工平面布置图设计步骤：

a. 确定垂直运输设备的位置（井架、施工电梯、门架、塔吊等）；

b. 确定搅拌站、材料加工位置，材料、构配件堆放位置；

c. 布置运输道路（单向道路宽 3.5m，双行道不小于 6m）；

d. 布置临时设施（办公室、加工房、库房、工人宿舍等）；

e. 布置水电管网（利用拟建工程和市政设施，管线总长度力求最短；消防栓距离建筑物应在 5～25m，距离道路边缘不应大于 2m）。

⑦ 各工种需求量计划。

⑧ 施工准备工作计划。

⑨ 冬雨期施工及安全施工措施。

施工组织设计通常由项目部技术负责人负责编制《施工组织设计及各专项方案》。

（四）物资准备

（1）根据施工预算进行分析，编制材料需求量计划；

（2）构（配）件、制品的加工准备；

（3）建筑安装机具的准备；

（4）生产工艺设备的准备。

（五）劳动组织准备工作

（1）建立拟建项目的领导机构；

（2）建立精干的施工班组；

（3）集结施工力量、组织劳动力进场；

（4）向施工班组进行安全技术交底；

（5）建立健全各项管理制度。

（六）施工现场准备

（1）施工现场的补充勘探及测量放线，做好施工现场的控制网测量，根据甲方给定的经纬坐标控制网及水准控制标高，设置场地测量控制网和水准基桩；

（2）现场清障、平整，做好"三通一平"；

（3）施工道路及管线建设；

（4）施工临时设施的建设（生产、办公、生活、居住等设施）；

（5）落实施工安全与环保措施；

（6）安装调试施工机具；

（7）做好构配件、制品和材料储存及堆放；

（8）确定材料检测单位，并将实验室相关资料向监理单位报审；

（9）向质监站、安全站等技术主管部门备案、申请监管；

（10）做好冬雨期施工工作，制订方案或措施；

各项工作完成后，向相关单位提交开工报告，申请开工。

二、土建部分注意事项

（一）关键工序

建筑施工的关键工序有：测量放线、基坑（槽）土石方开挖、地基验槽、模板制作安装、钢筋绑扎、混凝土浇筑、地面找平层施工、防水施工、管线预埋、防雷设施制作安装以及钢材焊接等。

（二）注意事项

（1）合同签订。水泥协同处置危险废物项目中，基础设施等土建部分的造价约占工程总造价的30％。因此，选择合适的施工队伍至关重要。施工合同中要明确的内容包括：承包内容和范围；质量要求及工期；合同价款；结算及付款方式；双方责任与任务；违约条款（工期违约、现场管理、安全文明、项目经理到岗等）；合同履约保证金；工程质量保证及保修期限；竣工结算方式等。另外，施工组织计划、保险、索赔、合同解除等都要明确。

（2）地质勘查。地质勘查是设计报备和图审的必要条件。尽量不要用水泥厂已有的地质勘查资料，而是重新进行地质勘查，为设计的报备和图审创造条件。地质勘查报告出来后可以会同设计院资质资料及时备案。

（3）开挖。开挖时注意深基坑支护。

开挖中需要总包单位、土石方施工单位、监理公司、建设单位等各单位参加并对相关数据签字确认。

（4）施工环节。施工环节做好监理工作。项目负责人及设计总工要对工程环节一一核对，重点审查预留孔、预埋件、主机基础、主梁等。

消防工程原则上由专业队伍单独施工和验收。

室外总管网与主体工程可以同时施工。

三、设备安装注意事项

安装环节重点注意校验核准中控室、办公楼及化验室的水电布置以及抓斗、行车等特种设备的要求。

化验室最好为单独的建筑，便于检测、气味收集及样品管理。如果化验室在预处理车间的多层建筑中，应该布置在建筑物的最顶层，减少负压引风风管长距离运输。

另外，防爆、防火类器具注意收集原始资料，以备安全检测。

四、监理

监理包括工程监理和环境监理。

建设工程监理单位受建设单位委托，根据法律法规、工程建设标准、勘察设计文件及合同，在施工阶段对建设工程质量、造价、进度进行控制，对合同、信息进行管理，对工程建设相关方的关系进行协调，并履行建设工程安全生产管理法定职责的服务活动。

建设项目环境监理是指具有相应资质的监理企业，接受建设单位的委托，承担其建设项目的环境管理工作，代表建设单位对承建单位的建设行为对环境的影响情况进行全过程监督管理的专业化咨询服务活动。其包括主体工程和临时工程实施过程中的污染防治措施、生态保护措施的落实情况的监督检查及配套环境保护工程建设的监督检查，确保各项施工环境保护措施、各项环境保护工程落到实处，发挥应有效果，满足环境影响评价文件及批复要求，符合工程环境保护验收的条件。

五、竣工验收

（一）竣工验收流程

项目竣工验收流程如图 4-4 所示。

（二）竣工验收备案

工程竣工验收备案是验收环节的主办事项，由市建设行政主管部门（以下简称主办部门）负责实施。

（1）主办部门所需申请材料。

①《建设工程竣工验收备案申请书》（必须注明联系人和电子邮件地址）；

②《建设工程竣工验收意见书》；

③《建设工程施工许可证》；

④《施工图设计文件审查报告》；

⑤《建设工程档案验收意见书》；

⑥《××市民用建筑节能工程竣工验收备案表》；

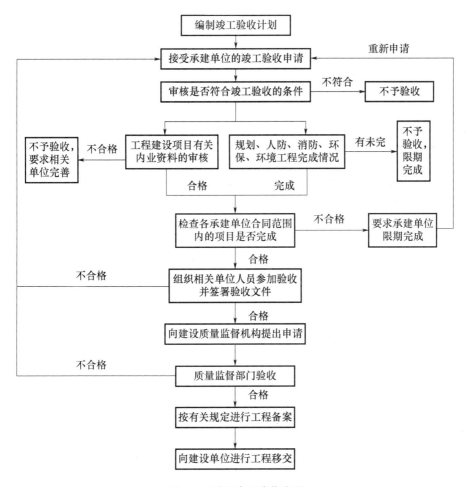

图 4-4　项目竣工验收流程

⑦ 施工单位出具的《工程竣工报告书》；

⑧ 监理单位出具的《工程质量评价报告》；

⑨ 勘察单位出具的《勘察文件质量检查报告》；

⑩ 设计单位出具的《设计文件质量检查报告》；

⑪ 施工单位出具的《工程质量保修书》；

⑫ 施工单位提供的建设单位已按合同支付工程款的证明；

⑬ 经房地产开发行政主管部门核定的《××市房地产开发建设项目手册》；

⑭ 商品房工程应提供《新建商品房使用说明书和质量保证书》；

⑮ 市政基础设施工程应提供有关质量检测和功能性试验资料；

⑯ 必须提供的其他材料（但主办部门不得以此为由要求申请人办理其他部门的许可、审批、备案手续）。

（2）城市规划部门所需申请材料。

① 建设工程竣工图（其中建筑工程只提交建施图）；

② 具有相应资质的测绘单位测量绘制的 1∶500 建设工程竣工实测地形图；属市政

管线工程的，提交经所属地区或市测绘产品质量监督站验收合格的管线竣工图和测量资料；

③ 具有相应资质的测绘单位编制的房屋竣工测量报告。

（3）公安消防部门所需申请材料。

① 初步设计消防审核意见书；

② 市建设行政主管部门认定的施工图审查机构出具的施工图审查合格报告；

③《建筑工程消防安全质量验收报告表》（附建设单位出具的《建设工程竣工验收消防质量合格承诺书》、设计单位出具的《建设工程施工图消防设计质量合格承诺书》、施工单位出具的《建设工程消防施工质量合格承诺书》、监理单位出具的《建设工程消防质量监理合格承诺书》）；

④《建筑工程消防验收申请表》，表上须加盖建设单位公章；

⑤ 消防工程施工企业资质等级证书，应注明"此件与原件核对无误"，并加盖施工单位公章；

⑥《消防产品选用清单》，并提供产品合格证明；

⑦ 市建设行政主管部门认定的施工图审查机构审查合格的施工图；

⑧ 经消防部门审核同意的施工图（限 2006 年 1 月 1 日前消防部门已审核同意施工图的建设项目，包括总平面图、标准层平面图及非标准层平面图、立面图、剖面图、消火栓及喷淋系统图、火灾自动报警系统图、防排烟系统图）；

（4）环保部门所需申请材料。《建设项目环保预验收（试生产）申请表》。

申请人提交上述材料时，应按部门分类成套提供。申请人不再单独向协办部门申请规划、消防、环保验收。主办部门不得要求申请人自行到协办部门办理审批手续，协办部门不得在主办部门之外另行单独接件。

（三）工程保修

工程保修期从工程竣工验收合格之日起计算。

工程在保修期限内出现质量缺陷，建设单位应当向施工单位发出保修通知。施工单位接到保修通知后，应当到现场核查情况，在保修书约定的时间内予以保修。发生涉及结构安全或者严重影响使用功能的紧急抢修事故，施工单位接到保修通知后，应当立即到达现场抢修。

发生涉及结构安全的质量缺陷，建设单位或者房屋建筑所有人应当立即向当地建设行政主管部门报告，采取安全防范措施；由原设计单位或者具有相应资质等级的设计单位提出保修方案，施工单位实施保修，原工程质量监督机构负责监督。

保修完成后，由建设单位或者房屋建筑所有人组织验收。涉及结构安全的，应当报当地建设行政主管部门备案。

施工单位不按工程质量保修书约定保修的，建设单位可以另行委托其他单位保修，由原施工单位承担相应责任。保修费用由质量缺陷的责任方承担。

六、案例分析

（一）四川某项目

（1）项目介绍。该水泥厂位于四川省某城市。现有 1 条 3200t/d 水泥熟料新型干法水泥窑生产线，于 2013 年投运。2017 年，拟依托该生产线建设 3 万吨/年的危险废物处置项目，2018 年 3 月获得开工许可证，同月对项目的土建部分进行了招标，某施工单位中标。

（2）项目缺陷分析。施工单位中标后，迟迟未进场，至 2018 年 7 月份开挖时，水泥、河砂、混凝土、钢材等原材料价格已经上涨。施工单位经过核算，不愿意继续施工，提出在原合同的基础上增加预算经费。

（3）结论。没有及时成立项目部并指定项目负责人，导致施工延误。合同条款没有充分考虑违约条款，造成甲乙双方纠纷。

（二）青海某项目

（1）项目介绍。该水泥厂位于青海省某城市。现有 1 条 4000t/d 水泥熟料新型干法水泥窑生产线，于 2013 年投运。依托该生产线，建设了 10 万吨/年的危险废物处置项目，2017 年正式投入运营。

（2）项目缺陷分析。安装时将实验室放在中控室一楼，高温室没有设计整体通风橱，负压引出的恶臭气体没有处理装置，导致危险废物测试灰分时气味散逸至整栋楼内。

（3）结论。高温室改造，增加整体通风装置；负压引出的恶臭气体增加处理装置。

第四节　危险废物经营许可证申请

一、性能测试报告

（一）规范要求

（1）《水泥窑协同处置固体废物环境保护技术规范》（HJ 662—2013）。

① 协同处置企业在首次开展危险废物协同处置之前，应对协同处置设施进行性能测试以检验和评价水泥窑在协同处置危险废物的过程中对有机化合物的焚毁去除能力以及对污染物排放的控制效果。

② 性能测试包括未投加废物的空白测试和投加危险废物的试烧测试。空白测试工况为未投加危险废物进行正常水泥生产时的工况，并采用窑磨一体机模式。进行试烧测试时，应选择危险废物协同处置时的设计工况作为测试工况，采用窑磨一体机模式，按照危险废物设计的最大投加速率稳定投加危险废物，持续时间不小于 12h。

③ 试烧测试时，应根据投加危险废物的特性在危险废物中选择适当的有机标识物；如果试烧的危险废物不含有机标识物或其含量不能满足要求，需要外加有机标识物的

化学品来进行试烧测试。

④ 应根据以下原则选择有机标识物：

a. 可以与排放烟气中的有机物有效区分；

b. 具有较高的热稳定性和难降解等化学稳定性。

可以选择的有机标识物包括六氟化硫（SF_6）、二氯苯、三氯苯、四氯苯和氯代甲烷。

⑤ 在试烧测试时，含有机标识物的危险废物应分别在窑头和窑尾进行投加。若只选择上述两投加点之一进行性能测试，则在实际协同处置运行时，危险废物禁止从未经性能测试的投加点投入水泥窑。

⑥ 有机标识物的投加速率应满足式（4-2）的要求：

$$FR_{tr} \geqslant DL_{tr} \times V_g \times 10^{-6} \tag{4-2}$$

式中　FR_{tr}——有机标识物的投加速率，kg/h；

　　　DL_{tr}——试烧测试时所采用的采样分析仪器对该有机标识物的检出限，ng/Nm^3；

　　　V_g——试烧测试时，单位时间内的烟气产生量，Nm^3/h。

⑦ 进行空白测试和试烧测试时，应按照 GB 30485 的要求进行烟气排放检测。进行试烧测试时，还应进行烟气中有机标识物的检测。

⑧ 试烧测试时，开始烟气采样的时间应在含有机标识物的危险废物稳定投加至少 4h 后进行。

⑨ 如果性能测试结果符合以下条件，可以认为性能测试合格：

a. 空白测试和试烧测试过程的烟气污染物排放浓度均满足 GB 30485 要求；

b. 水泥窑及窑尾余热利用系统排气筒总有机碳（TOC）因协同处置固体废物增加的浓度满足 GB 30485 的要求；

c. 有机标识物的焚毁率（DRE）不小于 99.9999％，以连续 3 次测定结果的算术平均值作为判断依据。

焚毁率（DRE）计算方法见式（4-3）。

$$DRE_{tr} = \left(1 - \frac{C_{tr} \times V_g}{FR_{tr} \times 10^{12}}\right) \times 100\% \tag{4-3}$$

式中　DRE_{tr}——有机标识物的焚毁去除率，％；

　　　C_{tr}——排放烟气中有机标识物的浓度，ng/Nm^3；

　　　V_g——单位时间内的烟气体积流量，Nm^3/h；

　　　FR_{tr}——有机标识物的投加速率，kg/h。

（2）《水泥窑协同处置危险废物经营许可证审查指南（试行）》环境保护部 2017 年第 22 号公告。

① 新建水泥窑协同处置危险废物单位在试生产期间应按照《水泥窑协同处置固体废物环境保护技术规范》（HJ 662）的要求对协同处置危险废物的水泥窑设施进行性能

测试，性能测试结果合格是试生产结束后领取水泥窑协同处置危险废物经营许可证的必要条件之一。

②性能测试结果的有效期为五年。五年期满后，水泥窑协同处置危险废物单位应按《水泥窑协同处置固体废物环境保护技术规范》（HJ 662）的要求重新开展性能测试，性能测试结果合格是重新申请领取水泥窑协同处置危险废物经营许可证或提出换证申请的必要条件之一。

③性能测试所需的危险废物或有机标识物不易获得时，可以选择投加含有机标识物的污染土壤，开始烟气采样的时间可以在含有机标识物的危险废物（包括污染土壤）稳定投加至少2h后进行，持续时间不小于8h。

④从窑头主燃烧器或窑门罩投加的危险废物为液态时，也可以选择窑尾投加点进行性能测试；从窑头主燃烧器或窑门罩投加的危险废物为固态或半固态时，必须选择窑头或窑门罩投加点进行性能测试，此时熟料中有机标识物的含量应小于$0.3\mu g/kg$。

⑤当窑尾有多个危险废物投加点时，应选择烟气在分解炉内停留时间最短的投加点进行性能测试。

⑥对煤磨采用水泥窑窑尾烟气作为烘干热源的水泥窑设施进行性能测试时，有机标识物的焚毁去除率（DRE）采用式（4-4）计算：

$$DRE_{tr} = \left[1 - \frac{C_g \times (V_{g1} + V_{g2})}{FR_{tr} \times 10^{12}}\right] \times 100\%$$ （4-4）

式中 DRE_{tr}——有机标识物的焚毁去除率，%；

C_g——窑尾排气筒烟气中有机标识物的浓度，ng/Nm^3；

V_{g1}和V_{g2}——单位时间内的窑尾排气筒和煤磨排气筒烟气体积流量，Nm^3/h；

FR_{tr}——有机标识物的投加速率，kg/h。

⑦对设置旁路放风的水泥窑设施进行性能测试时，若旁路放风设施未与水泥窑及窑尾余热利用系统共用排气筒，应按《水泥窑协同处置固体废物污染控制标准》（GB 30485）的要求对旁路放风设施排气筒大气污染物排放浓度（包括TOC）进行检测并满足本《指南》三（三）"8. 污染物排放控制"相关要求，此时有机标识物的DRE采用式（4-5）计算：

$$DRE_{tr} = \left[1 - \frac{C_{g1} \times V_{g1} + C_{g2} \times V_{g2}}{FR_{tr} \times 10^{12}}\right] \times 100\%$$ （4-5）

式中 DRE_{tr}——有机标识物的焚毁去除率，%；

C_{g1}和C_{g2}——窑尾排气筒和旁路放风排气筒烟气中有机标识物的浓度，ng/Nm^3；

V_{g1}和V_{g2}——单位时间内的窑尾排气筒和旁路放风排气筒烟气体积流量，Nm^3/h；

FR_{tr}——有机标识物的投加速率，kg/h。

⑧当窑尾排气筒烟气中有机标识物浓度的性能测试检测结果低于采样分析仪器的检出限时，应以采样分析仪器的检出限作为烟气中有机标识物的浓度代入《水泥窑协同处置固体废物环境保护技术规范》（HJ 662）中的DRE计算公式求取有机标识物的

DRE 下限值。

⑨ 仅协同处置不含有机质（有机质含量小于 0.5％，二噁英含量小于 10ngTEQ/kg，其他特征有机物含量不大于常规水泥生料中相应的有机物含量）和氰化物（CN^- 含量小于 0.01 mg/kg）以及仅向水泥磨投加危险废物的危险废物经营许可证申请单位，可不进行性能测试。

（二）测试物料选择

（1）我国相关标准和规范。根据《水泥窑协同处置固体废物环境保护技术规范》（HJ 662—2013）中的要求，性能测试可以选择的物料种类有：六氟化硫（SF_6）、二氯苯、三氯苯、四氯苯和氯代甲烷。

根据《水泥窑协同处置危险废物经营许可证审查指南（试行）》中的要求，在性能测试所需的危险废物或有机标识物不易获得时，可以选择投加含有机标识物的污染土壤。

（2）国外测试物料。国外从 20 世纪 70 年代开始，一直在用有机物检测水泥窑的排放。采用的有机物有：二氯甲烷、四氯化碳、三氯苯、三氯乙烷、三氯乙烯、多氯联苯等。

20 世纪 80 年代，有报道的试烧有机物有：二氯甲烷、氟利昂 113、甲基乙基酮、1,1,1-三氯乙烷以及甲苯等。

20 世纪 90 年代，试烧重点选择的化合物为有害有机物，例如，四氯化碳、三氯苯、过期杀虫剂、杀虫剂污染土壤以及二噁英类等。其中，美国的测试结果表明：六氟化硫因其热稳定性和易于计算烟道气而被选为主要测试物质。

近期的水泥窑测试报告中，提供了以下化合物的测试数据：三氯甲烷，二氯甲烷，四氯化碳，1,2-二氯甲烷，1,2-二氯乙烷，1,1,1-三氯乙烷，三氯乙烯，四氯乙烯，氟利昂 113，氯苯，苯，甲苯，二甲苯，1,3,5-三甲基苯，甲基乙基酮，甲基异丁基酮，六氟碳，苯氧基酸，氯代烃类，氯代脂肪烃，氯化芳烃，多氯联苯，持久性有机污染物杀虫剂等。

（3）测试物料的选择。因此，可选择以下化合物作为性能测试的物料：六氟化硫，氯苯，二氯苯，三氯苯，四氯苯，氯代甲烷，二氯甲烷，三氯甲烷，四氯化碳，1,2-二氯甲烷，1,2-二氯乙烷，1,1,1-三氯乙烷，三氯乙烯，四氯乙烯，氟利昂 113，苯，甲苯，二甲苯，1,3,5-三甲基苯，甲基乙基酮，甲基异丁基酮，六氟碳，苯氧基酸，氯代烃类，氯代脂肪烃，氯化芳烃，多氯联苯，持久性有机污染物杀虫剂等。

（三）测试报告

测试报告中，需要写明生产工况及排放检测结果。生产工况包括：水泥窑基本信息（窑型、规模、除尘器类型、生料磨运行记录、增湿塔、余热发电锅炉和主除尘器工作状况等）、测试物质、进料量、投加点、投加速率等。排放检测结果包括：窑头窑尾温度和氧浓度、窑尾烟气排放浓度、排放速率、未投加测试物质时的窑尾常规污染物和 TOC 测试结果、投加测试物质时的窑尾常规污染物和 TOC 测试结果，并按照规范中的公式计算出污染物的焚毁去除率。

二、试生产

试生产应在单机试车、无负荷联动试车、预处理等工作完毕，并达到设计要求后进行。通过试生产，考察设备运行的基本生产能力、系统具体技术参数，以及设施运行稳定性。

试生产前要编制试生产计划，包括：

（1）试生产前的物料准备。包括物料选择、物料分类、化验分析、配伍及预处理方案、投料方案等。

（2）人员组织。包括各专业人员组织、岗位分工、班组及倒班安排等。

（3）工艺方案。包括试运行方法、工艺流程、处置程序、进度安排、监测计划、参数记录等。试运行方案举例说明如下：

试烧方法：使设施在大于 70％设计负荷下连续运转 3 个 72h。

试烧程序：试烧准备—安全检查—单机调试—联动试车（调试）—点火起炉—投料—监测—报告—总结—结论。

试烧方案：本次试烧时间初定 10 天，采用在线监测和人工监测相结合的方式。

（4）环境保护措施。包括环保设施测试正常；二次污染物控制措施；通风及排水等。

（5）公用工程准备。包括废气处理药剂、照明、给排水等。

（6）安全消防和工业卫生措施。包括静电接地测试合格；锅炉及压力容器及其安全附件检验校验合格；消火栓、管路、检测系统等均在待用状态；灭火器材已摆放到规定的位置，并检查完好；控制柜后备电源完好，装置照明和应急照明完好；清洗消毒设施完好等。

（7）应急预案。制订防止重大污染事故发生的工作计划，消除事故隐患的实施方法及突发性事故应急处理办法等。在生产运行中，一旦出现突发事故，必须按照事先拟订的应急方案进行紧急处理。

（8）后勤准备。包括餐饮、防暑防寒、宿舍等后勤保障准备。

（9）环境监测。委托有相关资质的环境监测单位对项目运行前后的水体、大气、土壤、噪声等做检测，提供具有 CMA 或 CNAS 的检测报告。

三、环保验收

环保验收分为资料验收和现场验收两部分。

（1）资料验收。资料验收包括项目立项资料、环评报告及批复文件、工程设计图、施工过程的环保监理报告、监测报告、应急预案、性能测试报告、试生产中的环保监测报告以及危险废物检测和处置、培训、安全演练等相关台账和管理制度。

（2）现场验收。现场验收指在项目的现场一一核实：

① 项目选址、建设内容、建设规模、生产工艺、产品方案、生产设备、厂区平面布置与环评报告的一致性；

② 大气、污水、固废、噪声等产废环节、产生量及环保治理措施、环保设施的运行是否与环评报告一致；

③ 危险废物的接收类别、接收量是否与环评报告一致；

④ 厂区：检查危险废物运输道路是否有专用通道；危险废物贮存场所是否与水泥厂原燃料分开，且与窑体有一定的安全距离；

⑤ 贮存场所与预处理车间：重点检查危险废物标识、物料堆放、安全通道、暂存库防渗措施、液体收集围堰、废气收集及废气处理设施的运行情况等；

⑥ 实验室：是否配置了满足危险废物检测所需要的仪器和人员；

⑦ 水泥窑：废气是否在高温段入窑；危险废物投加点是否与环评报告及台账一致；

⑧ 消防设施：是否配置了相应的消防器材。

四、许可证申请资料准备

申请许可证应准备的资料包括：

（1）企业环境影响评价相关文件：环评报告、批复文件。

（2）危险废物经营许可证申请书。

（3）企业营业执照副本（加盖公章）。

（4）技术人员情况：个人简介、专业资格证明、社保记录等。

（5）危险废物接收及运输合同。

（6）处置设施、设备介绍及配套的污染防治措施。

（7）相关制度。包括：安全生产管理制度（包括消防安全管理制度、危险作业管理制度、剧毒物品管理制度、事故管理制度等）、危险废物收储管理制度、危险废物化验分析管理制度、实验室安全管理制度、经营记录管理制度、处置设施设备管理制度、危险废物运输管理制度、危险废物转移联单管理制度、环境监测制度、应急预案及救援措施等。

（8）包装工具说明。

（9）中转和临时存放设施。

（10）其他设施设备说明。

五、许可证颁发

（一）规范要求

《水泥窑协同处置危险废物经营许可证审查指南（试行）》（环境保护部 2017 年第 22 号公告）中的规定：

（1）对符合指南要求的申请单位，审批部门按《危险废物经营单位审查和许可指南》要求制作并颁发许可证。

（2）对于采用分散联合经营模式的申请单位，危险废物经营许可证中应注明危险废物预处理中心的法人名称、法定代表人、住所、危险废物预处理设施地址、核准经营危险废物类别和规模，以及接收该预处理中心所生产预处理产物的所有水泥生产企业的法人名称、法定代表人、住所、水泥窑协同处置设施地址，核准接收预处理产物形态（固态、半固态和液态）和规模等信息。

（3）对于采用集中经营模式且危险废物预处理和水泥窑协同处置设施或运营分属不同法人主体的申请单位，危险废物经营许可证中应注明各法人的法人名称、法定代表人、住所，以及水泥窑协同处置设施地址、核准经营危险废物类别和规模等信息。

（4）对于采用分散独立经营模式的申请单位，危险废物经营许可证中应注明法人名称、法定代表人、住所、危险废物预处理设施和水泥窑协同处置设施地址、核准经营危险废物类别和规模等信息。

（二）注意事项

处置危险废物的类别不得超过危险废物经营许可证范围。

危险废物经营许可证具有法律效益，注意保管，不得外借、丢失。

六、案例分析

（一）福建某项目

（1）项目介绍。该水泥厂位于福建省某城市。现有 1 条 4500t/d 水泥熟料新型干法水泥窑生产线，于 2009 年 10 月投运。依托该生产线，建设了 10 万吨/年的危险废物处置项目，2018 年 11 月建设完成，2018 年 12 月准备了相关资料，拟在 2019 年 1 月申请危险废物经营许可证。

（2）存在问题分析。由于该公司缺少相关具有相应技术资格的人员，因此在准备的资料中，借用了其他公司的人员证书和社会保险证明，这些人员已经在该省其他项目中录入环境保护主管部门的管理档案，因此，根据《水泥窑协同处置危险废物经营许可证审查指南（试行）》（环境保护部 2017 年第 22 号公告），判定技术人员不合格，退回申请，不予颁发危险废物经营许可证。

（3）结论。招聘具有相应资质的技术人员，重新申请。

（二）广西某项目

（1）项目介绍。该水泥厂位于广西壮族自治区某城市。现有 1 条 4000t/d 水泥熟料新型干法水泥窑生产线，于 2011 年投运。依托该生产线，建设了 10 万吨/年的危险废物处置项目，2018 年 10 月获得了危险废物经营许可证。

（2）存在问题分析。危险废物经营许可证不慎丢失，经查询，被盗窃者做了贷款质押。

（3）结论。向当地环境保护主管部门报告，承担相应的法律风险。

第五章　危险废物准入

第一节　危险废物协同处置流程

一、水泥窑协同处置危险废物遵循原则

（一）规范要求

（1）《水泥窑协同处置固体废物污染控制标准》（GB 30485—2013）。

固体废物的协同处置应确保不会对水泥生产和污染控制产生不利影响。如果无法满足这一要求，应根据所需要协同处置固体废物的特性设置必要的预处理设施对其进行预处理；如果经过预处理后仍然无法满足这一要求，则不应在水泥窑中处置这类废物。

（2）《水泥窑协同处置固体废物环境保护技术规范》（HJ 662—2013）。

入窑固体废物应具有稳定的化学组成和物理特性，其化学组成、理化性质等不应对水泥生产过程和水泥产品质量产生不利影响。

（二）处置原则

水泥窑协同处置危险废物的基本原则是：

（1）符合国家相关法律法规和标准规范要求；

（2）安全地处置危险废物；

（3）不损害员工的身体健康，不破坏周边环境，不影响水泥产品质量。

（三）技术关键

（1）依据废物的特性选择合理的处置方式，并根据不同高温区加入的物料的特性要求确定合理的预处理工艺。

（2）通过对废物热值及组分的合理调配，提高废物入窑处置的热能利用水平，在客观上实现废物处置及节能替代利用的有效复合利用，提高水泥窑协同处置的经济效益。

（3）针对废物焚烧处置过程产生的大气污染物、重金属等的排放特点，确定水泥窑协同处置废物的合理工艺，并通过生产技术的优化处置实现水泥窑协同处置废物的清洁排放。

（4）水泥窑协同处置废物应保证水泥产品及下游相关产品在产品性能上不发生改

变。这就要求对影响水泥矿物水化过程及产品性能指标的部分有害元素进行严格的控制。

二、水泥窑协同处置危险废物管理流程

经历了许多事故与教训之后，人们越来越意识到对危险废物实行源头控制的重要性。由于危险废物危害性较大而且本身往往是污染的"源头"，于是出现了"从摇篮到坟墓"的危险废物全过程管理的新概念，即对危险废物的产生—收集—运输—贮存—综合利用—处理—处置实行全过程管理，在每一环节都将其作为污染源进行严格的控制。

水泥窑协同处置危险废物，作为处理处置危险废物的一种技术手段，同样遵循危险废物全过程管理的原则，即从危险废物的产生开始，一直到危险废物处置过程中的产品和大气排放，全部纳入管理范围，每一个环节均有严格的监管程序和监管手段。

（一）协同处置管理流程

水泥窑协同处置危险废物的管理流程如图 5-1 所示。

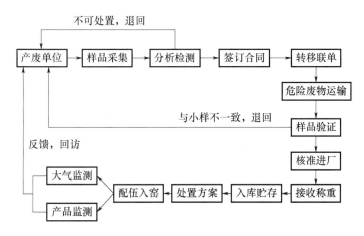

图 5-1　水泥窑协同处置危险废物管理流程

（二）流程说明

由协同处置的环保公司商务部门联系危险废物的产生单位（产废单位），然后分别取样（小样）进行检测，根据水泥厂的原燃料特性，计算危害元素的可容纳量，评估拟每种危险废物进入水泥窑协同处置的可行性，符合进场标准的，发放准入通知单，签订合同。在填写转移联单并获得环保准管部门同意后，委托专业的危险废物运输车队运输，进场之前再取样（大样），测试与小样的吻合度，检测结果一致的样品才允许进场，过磅称重。检测结果差异显著的危险废物，退回产废单位或协商解决。进场后的危险废物分类放入库房内暂存。根据物料特性制订处置方案，水泥厂按照处置方案进行配伍和入窑处置。处置过程中测试水泥熟料、水泥产品及烟气排放特性，同时监控水泥窑的窑况变化。同一个厂家的危废处置结束后，回访客户，反馈处置过程中存在的问题或询问客户新的需求等。

（三）重点环节注意事项

（1）样品采集。危险废物的小样有的是产废单位送至或者快递到处置单位，有的是处置单位自行取样。无论哪种方式，都要注意样品的代表性。关于取样技术，后面章节会详细论述。

（2）签订合同。签订合同时，要将实验室的分析化验结果附在合同中作为附件材料，以免小样与大样结果不一致时产生纠纷。

（3）危险废物运输。危险废物在省内运输时，可以不填写《危险废物转移联单》。但是，跨省转移危险废物，必须填写《危险废物转移联单》并获得转移地和转出地环境保护主管部门的同意回函。运输时应随车携带《危险废物转移联单》并在过磅称重时交给处置单位核查登记。

（4）进场称重。称重时注意与《危险废物转移联单》中的质量的一致性。

三、案例分析

（一）青海某项目

（1）项目介绍。该水泥厂位于青海省某城市。现有 1 条 4000t/d 水泥熟料新型干法水泥窑生产线，于 2013 年投运。2016 年，依托该生产线，建设了 10 万吨/年的危险废物处置项目，2017 年正式投入运营。

（2）运营中的常见问题。出现了四次小样与大样严重不符的情况。

（3）结论。回访客户，当面沟通情况，询问客户生产工艺是否存在重大变化或生产工况存在不稳定性。必要时由处置单位采集样品。部分存在恶意提供假样品企图以次充好的客户，明确告知并列入不诚信客户名单。

（二）江苏某项目

（1）项目介绍。该水泥厂位于江苏省北部某城市。现有 2 条 4500t/d 水泥熟料新型干法水泥窑生产线，于 2013 年投运。2017 年，依托其中的一条生产线，建设了 10 万吨/年的危险废物处置项目，2018 年 10 月获得危险废物经营许可证并正式投入运行。

（2）运营中的常见问题。由于某类危险废物的量较少，为节省运费，产废单位将三种不同的互相不反应的包装袋装在同一辆运输车辆中运输，填写了一份《危险废物转移联单》。

（3）结论。每种危险废物都需要填写一份《危险废物转移联单》。

第二节　危险废物样品采集

一、标准规范

危险废物样品采集可参考的标准和规范有《工业固体废物采样制样技术规范》

（HJ/T 20—1998）以及《工业用化学产品采样安全通则》（GB/T 3723—1999）等。

本环节采集的危险废物样品一般称为"小样"。

二、采样原则

（一）规范规定

《工业固体废物采样制样技术规范》（HJ/T 20—1998）中指出：采样的基本目的是从一批工业固体废物中采集具有代表性的样品，通过试验和分析，获得在允许误差范围内的数据。在设计采样方案时，应首先明确以下具体目的和要求：特性鉴别和分类、环境污染监测、综合利用或处置、污染环境事故调查分析和应急监测、科学研究、环境影响评价以及法律调查、法律责任、仲裁等。

（二）采样目的与原则

（1）采样目的。采样就是为了从被检的总体物料中取得有代表性的样品，通过对样品的检测，得到在容许误差内的数据，从而求得被检物料的某一或某些特性的平均值及其变异性。

采样的目的性可以是：技术方面的目的、商业方面的目的、法律方面的目的以及安全方面的目的等。

（2）采样原则。采样的基本原则是使采得的样品具有充分的代表性。

当采样的费用（如物料费用、作业费用等）较高时，在设计采样方案时可以适当兼顾采样费用方面的需求，但在采样误差方面，应满足统计学原理的基本要求。

三、采样流程

（一）规范要求

《工业固体废物采样制样技术规范》（HJ/T 20—1998）中指出，采样按照以下步骤进行：

（1）确定批废物；

（2）选派采样人员；

（3）明确采样目的和要求；

（4）进行背景调查和现场踏勘；

（5）确定采样法；

（6）确定份样量；

（7）确定份样数；

（8）确定采样点；

（9）选择采样工具；

（10）制订质量控制措施；

（11）采样；

（12）组成小样或大样。

（二）采样流程

实际工作中，一般的采样流程如图 5-2 所示。

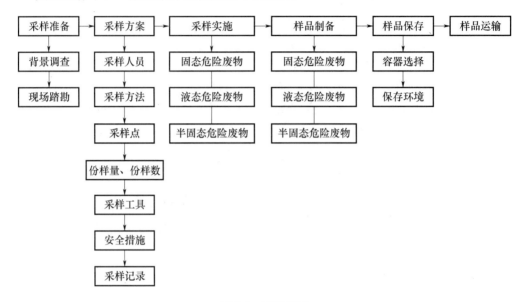

图 5-2　采样流程

四、采样准备

（一）规范要求

《工业固体废物采样制样技术规范》（HJ/T 20—1998）中指出：

采样目的明确以后，要调查以下影响采样方案制订的因素，并进行现场踏勘：

（1）工业固体废物的产生（处置）单位、产生时间、产生形式（间断还是连续）、贮存（处置）方式；

（2）工业固体废物的种类、形态、数量、特性（含物性和化性）；

（3）工业固体废物试验及分析的允许误差和要求；

（4）工业固体废物污染环境、监测分析的历史资料；

（5）工业固体废物产生或堆存或处置或综合利用现场踏勘，了解现场及周围环境。

（二）现场踏勘要点

现场踏勘要注意以下几点：

（1）现场物料的堆放地点和堆放形式；

（2）现场的交通和道路情况；

（3）现场的地质、土质、地下水位、河流等情况；

（4）现场的气候条件，如气温、湿度、风力等。

五、采样方案

(一) 采样方法

《工业固体废物采样制样技术规范》(HJ/T 20—1998) 中将采样方法分为 5 种：简单随机采样法、系统采样法、分层采样法、两段采样法、权威采样法。

(1) 简单随机采样法。如果一批废物的化学特性是随机不均匀的，而这种随机化学不均匀性在不同批次间保持不变，那么采用简单随机抽样通常能获得较高准确度和适当的精确度。

① 抽签法：先对所有采份样的部位进行编号，有多少部位就编多少号，同时把号码写在纸片上 (纸片上的号码代表采样的部位)，掺和均匀后，从中随机抽取份样数的纸片，抽中号码的部位，就是采份样的部位，此法只宜在采份样的点不多时使用。

② 随机数字表法：先对所有采份样的部位进行编号，有多少部位就编多少号，最大编号是几位数，就使用随机数字表的几栏 (或几行)，并把几栏 (或几行) 合在一起使用，从随机数字表的任意一栏、任意一行数字开始数，碰到小于或等于最大编号的数码就记下来，直到抽够份数为止，抽到的号码就是采份样的位置。

(2) 系统采样法。一批按一定顺序排列的废物，按照规定的采样间隔，每隔一个间隔采取一个份样，组成大样或小样。

在一批废物以运送带、管道等形式连续排出的移动过程中，按一定的质量或时间间隔采份样，份样间的间隔可根据表 5-1 规定的份样数和实际批量按式 (5-1) 计算：

$$T \leqslant Q/n \text{ 或 } T' \leqslant 60Q/(G \cdot n) \tag{5-1}$$

式中　T——采样质量间隔，t；

　　Q——批量，t；

　　n——按式 (5-5) 计算出的份样数或表 5-1 中规定的份样数；

　　G——每小时排出量，t/h；

　　T'——采样时间间隔，min。

表 5-1　批量大小与最少份样数 (固体：t，液体：1000L)

批量大小	最小份样数	批量大小	最小份样数
<1	5	≥100	30
≥1	10	≥500	40
≥5	15	≥1000	50
≥30	20	≥5000	60
≥50	25	≥10000	80

采第一个份样时，不可在第一间隔的起点开始，可在第一间隔内随机确定。

在运送带上或落口处采份样，须截取废物流的全截面。

所采份样的粒径比例应符合采样间隔或采样部位的粒径比例，所得大样的粒径比例应与整批废物流的粒径分布大致相同。

（3）分层采样法。根据对一批废物已有的认识，将其按照有关标志分若干层，然后在每层中随机采取份样。

一批废物分次排出或某生产工艺过程的废物间歇排出过程中，可分 n 层采样，根据每层的质量，按比例采取份样。同时，必须注意粒径比例，使每层所采份样的粒径比例与该层废物粒径分布大致相符。

第 i 层采样份数 n_i 按式（5-2）计算：

$$n_i = n \cdot Q_L / Q \tag{5-2}$$

式中　n_i——第 i 层份样数；

　　　 n——按式（5-5）计算出的份样数或表 5-1 中规定的份样数；

　　　 Q_L——第 i 层废物质量，t；

　　　 Q——批量，t。

（4）两段采样法。简单随机采样、系统采样、分层采样都是一次就直接从批废物中采取份样，称为单阶段采样。当一批废物由许多车、箱、桶、袋等容器盛装时，由于各容器比较分散，所以要分阶段采样。首先从批废物总容器件数 N_0 中随机抽取 n_1 件容器，然后再从 n_1 件的每一件容器中采 n_2 个份样。

推荐当 $N_0 \leqslant 6$ 时，取 $n_1 = N_0$；当 $N_0 > 6$ 时，n_1 按式（5-3）计算：

$$n_1 \geqslant 3 \cdot \sqrt[3]{N_0} \text{（小数进整数）} \tag{5-3}$$

推荐第二阶段的采样数，$n_2 \geqslant 3$，即 n_1 件容器中的每个容器均随机采上、中、下最小 3 个份样。

（5）权威采样法。由对被采批工业固体废物非常熟悉的个人来采取样品而置随机性于不顾。这种采样法，其有效性完全取决于采样者的知识。尽管权威采样法有时也能获得有效的数据，但对大多数采样情况，建议不采用这种采样方法。

（二）份样量

《工业固体废物采样制样技术规范》（HJ/T 20—1998）中对份样量的规定如下：

一般来说，样品量多一些，才有代表性。因此，份样量不能少于某一限度，但份样量达到一定限度后，再增加质量也不能显著提高采样的准确度。份样量取决于废物的粒径上限，废物的粒径越大，均匀性越差，份样量就越多，它大致与废物的最大粒径直径某次方成正比，与废物的不均匀程度成正比。

份样量可按切乔特公式 ［式（5-4）］ 计算：

$$Q \geqslant K \cdot d^a \tag{5-4}$$

式中　Q——份样量应采的最低质量，kg；

d——废物中最大粒径的直径，mm；

K——缩分系数，代表废物的不均匀程度，废物越不均匀，K 值越大，可用统计误差法由实验测定，有时也可由主管部门根据经验指定；

α——经验常数，随废物的均匀程度和易破碎程度而定。

对于一般情况，推荐 $K=0.06$，$\alpha=1$。

（三）份样数

《工业固体废物采样制样技术规范》（HJ/T 20—1998）中对份样数的规定如下：

当已知份样间的标准偏差和允许误差时，可按式（5-5）计算份样数。

$$n \geqslant \left(\frac{t \cdot s}{\Delta}\right)^2 \tag{5-5}$$

式中　n——必要份样数；

s——份样间的标准偏差；

Δ——采样允许误差；

t——选定置信水平下的概率度。

取 n 趋于无穷大时的 t 值作为最初 t 值，以此计算出 n 的初值。用对应于 n 初值的 t 值代入，不断迭代，直至算出的 n 值不变，此 n 值即为必要份样数。

当份样间标准偏差或允许误差未知时，可按表 5-1 经验确定份样数。

（四）采样点

《工业固体废物采样制样技术规范》（HJ/T 20—1998）中指出：

（1）对于堆存、运输中的固态工业固体废物和大池（坑、塘）中的液体工业固体废物，可按对角线型、梅花型、棋盘型、蛇型等点分布确定采样点（采样位置）。

（2）对于粉末状、小颗粒的工业固体废物，可按垂直方向、一定深度的部位确定采样点（采样位置）。

（3）对于容器内的工业固体废物，可按上部（表面下相当于总体积的 1/6 深处）、中部（表面下相当于总体积的 1/2 深处）、下部（表面下相当于总体积的 5/6 深处）确定采样点（采样位置）。

（4）根据采样方式（简单随机采样、分层采样、系统采样、两段采样等）确定采样点（采样位置）。

（五）采样工具

（1）规范要求。《工业固体废物采样制样技术规范》（HJ/T 20—1998）中，固态废物的采样可采用尖头钢锹、钢锤、采样探子、采样钻、气动和真空探针、取样铲、带盖盛样桶或内衬塑料薄膜的盛样袋；液态废物的采样可采用采样勺、采样管、采样瓶和罐、搅拌器等。

（2）常用的采样工具。常用的采样工具如图 5-3 所示。

（3）Coliwasa 采样器介绍。Coliwasa 采样器可以收集的取样样品类型包括：有黏

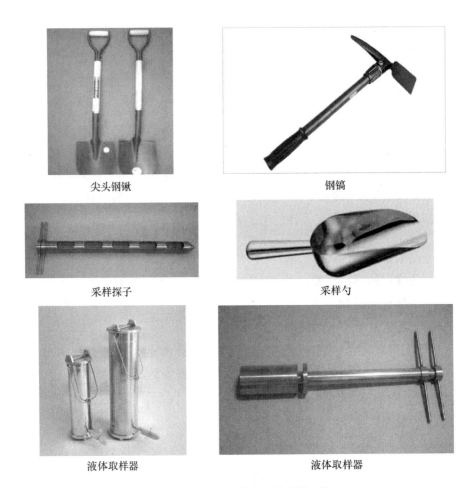

尖头钢锹 钢镐

采样探子 采样勺

液体取样器 液体取样器

图 5-3 实际生产中常用的采样工具

度的、有腐蚀性的、有波动性的和固体形状的样品，除含有酮、硝基苯、二甲基甲酰胺、异丙叉丙酮和四氢呋喃的液体废品外均可使用。而且其设计简单易于使用，并可以快速收集样品，尽量减少废品的收集样本暴露于空气的潜在危险。由高密度聚乙烯材料制成，包括一个 5ft×0.75in（1.53m× 1.9cm）的编号管和截止阀。采样器的规格为 89mL/0.31m。不允许高温高压消毒。

Coliwasa 采样器如图 5-4 所示。

图 5-4 Coliwasa 采样器

（4）不同物理特性的危险废物所用的采样工具。不同物理特性的危险废物所用的采样工具见表 5-2。

表 5-2 不同物理特性的危险废物所用的采样工具

废物种类	废物位置或容器								
	桶	包、袋	开放车箱货车	封闭车箱货车	储罐储箱	垃圾堆	塘、坑	传送器	管道
自由流动的液体和浆液	Coliwasa	不存在	不存在	Coliwasa	重瓶	不存在	舀式	不存在	舀式
污泥	长铲	N/A	长铲	长铲	长铲	特制	特制		
湿粉、湿粒	长铲	长铲	长铲	长铲	长铲	长铲	长铲	铲勺	舀式
干粉、干粒	套管	套管	套管	套管	特制	套管	套管	铲勺	舀式
砂、密实的粉粒	钻式	钻式	钻式	钻式	套管	套管	特制	舀式	舀式
大粒固体	大长铲	大长铲	大长铲	大长铲	大长铲	大长铲	大长铲	长铲	舀式

（六）采样记录

（1）规范要求。《工业固体废物采样制样技术规范》（HJ/T 20—1998）中规定：

① 样品盛入容器后，在容器壁上应随即贴上标签。标签的内容包括：样品名称及编号、工业固体废物批及批量、产生单位、采样部位、采样日期、采样人等。

② 填写好、保存好采样记录和采样报告。

（2）实际生产中常用的采样记录。实际生产中，采样现场记录严格执行"三表一标签"：采样记录表、产生废物信息表、危险废物成分参考表以及采样标签。

① 采样记录表。采样记录表格式见表 5-3。

表 5-3 采样记录表

样品编号		样品名称	
采样地点		采样数量	
样品外观	颜色:	分层:	气味:
采样时间		产废单位名称	
采样现场描述			
废物产生过程描述			
可能含有的有害成分			
样品保存方式及注意事项			
样品采集人		接收人	
备注			
采样负责人签字			

② 产生废物信息表。产生废物信息表格式见表 5-4。

表 5-4　产生废物信息表

产废企业全称					
地址及联系人					
第一种危险废物					
危险废物名称		危险废物大类		小代码	
物理形态		危险废物特性		单批质量	
产生工艺或过程					
主要成分					
包装形式		颜色		危险废物标识	
安全措施					
备注					
第二种危险废物					
危险废物名称		危险废物大类		小代码	
物理形态		危险废物特性		单批质量	
产生工艺或过程					
主要成分					
包装形式		颜色		危险废物标识	
安全措施					
备注					

③ 危险废物成分参考表。由产生废物单位填写《危险废物成分参考表》。危险废物成分参考表格式见表 5-5。

表 5-5　危险废物成分参考表

客户名称					
危废名称		危废大类		小代码	
污染因子		污染因子		污染因子	
☐	铬	☐	硝基苯类	☐	汞
☐	铅	☐	阴离子表面活性剂	☐	烷基汞
☐	镍	☐	铜	☐	砷
☐	苯并［a］芘	☐	锌	☐	镉
☐	铍	☐	锰	☐	六价铬
☐	银	☐	彩色显影剂	☐	氟化物
☐	活性氯	☐	显影剂及氧化物	☐	磷酸盐
☐	石棉	☐	五氯酚及五氯酚钠	☐	有机磷农药类
☐	氯乙烯	☐	可吸附有机卤化物	☐	氰化物
☐	石油类	☐	三氯甲烷	☐	有机碳
☐	动植物油	☐	四氯化碳	☐	酸碱度
☐	挥发酚	☐	三氯乙烯	☐	硝酸盐及亚硝酸盐

污染因子		污染因子		污染因子	
☐	硫化物	☐	四氯乙烯	☐	丙烯腈
☐	氨氮	☐	苯	☐	其他成分
☐	甲醛	☐	甲苯	☐	氰基丙烯酸酯
☐	苯铵类	☐	乙苯	☐	氰基乙酸乙酯
☐	二甲苯类	☐	氯苯		
☐	总硒	☐	间-甲酚		
☐	二氧化氯	☐	2,4-二氯酚		
☐	对-二氯苯	☐	2,4,6-三氯酚		
☐	苯酚	☐	邻苯二甲酸二丁酯		
☐	2,4-二硝基氯苯	☐	邻苯二甲酸二辛酯		
		☐	对-硝基氯苯		

本人确认以上资料准确无误（签名）：

姓名		电话		日期	

④ 采样标签。每个样品上均需填写并粘贴采样标签。采样标签的格式参考《危险废物贮存污染控制标准》（GB 18597—2001）附录 A 的规定制作。

（七）安全措施

《工业用化学产品采样安全通则》（GB/T 3723—1999）中提出了以下安全措施：

（1）采样地点要有出入安全的通道，符合要求的照明、通风条件。

（2）在储罐或槽车顶部采样时要预防掉下去，还要防止堆垛容器或散装货物的倒塌。

（3）通过阀门取流体样品时避免阀门开位卡住时可能导致流体的大量流出。

（4）对液体采样时，为了预防溢出，应当准备排溢槽收集溢出物，采样时最好带防护板。

（5）对液体和气体的采样，在任何时候都应该能用阀门来切断采样点与物料或管线的联系，可以安全地控制流体。

（6）当需要用待采物料去清洗样品容器，而该物料又存在危险时，应准备适当的设施以处理那些清洗用过的物料。气体应排放到远离采样者和其他工作人员的地方。

（7）若对毒物进行采样，采样者一旦感到不适时，应立即向主管人报告。

（8）装有样品的容器，应使用适当的运载工具来运输，便于操作并尽量减少样品容器的破损及由此引起的危险性。

（9）采样者应有第二者陪伴，此人的任务是确保采样者的安全。采样操作时，陪伴者应处于能清楚地看到采样点的地方并观察整个采样操作过程。陪伴者应受过专门训练，懂得在发生紧急情况时该采取什么行动，这些训练要求他首先报警，除非在极特殊的情况下，不要单独一人去进行营救。

（10）采样者要知道报警系统和灭火设备的位置，了解样品的危险性及预防措施，受过使用安全设施的训练，包括灭火器、防护眼镜和防护服等。

（11）采样中禁止吸烟，禁止使用无防护的灯及可能发生火花的设备。

（12）无论在何处接触化学品时，都要坚持使用保护眼睛的设施。

（13）配备和穿戴适当的防护用品，如面罩、手套、防护眼镜和防护服、靴子、鞋套等。

六、样品采集

（一）固态液态废物采集

按照采样方案中制定的份样数和份样量采集样品。

（二）半固态废物采集

《工业固体废物采样制样技术规范》（HJ/T 20—1998）中规定：

对在常温下为固体，当受热时易变成流动的液体而不改变其化学性质的废物，最好在产生现场或加热使全部溶化后按液态采集样品，也可劈开包装按固态采集样品。

对黏稠的液态废物，有流动又不易流动，最好在产生现场按系统采样法采样。当必须从最终容器中采样时，要选择合适的采样器混匀后采样。由于此种废物难以混匀，所以份样数建议取已经确定的份样数的4/3倍。

（三）质量控制

为保证采样获得具有代表性的样品，采样全过程应该严格进行质量控制：

（1）采样前，设计详细的采样方案，认真按采样方案操作；

（2）对采样人员进行培训：采样是技术性很强的工作，熟悉工业固体废物的性状、掌握采样技术、懂得安全操作；

（3）应由2人以上在场进行操作；

（4）采样工具材质不能与待采固废有任何反应，采样工具应干燥、清洁，便于使用、清洗、保养、检查和维修；

（5）采样过程中要防止待采固废受到污染和发生变质；

（6）与水、酸、碱有反应的固废应在隔绝水、酸、碱的条件下采样；

（7）组成随温度变化的应在其正常组成所要求的温度下采样；

（8）盛样容器材质与样品物质不起作用，没有渗透性，具有符合要求的盖、塞或阀门，使用前应洗净、干燥；

（9）样品盛入容器后在容器壁上应随即贴上标签；

（10）样品运输过程中应防止不同工业固体废物样品之间的交叉污染，盛样容器不可倒置、倒放，应防止破损、浸湿和污染；

（11）采样全过程应由专人负责。

七、样品制备

（一）制样工具

《工业固体废物采样制样技术规范》（HJ/T 20—1998）中列出的制样工具有：颚式破碎机、圆盘粉碎机、玛瑙研磨机、药碾、玛瑙研钵或玻璃研钵、标准套筛、十字分样板、分样铲、分样器、干燥箱、盛样容器等。

实际生产中常用的制样工具有：剪切破碎机、颚式破碎机、植物粉碎机、振动磨、研磨机、自动压样机、钢锤、标准套筛、十字样板、机械缩分器、干燥箱、马弗炉、自封袋以及盛样容器等。

（二）固态废物采集

（1）制样操作。《工业固体废物采样制样技术规范》（HJ/T 20—1998）中规定，固态废物的制样包括粉碎、筛分、混合、缩分四个操作环节。

① 粉碎：以机械或人工的方法破碎和研磨，使样品分阶段达到相应排料的最大粒径。

② 筛分：根据粉碎阶段排料的最大粒径，选择相应的筛号，分阶段筛出一定粒径范围的样品。

③ 混合：用机械设备或人工转堆法，使过筛的一定粒径范围的样品充分混合，以达到均匀分布。

④ 缩分：可采用份样缩分法、圆锥四分法、二分器缩分法中的一种或几种。

份样缩分法：将样品置于平整、洁净的台面上，充分混合后，根据厚度铺成长方形平堆，画成等分的网格，缩分大样不少于 20 格，缩分小样不少于 12 格，缩分份样不少于 4 格。将挡板垂直插至平堆底部，然后于距挡板约等于 c 处将分样铲垂直插入底部，水平移动直至分样铲开口端部接触挡板，将分样铲和挡板同时提起，以防止样品从分样铲开口处流掉。从各格随机取等量一满铲，合并为缩分样品（图 5-5）。

圆锥四分法：将样品置于平整、洁净的台面上，堆成圆锥形，每铲自圆锥的顶尖落下，使均匀地沿圆锥尖散落，注意勿使圆锥中心错位，反复转堆至少三次，使充分混匀，然后将圆锥顶端压平成圆饼，用十字分样板自上压下，任取对角的两等分，重复操作数次，直至该粒径对应的最小样品量。

（2）制样工具及操作。常见的制样工具及操作如图 5-5 所示。

（三）液态废物制样

《工业固体废物采样制样技术规范》（HJ/T 20—1998）中规定，液态废物的制样包括混匀和缩分两个操作环节。

对于盛小样或大样的小容器，用手摇晃混匀；中等容器用滚动、倒置或手工搅拌器混匀；大容器用机械搅拌器、喷射循环泵混匀。

样品混匀后，采用二分法，每次减量一半，直至试验分析用量的 10 倍为止。

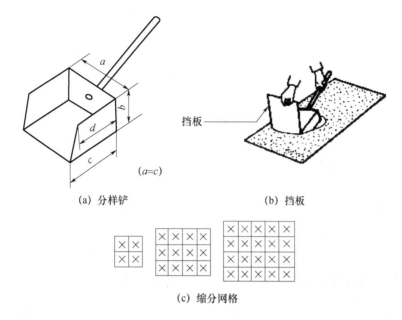

(a) 分样铲　　　　　　　(b) 挡板

(c) 缩分网格

图 5-5　常见的制样工具及操作

（四）半固态废物制样

《工业固体废物采样制样技术规范》（HJ/T 20—1998）中，对半固态废物制样的规定如下：

(1) 半固态废物的制样参考固态和液态废物制样进行。

(2) 黏稠的不能缩分的污泥，要进行预干燥，至可制备状态时，再进行粉碎、筛分、混合、缩分。

(3) 对于有固体悬浮物的样品，要充分搅拌，混匀后再按需要制成试样。

(4) 对于含油等难以混匀的液体，可用分液漏斗等分离，分别测定体积，分层制样分析。

八、样品保存

样品保存注意事项如下：

(1) 每份样品保存量至少应为测试分析需用量的 3 倍，因此要选择 3 倍量以上的容器。

(2) 对光敏废物，样品应装入深色容器中，置于避光处。

(3) 对易挥发废物，采取无顶空存样，并采取冷冻方式保存。

(4) 样品保存应防止受潮或受灰尘等污染。

(5) 对与水、酸、碱等易反应的废物，应在隔绝水、酸、碱等条件下贮存。

(6) 样品保存期为 3 个月，易变质的不受此限制。

(7) 样品应在特定场所由专人保管。

（8）撤销的样品不许随意丢弃，应送回原采样处或处置场所。

九、案例分析

（一）废液取样案例

（1）取样前准备。防毒面具、耐酸碱手套、样品瓶、玻璃取样管、小胶桶、标签、记号笔、搅拌棍。

（2）取样。取样前先用搅拌棍将桶内的废液充分搅拌均匀，再将玻璃取样管缓慢插入桶内，用拇指压住取样管的头部吸取样品，将吸取的废液移至小胶桶，如图 5-6 所示。

将废水搅拌均匀

缓慢插入玻璃取样管

拇指压住玻璃取样管头部

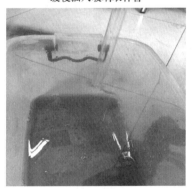
样品放置小胶桶内

图 5-6　废液采样实例

（3）贴标签。将小胶桶中的废液搅拌均匀后装入样品瓶，至少取 500mL 样品，不宜装太满，要预留 20％左右的空间并贴好标签。

标签内容：废物名称，有害成分，危险情况，安全措施，废物产生单位，地址，电话，联系人，取样日期等。

（二）污泥取样案例

（1）取样准备。防尘口罩、耐酸碱手套、取样杆、样品搅拌机、胶桶、样品袋、标签、记号笔。

（2）取样。污泥包装如果是吨袋扎口包装，每个吨袋按吨袋对角线画三个点；用取样杆按照取样点位进行取样，如图5-7所示。

图5-7　污泥取样点

（3）搅拌。取至少1kg样品于胶桶内，用样品搅拌机搅拌均匀，如图5-8所示。

图5-8　污泥搅拌

（4）贴标签。将搅拌均匀的样品装入样品袋中，并贴好标签。

标签内容：废物名称，有害成分，危险情况，安全措施，废物产生单位，地址，电话，联系人，取样日期等。

第三节　危险废物样品检测

一、标准规范要求

（一）《水泥窑协同处置固体废物技术规范》（GB 30760—2014）

（1）为确保水泥熟料中重金属含量满足要求，经计算得到的入窑生料中重金属含量不宜超过表 5-6 中规定的参考限值。

表 5-6 入窑生料中重金属含量参考限值（mg/kg）

重金属元素	砷（As）	铅（Pb）	镉（Cd）	铬（Cr）	铜（Cu）	镍（Ni）	锌（Zn）	锰（Mn）
参考限值	28	67	1.0	98	65	66	361	384

入窑生料重金属含量按式（5-6）计算：

$$R_i = \sum W_{ij}\alpha_j + M_i\beta + R_{ri}(1 - \sum\alpha_j - \beta) \tag{5-6}$$

式中　R_i——水泥窑协同处置固体废物后投料期间，生料中第 i 类重金属含量，
　　　　　　mg/kg；

　　　　i——重金属种类，可取代号为 1、2、3 等；

　　　　j——水泥窑协同处置固体废物种类，可取代号为 1、2、3 等，包含在生料制
　　　　　　备系统、分解炉和回转窑系统里投加的固体废物；

　　　W_{ij}——第 j 类固体废物（灼烧基）的第 i 种重金属含量，mg/kg；

　　　　α_j——第 j 类固体废物（灼烧基）折算到生料中的配料比例，%；

　　　　M_i——煤灰中第 i 种重金属含量，mg/kg；

　　　　β——煤灰折算到生料中的配料比例，%；

　　　R_{ri}——不投加固体废物期间，生料中第 i 类重金属含量，mg/kg。

（2）水泥窑协同处置固体废物时，水泥窑生产的水泥熟料应满足 GB/T 21372—2008 的要求，水泥熟料中的重金属元素含量和可浸出重金属含量不宜超过表 5-7 中的限值。

表 5-7 水泥熟料中重金属含量限值

重金属元素	砷（As）	铅（Pb）	镉（Cd）	铬（Cr）	铜（Cu）	镍（Ni）	锌（Zn）	锰（Mn）
总量参考限值（mg/kg）	40	100	1.5	150	100	100	500	600
可浸出限值（mg/L）	0.1	0.3	0.03	0.2	1.0	0.2	1.0	1.0

（二）《水泥窑协同处置固体废物环境保护技术规范》（HJ 662—2013）

（1）从事固体废物协同处置的企业，应在原有水泥生产分析化验室的基础上，增加必要的固体废物分析化验设备。

（2）分析化验室应具备以下检测能力：

① 具备 HJ/T 20 要求的采样制样能力、工具和仪器。

② 所协同处置的固体废物、水泥生产原料中汞（Hg）、镉（Cd）、铊（Tl）、砷（As）、镍（Ni）、铅（Pb）、铬（Cr）、锡（Sn）、锑（Sb）、铜（Cu）、锰（Mn）、铍（Be）、锌（Zn）、钒（V）、钴（Co）、钼（Mo）、氟（F）、氯（Cl）和硫（S）的分析。

③ 相容性测试，一般需要配备黏度仪、搅拌仪、温度计、压力计、pH 计、反应

气体收集装置等。

④ 满足 GB 5085.1 要求的腐蚀性检测；满足 GB 5085.4 要求的易燃性检测；满足 GB 5085.5 要求的反应性检测。

⑤ 满足 GB 4915 和 GB 30485 监测要求的烟气污染物检测。

⑥ 满足其他相关标准中要求的水泥产品环境安全性检测。

（3）分析化验室应设有样品保存库，用于贮存备份样品；样品保存库应可以确保危险固体废物样品贮存 2 年而不使固体废物性质发生变化，并满足相应的消防要求。

（4）上述（2）中①、②以及③款为企业必须具备的条件，其他分析项目如果不具备条件，可经当地环保部门许可后委托有资质的分析监测机构进行采样分析监测。

（三）《水泥窑协同处置危险废物经营许可证审查指南（试行）》环境保护部 2017 年第 22 号公告

（1）采用分散联合经营或分散独立经营模式时，危险废物预处理中心和水泥生产企业应制定预处理产物质量标准并在当地质监部门进行备案，预处理产物质量标准中至少应规定预处理产物的重金属包括汞（Hg）、镉（Cd）、铊（Tl）、砷（As）、镍（Ni）、铅（Pb）、铬（Cr）、锡（Sn）、锑（Sb）、铜（Cu）、锰（Mn）、铍（Be）、锌（Zn）、钒（V）、钴（Co）、钼（Mo）以及硫（S）、氯（Cl）、氟（F）含量限值，预处理中心生产的并运送至水泥生产企业进行协同处置的预处理产物应满足预处理产物质量标准。

（2）危险废物预处理中心和采用集中经营模式的协同处置单位的实验室应具备危险废物、预处理产物、水泥生产常规原料和燃料中的重金属以及硫（S）、氯（Cl）、氟（F）含量的分析能力。

（3）采用分散联合经营或分散独立经营模式的水泥生产企业如果不具备危险废物、预处理产物、水泥生产常规原料和燃料中的重金属以及硫（S）、氯（Cl）、氟（F）含量的分析能力，可经当地环保部门许可后，委托其他分析检测机构进行定期送样分析，送样分析频次应不少于每周 1 次，并将预处理产物的送样分析结果与预处理产物质量标准进行比对，评估预处理中心生产的预处理产物的质量可靠性。预处理产物连续 2 个月的送样分析结果与预处理质量标准一致时，送样分析频次可减为每月 1 次，若在此期间出现送样分析结果与预处理产物质量标准不一致，则送样分析频次重新调整为每周 1 次。

（4）协同处置单位分析化验的其他要求应符合《水泥窑协同处置固体废物环境保护技术规范》（HJ 662）中的相关规定。

二、检测项目

根据标准规范中的要求，参照水泥生产的实际情况，水泥窑协同处置危险废物需要检测的项目如下。

（一）危险废物检测

进厂的危险废物按照检测的需求分为有机类危险废物和无机类危险废物两大类别。

（1）无机类危险废物的检测指标。

① 无机类危险废物类别。这类危险废物一般为：HW17 表面处理废物、HW18 焚烧处置残渣（772-005-18 除外）、HW20 含铍废物、HW21 含铬废物、HW22 含铜废物、HW23 含锌废物、HW24 含砷废物、HW25 含硒废物、HW26 含镉废物、HW27 含锑废物、HW28 含碲废物、HW30 含铊废物、HW31 含铅废物、HW32 无机氟化物废物、HW33 无机氰化物废物、HW46 含镍废物、HW47 含钡废物、HW48 有色金属冶炼废物、HW49 其他废物、HW50 废催化剂等 20 大类。

② 无机类危险废物检测指标。无机类危险废物的检测指标一般包括：

a. 物理指标：含水率、灰分、挥发特性等；

b. 常规化学指标：烧失量，热值，CaO，SiO_2，Al_2O_3，Fe_2O_3，MgO，K_2O，Na_2O，P_2O_5，SO_3，Cl^-、F^-；

c. 重金属总量指标：汞（Hg）、镉（Cd）、铊（Tl）、砷（As）、镍（Ni）、铅（Pb）、铬（Cr）、锡（Sn）、锑（Sb）、铜（Cu）、锰（Mn）、铍（Be）、锌（Zn）、钒（V）、钴（Co）、钼（Mo）。

（2）有机类危险废物的检测指标。

① 有机类危险废物类别。这类危险废物一般为：HW02 医药废物，HW03 废药物、药品，HW04 农药废物，HW05 木材防腐剂废物，HW06 废有机溶剂与含有机溶剂废物，HW07 热处理含氰废物，HW08 废矿物油与含矿物油废物，HW09 油/水、烃/水混合物或乳化液，HW10 多氯（溴）联苯类废物，HW11 精（蒸）馏残渣，HW12 染料、涂料废物，HW13 有机树脂类废物，HW14 新化学物质废物，HW16 感光材料废物，HW18 焚烧处置残渣（772-005-18），HW19 含金属羰基化合物废物，HW34 废酸，HW35 废碱，HW39 含酚废物，HW40 含醚废物，HW45 含有机卤化物废物，HW49 其他废物等 22 大类。

② 有机类危险废物检测指标。有机类危险废物的检测指标一般包括：

a. 物理指标：含水率、灰分、挥发特性、黏度等；

b. 常规化学指标：烧失量，pH 值，热值，CaO，SiO_2，Al_2O_3，Fe_2O_3，MgO，K_2O，Na_2O，P_2O_5，SO_3，Cl^-、F^-；

c. 重金属总量指标：汞（Hg）、镉（Cd）、铊（Tl）、砷（As）、镍（Ni）、铅（Pb）、铬（Cr）、锡（Sn）、锑（Sb）、铜（Cu）、锰（Mn）、铍（Be）、锌（Zn）、钒（V）、钴（Co）、钼（Mo）；

d. 配伍特性指标：相容性、反应性、闪点、易燃性、腐蚀性等。

（二）水泥生产相关材料检测

（1）水泥原材料。水泥生产的各种原材料及入窑生料均需要检测：

① 常规指标：CaO，SiO_2，Al_2O_3，Fe_2O_3，烧失量，SO_3，MgO，K_2O，Na_2O，

P_2O_5，Cl^-、F^-；

② 重金属总量指标：汞（Hg）、镉（Cd）、铊（Tl）、砷（As）、镍（Ni）、铅（Pb）、铬（Cr）、锡（Sn）、锑（Sb）、铜（Cu）、锰（Mn）、铍（Be）、锌（Zn）、钒（V）、钴（Co）、钼（Mo）。

（2）煤粉检测。

① 煤粉需要检测

a. 常规指标：固定碳、灰分、挥发分、含水率；

b. 重金属总量指标：汞（Hg）、镉（Cd）、铊（Tl）、砷（As）、镍（Ni）、铅（Pb）、铬（Cr）、锡（Sn）、锑（Sb）、铜（Cu）、锰（Mn）、铍（Be）、锌（Zn）、钒（V）、钴（Co）、钼（Mo）。

② 煤粉的灰分需要检测

a. 常规指标：CaO，SiO_2，Al_2O_3，Fe_2O_3，SO_3，MgO，K_2O，Na_2O，P_2O_5，Cl^-、F^-；

b. 重金属总量指标：汞（Hg）、镉（Cd）、铊（Tl）、砷（As）、镍（Ni）、铅（Pb）、铬（Cr）、锡（Sn）、锑（Sb）、铜（Cu）、锰（Mn）、铍（Be）、锌（Zn）、钒（V）、钴（Co）、钼（Mo）。

（3）熟料检测。

① 常规指标：CaO，SiO_2，Al_2O_3，Fe_2O_3，烧失量，SO_3，MgO，K_2O，Na_2O，P_2O_5，Cl^-、F^-；

② 重金属总量指标：汞（Hg）、镉（Cd）、铊（Tl）、砷（As）、镍（Ni）、铅（Pb）、铬（Cr）、锡（Sn）、锑（Sb）、铜（Cu）、锰（Mn）、铍（Be）、锌（Zn）、钒（V）、钴（Co）、钼（Mo）；

③ 重金属浸出指标：砷（As）、铅（Pb）、镉（Cd）、铬（Cr）、铜（Cu）、镍（Ni）、锌（Zn）、锰（Mn）；

④ Cr^{6+}。

（4）混合材检测。

① 常规指标：SO_3，MgO，K_2O，Na_2O，P_2O_5，Cl^-、F^-；

② 重金属总量指标：汞（Hg）、镉（Cd）、铊（Tl）、砷（As）、镍（Ni）、铅（Pb）、铬（Cr）、锡（Sn）、锑（Sb）、铜（Cu）、锰（Mn）、铍（Be）、锌（Zn）、钒（V）、钴（Co）、钼（Mo）；

③ 重金属浸出指标：砷（As）、铅（Pb）、镉（Cd）、铬（Cr）、铜（Cu）、镍（Ni）、锌（Zn）、锰（Mn）；

④ Cr^{6+}。

（5）水泥产品检测。

① 常规指标：SO_3，MgO，K_2O，Na_2O，P_2O_5，Cl^-、F^-；

② 重金属总量指标：汞（Hg）、镉（Cd）、铊（Tl）、砷（As）、镍（Ni）、铅（Pb）、铬（Cr）、锡（Sn）、锑（Sb）、铜（Cu）、锰（Mn）、铍（Be）、锌（Zn）、钒（V）、钴（Co）、钼（Mo）；

③ 重金属浸出指标：砷（As）、铅（Pb）、镉（Cd）、铬（Cr）、铜（Cu）、镍（Ni）、锌（Zn）、锰（Mn）；

④ Cr^{6+}。

三、实验室建设

（一）实验室选址

（1）实验室最好为单独的建筑，与办公区分开。

（2）若需在多层建筑中，最好选择最上层。

（二）实验室装修

（1）实验室的设计应根据相关规范与标准，对通风、环境、供气、给排水、供电、智能化、安防和管道等进行系统化的设计和安装。

（2）烘干设备、高温设备等加热类型的设备最好都放置在通风橱内。

（3）推荐使用新风系统，使室内的空气洁净和温湿度稳定，提升实验室的使用体验及对温湿度要求较高的分析仪器的耐用性和稳定性。

（4）合理地排布各种管路管线，确保美观和检修方便。

（5）有特殊要求的精密仪器设备要设单独房间放置。

（6）安装门禁系统，无关人员不得入内。

（7）对剧毒品、易制毒和易制爆化学品按照法规要求进行"五双"贮存和管理。

（三）实验室工作内容

实验室负责：危险废物小样检测及准入、大样复核、水泥原材料及混合材检测、危险废物入库及配伍指令下达、焚烧工况控制、焚烧过程及水泥产品监测等。

（四）实验室异味治理

实验室配置通风橱、吸风罩等负压引风装置，收集异味进行统一处理后排放。废气处理方法可选择高能离子氧化技术、光催化氧化技术、活性炭吸附技术等。

（1）高能离子氧化技术。

① 技术原理。高能离子氧化技术的处理设备包括过滤、增压器、激发器和光反应器等工段。废气通过收集管道进入恶臭处理机，首先通过前端过滤段将一些颗粒物去除，同时增压器部分通过"三交面"放电的原理将外部空气电离产生氧原子、氧离子及臭氧（此部分外部空气是通过系统配套的空气处理站处理后的洁净空气）；增压器产生的氧化剂同过滤后的废气进行混合，同时量子激发器对臭气进行激发，使活性基团与臭气发生氧化反应，光反应器灯管产生光起到协同作用，促进氧化反应的快速进行，

臭气分子氧化分解；反应后尾气达标排放。

高能离子氧化技术原理示意如图 5-9 所示。

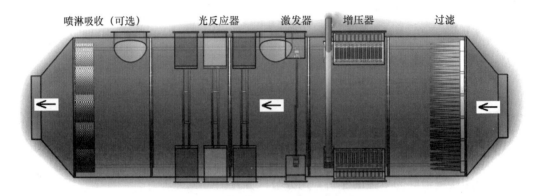

图 5-9　高能离子氧化技术原理示意

② 高能离子氧化技术优点。

a. 可在室温下发生反应，无须加热，极大地节约了能源；

b. 系统的动力消耗低，运行费用低，设备运行稳定，寿命长；

c. 装置简单，设备体积小，反应器为模块式结构，容易进行易地搬迁和安装；

d. 不需要预热时间，可以即时开启与关闭，处理速度快（秒级）；

e. 设备体积小，功率低，适合大风量、低浓度的废气处理；

f. 抗粉尘干扰能力强。

（2）光催化氧化技术。光催化氧化技术是利用光激发氧化将 O_2、H_2O_2 等氧化剂与光辐射相结合。所用光主要为紫外光，包括 uv-H_2O_2、uv-O_2 等工艺，可以用于处理污水中 CCl_4、多氯联苯等难降解物质。另外，在有紫外光的 Fenton 体系中，紫外光与铁离子之间存在着协同效应，使 H_2O_2 分解产生羟基自由基的速率大大加快，促进有机物的氧化去除。

（3）活性炭吸附技术。

① 活性炭（颗粒、纤维），具有很多微孔及很大的比表面积，依靠分子引力和毛细管作用，能使溶剂蒸汽和挥发性物质吸附于其表面，又根据不同物质的沸点，用蒸汽将吸附物质析出。当采用蒸汽为解析介质时解析出的有机溶剂蒸汽与水蒸气一起通过冷凝器凝结，进入分离桶经分离后回收有机溶剂。残液经曝气处理后排放。

② 几种常用的活性炭。

椰壳活性炭：成炭颗粒均在 $10\mu m$ 以下，炭粒细小均匀。其中，以 $2\sim3\mu m$ 粒径的炭粒占多数，炭粒间结合蓬松，炭表面粗糙，孔洞数量多，大孔、中孔、微孔分布广泛。

煤质活性炭：成炭颗粒存在较多 $1\mu m$ 以下粒径的炭粉，炭粒间粘合不紧密，表面粗糙，孔洞分布中 $1\mu m$ 以下粒径的大孔和中孔数量多微孔相对较低。

木质活性炭：成炭粒径绝大部分在 $10\mu m$ 以下，以 $5\mu m$ 左右粒径为主，炭粒分布均匀。炭粒粘合非常紧密，表面粗糙度较低，大孔和中孔数量少。

③ 活性炭吸附技术比较简单稳定，但只适用于小风量、低粉尘、污染物为大分子量但低浓度、间歇性作业的实验室。

四、检测标准

根据水泥窑协同处置危险废物的检测项目，列出各项目的检测标准，见表5-8。

表 5-8　水泥窑协同处置危险废物的检测标准

序号	检测项目		检测标准
1	石灰质原料	常规指标	《水泥化学分析方法》（GB/T 176—2017）
		重金属总量	《水泥窑协同处置固体废物技术规范》（GB 30760—2014）
2	黏土质原料	常规指标	《水泥用硅质原料化学分析方法》（JC/T 874—2009）
		重金属总量	《水泥窑协同处置固体废物技术规范》（GB 30760—2014）
3	校正材料	常规指标	《水泥用铁质原料化学分析方法》（JC/T 850—2009）
		重金属总量	《水泥窑协同处置固体废物技术规范》（GB 30760—2014）
4	煤粉	常规指标	《煤的工业分析方法》（GB/T 212—2008）
		重金属总量	《水泥窑协同处置固体废物技术规范》（GB 30760—2014）
5	煤灰	常规指标	《水泥化学分析方法》（GB/T 176—2017）
		重金属总量	《水泥窑协同处置固体废物技术规范》（GB 30760—2014）
6	水泥熟料	常规指标	《水泥化学分析方法》（GB/T 176—2017）
		重金属总量	《水泥窑协同处置固体废物技术规范》（GB 30760—2014）
		重金属浸出	《水泥窑协同处置固体废物技术规范》（GB 30760—2014）
		Cr^{6+}	《水泥中水溶性铬（Ⅵ）的限量及测定方法》（GB 31893—2015）
7	混合材	常规指标	《水泥化学分析方法》（GB/T 176—2017）
		重金属总量	《水泥窑协同处置固体废物技术规范》（GB 30760—2014）
		重金属浸出	《水泥窑协同处置固体废物技术规范》（GB 30760—2014）
		Cr^{6+}	《水泥中水溶性铬（Ⅵ）的限量及测定方法》（GB 31893—2015）
8	水泥	常规指标	《水泥化学分析方法》（GB/T 176—2017）
		重金属总量	《水泥窑协同处置固体废物技术规范》（GB 30760—2014）
		重金属浸出	《水泥窑协同处置固体废物技术规范》（GB 30760—2014）
		Cr^{6+}	《水泥中水溶性铬（Ⅵ）的限量及测定方法》（GB 31893—2015）
9	危险废物物理指标	含水率	《土壤水分测定法》（NY/T 52—1987）
		灰分	《废弃物的总热值与灰值标准测定方法》（ASTM 5468—02）（2007）
			《石油产品灰分测定法》（GB 508—1985）（1991）
			《煤的工业分析方法》（GB/T 212—2008）
		黏度	《聚酯类产品的黏度测定》（ASTM D4878—03）

序号	检测项目		检测标准
10	危险废物常规化学指标	烧失量	《废弃物的总热值与灰值标准测定方法》（ASTM 5468—02）（2007）
		pH 值	《pH 试纸法》（USEPA 9041A：1992）
			《土壤和废料的 pH 值的测定》（USEPA 9045D：2004）
		热值	《废弃物的总热值与灰值标准测定方法》（ASTM 5468—02）（2007）
		元素分析	《水泥化学分析方法》（GB/T 176—2017）
		Cl^-	氯化物测定、电位滴定法、《水和废水监测分析方法》（第四版）国家环保总局（2002）
		F^-	《离子色谱法测定无机阴离子》（USEPA 9056A：2007）
		P	《离子色谱法测定无机阴离子》（USEPA 9056A：2007）
11	危险废物重金属总量指标		《水泥窑协同处置固体废物技术规范》（GB 30760—2014）
12	危险废物配伍特性指标	闪点	《小式闭口杯法可燃性测定》（USEPA 1020B：2004）
		腐蚀性	《危险废物鉴别标准 腐蚀性鉴别》（GB 5085.1—2007）
		易燃性	《危险废物鉴别标准 易燃性鉴别》（GB 5085.4—2007）
		反应性	《危险废物鉴别标准 反应性鉴别》（GB 5085.5—2007）

五、仪器设备清单

（一）预处理设备清单

根据水泥窑协同处置危险废物的检测项目，列出实验室的样品采样及预处理设备配置清单，见表 5-9。

表 5-9　水泥窑协同处置危险废物的采样及预处理设备清单

序号	仪器设备清单	数量	单位	检测项目
1	电子天平 220g/0.1mg	2	台	称重
2	电子天平 520g/0.1g	2	台	称重
3	微波消解系统（含赶酸加热板）	1	套	六价铬及 Be 样品前处理
4	瓶口分液器	1	支	准确分离液体
5	自动压样机	1	套	样品制备
6	数控超声波清洗器	1	台	清洗玻璃器皿
7	电热恒温水浴锅	1	台	前处理/浓缩，蒸馏
8	翻转式振荡器	2	台	重金属浸出方法
9	水平振荡器	1	台	重金属浸出方法
10	电热恒温鼓风干燥箱	2	台	干燥/烘干
11	加热磁力搅拌器	1	台	搅拌处理设备
12	无油隔膜真空泵（防腐型）	1	套	抽滤/前处理设备

续表

序号	仪器设备清单	数量	单位	检测项目
13	冰箱	1	台	保存试剂
14	振动磨	1	套	样品制备
15	剪切式粉碎机	1	台	样品制备
16	颚式破碎机	1	台	样品制备
17	植物粉碎机	1	台	样品制备
18	智能电热板	1	台	加热、消解
19	烟气粉尘颗粒物自动取样系统	1	套	气体采样
20	大气采样器	1	套	气体采样

（二）检测仪器清单

根据水泥窑协同处置危险废物的检测项目，列出实验室的检测仪器配置清单，见表5-10。

表 5-10　水泥窑协同处置危险废物的检测仪器配置清单

序号	仪器设备清单	数量	单位	检测项目
1	高精度 X 荧光光谱仪	1	套	检测 S、Cl、P 等以及重金属
2	紫外可见分光光度计	2	套	六价铬、F、Be 的测定
3	pH 计	2	台	酸碱度/腐蚀性
4	自动量热仪	1	套	热值检测
5	全自动工业分析仪	1	套	灰分、挥发分
6	旋转黏度计	1	台	黏度检测
7	自动闭口闪点仪	1	台	易燃性鉴别
8	马弗炉	2	台	水分、灰分、挥发分等
9	多功能声级计	1	只	噪声检测
10	辐射计量仪	1	只	辐射检测
11	便携式有毒气体分析仪	1	台	HCl、CO_2、SO_2、H_2S、NH_3气体检测
12	烟气粉尘颗粒物自动取样系统	1	套	气体采样
13	卤素分析仪	1	台	燃烧中的 F、Cl 分析
14	手持式 XRF 分析仪	1	台	土壤重金属分析
15	电感耦合等离子体发射光谱	1	台	重金属分析
16	自动硫分析仪	1	台	燃烧中的硫分析

六、检测步骤及记录

（一）危险废物检测流程

危险废物进入实验室的检测流程如图 5-10 所示。

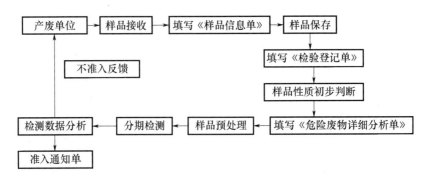

图 5-10　危险废物进入实验室的检测流程

危险废物进入实验室，由实验室人员负责接收，填写《样品信息单》并对样品进行登记、保存。符合规范要求的类别和数量的，填写《检验登记单》，初步判断，下发《危险废物详细分析单》并对样品进行预处理及逐项检测，出具检测报告。符合进厂标准的发放《准入通知单》，不符合进厂标准的，反馈给产生废物单位或市场部。

（1）样品检查。实验员应对样品进行符合性检查，检查内容包括以下几项：

① 样品包装、标识及外观是否完好。

② 对照准入信息检查样品的名称、采样地点、样品数量、形态性状等内容是否一致。

③ 样品是否损坏、污染或已过有效期。若检查样品有异常，实验员应在《样品检验单》中如实记录。当对样品是否适合检测有疑问时，应及时向客户或业务员询问，要求进一步说明。

（2）样品登记。样品通过符合性检查后，实验员应做好样品登记，确定样品唯一性编号，并将样品唯一性标识固定在样品容器上。

（二）记录表格格式

（1）样品信息单。《样品信息单》的格式见表 5-11。

表 5-11　样品信息单

送样单位		样品数量	
送样名称		危险废物代码	
样品包装、状态			
主要危害成分			
拟检测项目			
送检方经手人及电话			
检测方经手人及电话			
送样日期			

（2）检验登记单。《检验登记单》的格式见表 5-12。

表 5-12　检验登记单

编号			
来样日期			
受理日期			
送样单位			
送样人、电话			
样品名称		样品数量	
危险废物大类		小代码	
样品包装及状态描述			
检测项目			
检测依据			
说明事项			
剩余样品处理	收回□		自行处理□
委托方负责人、电话			
检测方负责人、电话			

（3）危险废物详细分析单。《危险废物详细分析单》的格式见表 5-13。

表 5-13　危险废物详细分析单

样品编号：

时间		样品编号		采样人	
产废单位		物料名称		代码	
危险特性说明					
测试项目	测试结果	单位	测试人	校核人	备注
钾（K_2O）					
钠（Na_2O）					
镁（MgO）					
铝（Al_2O_3）					
硅（SiO_2）					
铁（Fe_2O_3）					
钙（CaO）					
汞					
镉					
铊					
砷					
镍					
铅					
铬					
Cr^{6+}					

测试项目	测试结果	单位	测试人	校核人	备注
锡					
锑					
铜					
锰					
铍					
锌					
钒					
钴					
钼					
pH					
热值					
灰分					
含水率					
挥发温度					
黏度					
烧失量					
总硫含量					
总氯含量					
总氟含量					
总溴含量					
总磷含量					
相容性					
闪点					
反应性					
易燃性					
腐蚀性					

（4）准入通知单。《准入通知单》的格式见表 5-14。

表 5-14　准入通知单

小样编号			
产生废物单位名称			
废物名称			
废物主要成分			
废物类别		代码	
废物物理形态		预计质量	

危险性提示			
申请提交人		申请日期	
小样测试负责人		测试时间	
小样测试结果	物理指标		
	常规化学指标		
	重金属指标		
	配伍特性指标		
化验室负责人	准入□	不准入□	
固体废物车间负责人	准入□	不准入□	
准入评定总经理	准入□	不准入□	

（三）无机危险废物检测步骤

无机危险废物的检测步骤如图 5-11 所示。

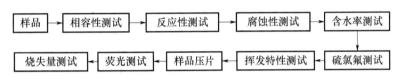

图 5-11　无机危险废物的检测步骤

（四）有机危险废物检测步骤

有机危险废物的检测步骤如图 5-12 所示。

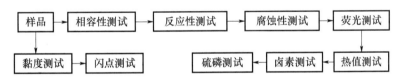

图 5-12　有机危险废物的检测步骤

（五）检测方法

各项目的检测方法查阅相关标准。

七、实验室管理

（1）仪器管理。

① 实验设备、仪器必须经培训合格的人员使用。

② 实验设备、仪器的使用必须严格按照操作规程进行，使用完毕要对设备仪器进行清洁、整理。

③ 实验设备、仪器应定期检查和校准，严格按照使用说明书进行操作，严禁使用检查不合格或超过使用周期的实验检测设备和仪器。

④ 对于检测设备出现的故障和事故，分析实验室的人员应及时上报解决，并做好相应的记录。

⑤ 对一些特殊的设备要严格按照说明书来操作和使用，不得随意更改设备的零件和操作过程。

⑥ 实验室操作人员未经厂家同意不得拆装实验设备。

（2）药品管理。

① 由专人负责，妥善保管实验药品，对有毒、有害药品严格控制其使用。

② 每瓶药品、试剂均要有名、实一致的标签，绝不允许在瓶内装与标签内容不相符的试剂和药品。

③ 实验药品存放处要通风干燥，存放处的温度不得超过药品存放规定的最高温度。易挥发药品要统一放在通风橱内保存，易燃药品要远离一切热源、火源，易爆类药品应放在低温处保管，不得与其他易燃物、氧化剂放在一起，挪用时不得激烈振动。

④ 开启易挥发的有毒试剂瓶时，不可使瓶口对着自己和他人，尤其是在夏季；取用腐蚀类刺激性药品时，要戴上橡胶手套。

⑤ 严禁氧化物和可燃物一起研磨。

⑥ 实验过程中所剩药品及产生的垃圾必须倒入规定的垃圾桶内，集中处理，不得随意倒掉和堆放。

⑦ 对剧毒化学品实行"五双"管理制度，即：双人验收、双人保管、双人领取、双把锁、双本账。

（3）安全管理。

① 实验室应具备应急预案并定期演练。实验室人员必须熟悉安全规则，所有人员均应了解并熟悉各项紧急措施及程序，包括紧急逃生通道以及如何请求援助。

② 有毒、感染性或腐蚀性物质应谨慎使用。如果必须使用时，应先查阅有关该物质的资料，保证对其危险性及防护措施（安全护目镜、手套等）有充分的了解及准备。

③ 操作毒性、危险性或刺激性气体、蒸汽、烟雾、液体等物质时，应在通风橱里进行；

进行剧烈反应时，或需要使用可燃性溶剂做蒸干与蒸馏操作时应将通风橱门拉低；

通风橱内正在蒸发、蒸馏、萃取可燃性溶剂时，严禁在附近点燃火焰，必须加热时，应使用电热套、水浴锅、油浴锅。

④ 实验室内正在使用可燃性溶剂时，应尽量避免使用明火灯。

⑤ 所有化学药品、原料及化验样品应以干净标签标明，所有贮留溶液与试剂应以标签标明配制日期，并有配制者签名。

⑥ 当眼睛暴露于可能有粉粒或液体飞扬之危险时，务必佩戴眼镜或安全护目镜。如有溶剂损害眼睛立即用清洗球冲洗。

⑦ 下班前，应将所有气体、蒸汽、水源与电力设备、仪器关闭。任何人使用仪器

后，均应随手关闭。如某些化验需要，将机器打开而无人看管，应告知实验室负责人及安全人员。

八、记录保存

（1）检测记录应按照危险废物的类别分开保存。

（2）台账的保管方式要便于存取和检索，保管设施应提供适宜的环境，以防止损坏、变质和丢失。

（3）各部门需查阅台账时，需向总经理或部门负责人提出申请，经批准后，再向相关记录的部门负责人借记录查阅，各部门做好查阅记录。

（4）要做好各类台账的填写和呈报工作，台账的填写应准确、干净。不得在台账上随便涂写。如记录时出现错误，在错误处画一杠，再填写正确数据，任何人不得随意更改、涂写台账，以保证台账的有效性。

（5）台账严格按照《危险废物规范化管理指标体系》要求期限保存，危险废物经营记录簿保存 10 年以上，其他台账保存 5 年以上。

九、案例分析

（一）青海某项目

（1）背景介绍。2017 年建设完成了 10 万吨/年危险废物处置项目。依托水泥厂中控室一楼原有的化验室，增加了几台设备，完成了危险废物实验室建设。

（2）不符合分析。原水泥厂化验室测试物料为无机物和煤炭，没有含挥发性气味的物料，因此没有尾气处理装置。危险废物实验室设置在一楼，只是新增了几台设备，没有增加异味处理设备。在进行农药类危险废物的热值、易燃性等测试时，无组织排放严重。

（3）结论。改造实验室，增加尾气负压引风装置和尾气处理装置。

（二）青海某项目

（1）背景介绍。2017 年建设完成了 10 万吨/年危险废物处置项目，建设了实验室。拟从江苏跨省转移 2 万吨危险废物。环保公司市场部负责人与产生废物企业洽谈价格后，分别向江苏省环保厅和青海省环保厅提出申请，获得双方回函许可。

（2）不符合分析。危险废物小样未经实验室检测，处置企业没有下发《准入通知单》，危险废物入厂后检测，含氯量高达 40%，水泥企业无法处置。

（3）结论。双方发生纠纷。

（三）山东某项目

（1）背景介绍。该企业 2004 年开始经营危险废物的焚烧和填埋业务。2016 年，因不合规经营，危险废物处置资质被吊销。库存大量危险废物，山东省环保厅召集各处置单位有偿处置。

（2）不符合分析。库存的危险废物无法查询到相应的记录台账，处置企业无法辨识类别。

（3）结论。危险废物经营记录簿应该保存 10 年以上。危险废物填埋台账应永久保存。

（四）复旦大学投毒案件

（1）背景介绍。林某某与被害人黄某同为复旦大学上海医学院 2010 级硕士研究生，均入住复旦大学某宿舍楼 421 室。林某某因日常琐事对被害人黄某不满，决意采用投放毒物的方式加害黄某。

2013 年 3 月 31 日下午，林某某以取物为借口，从他人处借得钥匙后，进入复旦大学附属中山医院 11 号楼 204 影像医学实验室，取出其于 2011 年参与医学动物实验后存放于此处的、内装有剩余剧毒化学品二甲基亚硝胺原液的试剂瓶和注射器，并装入一个黄色医疗废弃物袋中带离该室。

2013 年 3 月 31 日 17 时 50 分许，林某某携带上述物品回到 421 室，趁无人之机，将试剂瓶和注射器内的二甲基亚硝胺原液投入该室饮水机内，后将试剂瓶等物装入黄色医疗废弃物袋，丢弃于宿舍楼外的垃圾桶内。

2013 年 4 月 1 日 9 时许，黄某在 421 室从该饮水机接水饮用后，出现呕吐等症状，即于当日中午到复旦大学附属中山医院就诊。4 月 16 日，黄某继发多器官功能衰竭死亡。

（2）不符合分析。二甲基亚硝胺属于剧毒化学品，应该执行"五双"管理制度。

（3）结论。所有剧毒化学品，应该执行"五双"管理制度。

第四节　危险废物处置合同

一、合同内容

危险废物处置合同应包括但不限定于以下内容：

（1）处置的危险废物类别、价格；

（2）危险废物的包装形式；

（3）危险废物的接收地点；

（4）危险废物的运输形式及责任主体；

（5）产生废物单位对危险废物特性的承诺；

（6）处置单位对处置期限的承诺；

（7）危险废物的计量方式；

（8）危险废物的转接责任；

（9）费用结算方式及大样与小样不符合情况下的经济赔偿等；

（10）双方的违约责任。

二、合同附件

合同中应具有但不限于以下附件：

（1）小样检测报告；

（2）准入通知单；

（3）处置单位危险废物经营许可证复印件；

（4）危险废物类别清单；

（5）废物处理处置价格确认单。

三、案例分析

青海某项目

（1）项目介绍。该水泥厂位于青海省某城市。现有 1 条 4000t/d 水泥熟料新型干法水泥窑生产线，于 2013 年投运。2016 年，依托该生产线，建设了 10 万吨/年的危险废物处置项目，2017 年正式投入运营。

（2）运营中的常见问题。出现了四次小样与大样严重不符的情况。第一次小样与大样严重不符，发现合同中未约定违约责任，双方多次电话协商，押车 15 天后才卸车入库。

（3）结论。合同中应写明该项条款。

第六章　危险废物运输及暂存

第一节　危险废物转移联单

为加强对危险废物转移的有效监督，实施危险废物转移联单制度，根据《中华人民共和国固体废物污染环境防治法》有关规定，国家环境保护部门制定了《危险废物转移联单管理办法》，共十六条，自 1999 年 10 月 1 日起施行。《危险废物转移联单管理办法》适用于在中华人民共和国境内从事危险废物转移活动的单位。

一、《危险废物转移联单管理办法》的主要内容

第四条　危险废物产生单位在转移危险废物前，须按照国家有关规定报批危险废物转移计划；经批准后，产生单位应当向移出地环境保护行政主管部门申请领取联单。

产生单位应当在危险废物转移前三日内报告移出地环境保护行政主管部门，并同时将预期到达时间报告接受地环境保护行政主管部门。

第五条　危险废物产生单位每转移一车、船（次）同类危险废物，应当填写一份联单。每车、船（次）有多类危险废物的，应当按每一类危险废物填写一份联单。

第六条　危险废物产生单位应当如实填写联单中产生单位栏目，并加盖公章，经交付危险废物运输单位核实验收签字后，将联单第一联副联自留存档，将联单第二联交移出地环境保护行政主管部门，联单第一联正联及其余各联交付运输单位随危险废物转移运行。

第七条　危险废物运输单位应当如实填写联单的运输单位栏目，按照国家有关危险物品运输的规定，将危险废物安全运抵联单载明的接受地点，并将联单第一联、第二联副联、第三联、第四联、第五联随转移的危险废物交付危险废物接受单位。

第八条　危险废物接受单位应当按照联单填写的内容对危险废物核实验收，如实填写联单中接受单位栏目并加盖公章。

接受单位应当将联单第一联、第二联副联自接受危险废物之日起十日内交付产生单位，联单第一联由产生单位自留存档，联单第二联副联由产生单位在二日内报送移出地环境保护行政主管部门；接受单位将联单第三联交付运输单位存档；将联单第四联自留存档；将联单第五联自接受危险废物之日起二日内报送接受地环境保护行政主管部门。

第九条　危险废物接受单位验收发现危险废物的名称、数量、特性、形态、包装方式与联单填写内容不符的，应当及时向接受地环境保护行政主管部门报告，并通知产生单位。

第十条　联单保存期限为五年；贮存危险废物的，其联单保存期限与危险废物贮存期限相同。

环境保护行政主管部门认为有必要延长联单保存期限的，产生单位、运输单位和接受单位应当按照要求延期保存联单。

第十一条　省辖市级以上人民政府环境保护行政主管部门有权检查联单运行的情况，也可以委托县级人民政府环境保护行政主管部门检查联单运行的情况。

被检查单位应当接受检查，如实汇报情况。

第十二条　转移危险废物采用联运方式的，前一运输单位须将联单各联交付后一运输单位随危险废物转移运行，后一运输单位必须按照联单的要求核对联单产生单位栏目事项和前一运输单位填写的运输单位栏目事项，经核对无误后填写联单的运输单位栏目并签字。经后一运输单位签字的联单第三联的复印件由前一运输单位自留存档，经接受单位签字的联单第三联由最后一运输单位自留存档。

第十四条　联单由国务院环境保护行政主管部门统一制定，由省、自治区、直辖市人民政府环境保护行政主管部门印制。

联单共分五联，颜色分别为：第一联，白色；第二联，红色；第三联，黄色；第四联，蓝色；第五联，绿色。

联单编号由十位阿拉伯数字组成。第一位、第二位数字为省级行政区划代码，第三位、第四位数字为省辖市级行政区划代码，第五位、第六位数字为危险废物类别代码，其余四位数字由发放空白联单的危险废物移出地省辖市级人民政府环境保护行政主管部门按照危险废物转移流水号依次编制。联单由直辖市人民政府环境保护行政主管部门发放的，其编号第三位、第四位数字为零。

二、危险废物转移联单管理要点

（1）危险废物转移需要填写《危险废物转移联单》；

（2）《危险废物转移联单》由危险废物产生单位填写，如图 6-1 所示；

（3）危险废物产生单位，每转移一车同类危险废物，应当填写一份联单，每车有多类危险废物的，必须按照每一类危险废物填写一份联单；

（4）《危险废物转移联单》可以是电子的，也可以是纸质的；

（5）《危险废物转移联单》应为唯一的十位数编码；

（6）《危险废物转移联单》应在规定时间内返回各联负责单位和主管部门，如图 6-2 所示。

（7）《危险废物转移联单》保存期限为五年；

危险废物转移联单

编号 |□□□□□□□□□□□□□□□□□□□□□□□□□|

第一部分：废物产生单位填写

产生单位：＿＿＿＿＿＿＿＿＿＿＿　单位盖章　电话：＿＿＿＿＿＿

通讯地址：＿＿＿＿＿＿＿＿＿＿＿　　　　　邮编：＿＿＿＿＿＿

运输单位：＿＿＿＿＿＿＿＿＿＿＿　　　　　电话：＿＿＿＿＿＿

通讯地址：＿＿＿＿＿＿＿＿＿＿＿　　　　　邮编：＿＿＿＿＿＿

接受单位：＿＿＿＿＿＿＿＿＿＿＿　　　　　电话：＿＿＿＿＿＿

通讯地址：＿＿＿＿＿＿＿＿＿＿＿　　　　　邮编：＿＿＿＿＿＿

废物名称：＿＿＿＿＿＿＿＿＿　废物代码：＿＿－＿＿－＿＿

数量(吨)：＿＿＿＿＿　　形态：＿＿＿＿＿＿

　　　　　　　　　废物特性：＿＿＿＿＿　包装方式：＿＿＿＿＿

参考危险货物类型：＿＿＿＿＿＿＿＿＿＿＿

外运目的：□中转贮存　□利用　□焚烧　□安全填埋　□其他

主要危险成分：＿＿＿＿＿＿＿＿＿＿＿＿＿

禁忌与应急措施：＿＿＿＿＿＿＿＿＿＿＿

负责人姓名：＿＿＿＿＿　运达地：＿＿＿＿＿　转移时间：＿＿＿＿＿

第二部分：废物运输单位填写

运输者须知：你必须核对以上栏目事项，当与实际情况不符时，有权拒绝接收。

第一承运人单位：＿＿＿＿＿＿＿＿＿　运输日期：＿＿＿＿＿

车（船）型号：＿＿＿＿＿　牌号：＿＿＿＿＿　道路运输证号：＿＿＿＿＿

运输起点：＿＿＿＿＿　　经由地：＿＿＿＿＿＿

运输终点：＿＿＿＿＿　运输人签字：＿＿＿＿＿

第二承运人单位：＿＿＿＿＿＿＿＿＿　运输日期：＿＿＿＿＿

车（船）型号：＿＿＿＿＿　牌号：＿＿＿＿＿　道路运输证号：＿＿＿＿＿

运输起点：＿＿＿＿＿　　经由地：＿＿＿＿＿＿

运输终点：＿＿＿＿＿　运输人签字：＿＿＿＿＿

第三部分：废物接受单位填写

接受者须知：你必须核对以上栏目事项，当与实际情况不符时，有权拒绝接收。

经营许可证号：＿＿＿＿＿＿＿　接收人姓名：＿＿＿＿＿　接收日期：＿＿＿＿＿

废物处置方式：综合利用　□原材料利用　□能源利用

　　　　　　　处理处置　□焚烧　　□物理化学法　□填埋　□其他

　　　　　　　贮存　　　□贮存

实际接受量(吨)：＿＿＿＿＿　负责人签字：＿＿＿＿＿　单位盖章　日期：＿＿＿＿＿

图 6-1　《危险废物转移联单》

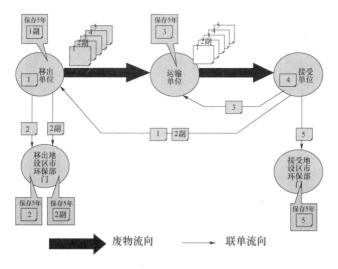

废物流向　　　联单流向

图 6-2　《危险废物转移联单》存档要求

三、案例分析

（一）江西某项目

（1）项目介绍。该项目为危险废物资源化再生利用项目。项目建设于 2016 年，2017 年正式投入运营。

（2）《危险废物转移联单》。2017 年，从江苏转移了一批含铜污泥、含镍污泥和含钯污泥。由于含钯污泥的量较少，因此与含镍污泥装在同一辆车上运输，但是只填写了一份《危险废物转移联单》，联单上的类别为含镍污泥，但危险废物转移量为两种污泥的总量。

（3）结论。责令危险废物产生单位重新向江苏省环保厅申报，重新填写《危险废物转移联单》。

（二）山东某项目

（1）项目介绍。该项目为危险废物焚烧及填埋项目。项目建设于 2017 年，2018 年12 月正式投入运营。

（2）《危险废物转移联单》。2018 年，从江苏转移了一批包装物。该批包装物共有三种类别，但密度较小，合计为 12t。因此三种包装物装在同一辆车上运输，而且只填写了一份《危险废物转移联单》，联单上的类别为其中的一种，但危险废物转移量为三种包装物的总量。

（3）结论。责令危险废物产生单位重新向江苏省环保厅申报，重新填写《危险废物转移联单》。

（三）《危险废物转移联单》填写不规范示例

（1）转移联单填写的数量与实际不符。转移联单填写的数量与实际不符的示例如

图 6-3 所示。

图 6-3　转移联单填写的数量与实际不符

（2）一张转移联单转移多种危险废物。一张转移联单转移多种危险废物的示例如图 6-4 所示。

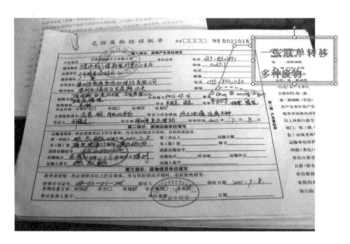

图 6-4　一张转移联单转移多种危险废物

第二节　危险废物包装

一、危险废物包装相关规范

2018 年 8 月 29 日发布的《危险货物道路运输规则》（JT/T 617—2018），对危险货物的包装、运输等内容进行了要求。

（1）标准说明。

中华人民共和国交通运输部在充分吸收借鉴《联合国关于危险货物运输的建议书

规章范本》（TDG）、《危险货物国际道路运输欧洲公约》（ADR）等国际规则的基础上，结合我国实际情况，组织制定了 JT/T 617—2018 标准。

JT/T 617—2018 标准包括 7 个部分（JT/T 617.1～7），分别为：通则、分类、品名及运输要求索引、运输包装使用要求、托运要求、装卸条件及作业要求、运输条件及作业要求，对危险货物分类、运输包装、托运、装卸、道路运输等环节的操作要求进行了系统性规定。

新 JT/T 617 的核心内容转化自《危险货物国际道路运输欧洲公约》（ADR），在框架上也基本保持了一致，见表 6-1。

表 6-1　JT/T 617 与 ADR 框架对比

《危险货物国际道路运输欧洲公约》（ADR）	《危险货物道路运输规则》（JT/T 617—2018）
第 1 部分：一般规定	1：通则
第 2 部分：分类	2：分类
第 3 部分：危险货物一览表，特殊规定，有限数量和例外数量危险货物的豁免	3：品名及运输要求索引
第 4 部分：包装和罐体规定	4：运输包装使用要求
第 5 部分：托运程序	5：托运要求
第 6 部分：包装、中型散装容器、大型包装、罐体和散装容器的制造和化验要求	6：装卸条件及作业要求
第 7 部分：运输、装卸及操作条件的规定	7：运输条件及作业要求
第 8 部分：车组人员、设备、作业和单据的要求	
第 9 部分：车辆制造和批准的要求	

该标准将于 2018 年 12 月 1 日起正式实施，较之 2004 年发布的 JT 617—2004《汽车运输危险货物规则》，内容更完整、操作性更强、内容衔接更顺畅合理、与国际相关法规更接轨。

（2）《危险货物道路运输规则》（JT/T 617—2018）中涉及包装的主要内容：

① 危险货物应装在质量合格的包装（包括中型散装容器和大型包装）内。

新的、再次使用的、修复过的和改制的包装（包括中型散装容器和大型包装）应足够坚固，能够承受仓储搬运、运输、周转时遇到的冲击和荷载。包装（包括中型散装容器和大型包装）应结构合理、具有良好的密封性，能够防止正常运输过程中由于振动，以及温度、湿度或压力的变化（如因海拔不同所致）引起的任何内装货物损失。

在运输中，不应有任何危险残余物质黏附在包装（包括中型散装容器和大型包装）的外表面。

② 包装（包括中型散装容器和大型包装）与危险货物直接接触的各个部位：

a. 不应由于危险货物的影响导致其强度明显减弱；

b. 不应在包件内引发危险效应，例如促使危险货物起反应或与危险货物起反应；

c. 在正常的运输条件下不会发生危险货物渗透情况；

d. 必要时，与危险货物直接接触的各个部位可有适当的内涂层或经过适当的处理。

③ 每个包装、中型散装容器和大型包装（内包装除外），应按照相关质量保证体系进行生产和检测试验。每种设计型号的包装、中型散装容器和大型包装应按照国家相关要求进行性能检验或型式认可。

④ 包装、中型散装容器和大型包装装载液体时，应留有足够的膨胀空间，以防止在运输过程中因温度变化引起液体膨胀而导致容器渗漏或永久变形。其具体要求为：

a. 除非另有特殊规定，液体在55℃时不得完全充满容器；

b. 当中型散装容器装载液体时，液面上方应留有足够的膨胀空间，以保证平均温度为50℃时中型散装容器的充装度不超过其容量的98%；

c. 除非另有特殊规定，在15℃的充装温度下，最大充装度按照表6-2的规定或按式（6-1）计算。

表6-2　最大充装度

物质的沸点 T （开始沸腾的温度点，℃）	$T<60$	$60 \leqslant T < 100$	$100 \leqslant T < 200$	$200 \leqslant T < 300$	$T \geqslant 300$
充装度 （容器体积的百分数，%）	90	92	94	96	98

$$F = \frac{98}{1 + a_1 \ (50 - t_f)} \tag{6-1}$$

式中　F——充装度；

t_f——液体充装时的平均温度，℃；

a_1——液体在15～50℃之间的体积膨胀的平均系数，也就是35℃时体积的最大增加量，可以根据式（6-2）求出：

$$a_1 = \frac{d_{15} - d_{50}}{35 \times d_{50}} \tag{6-2}$$

式中　d_{15}——液体在15℃时的相对密度，kg/m³；

d_{50}——液体在50℃时的相对密度，kg/m³。

⑤ 内包装应合理放置在外包装中，应能确保在正常运输条件下，内包装不会破裂、被刺穿或内装物渗漏到外包装中。装有液体的内包装，包装后封闭装置应朝上，且外包装内的摆放位置应与方向标记一致。用玻璃、陶瓷或某些塑料等材料制成的易于破裂或易被刺破的内包装，应使用合适的衬垫材料固定在外包装中。如果内装物发生泄漏，衬垫材料或外包装的保护性能不应因泄漏受到破坏。

⑥ 如果危险货物与其他货物之间会发生危险化学反应并可能造成如下后果，则不得装在同一个外包装或大型包装内：

a. 燃烧或放出大量的热；

b. 放出易燃、毒性或窒息气体；

c. 产生腐蚀性物质；

d. 产生不稳定物质。

⑦ 装有潮湿或稀释物质的包装，其封闭装置应能保证液体（水、溶剂或减敏剂）的浓度在运输过程中不会下降到规定的限值以下。如中型散装容器以串联的方式使用两个或两个以上的封闭装置，在充装完成后应首先关闭距危险物质最近的那个封闭装置。

⑧ 在装货和移交运输之前，托运人应检查每个包装、中型散装容器和大型包装，确保无腐蚀、污染或其他破损，应检查每个中型散装容器辅助设备是否正常工作。当包装强度与批准的设计类型相比有下降时，不应使用或应予以修复使之能够通过设计类型试验。

⑨ 液体应装入能够承受其正常运输条件下可能产生的内部压力的包装、中型散装容器中。中型散装容器不应装运 50℃ 时蒸气压力大于 0.11MPa 或 55℃ 时蒸气压力大于 0.13MPa 的液体。

⑩ 当运输固体危险货物时，如果该固体危险货物在运输过程中可能变为液体，则装载该物质的包装（包括中型散装容器），也应具备装载液态物质的能力。

⑪ 用于装粉末或颗粒物的包装（包括中型散装容器），应防撒漏或配备衬里。

⑫ 除非另有规定，塑料桶和罐、刚性塑料中型散装容器、带塑料内容器的复合中型散装容器，允许使用期限为包装的制造日期起最多不超过五年。

⑬ 当使用中型散装容器运输闪点等于或低于 60℃ 的液体，或者运输易于引起粉尘爆炸的粉末状物质时，应采取相关措施防止静电。

二、危险废物包装选择

（一）危险废物包装需考虑的原则

（1）包装物与危险废物的相容性；

（2）危险废物的物理形态；

（3）包装物的耐久性，防止破损、泄漏、遗撒等；

（4）液体的包装容器顶部与液体表面之间须保留 20cm 以上的空间。

常用的包装容器及包装材料有吨桶、铁桶、塑料桶、纸箱、吨袋等。

（二）危险废物包装物选择

不同物理特性的危险废物，可选用的包装容器及包装材料见表 6-3。

表 6-3　不同危险废物的包装选择

包装物类型	适合的危险废物
25L 塑料桶	液体：黏度<500mPa·S，固体杂质量<1%
50L 塑料桶	液体（黏度<1500mPa·S）；粉末；固体（挥发分<85%）
75L 塑料桶	固体（挥发分<85%）；黏稠类（加内衬袋包装）；粉末；散装物（少量）

包装物类型	适合的危险废物
200L 小口塑料桶	液体：黏度<500mPa·S，固体杂质量<1%
200L 小口铁桶	液体：pH 值>6.5，黏度<500mPa·S，固体杂质量<1%
200L 大口铁桶	固体：pH 值>6.5，挥发分<85%；散装物、粉末、油漆渣类、黏稠类
1 立方罐	液体：黏度<500mPa·S，固体杂质量<1%
1 立方开口罐	散装固体类；编织袋装污泥
铁箱	散装固体类；污泥类
1 立方袋	散装固体类；挥发分<5%

三、危险废物包装标志

（一）危险废物包装标志相关标准

涉及危险废物包装的相关标准有：《危险货物包装标志》（GB 190—2009）、《危险废物贮存污染控制标准》（GB 18597—2001）、《环境保护图形标志 固体废物贮存（处置）场》（GB 15562.2—1995）等。

（1）《危险货物包装标志》（GB 190—2009）中的相关规定如下：

① 标志应明显可见并易读，能够经受日晒雨淋而不显著减弱其效果。

② 标志的位置规定如下：

a. 箱状包装：位于包装端面或侧面的明显处；

b. 袋、捆包装：位于包装明显处；

c. 桶形包装：位于桶身或桶盖；

d. 集装箱、成组货物：粘贴四个侧面。

③ 每种危险品包装件应按其类别粘贴相应的标志。但如果某种物质或物品还有属于其他类别的危险性质，包装上除了粘贴该类标志作为主标志以外，还应粘贴表明其他危险性的标志作为副标志，副标志图形的下角不应标有危险货物的类项号。

④ 标志应清晰，并保证在货物储运期内不脱落。

（2）《危险废物贮存污染控制标准》（GB 18597—2001）中的相关规定如下：

① 除了在常温常压下不水解、不挥发的固体危险废物可在贮存设施内分别堆放外，必须将危险废物装入容器内。

② 禁止将不相容（相互反应）的危险废物在同一容器内混装。

③ 无法装入常用容器的危险废物可用防漏胶袋等盛装。

④ 装载液体、半固体危险废物的容器内须留足够空间，容器顶部与液体表面之间保留 100mm 以上的空间。

⑤ 盛装危险废物的容器上必须粘贴符合本标准附录 A 所示的标签。

⑥ 装载危险废物的容器及材质要满足相应的强度要求。

⑦ 装载危险废物的容器必须完好无损。

⑧ 盛装危险废物的容器材质和衬里要与危险废物相容（不相互反应）。

⑨ 液体危险废物可注入开孔直径不超过 70mm 并有放气孔的桶中。

⑩ 不得接收未粘贴符合标准规定的标签或标签没按规定填写的危险废物。

（3）《环境保护图形标志 固体废物贮存（处置）场》（GB 15562.2—1995）的规定如下：

① 提示标志：底和立柱为绿色，图案、边框、支架和文字为白色。

② 警告标志：底和立柱为黄色，图案、边框、支架和文字为黑色。

③ 辅助标志字型：黑体字。

（二）危险废物包装标志

（1）危险废物的种类如图 6-5 所示。

图 6-5　危险废物的种类

（2）粘贴于危险废物储存容器上的危险废物标签如图 6-6 所示。

（3）系挂于袋装危险废物包装物上的危险废物标签如图 6-7 所示。

（4）包装物的标志规格。

① 尺寸为 10cm×10cm；

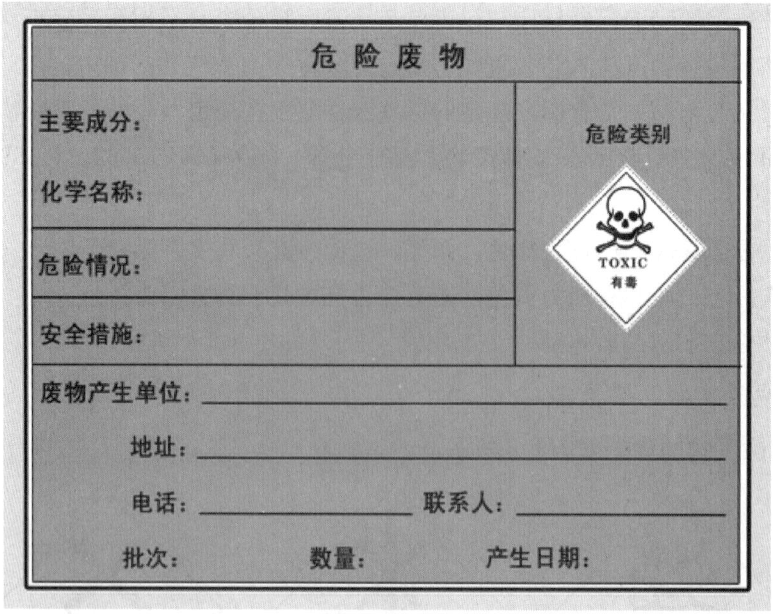

图 6-6　粘贴于危险废物储存容器上的危险废物标签

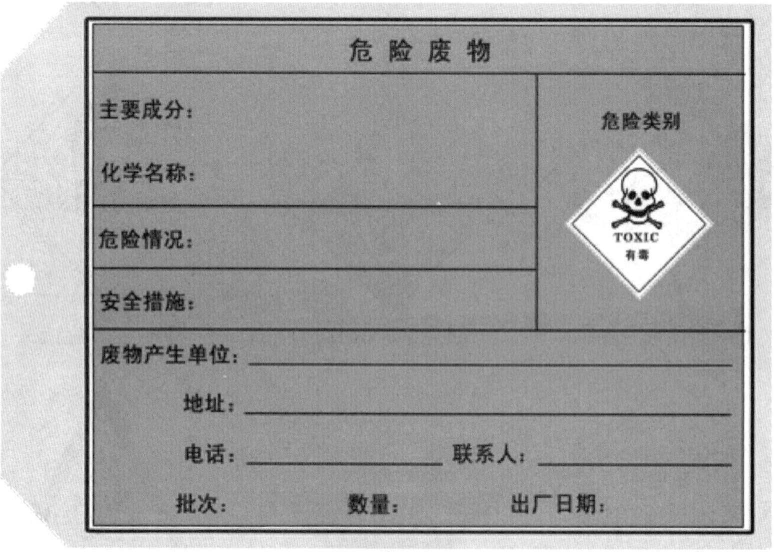

图 6-7　系挂于袋装危险废物包装物上的危险废物标签

② 材料为不干胶印刷品。

（三）危险废物包装标签注意事项

（1）所有包装容器、包装袋必须贴上危险废物标签，危险废物标签上文字为黑体、底色为醒目的橘黄色。

（2）危险废物标签应稳妥地贴附在包装容器或包装袋的适当位置，并不被遮盖或污染，其上的资料清晰、易读。

（3）如使用旧的容器或包装袋装盛危险废物，应确保容器或包装袋上的旧标签全部被去除或有效遮盖。

四、案例分析

（一）中国环保网环保图库

（1）该图库中，危险废物的标志如图 6-8 所示。

（2）错误分析。这是企业使用最多的一个，也是网上最多的一个危险废物标志图案，它来自中国环保网环保图库的环境徽标。这个标志的错误之处是背景色、主标志图案和形状不准确。

（二）江苏某危险废物焚烧厂

（1）该企业包装物的标志如图 6-9 所示。

（2）错误分析。该企业使用的标志图案错误之处是背景色和主标志图案不准确。

图 6-8　环保图库中的标志　　　　图 6-9　某危险废物焚烧厂包装物标志

第三节　危险废物运输

由于危险废物具有腐蚀性、毒性、易燃性、反应性、感染性等危险特性，在运输、装（卸）、贮存过程中若操作不当极易造成环境污染、财产损毁，甚至人身伤亡。危险废物全过程管理和处置的各个环节中，运输环节最易出现意外事故，也是非法倾倒高发的环节，因此，加强运输管理极为重要。

一、运输相关标准规范

有关危险废物运输的相关法律法规和标准规范有：《道路危险货物运输管理规定》、《危险货物道路运输规则》（JT/T 617.1～7—2018）以及《危险货物分类和品名编号》（GB 6944—2012）等。

（一）《道路危险货物运输管理规定》

为规范危险货物道路运输市场秩序、加强危险货物道路运输市场监管、规范危险货物道路运输经营者行为，建立更完善的安全管理制度，中华人民共和国交通运输部根据《中华人民共和国道路运输条例》等有关法律、行政法规，对《道路危险货物运输管理规定》（交通运输部令 2013 年第 2 号）作了修改，修改后的规定自 2016 年 4 月 11 日起施行。

第四条 危险货物的分类、分项、品名和品名编号应当按照国家标准《危险货物分类和品名编号》（GB 6944）、《危险货物品名表》（GB 12268）执行。危险货物的危险程度依据国家标准《危险货物运输包装通用技术条件》（GB 12463），分为Ⅰ、Ⅱ、Ⅲ等级。

第八条 申请从事道路危险货物运输经营，应当具备下列条件：

（1）有符合下列要求的专用车辆及设备：

① 配备有效的通信工具。

② 专用车辆应当安装具有行驶记录功能的卫星定位装置。

③ 运输剧毒化学品、爆炸品、易制爆危险化学品的，应当配备罐式、厢式专用车辆或者压力容器等专用容器。

④ 罐式专用车辆的罐体应当经质量检验部门检验合格，且罐体载货后总质量与专用车辆核定载质量相匹配。运输爆炸品、强腐蚀性危险货物的罐式专用车辆的罐体容积不得超过 20m³，运输剧毒化学品的罐式专用车辆的罐体容积不得超过 10m³，但符合国家有关标准的罐式集装箱除外。

⑤ 运输剧毒化学品、爆炸品、强腐蚀性危险货物的非罐式专用车辆，核定载质量不得超过 10t，但符合国家有关标准的集装箱运输专用车辆除外。

⑥ 配备与运输的危险货物性质相适应的安全防护、环境保护和消防设施设备。

（2）有符合下列要求的从业人员和安全管理人员：

① 专用车辆的驾驶人员取得相应机动车驾驶证，年龄不超过 60 周岁。

② 从事道路危险货物运输的驾驶人员、装卸管理人员、押运人员应当经所在地设区的市级人民政府交通运输主管部门考试合格，并取得相应的从业资格证；从事剧毒化学品、爆炸品道路运输的驾驶人员、装卸管理人员、押运人员，应当经考试合格，取得注明为"剧毒化学品运输"或者"爆炸品运输"类别的从业资格证。

第二十一条 道路危险货物运输企业或者单位应当按照《道路运输车辆技术管理规定》中有关车辆管理的规定，维护、检测、使用和管理专用车辆，确保专用车辆技术状况良好。

第二十二条 设区的市级道路运输管理机构应当定期对专用车辆进行审验，每年审验一次。审验按照《道路运输车辆技术管理规定》进行，并增加以下审验项目：

（1）专用车辆投保危险货物承运人责任险情况；

（2）必需的应急处理器材、安全防护设施设备和专用车辆标志的配备情况；

（3）具有行驶记录功能的卫星定位装置的配备情况。

第二十三条 禁止使用报废的、擅自改装的、检测不合格的、车辆技术等级达不到一级的和其他不符合国家规定的车辆从事道路危险货物运输。

除铰接列车、具有特殊装置的大型物件运输专用车辆外，严禁使用货车列车从事危险货物运输；倾卸式车辆只能运输散装硫磺、萘饼、粗蒽、煤焦沥青等危险货物。

禁止使用移动罐体（罐式集装箱除外）从事危险货物运输。

第二十四条 用于装卸危险货物的机械及工具的技术状况应当符合行业标准《汽车运输危险货物规则》（JT/T 617）规定的技术要求。

第二十五条 罐式专用车辆的常压罐体应当符合国家标准《道路运输液体危险货物罐式车辆 第 1 部分：金属常压罐体技术要求》（GB 18564.1）、《道路运输液体危险货物罐式车辆 第 2 部分：非金属常压罐体技术要求》（GB 18564.2）等有关技术要求。

使用压力容器运输危险货物的，应当符合国家特种设备安全监督管理部门制定并公布的《移动式压力容器安全技术监察规程》（TSG R0005）等有关技术要求。

压力容器和罐式专用车辆应当在质量检验部门出具的压力容器或者罐体检验合格的有效期内承运危险货物。

第二十六条 道路危险货物运输企业或者单位对重复使用的危险货物包装物、容器，在重复使用前应当进行检查；发现存在安全隐患的，应当维修或者更换。

第二十七条 道路危险货物运输企业或者单位应当到具有污染物处理能力的机构对常压罐体进行清洗（置换）作业，将废气、污水等污染物集中收集，消除污染，不得随意排放，污染环境。

第二十八条 道路危险货物运输企业或者单位应当严格按照道路运输管理机构决定的许可事项从事道路危险货物运输活动，不得转让、出租道路危险货物运输许可证件。

严禁非经营性道路危险货物运输单位从事道路危险货物运输经营活动。

第二十九条 危险货物托运人应当委托具有道路危险货物运输资质的企业承运。

危险货物托运人应当对托运的危险货物种类、数量和承运人等相关信息予以记录，记录的保存期限不得少于 1 年。

第三十条 危险货物托运人应当严格按照国家有关规定妥善包装并在外包装设置标志，并向承运人说明危险货物的品名、数量、危害、应急措施等情况。需要添加抑制剂或者稳定剂的，托运人应当按照规定添加，并告知承运人相关注意事项。

危险货物托运人托运危险化学品的，还应当提交与托运的危险化学品完全一致的安全技术说明书和安全标签。

第三十一条 不得使用罐式专用车辆或者运输有毒、感染性、腐蚀性危险货物的专用车辆运输普通货物。

其他专用车辆可以从事食品、生活用品、药品、医疗器具以外的普通货物运输，但应当由运输企业对专用车辆进行消除危害处理，确保不对普通货物造成污染、损害。

不得将危险货物与普通货物混装运输。

第三十二条 专用车辆应当按照国家标准《道路运输危险货物车辆标志》（GB 13392）的要求悬挂标志。

第三十三条 运输剧毒化学品、爆炸品的企业或者单位，应当配备专用停车区域，并设立明显的警示标牌。

第三十四条 专用车辆应当配备符合有关国家标准以及与所载运的危险货物相适应的应急处理器材和安全防护设备。

第三十五条 道路危险货物运输企业或者单位不得运输法律、行政法规禁止运输的货物。

法律、行政法规规定的限运、凭证运输货物，道路危险货物运输企业或者单位应当按照有关规定办理相关运输手续。

法律、行政法规规定托运人必须办理有关手续后方可运输的危险货物，道路危险货物运输企业应当查验有关手续齐全有效后方可承运。

第三十六条 道路危险货物运输企业或者单位应当采取必要措施，防止危险货物脱落、扬散、丢失以及燃烧、爆炸、泄漏等。

第三十七条 驾驶人员应当随车携带《道路运输证》。驾驶人员或者押运人员应当按照《汽车运输危险货物规则》（JT/T 617）的要求，随车携带《道路运输危险货物安全卡》。

第三十八条 在道路危险货物运输过程中，除驾驶人员外，还应当在专用车辆上配备押运人员，确保危险货物处于押运人员监管之下。

第三十九条 道路危险货物运输途中，驾驶人员不得随意停车。

因住宿或者发生影响正常运输的情况需要较长时间停车的，驾驶人员、押运人员应当设置警戒带，并采取相应的安全防范措施。

运输剧毒化学品或者易制爆危险化学品需要较长时间停车的，驾驶人员或者押运人员应当向当地公安机关报告。

第四十条 危险货物的装卸作业应当遵守安全作业标准、规程和制度，并在装卸管理人员的现场指挥或者监控下进行。

危险货物运输托运人和承运人应当按照合同约定指派装卸管理人员；若合同未予约定，则由负责装卸作业的一方指派装卸管理人员。

第四十一条 驾驶人员、装卸管理人员和押运人员上岗时应当随身携带从业资格证。

第四十二条 严禁专用车辆违反国家有关规定超载、超限运输。

道路危险货物运输企业或者单位使用罐式专用车辆运输货物时，罐体载货后的总质量应当和专用车辆核定载质量相匹配；使用牵引车运输货物时，挂车载货后的总质量应当与牵引车的准牵引总质量相匹配。

第四十三条 道路危险货物运输企业或者单位应当要求驾驶人员和押运人员在运输危险货物时，严格遵守有关部门关于危险货物运输线路、时间、速度方面的有关规定，并遵守有关部门关于剧毒、爆炸危险品道路运输车辆在重大节假日通行高速公路的相关规定。

第四十四条 道路危险货物运输企业或者单位应当通过卫星定位监控平台或者监控终端及时纠正和处理超速行驶、疲劳驾驶、不按规定线路行驶等违法违规驾驶行为。监控数据应当至少保存 3 个月，违法驾驶信息及处理情况应当至少保存 3 年。

第四十九条 在危险货物运输过程中发生燃烧、爆炸、污染、中毒或者被盗、丢失、流散、泄漏等事故，驾驶人员、押运人员应当立即根据应急预案和《道路运输危险货物安全卡》的要求采取应急处置措施，并向事故发生地公安部门、交通运输主管部门和本运输企业或者单位报告。运输企业或者单位接到事故报告后，应当按照本单位危险货物应急预案组织救援，并向事故发生地安全生产监督管理部门和环境保护、卫生主管部门报告。

道路危险货物运输管理机构应当公布事故报告电话。

第五十条 在危险货物装卸过程中，应当根据危险货物的性质，轻装轻卸，堆码整齐，防止混杂、撒漏、破损，不得与普通货物混合堆放。

（二）《危险货物道路运输规则》（JT／T 617—2018）

《危险货物道路运输规则》JT/T 617—2018 中的主要内容有：

（1）危险货物包括符合 JT/T 617.2 分类要求，或列入 JT/T 617.3—2018 附录 A，具有爆炸、易燃、毒害、感染、腐蚀或放射性等危险特性的物质或物品。

（2）危险货物需满足下列运输条件，方可通过道路进行运输：

① 危险货物分类符合 JT/T 617.2 的要求；

② 装运危险货物的包装符合 JT/T 617.4 的要求；

③ 托运程序符合 JT/T 617.5 的要求；

④ 运输工具选用及装卸作业符合 JT/T 617.6 的要求；

⑤ 运输作业符合 JT/T 617.7 的要求。

（3）托运人、承运人、收货人、充装人等危险货物运输各参与方聘用的，从事危险货物运输业务的人员，在上岗作业前应接受危险货物道路运输专业知识培训。

危险货物道路运输专业知识培训内容应至少包括基础知识培训和业务操作培训，主要培训内容见表6-4。

表 6-4 危险货物道路运输相关人员主要培训内容

序号	人员	培训内容
1	对危险货物进行分类和确定其正式运输名称的人员	危险货物的理化性质和毒物学性质； 危险货物的类别和分类原则； 溶液和混合物分类的程序； 危险货物正式运输名称的确认； 危险货物一览表的使用等
2	对危险货物进行包装作业的人员	危险货物运输包装作业的相关法规； 危险货物的分类和危险特性； 包装、中型散装容器和大型包装的使用； 包装指南一览表的使用； 危险货物包装的特殊规定； 包装标记、标志； 包装安全操作程序（包括隔离要求、有限数量和例外数量等）； 个人防护方法、事故预防措施、应急响应信息使用、应急响应程序及急救措施等
3	对包件贴标记、标志的人员	危险货物运输有关法规； 危险货物分类和危险特性； 标记、标志和标牌的规格和分类； 标记、标志和标牌的使用要求
4	从事包件货物装卸作业的人员	危险货物运输有关法规； 危险货物分类和危险特性； 标记、标志和标志牌； 包件运输工具及条件要求； 运输文件、单证； 混合装载操作要求和限制； 装卸安全操作程序（包括装卸工具使用、运输量限制、货物捆扎固定、堆放、隔离等）； 个人防护方法、事故预防措施、应急响应信息使用、应急响应程序及急救措施等
5	从事罐车、可移动罐柜及其他散装货物装卸作业的人员	危险货物运输有关法规； 危险货物分类和危险特性； 罐体与车辆标记和标志牌； 运输文件、单证； 罐式车辆、罐式集装箱、管束式车辆、可移动罐柜的使用要求； 罐体充装和卸放安全操作程序（包括堆放、隔离、固定、运量限制等）； 个人防护方法、事故预防措施、应急响应信息使用、应急响应程序及急救措施等
6	制作托运清单、运输单证的人员	危险货物分类和危险特性； 运输单证的格式和编制要求； 相关批准文件
7	危险货物运输车辆驾驶人员	危险货物运输有关法规； 危险货物分类和危险特性； 标记、标志和标志牌； 运输车辆及相关设备的使用方法； 运输文件、单证； 装卸作业基本知识（包括包件堆放、固定、充装、卸放等）； 车辆或集装箱的混合装载要求和限制； 安全运输操作程序（包括运载量限值、多式联运作业要求、道路通行等）； 个人防护方法、事故预防措施、应急响应信息使用、应急响应程序及急救措施等

序号	人员	培训内容
8	危险货物运输车辆押运人员	危险货物运输有关法规； 危险货物分类和危险特性； 标记、标志和标志牌； 运输车辆及相关设备的使用方法； 运输文件、单证； 装卸作业基本知识（包括包件堆放、固定、充装、卸放等）； 车辆或集装箱的混合装载要求； 个人防护方法、事故预防措施、应急响应信息使用、应急响应程序及急救措施等
9	危险货物运输车辆应急处置人员	危险货物运输有关法规； 危险货物分类和危险特性； 标记、标志和标志牌； 个人防护方法、事故预防措施、应急响应信息使用、应急响应程序及急救措施等； 安全操作程序

（4）危险废物类别和项别、条目类别和包装类别：危险货物应根据其所具有的危险性或其中最主要的危险性，将其划入 GB 6944 规定的 9 个类别，其中第 1 类、第 2 类、第 4 类、第 5 类和第 6 类再分为项别，具体类别和项别如下：

① 第 1 类为爆炸性物质和物品。

1.1 项：有整体爆炸的物质和物品（整体爆炸是指瞬间能影响到几乎全部载荷的爆炸）。

1.2 项：有进射危险，但无整体爆炸危险的物质和物品。

1.3 项：有燃烧危险并有局部爆炸危险或局部进射危险之一，或兼有这两种危险，但无整体爆炸危险的物质和物品，包括可产生大量热辐射的物质和物品，以及相继燃烧产生局部爆炸或进射效应，或两者兼而有之的物质和物品。

1.4 项：不呈现重大危险的物质和物品。本项包括运输中万一点燃或引发仅造成较小危险的物质和物品；其影响主要限于包装本身，并且预计射出的碎片不大，射程不远。外部火烧不会引起包装内几乎全部内装物的瞬间爆炸。

1.5 项：有整体爆炸危险的非常不敏感物质，在正常运输情况下引发或由燃烧转为爆炸的可能性很小。作为最低要求，它们在外部火焰实验中应不会爆炸。

1.6 项：无整体爆炸危险的极端不敏感物品。该物品仅含有极不敏感爆炸物质，并且其意外引发爆炸或传播的概率可忽略不计。本项物品仅限于单个物品的爆炸。

② 第 2 类：气体。

2.1 项：易燃气体；

2.2 项：非易燃无毒气体；

2.3 项：毒性气体。

③ 第 3 类：易燃液体。

④ 第 4 类：易燃固体、自反应物质和固态退敏爆炸品。

4.1项：易燃固体、自反应物质和固态退敏爆炸品；

4.2项：易于自燃的物质；

4.3项：遇水放出易燃气体的物质。

⑤ 第5类：氧化性物质和有机过氧化物，分别为5类1项、5类2项。

⑥ 第6类：毒性物质和感染性物质。

6.1项：毒性物质；

6.2项：感染性物质。

⑦ 第7类：放射性物质。

⑧ 第8类：腐蚀性物质。

⑨ 第9类：杂项危险物质和物品，包括危害环境物质。

（5）应使用载货汽车（半挂牵引车除外）或半挂牵引车与半挂车组成的汽车列车作为载运危险货物的运输单元。

（6）灭火器具。

① 运输单元运载危险货物时，应随车携带便携式灭火器。灭火器应适用于扑救GB/T 4968规定的A、B、C三类火灾。

② 便携式灭火器的数量和容量应符合表6-5的规定。运输剧毒和爆炸品的车辆灭火器数量要求应符合GB 20300的规定。

表6-5　运输单元应携带的便携式灭火器数量及容量要求

运输单元最大总质量 M（t）	灭火器配置最小数量（个）	适用于发动机或驾驶室的灭火器		额外灭火器	
		最小数量（个）	最小容量（kg）	最小数量（个）	最小容量（kg）
$M \leqslant 3.5$	2	1	1	1	2
$3.5 < M \leqslant 7.5$	2	1	1	1	4
$M > 7.5$	3	1	1	2	4

注：容量是指干粉灭火剂（或其他同等效用的适用灭火剂）的容量。

③ 便携式灭火器应满足有关车用便携式灭火器的规定。如果车辆已装备可用于扑灭发动机起火的固定式灭火器，则其所携带的便携式灭火器无须适用于扑灭发动机起火。

④ 便携式灭火器应在检验合格有效期内。

⑤ 灭火器应放置于运输单元中易于被车组人员拿取的地方。

（7）用于个人防护的装备。

① 应根据所运载的危险货物标志式样（包括包件标志、车辆或集装箱标志牌）选择个人防护装备。危险货物标志式样应符合JT/T 617.5—2008的规定。

② 运输单元应配备以下装备：

每辆车需携带与最大允许总质量和车轮尺寸相匹配的轮挡；一个三角警示牌；眼部冲洗液（第1类和第2类除外）。

③ 运输单元应为每名车组人员配备以下装备：

反光背心；防爆的（非金属外表面，不产生火花）便携式照明设备；合适的防护性手套；眼部防护装备（如护目镜）。

（8）运输作业要求。

① 携带单据和证件。

a. 应随车携带以下单据和证件：道路运输证、危险货物运单；危险货物道路运输安全卡；危险货物道路运输车组成员从业资格证；法规标准规定的其他单据。

b. 危险货物道路运输安全卡应放置在车辆中易于取得的地方。

② 车组人员要求。

a. 禁止搭乘无关人员。

b. 车组人员应会使用灭火装置。

c. 非紧急情况下，车组人员不应打开含危险货物的包件。

d. 应使用防爆的（非金属外表面，不产生火花）便携式照明装置。

e. 装卸作业时，车辆附近和车内禁止吸烟和使用明火，包括电子香烟及其他类似产品。

f. 装卸过程中应关闭发动机，国家有关标准规范中允许装卸过程中启动发动机或其他设备的除外。

g. 运载危险货物的运输单元停车时，应使用驻车制动装置。挂车应使用至少两个轮挡限制其移动。

③ 车辆停放要求。

应按以下优先顺序选择危险货物车辆停车场所：

a. 未经允许不能进入的公司或工厂的安全场所；

b. 有停车管理人员看管的停车场，驾驶员应告知停车管理人员其去向和联系方式；

c. 其他公共或私人停车场，但车辆和危险货物不应对其他车辆和人员构成危害；

d. 一般不会有人经过或聚集的、与公路和民房隔离的开阔地带。

④ 道路通行要求。

a. 危险货物运输车辆应遵守国家和行业对道路通行限制的要求。

b. 隧道类别说明如下。隧道通行限制代码参见表 6-6。

表 6-6　危险货物隧道通行限制代码及说明

危险货物隧道通行限制代码	隧道通行限制代码说明
B	禁止通过 B、C、D、E 类隧道
B1000C	每个运输单元所运输的爆炸物的总净质量超过 1000kg，禁止通过 B、C、D、E 类隧道；未超过 1000kg 禁止通过 C、D、E 类隧道
B/D	罐式运输禁止通过 B、C、D、E 类隧道；其他运输禁止通过 D、E 类隧道
B/E	罐式运输禁止通过 B、C、D、E 类隧道；其他运输禁止通过 E 类隧道
C	禁止通过 C、D、E 类隧道

危险货物隧道通行限制代码	隧道通行限制代码说明
C5000D	每个运输单元所运输的爆炸物的总净质量超过 5000kg，禁止通过 C、D、E 类隧道；未超过 5000kg，禁止通过 D、E 类隧道
C/D	罐式运输禁止通过 C、D、E 类隧道；其他运输禁止通过 D、E 类隧道
C/E	罐式运输禁止通过 C、D、E 类隧道；其他运输禁止通过 E 类隧道
D	禁止通过 D、E 类隧道
D/E	散装或罐式运输禁止通过 D、E 类隧道；其他运输禁止通过 E 类隧道
E	禁止通过 E 类隧道
—	可通过所有隧道

隧道类别分为如下 5 类：

隧道类别 A：对危险货物运输无限制；

隧道类别 B：可导致大爆炸的危险货物运输车辆禁止通行；

隧道类别 C：可导致极大爆炸、大爆炸或大量毒性物质泄漏的危险货物运输车辆禁止通行；

隧道类别 D：可导致极大爆炸、大爆炸、大量毒性物质泄漏或大型火灾的危险货物运输车辆禁止通行；

隧道类别 E：除 JT/T 617.1—2018 中第五章规定的运输条件豁免的危险货物之外，所有危险货物运输车辆禁止通行。

（9）操作和堆放。

① 装卸操作人员在装卸之前应检查车辆、罐体或集装箱等，如果发现安全隐患，不得进行装卸作业。

② 包件与集合包装应按其方向标记进行装卸。液体危险货物尽可能装载在干燥的危险货物下方。

③ 危险货物装卸操作应按照其预先设计要求或测试过的操作方法进行。

（10）卸载后的清洗。装有危险货物的车辆或集装箱卸载后，若发现有危险货物遗撒，应及时对其进行清洗，方可再次装载。如果不可能在卸载点清洗，车辆或集装箱应被安全运输到最近的合适地点进行清洗。应采取适当措施保证其安全运输，防止发生更大的遗撒或泄漏。

散装运输的危险货物车辆或集装箱，在再次装载前应正确清洗，除非要装载货物与前次的危险货物相同。

（11）禁止吸烟。装卸过程中，禁止在车辆或集装箱附近和内部吸烟，以及使用点子香烟等其他类似产品。

（12）预防静电。在装卸可燃气体，或闪点不超过 60℃ 的液体，或包装类别为 Ⅱ 的 UN1361，应在装卸作业前将车辆底盘、可移动罐柜或罐式集装箱进行接地连接，并要限定充装流速。

二、危险废物运输管理要点

在危险废物的运输管理中，应当注意以下几个方面：

（1）运输单位应该具有相应的危险废物运输资质以及与危险废物相对应的类别。一般要求危险废物运输资质中需要具备第 3 类、第 6 类 1 项、第 8 类、第 9 类运输类别。

（2）不同种类的危险废物应采用不同的运输车辆。例如，运输液态危险废物应采用罐车，运输固态、半固态危险废物应采用厢式货车等。

（3）禁止混合运输性质不相容而未经安全处置的危险废物。

（4）危险废物运输车辆的两侧、尾部、顶部均须喷涂危险废物道路运输车辆统一识别标志。

（5）危险废物运输车辆应根据装运危险废物性质和包装形式，配备相应的捆扎、防水、防渗、防雨、防散失等用具和应急处理设备、劳动防护用品。

（6）危险废物运输车辆应配备温度感应器、烟雾感应器、防火罩、接地线及与运输类项相适应的消防器材。

（7）运输危险废物的车辆必须"四证齐全"：道路运输经营许可证、道路运输证、运输车辆驾驶员证、道路运输从业人员从业资格证。道路运输经营许可证及道路运输从业人员从业资格证图例如图 6-10 所示。

（8）跨省转移危险废物的运输车辆，应随车携带纸质版《危险废物转移联单》。

（9）危险废物运输车辆应配备 GPS 定位装置，严格按照规定的路线行驶并全程接受管理部门的视频监控。

运输车辆的配置及标志如图 6-11 所示。

（10）危险废物运输车辆不得随意偏离指定的运输路线。

（11）危险废物运输车辆不得搭乘其他无关人员。

（12）危险废物运输车辆严禁超速。发现超速应对相关人员从严处罚。

（13）危险废物运输车辆在路况不好的路段及沿线有敏感水体的区域应小心驾驶。

三、事故应急处理

（一）火灾事故

（1）不同的危险货物发生火灾时，其扑救方法、灭火器类型等差异很大。

（2）火灾扑救时应注意：

① 扑救人员应占领上风或侧风阵地进行灭火，并有针对性地采取自我防护措施，如佩戴防护面具、穿戴专用防护服等；

② 扑救危险货物火灾绝不可盲目行动，应针对每一类危险货物，选择正确的灭火剂和灭火方法来安全地控制火灾；

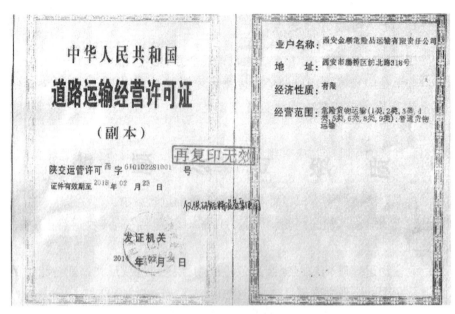

图 6-10　道路运输经营许可证及道路运输从业人员从业资格证

③ 如控制不了火势，向 110、119 报警（现场不能用手机）请求援助，待消防队到达后，介绍物料性质，配合扑救。

（二）泄漏事故

（1）不要接触渗漏液，如果车上没有物品溅出，可把车开到远离人流集中或居民区、机关、学校、医院、商业区、厂矿、仓库、桥梁、隧道等地点，并请求救援。

（2）如果危险化学品货物的渗漏会造成着火、污染扩散或损坏车辆，应立即停车，停车地点应选在尽量远离居民区、机关、学校、医院、商业区、厂矿、仓库、桥梁、隧道等地点。留在现场，站在上风处，监护好车辆和现场，并报警请求救援。

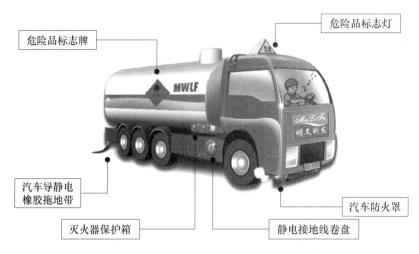

图 6-11 运输车辆的配置及标志

（三）翻车事故

（1）首先要救人；

（2）如果造成着火，立即进行警戒，禁止车辆、人员靠近现场，报警求援；

（3）如果发生泄漏，佩戴防护装备，现场进行堵漏处理，减少环境污染，现场禁止吸烟、接打手机，报警请求救援。

四、案例分析

2000 年以来，我国已发生多起危化品道路运输特大事故，导致了严重的死伤和直接经济损失，给社会公共安全和人民生命财产安全造成了危害，并且导致了严重的环境污染。

（一）山东液氯罐车翻车事故

2005 年 3 月 29 日 18 时 50 分，山东省运载液氯的罐式半挂车在京沪高速公路淮安段发生交通事故，引发车上罐装的液氯大量泄漏，造成 29 人死亡，456 名村民和抢救人员中毒住院治疗，门诊留治人员 1867 人，10500 多名村民被迫疏散转移，大量家畜（家禽）、农作物死亡和损失，直接经济损失 1700 多万元。京沪高速公路沭阳至宝应段交通中断 20h。

（1）事故经过。3 月 29 日 18 时 50 分，山东籍鲁 H00099 罐式半挂车行至京沪高速公路沂淮江段南行线，左前轮爆胎，车辆失控后撞毁中央护栏，冲向对向车道，侧翻在北行线行车道内。对面货车紧急避让不及，货车车体左侧与侧翻的罐车顶部发生碰刮，致使位于槽罐顶部的液相阀、气相阀八根螺钉全部断裂，液相阀、气相阀脱落，液氯发生泄漏。

（2）事故原因。

直接原因：槽罐车使用报废轮胎，致使车辆左前轮爆胎。

间接原因：

① 违规运输。济宁市远达石化有限公司无准购证，非法长期购买剧毒危险化学品液氯。

② 押运员王某缺乏应有的工作资质。据王某交代，其道路运输从业资格证系花300余元所办。

（二）山西危化品罐车撞车事故

2014年3月1日，在晋济高速山西晋城境内岩后隧道，两辆危化品运输罐车发生追尾，导致前车甲醇泄漏。两车司机处置过程中甲醇起火燃烧，隧道内车辆及煤炭等货物被引燃引爆，事故共造成31人死亡、9人失踪。

（1）事故经过。2014年3月1日14时50分左右，山西省晋城市福安达物流有限公司一辆号牌为晋E23504的装载甲醇重型半挂车，与同样运输甲醇的河南省孟州市汽车运输有限责任公司一辆号牌为豫HC2923的重型半挂车在岩后隧道内追尾，前车甲醇泄漏起火燃烧，隧道内的另外两辆危险化学品运输车和多辆煤炭运输车被引燃引爆。

（2）事故原因

直接原因：后车驾驶员未能及时发现前车，距前车仅五六米时才采取紧急制动措施，且存在超载行为，影响刹车制动。车辆起火燃烧的原因是，前车罐体未按标准规定安装紧急切断阀，造成甲醇泄漏，追尾造成电气短路后，引燃泄漏的甲醇。

间接原因：事故暴露出肇事交通运输企业安全生产主体责任不落实，内部管理混乱，挂而不管、以包代管；肇事的危化品运输车辆驾驶员、押运员安全意识薄弱、不按操作规程操作；距隧道出口3.8km处设置的煤检站不利于车辆在隧道内快速通过；有关地方政府及其相关主管部门监督管理不力等问题。

（3）安全隐患分析

① 司机违规处置车祸，事后弃车逃跑。事故当时并未造成人员伤亡，李某、汤某下车查看情况，发现有甲醇泄漏。私下协商后，前方车辆驾驶人汤某上车驾驶车辆向前移动，两车分开后，再次下车查看情况时发现泄漏的甲醇起火燃烧。两车上的司机和押运员共4人弃车逃离现场。由于岩后隧道入口低、出口高，汤某驾驶的货车所载甲醇在隧道入口处泄漏燃烧后，火势迅速沿隧道由入口向出口蔓延，引燃前方排队等候通行的运煤车，并引发隧道内一辆拉有液态天然气的车辆发生爆炸。

② 运输公司疏管理，考试交钱即可。据山西省公安厅交警总队调查，发生碰撞事故的两辆车上的驾驶员与押运员都持有从业资格证，但对所拉运货物的特性、安全运输的规定、发生事故的应急处理方法等基本知识一概不知，只知道所拉货物为易燃物。

据汤某交代，其所驾驶的车为个人所有，挂靠在河南省孟州市汽车运输有限责任公司，运输公司只收钱不管理，平时的安全教育、管理都流于形式，考试交钱签名即可。李某说，他刚上岗一个月，公司没有专门的安全检查员，平时出行车辆的安全检查全靠自己。

③ 逃生通道关闭，消防龙头不出水。事发时烟雾报警器没有起到报警作用，一些车

辆里的人员没有及时逃离;隧道中间的应急逃生通道关闭,逃生指示不明显,火灾事故发生后,现场一片混乱,人员只能从隧道的南北出口逃离,隧道中间的人没来得及逃离。因为消防龙头不出水,消防车辆只能从高速路下边拉水灭火、降温,延误了灭火时间。

(三)湖南危化品罐车追尾事故

2014 年 7 月 19 日,沪昆高速公路湖南邵怀段发生危化品运输车辆追尾大客车,导致乙醇泄漏、燃爆,造成多车烧毁,并造成 43 人死亡、6 人受伤。

(1)事故经过。2014 年 7 月 19 日,沪昆高速公路湖南邵怀段发生一起特别重大道路交通危化品燃爆事故,湘 A3ZT46 轻型仓栅式货车,核载 1.58t,实载乙醇 6.52t,行驶至沪昆高速公路湖南邵怀段 1309km 处时,在左侧车道追尾碰撞因前方交通事故受阻、停车等候通行的闽 BY2508 大型客车。碰撞发生后,轻型仓栅式货车装载的乙醇泄漏、燃爆,造成该货车、大型客车以及停在大型客车前方的粤 F08030 小型客车、停在右侧车道的浙 A98206 大货车、赣 E38950 大货车烧毁,事故共造成 43 人死亡、6 人受伤。

(2)事故原因。非法改装货车与大客车发生追尾,导致乙醇泄漏引发燃烧、爆炸。

(3)事隐患分析。

① 湘 A3ZT46 轻型仓栅式货车涉嫌非法改装、伪装以及非法运输危险化学品。该车违规在车厢安装一个可移动罐箱,内侧为椭圆形 PVC 胶质箱,外侧为铁质箱,车厢外部喷印了"洞庭渔业"进行伪装。

② 长沙县新鸿胜化工原料有限公司存在违反《危险化学品安全管理条例》,为非法改装、非法运输车辆灌装危险化学品的不法行为。

③ 闽 BY2508 大型客车未遵守凌晨 2 时至 5 时停车休息要求。

第四节 样品进厂复核

一、进厂初步复核

(一)联单判断

在固体废物进入协同处置企业时,首先对《危险废物转移联单》进行判断:

(1)判断《危险废物转移联单》的危险废物类别是否与提供的小样类别一致;

(2)判断《危险废物转移联单》的危险废物质量是否与合同一致;

(3)检查危险废物标签是否符合要求,所标注内容与《危险废物转移联单》和签订的合同是否一致;

(4)检查危险废物包装是否符合要求,应无破碎和泄漏现象。

(二)样品判断

通过颜色、物理形态和气味等,初步判断入厂固体废物是否与签订合同前的小样类别相吻合。

如果拟入厂固体废物与《危险废物转移联单》或所签订合同标注的废物类别不一致，或者危险废物包装发生破损或泄漏，立即与固体废物产生单位、运输单位和运输责任人联系，共同进行现场判断。

完成以上两项初步检查后，如果拟入厂固体废物与《危险废物转移联单》以及所签订合同标注的废物类别不一致，安排车辆到待检区停放，迅速通知采样员进行取样送样分析。

二、进厂样品采样

在危险废物进厂环节采集的样品一般称为"大样"。

采集"大样"的主要目的是快速分析检测，验证与小样的一致性，完成危险废物转运，为危险废物暂存和处置做准备。

（一）采样方案

大样复核的采样方案包括以下内容：

（1）确定份样数；

（2）确定份样量；

（3）确定采样点；

（4）制定采样方法；

（5）现场拍照。

（二）份样数

盛装在包装容器内的危险废物，如盛装在铁桶、塑料桶、吨桶、吨袋、纸箱内的危险废物以及打包成捆的包装袋等，其份样数按照包装容器的数量确定，见表6-7。

有流动又不易流动的、黏稠状态的危险废物，其份样数为表6-7规定数值的4/3倍。

散装在车内的危险废物，其份样数按照第五章的小样规格确定。

表 6-7　包装容器数量与大样份样数

包装容器数量	最小份样数	包装容器数量	最小份样数
1～3	所有	344～517	7～8
4～64	4～5	518～1000	8～9
65～125	5～6	1001～1331	9～10
126～343	6～7		

（三）份样量

（1）液态危险废物。均匀的液体样品（废液、废溶剂），每份取 1kg 左右即可；分层的液体样品，量各层体积比，比例最少的层取 1kg，其他层按照体积比取样。

（2）半固态危险废物。均匀的湿泥状样品（污泥），每份取 1kg 左右即可。

（3）固态危险废物。粉末状、小颗粒（飞灰），每份取 1kg 左右即可；

散包装物、干泥、半干泥、污染土，按照切乔特公式［式（5-4）］计算份样量。

采集的大样迅速拿至实验室混合、制样，进入指纹分析程序。

（四）采样点

（1）车载容器：一般取最上面一层；但是卸车时要注意观察下部的包装容器，容器破损的、颜色不一致的物料，需要再次取样复核；

（2）物料颜色、气味、物理性质不一样的危险废物，一定要取大样检测复核；

（3）包装不一致的，要判断物料；

（4）第一次签订合同的产生废物单位，要在卸车后对放置在车辆底部的、中部的包装容器内的危险废物进行采样复核。

（五）采样方法

采取随机法采集大样。

三、指纹分析

指纹分析是指对采集的大样进行快速分析。完成了相关分析测试内容后，形成《指纹分析报告单》，见表 6-8。

表 6-8　指纹分析报告单

废物编号		废物名称	
产生单位		数量	
废物类别		分析日期	
物理性质描述			
分层 ［　］单层　S ［　］双层　B ［　］多层　M	物理状态 ［　］固体　　S ［　］液体　　L ［　］半固体　SS ［　］黏稠物　W	气味 ［　］没有　　N ［　］中等　　M ［　］强力　　S	颜色
游离液体 ［　］是　　Y ［　］否　　N 游离液体％	［　］大块　　C ［　］粉末　　P ［　］颗粒　　G ［　］抛货 （包装物、织物、滤布等）	浊度 ［　］透明　　CLR ［　］半透明　CLD ［　］不透明　O ［　］不适用　N/A	黏度 ［　］低 ［　］中 ［　］高 ［　］不适用
上层高度 cm	上层类别	下层高度 cm	下层类别
pH 稀释比例 ［　］接受原样　A ［　］10％溶液 其他稀释 pH 试纸	可燃性 ［　］不可燃　N ［　］可燃　　P ［　］易燃　　G 闪点：　　　℃	聚合可能性 ［　］不聚合　PASS ［　］可聚合　FAIL 温度变化　　℃	

续表

水相容性		氧化性	硫化物
〔 〕 无反应性　NR 〔 〕 温度变化　TC 第一温度变化（℃） 第二温度变化（℃） 〔 〕 冒烟　　　F 〔 〕 产气　　　G 〔 〕 沉淀　　　P	〔 〕 可溶　　　S 〔 〕 不可溶　　I 〔 〕 样品在上 〔 〕 样品在下 〔 〕 部分可溶　P 〔 〕 乳状液　　E 〔 〕 贴附粘壁　C	〔 〕 阳性　P 〔 〕 阴性　N 氨 〔 〕 阳性　P 〔 〕 阴性　N	〔 〕 阳性　P 〔 〕 阴性　N 氰化物 〔 〕 阳性　P 〔 〕 阴性　N

毒性分析			
〔 〕 酸性 pH≤4 〔 〕 碱性 pH≥9	〔 〕 腐蚀性　CO 〔 〕 毒性　　　P	〔 〕 氧化性　OX 〔 〕 可燃性　F	〔 〕 水反应　W 〔 〕 氰化物　CN
关注的重金属分析	〔 〕 重金属含量 重金属含量：	〔 〕 与小样的一致性	
氯含量分析	〔 〕 氯含量 氯含量：	〔 〕 与小样的一致性	
检测人			
备注			
检验人：		审核人：	

四、快速检测仪器

水泥窑协同处置危险废物项目关注的指标一般有：反应性、氯含量、重金属含量等。因此承担大样指纹分析的检测仪器有：pH 试纸、卤素分析仪、台式 XRF 分析仪或手持式 XRF 分析仪等。

反应性采用快速混合判断；氯含量采用卤素分析仪判断；重金属含量采用台式 XRF 分析仪或手持式 XRF 分析仪判断。

五、建立产生危险废物企业档案

根据大样复核的结果，为危险废物的产生企业建立档案和数据库，评估各厂家不同类别危险废物的性质稳定性，分析原因，必要时可以延伸业务，去产生危险废物单位进行驻厂服务。

六、危险废物贮存分类

实验室主管人员根据小样检测结果和大样复核结果，将危险废物分为不同的贮存类别，下达《危险废物入库单》。

七、案例分析

（一）青海某项目

（1）项目介绍。该水泥厂位于青海省某城市。现有 1 条 4000t/d 水泥熟料新型干法水泥窑生产线，于 2013 年投运。2016 年，依托该生产线，建设了 10 万吨/年的危险废物处置项目，2017 年正式投入运营。

（2）大样复核中发现的问题。出现了四次小样与大样严重不符的情况。其中，来自江苏某化工厂的精馏残渣，在采集大样的过程中，先采集了上层 200L 铁桶的样品，用卤素分析仪快速检测了氯含量，与小样基本符合。卸车后，又随机抽取放置在车辆下层及中间的 200L 铁桶中的样品，大样氯含量超过小样的 34 倍。重复取样，放置在车辆下层及中间的 200L 铁桶中的样品超标率达到 80% 以上。

（3）结论。回访客户，沟通情况，该产生危险废物单位存在提供小样假样品，实际运输中又将高氯物料夹在车辆下层及中间层，企图以次充好。重新商定处置价格，并明确告知对方将该产生危险废物单位列入不诚信客户名单，以后大样复核时增加份样数和份样量。

（二）江苏某项目

（1）项目介绍。该水泥厂位于江苏省北部某城市。现有 2 条 4500t/d 水泥熟料新型干法水泥窑生产线，于 2013 年投运。2017 年，依托其中的一条生产线，建设了 10 万吨/年的危险废物处置项目，2018 年 10 月获得危险废物经营许可证并正式投入运行。

（2）大样复核中发现的问题。2018 年 12 月承接了江苏某焚烧厂的焚烧残渣。在危险废物进厂采集大样的过程中，先采集了上层吨袋的样品，用卤素分析仪快速检测了氯含量，与小样基本符合。卸车后，发现车辆下层吨袋中的样品颜色、粒径与其他危险废物区别较大，立即采样测试，此异样的危险废物钠含量显著较高，怀疑为产生危险废物单位的废盐。对相似的物料重复取样，钠含量均较高。

（3）结论。回访客户，沟通情况，该产生危险废物单位存在违规操作，将固化车间产生的废盐混入焚烧残渣中。该危险废物类别及代码与焚烧残渣不一致，向水泥厂所在地环保主管部门和产生危险废物单位所在地环保部门反映真实情况。

第五节　过磅卸车

一、过磅卸车流程

过磅卸车的操作流程如下：

（1）大样复核完成后，运输危险废物的车辆在仓库管理员的引导下进入过磅流程。

（2）过磅时，危险废物运输车辆的押运员将《危险废物转移联单》交给过磅人员，由过磅人员进行过磅，将信息录入过磅系统。过磅后，安排车辆停放到库房待卸车区域。

（3）入库类别确定。实验室主管人员根据检测分析人员提供的危险废物的小样检测和大样复核结果，确定危险废物的入库暂存地点，给仓库管理员发放《危险废物入库单》。《危险废物入库单》格式见表 6-9。

表 6-9　危险废物入库单

单位名称：			入库日期：			存放位置：		
联单号码	废物类别	废物代码	废物名称	物理状态	包装类型	包装个数	质量（t）	备注
运输单位：			运输人员：			运输车号：		
分析员：			化验室负责人：			仓库管理员：		

（4）仓库管理员对入库危险废物的性质、包装、标志做最后确认，根据《危险废物入库单》予以审核，安排卸货并分类存放。

（5）卸货结束时，仓库管理员应核对每车危险废物的数量是否与《危险废物转移联单》相一致。

（6）卸货入库过程由仓库管理员主导负责，卸货过程中必须在现场监督，严禁跑冒滴漏等现象发生。

（7）仓库管理员如果发现危险废物存在异常情况，可向实验室主管人员提出，由实验室主管人员、运输单位押运员等现场与仓库管理员再次确认。

（8）卸货结束后，仓库管理员在《危险废物入库单》上签字确认，由押运人员交还至过磅员处，过磅员确认单据无误后，回空磅并打印电子磅单。

过磅时的注意事项如下：

（1）过磅时应仔细核对每车危险废物的数量是否与《危险废物转移联单》相一致。

（2）过磅误差以不超过 $0.1\%\sim0.3\%$ 为宜，也有的危险废物焚烧厂按照质量标准值控制，如 $\pm50kg$ 或 $\pm30kg$。

二、卸车管理

（1）进入暂存库的运输车辆、叉车等均应配置防火罩；

（2）卸车产生的垃圾、包装碎片等均属于危险废物，应该按照危险废物管理：集中收集到危险废物暂存点或者送入预处理车间；

（3）运输危险废物的车辆，卸车后应进行清洗消毒；

（4）卸车过程中，员工应穿着不产生静电的工作服和不带铁钉的工作鞋；严禁烟火；关闭随身携带的手机等通信工具和电子设备等；

（5）卸车时应配置防止车辆滑动的挂钩和三角木垫，如图 6-12 所示。

三、案例分析

（一）青海某项目

（1）项目介绍。该水泥厂位于青海省某城市，现有 1 条 4000t/d 水泥熟料新型干法

图 6-12　防止车辆滑动示意

水泥窑生产线，于 2013 年投运。2016 年，依托该生产线，建设了 10 万 t/年的危险废物处置项目，2017 年正式投入运营。

（2）卸车中发现的问题。司机将运输车辆停在指定卸车位后，等待卸车的过程中，站在暂存库门口吸烟。

（3）结论。划定暂存库的禁烟范围；对司机和库房管理员进行处罚。

（二）江苏某项目

（1）项目介绍。该水泥厂位于江苏省北部某城市，现有 2 条 4500t/d 水泥熟料新型干法水泥窑生产线，于 2013 年投运。2017 年，依托其中的一条生产线，建设了 10 万 t/年的危险废物处置项目，2018 年 10 月获得危险废物经营许可证并正式投入运行。

（2）大样复核中发现的问题。2018 年 10 月试运行期间，承接了江苏省某化工厂的精馏残渣。危险废物进厂卸车后产生的包装碎片、打扫库房的垃圾等，扔进了生活垃圾箱。

（3）结论。危险废物包装物、运输车辆残留物等均属于危险废物，应按照危险废物进行管理，统一堆放在暂存库内或者进入预处理车间的固态仓，然后送入水泥窑焚烧。

第六节　危险废物暂存

一、相关标准规范

有关水泥窑协同处置危险废物暂存的相关标准规范有：《水泥窑协同处置固体废物环境保护技术规范》（HJ 662—2013）、《水泥窑协同处置危险废物经营许可证审查指南（试行）》（环境保护部 2017 年第 22 号公告）、《危险废物贮存污染控制标准》（GB 18597—2001）、《危险废物收集、贮存、运输技术规范》（HJ 2025—2012）以及《环境保护图形标志》（GB 15562.1～2—1995）等。

（一）《水泥窑协同处置固体废物环境保护技术规范》（HJ 662—2013）

（1）固体废物贮存设施应专门建设，以保证固体废物不与水泥生产原料、燃料和产品混合贮存。

（2）固体废物贮存设施内应专门设置不明性质废物暂存区。不明性质废物暂存区与其他贮存区隔离，并设有专门的存取通道。

（3）固体废物贮存设施应符合 GB 50016 等消防规范的要求。与水泥窑窑体、分解炉、预热器保持一定的安全距离；贮存设施内应张贴严禁烟火的明显标志；应根据固体废物特性、贮存和卸载区条件配置相应的消防警报设备和灭火药剂；贮存设施中的电子设备应接地，并装备抗静电设备，应设置防爆通信设备并保持畅通完好。

（4）危险废物贮存设施的设计、安全防护、污染防治等应满足 GB 18597 和 HJ/T 176 中的相关要求；危险废物贮存区应标有明确的安全警告和清晰的撤离路线；危险废物贮存区应配备紧急人体清洗冲淋设施，并标明用途。

（5）固体废物贮存设施应有良好的防渗性能，以及必要的防雨、防尘功能。

（二）《水泥窑协同处置危险废物经营许可证审查指南（试行）》（环境保护部 2017 年第 22 号公告）

采用分散联合经营模式和分散独立经营模式时，危险废物预处理中心内的危险废物贮存设施容量应不小于危险废物日预处理能力的 15 倍，水泥生产企业厂区内的危险废物贮存设施容量应不小于危险废物日协同处置能力的 2 倍。

采用集中经营模式时，对于仅有一条协同处置危险废物水泥生产线的水泥生产企业，厂区内的危险废物贮存设施容量应不小于危险废物日协同处置能力的 10 倍；对于有两条及以上协同处置危险废物水泥生产线的水泥生产企业，厂区内的危险废物贮存设施容量应不小于危险废物日协同处置能力的 5 倍。

（三）《危险废物贮存污染控制标准》（GB 18597—2001）

（1）危险废物集中贮存设施的选址。

① 地质结构稳定，地震烈度不超过 7 度的区域内。

② 设施底部必须高于地下水最高水位。

③ 场界应位于居民区 800m 以外，地表水域 150m 以外。

④ 应避免建在溶洞区或易遭受严重自然灾害如洪水、滑坡、泥石流和潮汐等影响的地区。

⑤ 应在易燃、易爆等危险品仓库、高压输电线路防护区域以外。

⑥ 应位于居民中心区常年最大风频的下风向。

⑦ 集中贮存的废物堆选址除应满足以上要求外，还应满足防渗的要求，即：基础必须防渗，防渗层为至少 1m 厚黏土层（渗透系数 $\leqslant 10^{-7}$ cm/s），或 2mm 厚高密度聚乙烯，或至少 2mm 厚的其他人工材料，渗透系数 $\leqslant 10^{-10}$ cm/s 的要求。

（2）危险废物贮存设施（仓库式）的设计原则。

① 地面与裙脚要用坚固、防渗的材料建造，建筑材料必须与危险废物相容。

② 必须有泄漏液体收集装置、气体导出口及气体净化装置。

③ 设施内要有安全照明设施和观察窗口。

④ 用以存放装载液体、半固体危险废物容器的地方，必须有耐腐蚀的硬化地面，且表面无裂隙。

⑤ 应设计堵截泄漏的裙脚，地面与裙脚所围建的容积不低于堵截最大容器的最大储量或总储量的 1/5。

⑥ 不相容的危险废物必须分开存放，并设有隔离间隔断。

（3）安全防护及监测。

① 危险废物贮存设施都必须按 GB 15562.2 的规定设置警示标志。

② 危险废物贮存设施周围应设置围墙或其他防护栅栏。

③ 危险废物贮存设施应配备通信设备、照明设施、安全防护服装及工具，并设有应急防护设施。

④ 危险废物贮存设施内清理出来的泄漏物，一律按危险废物处理。

⑤ 按国家污染源管理要求对危险废物贮存设施进行监测。

（四）《危险废物收集、贮存、运输技术规范》（HJ 2025—2012）

（1）危险废物贮存可分为产生单位内部贮存、中转贮存及集中性贮存。所对应的贮存设施分别为：产生危险废物的单位用于暂时贮存的设施；拥有危险废物收集经营许可证的单位用于临时贮存废矿物油、废镍镉电池的设施；危险废物经营单位所配置的贮存设施。

（2）危险废物贮存设施的选址、设计、建设、运行管理应满足 GB 18597、GBZ 1 和 GBZ 2 的有关要求。

（3）危险废物贮存设施应配备通信设备、照明设施和消防设施。贮存危险废物时应按危险废物的种类和特性进行分区贮存，每个贮存区域之间宜设置挡墙间隔，并应设置防雨、防火、防雷、防扬尘装置。

（4）贮存易燃易爆危险废物应配置有机气体报警、火灾报警装置和导出静电的接地装置。

（5）废弃危险化学品贮存应满足 GB 15603、《危险化学品安全管理条例》、《废弃危险化学品污染环境防治办法》的要求。贮存废弃剧毒化学品还应充分考虑防盗要求，采用双钥匙封闭式管理，且由专人 24h 看管。

（6）危险废物贮存期限应符合《中华人民共和国固体废物污染环境防治法》的有关规定。

（7）危险废物贮存单位应建立危险废物贮存的台账制度，危险废物出入库交接记录内容应参照本标准附录 C 执行。

（8）危险废物贮存设施应根据贮存的废物种类和特性按照 GB 18597 附录 A 设置标志。

（9）危险废物贮存设施的关闭应按照 GB 18597 和《危险废物经营许可证管理办

法》的有关规定执行。

（五）《环境保护图形标志》（GB 15562.1～2—1995）

（1）平面固定式标志牌外形尺寸。

① 提示标志：480mm×300mm；

② 警告标志：边长 420mm。

（2）立式固定式标志牌外形尺寸。

① 提示标志：420mm×420mm；

② 警告标志：边长 560mm；

③ 高度：标志牌最上端距地面 2m，地下 0.3m。

（3）标志牌材料。

① 标志牌采用 1.5～2mm 冷轧钢板；

② 立柱采用 38×4 无缝钢管；

③ 表面采用搪瓷或者反光贴膜。

（4）标志牌的表面处理。

① 搪瓷处理或贴膜处理；

② 标志牌的端面及立柱要经过防腐处理。

（5）标志牌的外观质量要求。

① 标志牌、立柱无明显变形；

② 标志牌表面无气泡，膜或搪瓷无脱落；

③ 图案清晰，色泽一致，不得有明显缺损；

④ 标志牌的表面不应有开裂、脱落及其他破损。

（6）标志牌应设在与之功能相应的醒目处。

（7）标志牌必须保持清晰、完整。当发现形象损坏、颜色污染或有变化、褪色等不符合情况，应及时修复或更换。检查时间应至少每年一次。

二、暂存库建设

（一）暂存库分类

（1）水泥窑协同处置危险废物的暂存库分为：飞灰暂存区、非挥发性无机生料配料类暂存区、液态危险废物暂存区以及固态、半固态危险废物暂存区四个部分。

（2）性质不同或相接触能引起燃烧、爆炸或灭火方法不同的物品不得同库储存。

（3）性质不稳定，易受温度或外部其他因素影响而引起燃烧、爆炸等事故的物品应当单独存放。

（4）剧毒等特殊物品应专库专柜专人负责。

（5）对化学特性类似的物品可以同库存放。

（二）暂存库库容

应按照《水泥窑协同处置危险废物经营许可证审查指南（试行）》（环境保护部2017年第22号公告）的要求，根据项目协同处置的规模和水泥熟料生产线的数量，设计建设相应库容量的暂存库。暂存库的库容可包括储罐、地坑及库房等。

（三）暂存库建设内容

（1）飞灰暂存区。

① 贮存方式。

一般采用储罐、料坑方式贮存。

② 配套环保设施。

a. 暂存库地面采取人工防渗，防渗层为至少1m厚黏土层（渗透系数≤10⁻⁷cm/s），或2mm厚高密度聚乙烯，或至少2mm厚的其他人工材料，渗透系数≤10⁻¹⁰cm/s。

a. 暂存库地面采取人工防渗，防渗层为至少 $1m$ 厚黏土层（渗透系数 $\leqslant 10^{-7}$ cm/s），或2mm厚高密度聚乙烯，或至少2mm厚的其他人工材料，渗透系数 $\leqslant 10^{-10}$ cm/s。

b. 为防止二次污染，应配套除尘设施，在钢板仓顶设置袋式收尘器，处理后经26m排气筒排放，除尘器收下的粉尘将回到飞灰储仓中。

c. 飞灰车间需要单独铺设事故水导流管，通过管道排至废液车间事故水池。

（2）液态危险废物暂存区。

① 贮存方式。一般采用储罐方式贮存。按照废液的类型，又分为废酸储罐、废碱储罐、无机废液储罐以及有机废液储罐。罐区分区、分组布置。

② 配套环保设施。

a. 暂存库地面采取人工防渗，防渗层为至少 $1m$ 厚黏土层（渗透系数 $\leqslant 10^{-7}$ cm/s），或2mm厚高密度聚乙烯，或至少2mm厚的其他人工材料，渗透系数 $\leqslant 10^{-10}$ cm/s。

b. 为防止二次污染，应配套负压引风的臭气收集装置，$\Delta P = -20$Pa，每小时换风3～4次为宜。暂存库设置电动卷闸门，在危废车辆进入时自动开启，将大部分臭气关闭在储存库内，以避免其外逸。收集的臭气在水泥回转窑运行期间可导入篦冷机高温段焚烧处置；另外应建设配套的除臭设施，以备停窑时处理仓储废气。处理后的废气经过15m高排气筒排放。

c. 废液车间建设事故水池和围堰，共同构成事故防护系统。

事故排水核算公式见式（6-3）。

$$V_总 = (V_1 + V_2 - V_3)_{max} + V_4 + V_5 \tag{6-3}$$

式中　$(V_1 + V_2 - V_3)_{max}$——对收集系统范围内不同罐组或装置分别计算，取其中最大值；

　　　　V_1——收集系统范围内发生事故的最大储罐的物料量，m^3；

　　　　V_2——发生事故的储罐或装置的消防水量，m^3；

　　　　V_3——发生事故时可以转输到其他储存或处理设施的物料量，m^3；

　　　　V_4——发生事故时仍必须进入该收集系统的生产废水量，m^3；

　　　　V_5——发生事故时可能进入该收集系统的降雨量，m^3。

d. 废液车间应预留备用罐。

e. 废液车间还应建设气体导出口以及通信设施，照明设施，观察窗口，应急防护设施，隔离设施，报警装置，防风、防晒、防雨设施，消防设施和通风系统。

f. 在废液罐区设置可燃气体检测仪，以保障生产的安全性。

（3）非挥发性无机生料配料类暂存区。

① 贮存方式。一般采用吨袋、料坑等方式贮存。

② 配套环保设施。

a. 地面采取人工防渗，防渗层为至少 1m 厚黏土层（渗透系数≤10^{-7}cm/s），或 2mm 厚高密度聚乙烯，或至少 2mm 厚的其他人工材料，渗透系数≤10^{-10}cm/s。

b. 需要单独铺设事故水导流管，通过管道排至废液车间事故水池。

（4）固态、半固态危险废物暂存区。

① 贮存方式。可采用吨袋、吨桶、铁桶、塑料桶等多种储存方式。

② 暂存库分区。贮存危险废物时按危险废物的种类和特性进行分区贮存，每个贮存区域之间设置挡墙间隔。

③ 配套环保设施。

a. 暂存库地面采取人工防渗，防渗层为至少 1m 厚黏土层（渗透系数≤10^{-7}cm/s），或 2mm 厚高密度聚乙烯，或至少 2mm 厚的其他人工材料，渗透系数≤10^{-10}cm/s。

b. 为防止二次污染，应配套负压引风的臭气收集装置，$\Delta p = -20$Pa，每小时换风 5～6 次为宜。暂存库设置电动卷闸门，在危废车辆进入时自动开启，将大部分臭气关闭在储存库内，以避免其外逸。收集的臭气在水泥回转窑运行期间可导入篦冷机高温段焚烧处置；另外应建设配套的除臭设施，以备停窑时处理仓储废气。处理后的废气经过 15m 高排气筒排放。

c. 暂存库应安装安全照明设施，应急防护设施，隔离设施，报警装置，防风、防晒、防雨设施，消防设施和通风系统。

d. 暂存库应配备：烟感器、有机气体报警装置、可燃气体报警装置、温度报警装置、导出静电的接地装置以及洗眼设施。

e. 暂存库必须设置搬运通道。

三、暂存库臭气处理

暂存库一般为低浓度大风量臭气，可采用活性炭吸附技术、沸石转轮技术、催化氧化法、热氧化法以及碱洗＋酸洗＋活性炭技术等。

（1）活性炭吸附技术。活性炭吸附是目前使用最广泛的回收技术，其原理是利用吸附剂（粒状活性炭和活性炭纤维）的多孔结构，将废气中的挥发性有机化合物（VOC）捕获，废气得到净化而排入大气。

当活性炭吸附达到饱和后，对饱和的炭吸附床进行脱附再生；通入水蒸气加热炭层，VOC 被吹脱放出，并与水蒸气形成蒸汽混合物，一起离开炭吸附床，用冷凝器冷却蒸汽混合物，使蒸汽冷凝为液体。若 VOC 为水溶性的，则用精馏将液体混合物提纯；若为水不溶性的，则用沉析器直接回收 VOC。因涂料中所用的"三苯"与水互不相溶，故可以直接回收。

活性炭吸附技术主要用于废气中组分比较简单、有机物回收利用价值较高的情况，其废气处理设备的尺寸和费用正比于气体中 VOC 的数量，却相对独立于废气流量；因此，炭吸附床更倾向于稀的大气量物流，一般用于 VOC 浓度低于 $5000 cm^3/m^3$ 的情况。此法适用于喷漆、印刷和胶粘剂等温度不高、湿度不高、排气量较大的场合，尤其对含卤化物的净化回收更为有效。

（2）沸石转轮技术。沸石转轮技术的工艺流程及内部结构如图 6-13 所示。

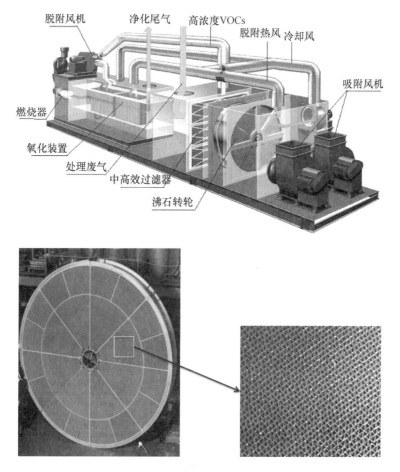

图 6-13　沸石转轮治理臭气

沸石材料具有可燃性低、对湿度的敏感度小以及解析温度高等优点，在低浓度、大风量的尾气处理上大量使用。

（3）热氧化法。热氧化法就是使用火焰氧化器，通过燃烧来消除有机物，其操作温度高达 $700\sim1000\,^\circ\!C$，这样不可避免地具有高的燃料费用。为降低燃料费用，需要回收离开火焰氧化器的排放气中的热量。回收热量有两种方式，传统的间壁式换热和新的非稳态蓄热换热技术。

间壁式热氧化是用列管或板式间壁换热器来捕获排放气的热量，它可以回收40%～70%的热量，并用回收的热量来预热进入氧化系统的有机废气。预热后的有机废气再通过火焰来达到氧化温度，以进行净化。间壁式换热的缺点是热回收效率不高。

蓄热式热氧化（简称 RTO）回收热量采用一种新的非稳态热传递方式。主要原理是：有机废气和净化后的排放气交替循环，通过多次不断改变流向，来最大限度地捕获热量，蓄热系统提供了极高的热能回收率。在某个循环周期内，含 VOC 的有机废气进入 RTO 系统，首先进入耐火蓄热床层 1（该床层已被前一个循环的净化气加热），废气从床层 1 吸收热能后温度升高，然后进入氧化室；VOC 在氧化室内被氧化成 CO_2 和 H_2O，废气得到净化；氧化后的高温净化气离开燃烧室，进入另一个冷的蓄热床层 2，该床从净化排放气中吸收热量，并储存起来（用来预热下一个循环的进入系统的有机废气），并使净化排放气的温度降低。此过程进行到一定时间，气体流动方向被逆转，有机废气从床层 2 进入系统。此循环不断地吸收和放出热量，作为热阱的蓄热床也不断地以进口和出口的操作方式改变，产生了高效热能回收，热回收率可高达 95%，VOC 的消除率可达 99%。

四、暂存库标志

（一）室内外悬挂的危险废物警告标志

（1）图形示例。适用于室内外悬挂的危险废物警告标识如图 6-14 所示。

图 6-14　适用于室内外悬挂的危险废物警告标志

（2）警告标志为等边三角形，边长 40cm，背景微黄色，图形为黑色。

（3）警告标志外缘 2.5cm。

（4）适用于危险废物贮存设施为房屋，建有围墙或防护栅栏，且高度高于 100cm 时；部分危险废物利用、处置场所。

（二）室内外独立摆放或树立的危险废物警告标志

（1）图形示例。适用于室内外独立摆放或树立的危险废物警告标志如图 6-15 所示。

图 6-15　适用于室内外独立摆放或树立的危险废物警告标志

（2）主标志的要求同室内外悬挂的警告标志。

（3）背面以螺钉固定，以调整支杆高度，支杆底部可以埋于地下，也可以独立摆放，标志牌下沿距地面 120cm。

（4）适用于：

① 危险废物贮存设施建有围墙或防护栅栏的高度不足 100cm 时；

② 危险废物贮存设施为其他箱、柜等独立贮存设施的，其箱、柜上不便于悬挂时；

③ 危险废物贮存于库房一隅的，需独立摆放时；

④ 所产生的危险废物密封不外排存放的，需独立摆放时；

⑤ 部分危险废物利用、处置场所。

（三）室内外悬挂的危险废物标签

（1）图形示例。适用于室内外悬挂的危险废物标签如图 6-16 所示。

（2）尺寸为 40cm×40cm，底色为醒目的橘黄色，字体为黑体字。

（3）危险类别按危险废物种类选择。

（4）适用于危险废物贮存设施为房屋，或建有围墙或防护栅栏且高度高于 100cm 时。

（四）室内外独立树立或摆放的危险废物标签

（1）图形示例。适用于室内外独立树立或摆放的危险废物标签如图 6-17 所示。

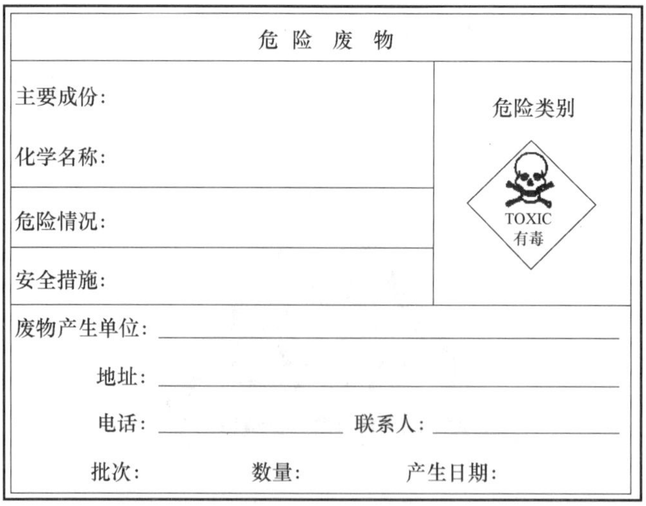

危 险 废 物	
主要成份： 化学名称： 危险情况： 安全措施：	危险类别 TOXIC 有毒
废物产生单位：＿＿＿＿＿＿＿＿＿＿＿＿＿＿＿ 　　地址：＿＿＿＿＿＿＿＿＿＿＿＿＿＿＿＿ 　　电话：＿＿＿＿＿＿＿　联系人：＿＿＿＿ 　　批次：　　　数量：　　　产生日期：	

图 6-16　适用于室内外悬挂的危险废物标签

图 6-17　适用于室内外独立树立或摆放的危险废物标签

（2）危险废物警告标志的要求同室内外悬挂的危险废物警告标志。

（3）危险废物标签的要求同适用于室内外悬挂的危险废物标签。

（4）支杆距地面 120cm。

（5）适用于：

① 危险废物贮存设施建有围墙或防护栅栏的高度不足 100cm 时；

② 危险废物贮存设施有其他箱、柜等独立贮存设施的，其箱、柜上不便于悬挂时；

③ 危险废物贮存于库房一隅的，需独立摆放时；

④ 所产生的危险废物密封不外排存放的，需独立摆放时。

五、危险废物暂存库管理

（一）危险废物在库检查规定

（1）各专项储存库房的管理人员要加强责任心，严格执行检查制度；

（2）检查库房危险物品气体浓度；

（3）检查物品包装有无破损，如发现破损，应及时采取措施清理更换；

（4）检查物品堆放有无倒塌、倾斜；

（5）检查库房门窗有无异动，是否关插牢固；

（6）检查库房温度、湿度是否符合各专项物品储存要求，可分别采用密封、通风、降潮等不同或综合措施调控库房温度、湿度；

（7）特殊天气，检查库房防风、防雨情况；

（8）检查具有毒性、腐蚀性、刺激性的物品时，配备好防护用品，并且检查者须站在暂存库的上风口；

（9）检查结束后，填写记录；发现问题及时处理，特殊情况报告主管部门。

（二）危险废物的码放

（1）盛装危险废物的容器、箱、桶，其标志一律朝外；

（2）危险废物容器的堆叠高度视容器的强度而定；

（3）标志、标签应并排粘贴，并位于其容器、箱、桶竖向的中部的明显位置。

（三）危险废物库存记录

（1）危险废物产生者和危险废物贮存设施经营者均须做好危险废物情况的记录，记录上须注明危险废物的名称、来源、数量、特性和包装容器的类别、入库日期、存放库位、废物出库日期及接收单位名称。

（2）危险废物的记录和货单在危险废物回取后应继续保留三年。

（四）危险废物出库程序

（1）出库负责人接到由主管领导签发的出库通知单时，将出库内容通知仓库管理人员；

（2）库房管理人员穿戴好必要的防护用品，按操作要求，先在出库表格上登记后，将危险废物提出库房送到指定地点；

（3）库房管理人员按入库时的要求检查包装、标志、标签及数量；

（4）出库负责人复查通知单上已填写的、适当的处理处置方法，否则不予出库；

（5）以上内容检验合格后，出库负责人在出库通知单上签名并加盖单位出库专用章。

危险废物的贮存及出库交接记录格式见表6-10。

表 6-10　危险废物贮存及出库交接记录

废物编号：

时间	废物代码	废物类别	废物名称	物理状态	取出位置	送达位置	处理方式	容器类型	容器个数	废物质量

本批总质量：

贮存负责人：		出库负责人：	
处理负责人：		物料接收人：	

六、案例分析

（一）青海某项目

（1）项目介绍。该项目为废矿物油的再生资源化利用项目。年处置规模为 2 万吨，2016 年 12 月获得危险废物经营许可证，2017 年正式运营。

（2）暂存库摆放。暂存库的危险废物摆放如图 6-18 所示。

（3）不符合性分析。该暂存库储存的危险废物为废润滑油，HW08，属于易燃物品。从图 6-18 中可以看出：物料摆放杂乱无序，既没有消防通道，也没有危险警告标志，而且所有的容器上都没有危险废物标签。

（二）江苏某项目

（1）项目介绍。该项目为危险废物焚烧类项目。年处置规模为 3 万吨，2016 年 5 月获得危险废物经营许可证，该月正式运营。

（2）暂存库摆放。暂存库的危险废物摆放如图 6-19 所示。

图 6-18　青海某项目暂存库的危险废物摆放　　图 6-19　江苏某项目暂存库的危险废物摆放

（3）不符合性分析。该暂存库储存的危险废物为废有机溶剂，HW06，属于易燃物品。从图6-19中可以看出：所有的容器上都没有危险废物标签。

（三）江苏某项目

某协同处置水泥厂的危险废物暂存库库容及储存类别见表6-11。

表6-11　某协同处置水泥厂的危险废物暂存库库容及储存类别

序号	贮存设施	数量	容积（m³）	贮存危险废物类别
1	Ⅰ号储存库	1	300	废药品、废化妆品、废感光材料
2	Ⅱ号储存库	1	300	废化学试剂
3	Ⅲ号储存库	1	300	废有机溶剂
4	废酸库	1	1000	废硫酸、废盐酸、废氢氟酸、废磷酸和废硝酸
5	分拣车间	1	500	固态、半固态危险废物

第七章　危险废物入窑控制

第一节　危险废物预处理

一、相关标准规范要求

有关水泥窑协同处置危险废物预处理的相关标准规范有：《水泥窑协同处置固体废物环境保护技术规范》（HJ 662—2013）、《水泥窑协同处置固体废物污染控制标准》（GB 30485—2013）、《水泥窑协同处置固体废物技术规范》（GB 30760—2014）、《水泥窑协同处置固体废物污染防治技术政策》（环境保护部 2016 年第 72 号公告）以及《水泥窑协同处置危险废物经营许可证审查指南（试行）》（环境保护部 2017 年第 22 号公告）等。

（一）《水泥窑协同处置固体废物环境保护技术规范》（HJ 662—2013）

（1）预处理是指为了满足水泥窑协同处置要求，对废物进行干燥、破碎、筛分、中和、搅拌、混合、配伍等前处理的过程。

（2）应根据入厂固体废物特性和入窑固体废物的要求，按照固体废物协同处置方案，对固体废物进行破碎、筛分、分选、中和、沉淀、干燥、配伍、混合、搅拌、均质等预处理。

（3）预处理后的固体废物应该具备以下特性：

① 入窑固体废物应具有稳定的化学组成和物理特性，其化学组成、理化性质等不应对水泥生产过程和水泥产品质量产生不利影响；

② 入窑固体废物中的氯、氟含量不应对水泥生产过程和水泥产品质量产生不利影响；

③ 理化性质均匀，保证水泥窑运行工况的连续稳定；

④ 满足协同处置水泥企业已有设施进行输送、投加的要求。

（4）应采取措施，保证预处理操作区域的环境质量满足 GBZ 2 的要求。

（5）及时更换预处理区域内的过期消防器材和消防材料，以保证消防器材和消防材料的有效性。

（6）预处理区域应设置足够的砂土或碎木屑，以用于吸纳泄漏后向外溢出的液态废物。

（7）危险废物预处理产生的各种废物均应作为危险废物进行管理和处置。

（8）固体废物的破碎、研磨、混合搅拌等预处理设施应有较好的密封性并保证与操作人员隔离；含挥发性和半挥发性有毒有害成分的固体废物预处理设施应布置在车间内，车间内应设置通风换气装置，排出气体应通过处理后排放或导入水泥窑高温区焚烧。

（9）预处理设施所用材料需适应固体废物特性以确保不被腐蚀，且不与固体废物发生任何反应。

（10）预处理设施应符合 GB 50016 等相关消防规范的要求。区域内应配备防火防爆装置，灭火用水储量＞50m³；配备防爆通信设备并保持畅通完好。为防止发生火灾爆炸等事故，对易燃性固体废物进行预处理的破碎仓和混合搅拌仓，应优先配置氮气充入装置。

（11）危险废物预处理区域及附近应配备紧急人体清洗冲淋设施，并标明用途。

（12）应根据固体废物特性及入窑要求，确定预处理工艺流程和预处理设施：

① 从配料系统入窑的固态废物，其预处理设施应具有破碎和配料功能，也可根据需要配备烘干等装置；

② 从窑尾入窑的固态废物，其预处理设施应具有破碎和混合搅拌的功能，也可根据需要配备分选和筛分等装置；

③ 从窑头入窑的固态废物，其预处理设施应具有破碎、分选和精筛的功能；

④ 液态废物，其预处理设施应具有混合搅拌功能。若液态废物中有较大的颗粒物，也可根据需要在混合搅拌系统内配加研磨装置是，或根据需要配备沉淀、中和、过滤等装置；

⑤ 半固态（浆状）废物，其预处理设施应具有混合搅拌的功能，也可根据需要配备破碎、筛分、分选、高速研磨等装置。

（二）《水泥窑协同处置固体废物污染控制标准》（GB 30485—2013）

固体废物的协同处置应确保不会对水泥生产和污染控制产生不利影响。如果无法满足这一要求，应根据所需要协同处置固体废物的特性设置必要的预处理对其进行预处理；如果经过预处理后仍然无法满足这一要求，则不应在水泥窑中处置这类废物。

（三）《水泥窑协同处置固体废物技术规范》（GB 30760—2014）

为适应水泥窑处置的要求，可在生产处置厂区内对固体废物进行预处理，包括化学处理（如酸碱中和）、物理处理（如分选、水洗、破碎、粉磨、烘干等）。预处理过程要有防扬尘、防异味发散、防泄漏等技术措施。对于有挥发性或化工恶臭的固体废物，应在密闭或负压下进行预处理。预处理过程产生的废渣、废气和废液，应根据各自的性质，按照国家相关标准和文件进行处理达标后排放。

（四）《水泥窑协同处置固体废物污染防治技术政策》（环境保护部 2016 年第 72 号公告）

根据协同处置固体废物特性及入窑要求，合理确定预处理工艺。鼓励污水处理厂进行污泥干化，干化后污泥宜满足直接入窑处置的要求。水泥厂内进行污泥干化时，宜单独设置污泥干化系统，干化热源宜利用水泥窑废气余热。原生生活垃圾不可直接入水泥窑，必须进行预处理后入窑。生活垃圾在预处理过程中严禁混入危险废物。

（五）《水泥窑协同处置危险废物经营许可证审查指南（试行）》（环境保护部2017年第22号公告）

（1）针对直接投入水泥窑进行协同处置会对水泥生产和污染控制产生不利影响的危险废物，危险废物预处理中心和采用集中经营模式的协同处置单位应根据其特性和入窑要求设置危险废物预处理设施。

（2）危险废物的预处理设施应布置在室内车间。

（3）含挥发性或半挥发性成分的危险废物的预处理车间应具有较好的密闭性，车间内应设置通风换气装置并采用微负压抽气设计，排出的废气应导入水泥窑高温区，如篦冷机的靠近窑头端（采用窑门罩抽气作为窑头余热发电热源的水泥窑除外）或分解炉三次风入口处，或经其他气体净化装置处理后达标排放。采用导入水泥窑高温区的方式处理废气的预处理车间，还应同时配置其他气体净化装置，以备在水泥窑停窑期间使用。采用独立排气筒的预处理设施（如烘干机、预烧炉等）排放废气应经过气体净化装置处理后达标排放。

（4）对固态危险废物进行破碎和研磨预处理的车间，应配备除尘装置和与之配套的除尘灰处置系统。液态危险废物预处理车间应设置堵截泄漏的裙脚和泄漏液体收集装置。

二、预处理工艺

（一）预处理方案选择

预处理方案选择通常根据以下原则：

（1）现有水泥窑的特点。根据现有水泥窑的厂区布置、预处理车间与投料点的距离、水泥窑的工艺类型等选择预处理车间的位置和投料点。

（2）拟处置危险废物的理化特性。根据拟处置危险废物的物理和化学特性，选择预处理工艺和附属设施，例如，危险废物如果为液态、生料配料、固态、半固态、剧毒品等，则预处理工艺均不相同，除臭、防爆、输送、上料等也不相同。

（3）不同物理特性危险废物的处置量。根据不同物理特性危险废物的年处置量，计算配置相应型号的设备。

（二）危险废物常用的预处理工艺

危险废物常用的预处理工艺有：

（1）归类：对于固态的焚烧物料，通常需要进行分选归类，将相同的大类进入一个预处理工艺，如包装袋、包装箱、铁桶等。

（2）剔除：剔除不宜焚烧、不易破碎的危险废物，如：含大量重金属的化合物，含有硝化甘油、硝基苯之类易爆炸的有机物，含有大铁块的危险废物等。

（3）沉淀：针对一些化学试剂可先采用加入沉淀剂的方法使其沉淀，然后进入处置工艺，这样可以减小体积，增加燃烧值，降低对设备的腐蚀，延长设备使用寿命。

（4）混配：混配一般都是用来预处理有机溶剂的。有机溶剂之间的反应常常伴有发热、冒气、形成结晶体等反应，为了不堵塞进窑的管道，降低有机溶剂处置的风险，在进窑之前的有机溶剂必须是混配完毕的。

（5）烘干：对于一些含水量高的危险废物，如有机污泥、漆渣等，在进入储料坑之前或焚烧处置之前有时需要烘干，避免大量的液体进入储料坑产生二次污染，或者进入焚烧装置降低热值。

（6）破碎：对于一些大块的物料，如：包装物、大块漆渣等，为保证焚烧完全，必须先做破碎处理，这样有助于增大燃烧面积，提高燃烧效率。

（7）固化：固化是危险废物填埋预处理中最常用、最重要的一种技术。固化技术是通过物理或化学的方法，在有害物质中加入惰性、稳定的物质，降低有害物质的流动性和浸出性，使之具有足够的机械强度，满足填埋或再生利用的过程。常用的固化方法有水泥固化、石灰固化、药剂稳定固化等。

（8）筛分：夹杂有较大粒径的危险废物，需要过筛，筛除夹杂的物料。破碎之后的危险废物，如果还不满足入窑的要求，也需要筛分，将未达到入炉粒径的大块物质筛出来，再次破碎。

焚烧车间产生的残渣一般由飞灰及底渣组成，含有金属及难降解的有机化合物，是重要的潜在污染源。所以，固化焚烧炉渣之前必须先过筛，筛去其中难降解的物质，再加入一定比例的水泥使其固化，从而满足再利用或填埋的要求。

（9）中和：进入焚烧处置的危险废物，pH 值一般都要控制在 4～9 之间，pH 值太大或太小都会造成设备腐蚀。因此，对于酸性或碱性的固体废物，应根据其酸碱特性，对其进行中和预处理，以达到调整 pH 值的目的。

（10）压缩减容：对进入填埋坑的危险废物一定要压缩减容，尽可能节约容量，增大填埋坑的处理量，降低填埋处理成本。

（11）氧化还原技术：氧化还原技术主要用来降低或解除危险废物的毒性，使之成为环境的中性物质，减少渗出液的毒性，增加填埋的安全性。如对剧毒重金属 Hg 和 Hg 的化合物，加入硫黄和硫化钠可以降低其挥发毒性。

（12）分层：常用于乳化液的预处理。乳化液和油密度不同，会有比较明显的分层现象，可以将油和乳化液分离。

（三）水泥窑协同处置常用的预处理工艺

水泥窑协同处置危险废物，一般分为六套预处理工艺，分述如下。

（1）废液类危险废物。废液预处理的主要设施为：带有搅拌机的废酸液罐、废碱液罐、废有机液储罐和 2 个备用应急储罐，并设置有用于中和调质的酸、碱、混凝剂、助凝剂等添加装置。根据储存废物的物性分别向液态废物调质反应池内添加调和液，在确保没有不良反应及其他废物产生的情况下，进行废液之间的相互混合，保证处理后的废液酸碱度、热值等与水泥窑焚烧工况相适应。调质后的废液从废物调质反应池出来进入过滤装置，经过滤后由压缩空气输送泵喷枪雾化废液射入水泥生产线窑头、窑尾进行焚烧处置。过滤渣送至半固态处置系统。

废液预处理流程如图 7-1 所示。

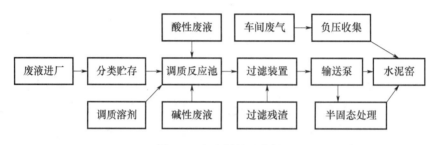

图 7-1　废液预处理流程

也可根据废液的毒性成分和酸碱度，分别使用耐酸碱泵将废液喷至窑头，焚烧处理。

（2）低水分可燃危险废物。低水分可燃危险废物包括：废包装物、废药品、群众主动缴纳的废化学品等。由于其含水率较低，经破碎后，在分解炉或窑尾烟室高温带直接进行焚烧解毒处理。

低水分可燃危险废物预处理流程如图 7-2 所示。

图 7-2　低水分可燃危险废物预处理流程

（3）固态可燃危险废物。固态可燃危险废物包括：医药废物、废药品、农药废物、木材防腐废物、精馏残渣、印染废物、有机树脂类废物等各种有机固态废物。此类废物经粉碎后，在分解炉或窑尾烟室高温带直接进行焚烧处理。

固态可燃危险废物预处理流程如图 7-3 所示。

图 7-3　固态可燃危险废物预处理流程

（4）半固态可燃危险废物。这类危险废物物理特性表现为泥状、膏状等，黏度差异较大。一般多采用 SMP 系统进行预处理。SMP 系统即废物破碎（Shredding）、混合（Mixing）和泵送（Pumping）过程的英文首字母缩写。SMP 系统的结构示意如图 7-4 所示。

半固态可燃危险废物采用 SMP 系统，根据半固态危险废物的物理性状、输送性能、水分含量及处理规模的不同，选择不同的设备，在预处理中心进行破碎、调质、混合后，泵送至水泥窑分解炉进行焚烧处理。

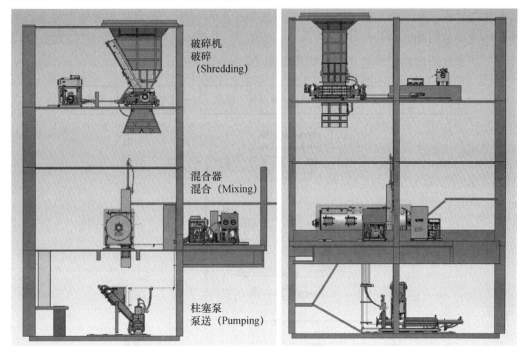

图 7-4　SMP 系统的结构示意

半固态可燃危险废物的预处理工艺流程如图 7-5 所示。

图 7-5　半固态可燃危险废物预处理工艺流程

半固态可燃危险废物通过提升机或抓斗送至破碎机，经破碎后，进入混合器进行混合搅拌，以调整其均匀性。搅拌后的物料经过泵送装置泵送至水泥生产线分解炉进行高温焚烧处理。

（5）非挥发性生料配料类危险废物。非挥发性生料配料类危险废物经运输车运入厂区，卸入非挥发性危险废物专用储存库内，通过卸料斗和计量设备后，经输送机送入原料磨，与其他生料一起配料粉磨，然后送入生料储库内贮存。

非挥发性生料配料类危险废物的预处理工艺流程如图 7-6 所示。

图 7-6　非挥发性生料配料类危险废物预处理工艺流程

为满足储存及工艺要求，又不对水泥生产产生明显不利影响，入磨处置的非挥发性固废含水率需低于 40%，必要时需要单独配置破碎或粉碎装置。

（6）飞灰类危险废物。垃圾焚烧发电厂产生的飞灰（HW772-002-18）和危险废物焚烧厂产生的飞灰（HW772-003-18），在含氯量合适的情况下，可以直接进入水泥窑窑头焚烧处置。计算合适的Cl含量，在投加量少的情况下，不会对水泥生产线和熟料质量造成明显影响。

飞灰类危险废物的预处理工艺流程如图7-7所示。

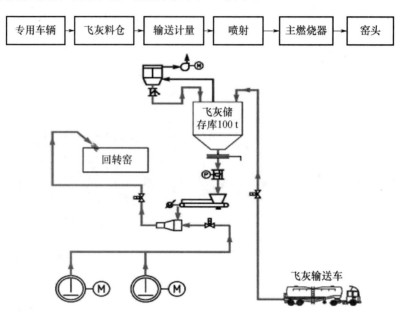

图 7-7　飞灰类危险废物预处理工艺流程

飞灰类危险废物经专用运输车运入厂区，泵入专用储存仓内，计量后经喷射进入窑头焚烧。该工艺要求飞灰类危险废物的含水率在5%以下方可正常运行。

三、预处理车间建设

（一）预处理车间建设原则

根据相关标准规范要求及拟处置的危险废物类别、预处理工艺，建设相应的预处理车间。

（二）预处理车间建设要点

预处理车间的建设要点如下：

（1）预处理车间可以与化验室、中控室等建设在一起。

（2）预处理车间应注重防渗基础设施的建设：采取人工防渗，防渗层为至少1m厚黏土层（渗透系数≤10^{-7}cm/s），或2mm厚高密度聚乙烯，或至少2mm厚的其他人工材料，渗透系数≤10^{-10}cm/s。

（3）挥发性、半挥发性成分的预处理车间应该设置通风换气装置并采用微负压抽气设计，每小时换风5～6次。预处理车间应设置电动卷闸门，在危险废物车进入时自动开启，将大部分臭气关闭在预处理车间内，以避免其外逸。抽出的废气应导入水泥窑高温区，如篦冷机靠近窑头端或分解炉三次风入口处，或经过其他气体净化装置处理后达标排放。采用水泥窑处理废气的，应同时配置其他气体净化装置，以备停窑期间使用。独立排气筒的预处理设施，废气应经过净化装置达标后排放。

（4）破碎预处理环节应配备除尘装置和配套的除尘灰处置系统。

（5）可燃固体废物、半固体废物预处理车间应配置氮气保护装置。

（6）液态危险废物预处理车间应设置堵截泄漏的裙脚和泄漏液体收集装置。

（7）液态、可燃固态、半固态废物预处理车间应配置可燃气体报警器、温度传感器、防爆装置及相应的消防器材。

（三）预处理车间模拟图

预处理车间的 3D 效果图如图 7-8 所示。

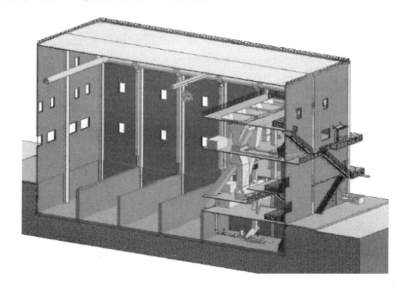

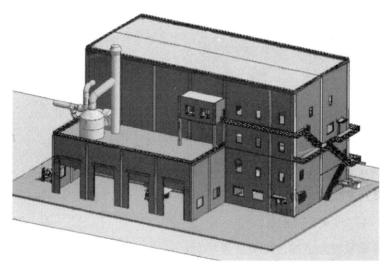

图 7-8　预处理车间 3D 效果图

四、常见危险废物的预处理要求

（一）固态可燃危险废物

（1）固态可燃危险废物常见包装形式有散装、桶装、吨袋等。

（2）固态可燃危险废物的预处理要求是：

① 长宽高均不宜超过 0.4m；

② 最佳粒度为 0.1m×0.1m×0.2m；

③ 不符合尺寸要求的废物，需提前进行破碎。

（3）预处理车间布置。

① 破碎机应布置在预处理车间的一端，破碎机应采用氮气保护等手段避免着火，破碎机与危险废物贮坑之间应以防火墙隔开；

② 废物无论是否破碎，都应根据热值、卤素和重金属等成分的含量，分别在不同料坑存放，整个预处理车间应密闭呈微负压状态，确保有害气体不外逸。

（4）针对不宜或无法将废物与包装桶分离的情况，应设置桶装废物破桶装置。破桶装置可采用切割或者挤压原理。

挤压式破桶装置如图 7-9 所示，切割式破桶装置如图 7-10 所示。

图 7-9　挤压式破桶装置

（5）破桶后的散装固体废物先进入废物贮坑，用抓斗吊车将其在贮坑中混合，尽量使废物性质、热值均匀。

（二）膏状可燃危险废物

油漆渣等膏状废物虽然占可焚烧废物总量比率不高，但因其特殊的形态给进料造成了一定难度，相关设计文献推荐的方法实用性欠佳，较可行的方法是掺拌粉状料后以抓斗等固体废物进料通道直接进料。粉状料可以是焚烧飞灰、炉渣或其他需焚烧粉体料，混合及贮存过程中需注意避免扬尘。

图 7-10　切割式破桶装置

（三）液态可燃危险废物

液态可燃危险废物在水泥窑协同处置中的处理可分两种情况，一种是直接焚烧，另一种是混合后焚烧。前者一般是指剧毒的或高热值的废液，直接喷入窑头处理。

液态可燃危险废物的预处理需要注意以下几点：

（1）应根据废物接收情况设置合理的贮存罐，并配备必要的设施，进行有效的作业管控。

（2）贮存罐的设置应该遵循不同热值、不同腐蚀性的废液分别存放的原则，一般情况下应设置高热值、中热值、低热值及腐蚀性等四类废液贮罐，以满足不同性质的液体暂存需求。

（3）配备过滤、伴热、吹堵、沉渣排放等必备的辅助设施。

（4）不同液体贮存到同一贮存罐时一定要注意它们的相容性，应逐包装进行相容性测试，避免废物发生发热、沉淀、产气等不相容反应。

（5）提前备料，重点需检查不同包装内废液的均一性，是否同种废物，有无分层、沉淀、挥发等异常情况，避免喷烧性质差异大的废液给水泥窑工况造成大幅度波动或出现堵塞喷枪等工艺事故。

（6）废液先经过滤以滤除杂质，提高废液热值，尽量使进窑废液热值均匀，将低热值液体喷入分解炉，高热值液体喷入窑头，并根据焚烧情况确定各种废液的输送时段和流量。

五、几种危险废物预处理工艺及案例分析

（一）飞灰水洗工艺

（1）生活垃圾焚烧飞灰。垃圾焚烧时会产生大量的飞灰。飞灰是垃圾焚烧烟气净化系统和热回收利用系统（如节热器、锅炉等）中收集而得的残余物，约占垃圾焚烧灰渣总量的20%，它是生活垃圾焚烧后烟气除尘器收下的物质。飞灰含水率很低（一般为10%～23%），呈浅灰色粉末状，粒径基本在100μm以下，表面粗糙，呈多角质状，孔隙率较高，比表面积较大，热灼减率为34%～51%。

某垃圾焚烧厂的飞灰化学成分见表7-1。

表7-1 某垃圾焚烧厂的飞灰化学成分（%）

成分	SiO_2	Fe_2O_3	Al_2O_3	TiO_2	CaO	MgO	SO_3	f-CaO	Loss
飞灰	24.50	4.01	7.42	0.62	33.37	2.72	12.03	0.50	22.04

从表7-1可以看出，焚烧飞灰中的主要化学成分是CaO、SiO_2、SO_3、Al_2O_3和Fe_2O_3，因此可以作为水泥厂的原料。飞灰中还含有一定量的氯化物、重金属和二噁英，因此飞灰被列入危险废物管理范围。

根据对国内某垃圾焚烧厂、加拿大3个垃圾焚烧厂（1986—1991年）、丹麦4个垃圾焚烧厂（1989—1992年）、德国1个垃圾焚烧厂（1982年）、荷兰1个垃圾焚烧厂（1992年）、瑞典4个垃圾焚烧厂（1985—1988年）和美国5个垃圾焚烧厂（1988—1989）的调研，垃圾焚烧飞灰中金属元素含量及氯含量见表7-2。

表 7-2　国内外部分垃圾焚烧厂飞灰的元素组成

主要元素（%）	Ca	Cl	Na	K	Mg	Fe
半干法	13.40～36.80	8.40～11.30	2.56～5.62	2.31～3.96	1.36～3.54	1.54～2.86
干法/半干法	11.00～35.00	6.20～38.00	0.76～2.90	0.59～4.00	0.51～1.40	0.26～7.10
少量元素（mg·kg^{-1}）	Zn	Pb	Mn	Cu	Cr	Ni
半干法	3334～5179	878～2594	806～1119	555～793	253～384	85～147
干法/半干法	7000～20000	2500～10000	200～900	16～1700	73～570	19～710
微量元素（mg·kg^{-1}）	As	Cd	Co	Ag	Hg	
半干法	27.9～89.2	44.2～79.6	35.8～48.5	14.2～27.4	4.6～24.8	
干法/半干法	18.0～530.0	140.0～300.0	4.0～300.0	0.9～60.0	0.1～51.0	

由表 7-2 可以看出，国内垃圾焚烧厂飞灰的元素含量基本与国外的数据相似。Si、Al、Ca、Cl、Na、K、Mg、Fe、C 和 S 是飞灰的主要组成元素（含量都高于 1%）。国内生活垃圾中 S 的干基质量分数可达 0.1%～0.24%，焚烧后以 SO_x 等形式逸出。由于重金属硫化物和硫酸盐的溶解度一般都很小，飞灰中 S 的含量高对抑制重金属的浸出是有利的。

垃圾焚烧厂飞灰中的 Pb、Cd 和 Zn 总量都很低，这一方面可能与烟气净化效率有关，另一方面也可能是因为进料生活垃圾中本身含 Pb、Cd 和 Zn 的量比较低。Pb、Cd 和 Zn 总量低，使飞灰中这些重金属在相同浸出率下的最大可能浸出量减小，有利于其处理和处置。

飞灰中的氯含量一般约为 10%。氯在水泥回转窑高温段挥发，在低温段冷凝而堵塞设备，容易造成设备腐蚀，生产的水泥制品由于氯离子含量高，不仅不能用于钢筋混凝土，用于普通混凝土也有碱-集料反应的问题，因此，需要采取预处理工艺降低重金属和氯化物的含量，解决氯离子含量高这一瓶颈问题。

（2）飞灰水洗预处理工艺。水洗是一种经济而有效的飞灰脱氯方法，但在飞灰水洗过程中，少量重金属离子也会溶解在水洗液中，如果不对这些水溶液进行有效的处理，会对环境产生严重的二次污染，这也是飞灰水洗预处理工艺中最难解决的问题。

飞灰水洗整体工艺流程如图 7-11 所示。

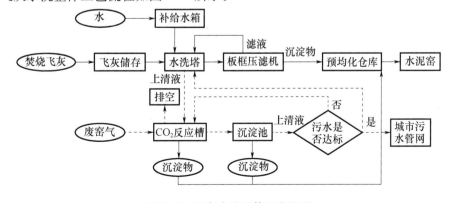

图 7-11　飞灰水洗整体工艺流程

（3）飞灰水洗工艺的主要环节。

① 飞灰水洗。将专用运输车送来的飞灰通过气力输送管道送入飞灰储仓。飞灰从储仓中经计量后输送到搅拌罐中与计量好的水混合洗涤，料浆经真空过滤机过滤后，用气流烘干机烘干，形成预处理后飞灰，进入料仓，经计量由水泥窑高温点进入窑系统处置。滤液进入飞灰水洗液处理单元处理。

飞灰水洗部分的工艺流程如图7-12所示。

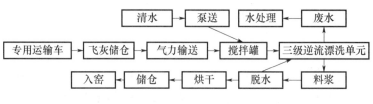

图7-12　飞灰水洗部分工艺流程

② 污水处理。洗灰部分产生的滤液，即飞灰水洗液，其中除含有氯、钾、钠等及重金属离子外，还有少量悬浮物。进行物理沉淀后加入化学试剂将重金属离子和钙镁离子分别沉淀下来。钙镁污泥和含重金属离子的少量污泥经烘干机烘干后进入飞灰料仓与飞灰一起进入水泥窑处置。沉淀池上部的澄清液经粗滤及精滤后通过蒸发结晶工艺设备进行盐、水分离，冷却水作为清水回用于水洗飞灰部分。

污水处理的工艺流程如图7-13所示。

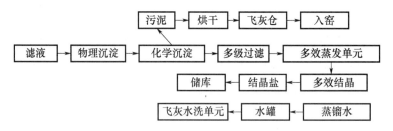

图7-13　污水处理工艺流程

③ 水泥窑共处置。预处理后的飞灰，利用气力输送设备通过密封管道直接输送到窑尾1000℃高温段，进入水泥窑煅烧。在共处置过程中二噁英被完全分解，而重金属被有效固定在水泥熟料晶格中，实现了飞灰的无害化与资源化处置。水泥窑的尾气处理部分，窑尾烟气首先进入增湿塔，增湿塔有良好的碱性环境氛围，可以有效抑制二噁英前体物生成，避免了二噁英的再次合成，而后烟气经过先进的布袋除尘器进入烟囱达标排放。

（4）飞灰水洗案例。

① 背景介绍。2005年，北京建筑材料科学研究总院和北京市琉璃河水泥有限公司共同承担了北京市"垃圾焚烧飞灰资源化"重大研发课题。2009年完成了垃圾飞灰预处理中试线的投产运行和垃圾飞灰煅烧水泥技术的中试研究，飞灰处置中试线建成、投产，并顺利通过北京市科委验收。2010年7月召开了"利用水泥窑共处置垃圾焚烧

飞灰专家论证会"。2012年2月开工建设利用水泥窑共处置垃圾焚烧飞灰示范线，2012年年底建成了国内第一条飞灰处置工业化环保示范线，年处理量可达1万吨。

② 工艺流程。该技术采用逆流漂洗工艺，在低耗水量的条件下使得预处理后的垃圾飞灰达到煅烧水泥的工艺要求，同时预处理过程中的飞灰经过化学共沉淀、多级过滤、pH调节、蒸发结晶等多项工艺技术处理后全部回用于预处理过程，真正实现了废水零排放。飞灰水洗与水泥窑共处置技术的生产工艺主要包括飞灰水洗、污水处理、水泥窑共处置三大部分。

北京市琉璃河水泥厂的飞灰处理工艺流程如图7-14所示。

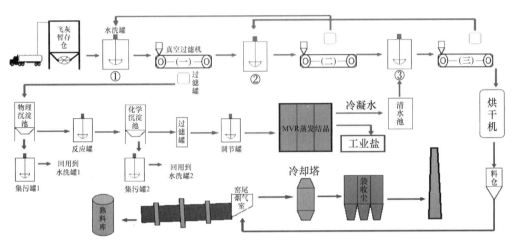

图7-14　北京市琉璃河水泥厂的飞灰处理工艺流程

③ 二噁英检测。2015年，在飞灰处置量为90.6t原灰的工况下，对北京市琉璃河水泥厂的垃圾焚烧厂原灰、结晶盐、水洗后的湿灰、烘干的干灰、烘干尾气以及窑尾烟气分别进行了采样分析，测试其中的二噁英浓度，结果见表7-3。

表7-3　各节点二噁英浓度比较

PCDD/Fs	原灰（pg/g）	结晶盐（pg/g）	湿灰（pg/g）	干灰（pg/g）	烘干烟气（pg/m³）	窑尾烟气（pg/m³）
2378—TCDF	418.24	13.92	425.00	431.68	44.55	24.2
12378—PeCDF	405.56	2.89	406.20	418.04	333.14	17.1
23478—PeCDF	388.92	53.17	377.20	395.16	319.47	17.2
123478—HxCDF	248.68	0.57	189.52	191.28	8.54	6.76
123678—HxCDF	300.20	0.67	216.64	223.36	10.84	7.97
234678—HxCDF	271.52	1.87	167.00	173.24	14.19	9.25
123789—HxCDF	68.80	0.47	48.32	48.00	3.29	2.82
1234678—HpCDF	565.68	24.57	268.48	265.72	359.39	8.37
1234789—HpCDF	70.88	7.00	37.96	37.24	33.05	1.77
OCDF	164.28	415.70	61.88	67.04	1520.95	22.6

PCDD/Fs	原灰（pg/g）	结晶盐（pg/g）	湿灰（pg/g）	干灰（pg/g）	烘干烟气（pg/m³）	窑尾烟气（pg/m³）
2378—TCDD	30.48	6.99	30.28	28.84	25.04	0.86
12378—PeCDD	65.08	1.99	50.28	45.60	53.46	2.90
123478—HxCDD	39.00	0.08	21.04	17.60	1.97	1.29
123678—HxCDD	210.28	0.37	83.76	74.28	1.77	1.85
123789—HxCDD	145.04	0.47	56.16	48.04	119.14	1.05
1234678—HpCDD	2617.36	5.50	988.20	710.88	113.68	4.18
OCDD	3410.72	21.40	1422.92	861.96	1957.68	17.6
PCDD/Fs	9420.72	557.61	4850.84	4037.96	4920.16	147.77
I—TEQ（pgTEQ/g）	484.05	37.36	399.51	401.94	0.26	0.017

从表 7-3 中可以看出，原灰经水洗、烘干后，PCDD/Fs 质量浓度均有所下降。湿飞灰中 PCDD/Fs 的质量浓度是原灰的 51%，烘干后飞灰 PCDD/Fs 质量浓度是原灰的 43%。结晶盐中含有一定浓度的 PCDD/Fs。根据欧盟对饲料产品中二噁英的限量标准，各类产品中二噁英的限值为 0.75～6ngTEQ/kg，结晶盐中 PCDD/Fs 的毒性当量浓度高于此值，因此实际应用中应根据相应标准使用，避免造成 PCDD/Fs 污染。

水洗后的飞灰在烘干过程中，烘干收尘器烟囱的烟气中排放的毒性当量浓度已经超过了国家相关排放标准 0.1ngTEQ/m³ 的限值。因此，应进一步提高收尘器效率。

在水泥窑排放口—窑尾烟气中，二噁英毒性当量浓度满足国家相关排放标准 0.1ngTEQ/m³ 的限值。

（二）油泥直接入窑工艺

（1）油泥。油泥是在石油开发、运输以及炼制时的污水处理过程中产生的。含有原油或成品油的泥砂、矿物质及其他杂质的混合物，其油分存在于多种形态的混合物之中不能直接回收，油泥对环境污染越来越大。

油泥的成分非常复杂，一般是由油包水和水包油型乳状液以及悬浮固体组成，是一种比较稳定的悬浮乳状液体系。油泥的颗粒细小，呈絮凝体状；密度差较小（油、水密度接近）、含水率较高（一般在 40%～90% 之间）、持水力较强；充分乳化，黏度较大难以沉降；稳定性差，容易腐败和产生恶臭。

东北某油田的油泥成分分析见表 7-4。

表 7-4　东北某油田的油泥成分分析

编号	含水率（%）	热值（kcal/kg）	Na₂O	MgO	Al₂O₃	SiO₂	SO₃	K₂O	CaO	Fe₂O₃	Cl
1	86.6	6032	1.26	1.53	26.57	38.29	2.51	0.63	7.50	12.17	0.01
2	83.2	5130	0.50	1.71	16.47	8.84	27.92	0.43	11.02	14.85	0.23

编号	含水率 (%)	热值 (kcal/kg)	Na_2O	MgO	Al_2O_3	SiO_2	SO_3	K_2O	CaO	Fe_2O_3	Cl
3	90.2	4879	0.46	1.5	20.87	8.72	25.95	0.52	10.04	14.85	0.40
4	84.7	5200	0.35	0.83	21.33	15.09	9.48	0.48	6.83	21.77	0.20
5	69.1	6484	0.47	1.05	39.38	27.72	0.76	0.67	3.96	19.61	0
6	79.2	2543	0.42	2.08	10.55	14.73	7.31	0.43	39.09	14.38	0.20
7	72.75	5500	1.26	2.27	40.88	5.29	5.34	1.24	17.3	1.61	0.17
8	63.8	4200	1.21	2.45	20.73	26.81	8.28	0.79	17.02	16.35	0.17

（2）含水率对水泥窑的影响分析。

① 对煤耗的影响。将常温的水升温到 100℃，需要的热量为 80kcal/kg，100℃的水变成水蒸气的蒸发潜热为 539kcal/kg，100℃的水蒸气升温到分解炉的 870℃需要的热量为 401kcal/kg。

因此，进入水泥窑 1kg 水，消耗的热量为：$80+539+401=1020$（kcal），则相当于 $1020kcal/7000kcal=0.146kg$ 标准煤；

如果每小时进水泥窑 6.7t 含水 80% 的污泥，则进窑的水分为：$6.7×0.8=5.36$（t），需要消耗的标准煤为 $5.36×0.146=0.783$（t），折合成实物煤为：$0.783×7/6=0.91$（t）。

② 对烟气量的影响。由于水泥窑的煤耗增加了 0.91t/h，则由此增加的烟气量为：$6.9×0.91×1000=6279$（Nm^3）；

由于水分的进入而增加的烟气量为：$1000/(18/22.4)×5.36=6670$（Nm^3）；

两者合计：$6279+6670=12949$（Nm^3）。

③ 对减产的影响。某水泥厂分解炉出口每小时的烟气量为 166785Nm^3，烟气量的增加比例为 7.8%，因此，从烟气量上计算，理论上会造成 7.8% 的减产。

因此，根据实际生产经验，80% 含水的污泥，直接泵送进入水泥窑的量一般控制在生料量的 3%～5% 为宜。如 4000t/d 的熟料线，则采用直接泵送法处置 80% 含水的污泥，处置量控制在 $4000×1.6×5\%=320$（t/d），一般以不超过 300t/d 为佳。

（3）油泥直接入窑工艺。在含水率允许的情况下，油泥可采用直接入窑的工艺。直接入窑的工艺流程如图 7-15 所示。

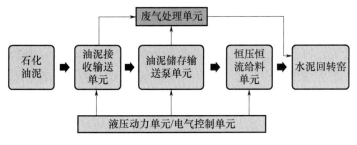

图 7-15　油泥直接入窑工艺流程

（4）案例分析。

① 项目背景。项目位于吉林省某水泥厂。2017 年取得危险废物经营许可证，项目仅处理 1 类危险废物：来自吉林石化的油泥，HW08。

② 工艺流程。项目工艺流程如图 7-16 所示。

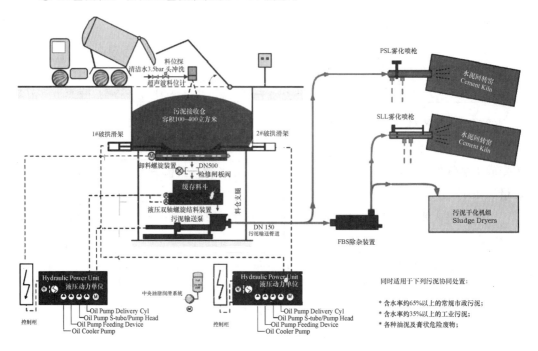

图 7-16　吉林某油泥处置工艺流程

③ 主要单元介绍。

a. 接收输送单元。油泥通过卡车运输至水泥厂，首先进入油泥接收输送单元。接收输送单元包含 1 座矩形钢结构接收仓，2 台污泥输送泵及其辅助设备。接收输送单元的基本流程如下：

接收仓顶设置了 2 套液压驱动的自动仓盖板并配备了入料格栅，在油泥卸料位置两侧设置了挡泥板，确保卸料时环境清洁；仓顶靠近中心部位设置了 1 套由德国 E＋H 公司制造的超声波料位计用于监测仓内料位。料仓内的底部安装了 2 套液压驱动的液压滑架破拱装置，通过安装在料仓外部 2 套液压缸驱动，液压滑架破拱装置在仓底做水平低速往复运动，避免仓内油泥出现架桥现象而无法有效卸料。

油泥通过安装在料仓底部的 2 台双轴螺旋给料装置卸出仓外，在每台双轴螺旋卸料装置出口下方正交位置各安装了 1 套手动滑动闸板阀，闸板阀在正常运行时处于常开状态，仅在需要对其下方液压活塞泵进行维护和检修时关闭，阻止仓内物料进入活塞泵料斗。闸板阀采用手动方式开启和关闭，功能最为可靠，并且无论是开启或关闭状态均可实现最佳的密封效果，使得仓内的油泥完全无泄漏情况发生。

油泥经液压驱动双轴螺旋挤压进入设置在其下方的 2 台液压驱动活塞泵的料斗

内，在液压活塞泵S摆管与输送缸内活塞的共同作用下被连续泵送进入油泥输送管道，泵出口位置设置了一个可拆卸管段，方便对设备和管道进行检修维护时的安装和拆卸，油泥输送管道是可以进行快速拆装的高压耐磨输送管，油泥经过高压耐磨输送管进入管道除杂装置，进行第一道除杂，将较大的杂物滤除后油泥进入储存泵送单元。

为方便接收输送单元的系统检修，在基坑仓房内安装了1台额定起重质量为3t的悬臂吊；基坑集水坑内安装了自动启动的潜水泵，保证基坑内的污水及时排出进入水处理系统。

b. 储存输送单元。油泥经过接收输送单元之后进入储存输送单元。储存输送单元包括4座圆形储存仓、4台液压活塞泵及其附属设备。本单元可以储存最大1200m³的油泥，并有搅拌混合作用，完全可以应对油泥处置过程中油泥供应量发生波动、油泥成分发生波动、水泥窑检修、窑况调整等状况；本单元4台液压活塞泵可以提供0～40m³/h的任意输送能力，可以灵活地应对各类生产变化和状况。

储存输送单元的基本流程如下：

经过一次除杂之后的油泥通过高压耐磨输送管送至圆形储存仓内，每个料仓顶部靠近中心位置都安装了1套德国E+H公司制造的超声波料位计，用以监控储存仓料位；经过除杂以后的污泥管道设置了两个Y形管，使每个污泥输送泵可以为两个储存仓供泥。每个储存仓入泥管道上都安装了1套电动高压球阀，通过远程调控来调节仓位。

每个料仓内的底部都安装了1套液压驱动的液压滑架破拱装置，通过安装在料仓外部的液压缸驱动，液压滑架破拱装置在仓底做水平低速往复运动，避免仓内油泥出现架桥现象而无法有效卸料。

每个储存仓底部都安装有双轴螺旋给料装置和手动闸板阀，通过双轴螺旋给料装置将油泥挤压至仓下的液压活塞泵内，在液压活塞泵的驱动下油泥进入高压耐磨污泥管道。泵出口位置同样各设置了一个可拆卸管段，方便对设备和管道进行检修维护时的安装和拆卸，油泥输送管道是可以进行快速拆装的高压耐磨输送管。油泥经过高压耐磨输送管进入第二道管道除杂装置，进一步将污泥中<15mm的杂物滤除。

本单元包含2套管道自动润滑装置，在油泥输送管道上分别设置了不同数目的润滑液注入点，在油泥输送阻力过大时，润滑系统自动启动向油泥输送管道内注入润滑液，使油泥输送阻力下降。该系统同时也可以作为处置废油、废乳化液、废碱液等危险废物的设施。

c. 恒压恒流给料单元。每个恒压恒流给料单元包含1个恒压给料装置、1个恒流给料器、1台油泥雾化喷枪及其附属设施。本单元可以将油泥充分雾化后喷入分解炉，雾化后的油泥在分解炉内的焚烧速度大幅度增加，同等情况下可以使污泥处置量提高50%～100%。

恒压恒流给料单元的基本流程如下：

经过二次除杂之后的污泥通过高压耐磨污泥管道进入恒压给料装置的料腔内，料腔顶部设置了一套超声波料位计，用以监控料腔内的料位，在保证一定料位的情况下，料腔内通入压缩空气使污泥压力稳定在特定压力范围内，进而实现稳压、均化的目的。

料腔的底部与双轴螺旋给料装置相接，通过双轴螺旋将油泥输送至油泥雾化喷枪，雾化后的油泥进入分解炉焚烧。

d. 液压动力单元。液压动力单元包括2台90kW液压动力站用以驱动2台EPP40污泥输送泵；1台22kW液压动力站，用以驱动2台接收仓液压破拱滑架和2台自动开启仓盖板；4台55kW液压动力站用以驱动4台EPP10污泥输送泵和4台储存仓破拱滑架。

液压动力站与液压缸之间通过液压管道（含硬管和软管）及其附件连接。

本项目室内设备均做了防爆性能设计，动力和电气设备与气体挥发点之间做了防爆隔离，所有电气元件均采用防爆级别。接收仓以及储存仓气体采用除臭系统收集并送至水泥窑系统焚烧；基坑内设置了强制通风装置以确保基坑内有害气体及时排出。

e. 电气控制单元及其他。液压动力站的供电和控制由电气控制柜提供。电气控制单元包括2台ECC90电气控制柜，控制2套污泥输送泵系统；1台ECC22电气控制柜控制两台液压仓盖板、料位计以及2台接收仓破拱滑架；4台ECC55电气控制柜控制4套储存输送单元系统、2台ECC电气控制柜、4套恒压恒流给料单元。

处置车间地面在设计时考虑做好硬化防渗，预留液体渗漏收集空间。

（三）工业污泥干化工艺

（1）工业污泥。工业污泥来源较广，成分复杂，化学组成差异较大。部分工业污泥的分析结果见表7-5。

表7-5　部分工业污泥分析结果

样品编号	Zn	Cu	Pb	Cr	Cd	Ni	Hg	As
1	1090	159	40.1	46.2	1.67	19.5	4.29	10.7
2	4630	242	40.6	48.4	1.18	24.6	3.9	12.4
3	743	83.4	35.2	27.9	1.12	26.6	8.84	13.9
4	365	79.8	28.9	35.4	0.44	20.6	5.15	14.2
5	784	131	36.9	39.4	0.95	88.8	6.21	13
6	856	232	44.8	408	0.83	535	4.24	16.6

从表7-5可以看出，工业污泥中的重金属含量一般较高。

（2）干化工艺。污泥干化的热源可采用导热油、废气等。采用导热油干化污泥工艺流程如图7-17所示。

（3）恶臭挥发。将污泥分别在100℃下、300℃下的密闭炉中干燥并保温1h，用大气采样器将干燥尾气收集后采用GC-MS测定其成分。污泥干化过程中释放的恶臭气体组成及含量如图7-18所示。

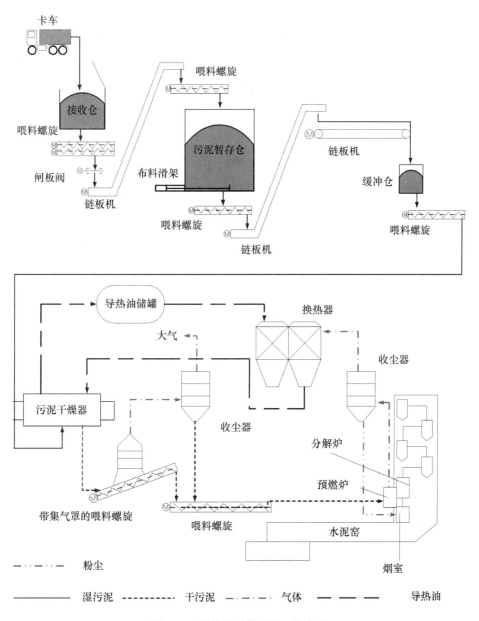

图 7-17　导热油干化污泥工艺流程

从图 7-18 可以看出，污泥在 100℃下、300℃下的密闭炉中干燥后，释放的不含氮元素的恶臭气体有 36 种，包括：苯类、硫化物、烃类、醇酮类等。其中：含量最高的是苯类，含量从高到低依次为：苯＞对二甲苯＞间二甲苯＞苯乙烯＞乙苯＞邻二甲苯＞异丙苯＞1,2,4-三甲苯＞间-乙基甲苯＞邻-乙基甲苯＞对-乙基甲苯＞丙苯＞1,3,5-三甲苯＞1,2,3-三甲苯＞间-二乙苯。硫化物含量从高到低依次为：二甲二硫醚＞甲硫醇＞二硫化碳＞甲硫醚。烃类含量从高到低依次为：辛烷＞癸烷＞正庚烷＞柠檬烯＞1-己烯＞2-甲基庚烷＞十一烷＞丙烯＞甲基环戊烷＞1,3-丁二烯。醇酮类化合物有三种，含量从高到低依次为：丙酮＞甲基异丁酮＞乙醇。

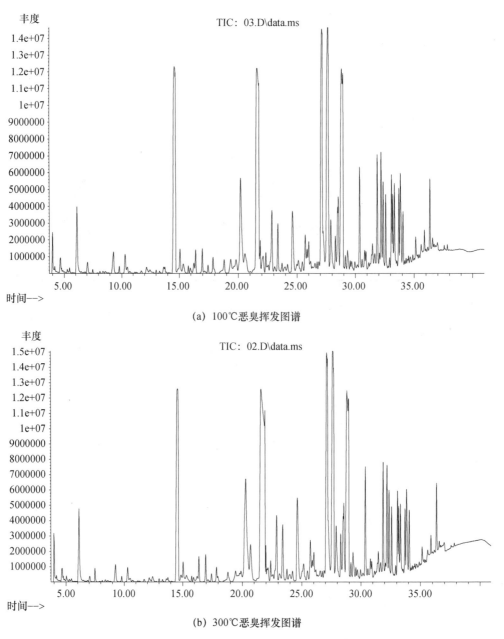

(a) 100℃恶臭挥发图谱

(b) 300℃恶臭挥发图谱

图 7-18 污泥不同温度下干化释放的恶臭气体图谱

污泥在 100℃ 和 300℃ 两种干燥温度相比，除甲硫醇、甲硫醚、二硫化碳三种硫化物外，气体恶臭物质在 100℃ 释放的浓度均高于 300℃。这是由于污泥中稳定性较差的有机硫化合物、铵类化合物及低环苯类化合物、低沸点烃类有机物等在 100℃ 挥发造成的。

污泥中的有机硫化物一般划分为三类：结合不牢固的有机硫，<400℃分解；结合牢固的有机硫，400~500℃分解；结合最牢固的有机硫，>500℃分解或不能分解。从污泥中含硫恶臭物质分析结果可知，污泥中的硫化物多为结合不牢固的有机硫，挥发温度集中在 300℃ 左右。

（4）案例分析。

① 背景介绍。项目在北京水泥厂厂区内建设，占地面积 9330m²，新增建筑面积 3022m²。处置含水率 80％的城市污水处理厂污泥 500t/d。将污泥烘干至含水率 35％，再利用现有的水泥回转窑进行焚烧处理。项目总投资 18873.36 万元。包括：污泥贮存车间、污泥干化车间、湿化水洗涤塔和生物除臭装置、一体化污水处理系统和干污泥输送装置等。

② 工艺流程。工艺流程如图 7-19 所示。

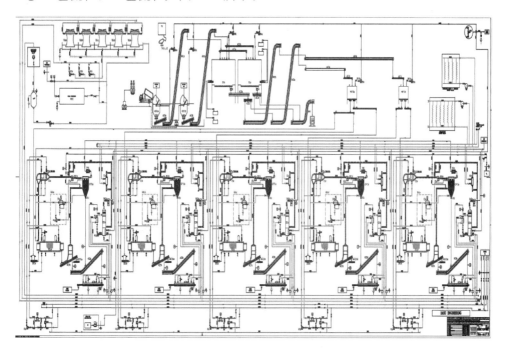

图 7-19 北京水泥厂污泥干化工艺流程

③ 主要工艺节点分析。

a. 热源：从窑尾烟室取出少量烟气，温度为 850～900℃，经简单除尘后进入换热器，离开换热器温度为 320～360℃，进入煤磨用于烘干燃料。

b. 干化：五台水平布置的圆柱状蜗轮薄层干燥器，直径约 2m，长约 15m，热源采用从分解炉顶部取风，经导热油换热后将含水率为 80％的污泥干燥到 35％左右，干化温度设定为 240～290℃。对干化废气进行冷凝回收的同时，为厂区锅炉提供热源。废气采用布袋收尘，回路和料仓中的不可凝气体采用一根 300mm 的废气收集管收集起来，送往水泥窑的箅冷机，利用箅冷机的高温除臭。

污泥干燥器如图 7-20 所示。

图 7-20 污泥干燥器

c. 干泥输送段：干燥器尾端有一个出泥设备，下接一个短螺旋，然后接入一个倾角约 40°的链板输送机，通过一系列的链板机，将经过干燥的干泥直接输送到窑尾。干化产生的污水进入污水处理系统。

④ 恶臭监测。2014 年 5 月，对北京水泥厂污泥仓、污泥干化车间 1 层、污泥干化车间 2 层及污水厂的恶臭分别进行了监测，结果如图 7-21 所示。

从图 7-21 可以看出，采集的几个恶臭点中，以干化车间 2 层的臭气浓度最高，其次是污泥仓和污泥干化车间 1 层，污水厂的臭气浓度相对来说最低。

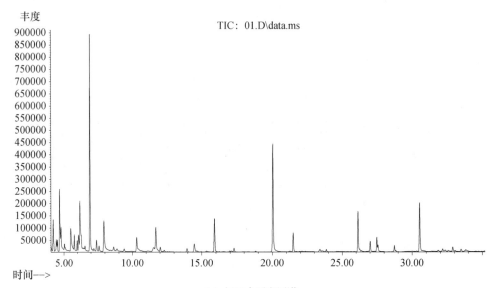

(a) 污泥仓恶臭图谱

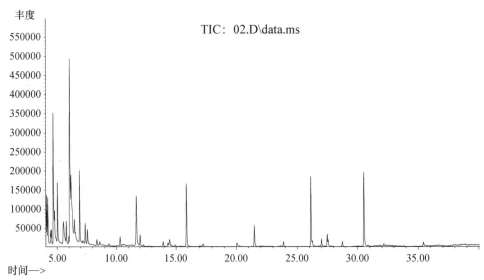

(b) 污泥干化车间一层恶臭图谱

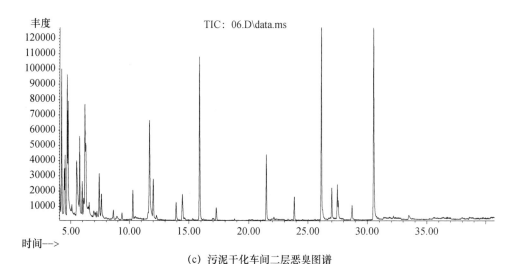

(c) 污泥干化车间二层恶臭图谱

(d) 污水厂恶臭图谱

图 7-21　污泥干化线恶臭气体比较

（四）污染土壤热脱附工艺

（1）污染土壤。污染土壤可以分为重金属污染土壤、有机污染土壤以及重金属有机复合污染土壤三大类。大部分有机污染土壤与危险废物违法填埋密切相关，如美国的拉夫河事件等。

部分污染土壤的检测分析结果见表 7-6。

表 7-6　污染土壤的检测分析结果（%）

样品编号	SiO_2	Al_2O_3	Fe_2O_3	CaO	MgO	Na_2O	其他	烧失量
1	55.33	14.78	4.59	6.14	2.60	1.32	15.24	12.69
2	53.26	16.54	4.35	6.22	2.41	1.60	15.62	13.57
3	54.89	15.43	3.67	5.98	2.08	1.39	16.56	13.15

从表 7-6 可以看出，污染土壤含硅量较高，可以替代水泥窑的硅质原料。

部分污染土壤中有机物的检测分析结果见表 7-7。

表 7-7　污染土壤中有机物及重金属浸出浓度检测结果（mg/kg）

名称	萘	苊	二氢苊	芴	菲	蒽	荧蒽	芘	苯并 [a] 蒽	屈	Pb	Zn
含量	9.61	2.90	19.8	49.9	18.7	8.59	13.5	9.93	6.73	4.35	18.1	6.5

从表 7-7 可以看出，污染土壤中主要含有多环芳烃类的有机污染物，尤其是芴、二氢苊、菲、荧蒽、芘、萘、蒽等含量相对较高，其多环芳烃总含量约为 156.39ppm。多环芳烃属于半挥发性有机物，是持久性有机污染物，具有长期残留性、生物蓄积性和高毒性。

（2）热脱附工艺。通过查阅化学试剂和化学药品手册了解土样中所含多环芳烃的物性，几种主要污染物的沸点分别为：芴 295℃、二氢苊 279℃、菲 340℃、荧蒽 384℃、芘 404℃、萘 217℃、蒽 342℃、苯并 [a] 蒽 437.6℃、屈 448℃。污染土壤中含量较多的芴、二氢苊、菲和荧蒽等的挥发温度都相对较低，在 400℃之前都已达到沸点。

利用热重及热重-红外联用仪，检测不同温度条件下有机物的挥发。测试条件：①热重及热重-红外联用条件：高纯氮气为保护气，流速 150mL/min；空气为反应气，流速 100mL/min；②升温程序：初始为室温，保持 1min 后，以 10℃/min 的速率升到 1000℃后保温 10min。刚玉坩埚，输送管温度 200℃。

用电子天平称量污染土壤 1000mg，用热重-红外联用仪分析其随着温度升高的失重情况及逸出气体的成分。所得热重曲线如图 7-22 所示。

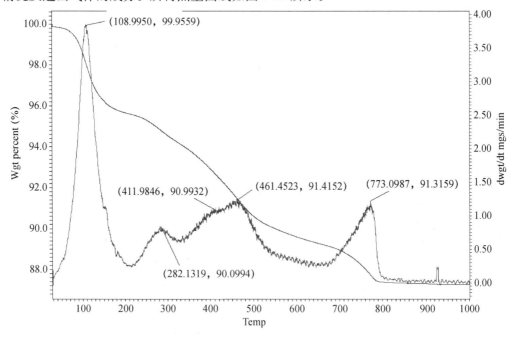

图 7-22　污染土热重分析

通过红外联用 FT-IR，对污染土壤升温过程中挥发的气体产物进行实时检测得到三维红外谱图，如图 7-23 所示。

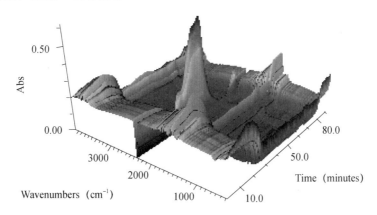

图 7-23　土样气体挥发的实时三维红外谱图

在 $3964\sim3200\mathrm{cm}^{-1}$ 和 $1685\sim1260\mathrm{cm}^{-1}$ 处对应着 H_2O 的特征吸收峰，在 $2391\sim2217\mathrm{cm}^{-1}$ 处对应着 CO_2 的特征吸收峰，在一些地方还存在很小的特征吸收峰。实验开始到 25.4min 时（室温~278℃）有大量水分挥发，当时间到超过 25.4min（约 278℃）时挥发出水分已经很少了；在 $24.8\sim61.8\mathrm{min}$ 时间段（$272.6\sim642.85℃$）有明显的 CO_2 的特征吸收峰，在 $1740\mathrm{cm}^{-1}$ 左右出现 C＝O 的伸缩振动吸收峰。

由以上分析可知：污染土壤中的主要污染物为多环芳烃类有机物，芴、二氢苊、菲、荧蒽、芘、萘、蒽等含量相对较高，此类有机物的挥发峰值出现在 400℃以下。此外，污染土壤还含有少量的重金属，以 Pb、Zn 为主。由于有机物的挥发温度较低，因此不适合直接作为生料配料，而应该选择先脱附再配料的工艺路线。

污染土壤热脱附工艺流程如图 7-24 所示。

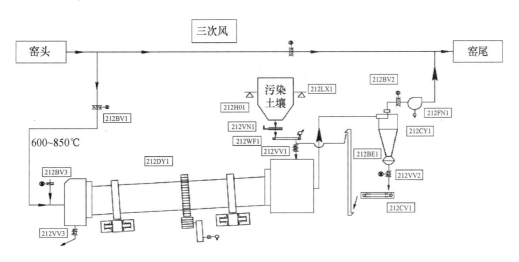

图 7-24　污染土壤热脱附工艺流程

进厂污染土壤经破碎后送入污染土壤缓冲仓，经仓下定量给料机按一定喂料量准确计量后，送入风扫磨机内。从篦冷机余风排出的管道抽取废气送入风扫磨机内作为污染土壤烘干机热脱附的热源。污染土壤首先在烘干仓的扬料勺的带动下，反复抛起落下并与入磨热气体反复进行热交换，以尽快烘出污染土壤内的水分，利于粉磨仓的研磨。污染土壤进入粉磨仓后，在研磨体和衬板的反复作用下，粒度逐步变小，小于一定粒径的污染土随气体携带、悬浮并经动态选粉机进行分选后，合格的粉磨成品随气体进入高效率旋风分离器，收集下来的污染土料粉作为成品送入一个缓冲仓内，然后通过气力或机械输送送往原料配料工段或水泥窑的分解炉内。出分离器的气体送入篦冷机热端鼓入烧成系统，进一步处置气体中污染物。

该方案的优点是利用水泥行业成熟的风扫磨机，针对污染土壤的特性对设备进行优化，可以较大量利用篦冷机余风排出的余热，用于污染土壤水分的烘干及污染土壤热解析。风扫磨机的烘干粉磨能力高于普通的球磨机，但低于立式磨机的烘干粉磨能力，污染土的处置量高。此外，由于抽取的篦冷机余风是自然空气，因此可以送回篦冷机的热端作为冷却空气送入烧成系统，对污染土壤热解析出的含各种污染物的气体进行安全处置。

（3）案例分析。

① 背景介绍。2014年，北京水泥厂接纳了首钢焦化车间的污染土、顺义某采矿区的污染土以及北京某农药厂的污染土等3～5种污染土来源。几种污染土均送至污染土大棚，经过混合、筛分、破碎后进入烘干热解析系统。

② 工艺流程。由于该批污染土是有机物与重金属复合的污染土壤，因此采用了热脱附工艺。工艺流程如图7-25所示。

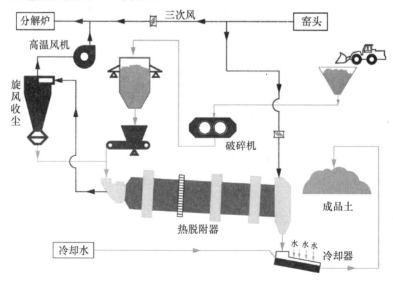

图7-25　热脱附工艺流程

③ 现场设备图片。部分现场设备图片如图7-26所示。

图 7-26　热脱附现场设备

④ 大气及产品监测。

a. 大气监测。水泥窑烟气中的污染物实测浓度和排放速率见表 7-8。

表 7-8　水泥窑烟气中的污染物实测浓度和排放速率

项目		TSPs	HCl	HF	SO$_2$	NO$_x$	Pb	Zn
实测浓度（mg/m³）	CK	4.3	0.25	0.08	—	643	—	—
	污染土	4.4	1.1	2.03	3.07	541.7	—	—
排放速率（kg/h）	CK	1.71	0.096	0.03	—	255	—	—
	污染土	1.94	0.39	0.73	2.18	194.7	—	—

从表 7-8 可以看出，添加污染土壤后，除 NO$_x$ 实测浓度和排放速率均显著下降外，水泥窑烟气中 TSPs、HCl、HF、SO$_2$ 污染物实测浓度和排放速率均略有上升，说明污染土壤中含有一定量的硫、氯等有害元素。而且，由于热解析的烟气也最终汇集到窑尾烟气中，造成尾气中 TSPs 实测浓度和排放速率略有增加。烟气中没有检测到重金属排放。

b. 水泥原料及产品检测。添加污染土壤后，水泥生料、熟料及水泥产品中的重金属总量及浸出浓度见表 7-9。

表 7-9　北京水泥厂生料、熟料及水泥中重金属测定结果

项目	总量（mg/kg）				浸出（mg/L）			
	As	Cd	Pb	Zn	As	Cd	Pb	Zn
生料	29.60	2.14	12.56	88.63	—	—	0.0150	0.0792
熟料	44.90	2.80	14.30	172.55	—	—	0.0139	0.0225
水泥	43.52	2.32	14.62	155.70	—	—	0.0069	0.0209

由于北京水泥厂在生产过程中还处理其他危险废物，导致生料中重金属总量较高，As（29.6mg/kg）和 Cd（2.14mg/kg）的总量均超过了《水泥窑协同处置固体废物技术规范》（GB 30760—2014）中的限值：As 28mg/kg、Cd 1mg/kg。经过水泥窑中的煅烧，熟料中各种重金属的含量普遍要高于原生料，这一方面是因为重金属在水泥窑工作条件下，挥发现象均不明显；另一方面还由于工业水泥窑体系中收集的窑灰均进行回用，形成某些重金属的循环，通过尾气排到体系外的重金属占总量的比例很少。这也从一个侧面说明了重金属在煅烧过程中的挥发量确实是很低的。熟料粉磨成水泥的过程中，由于还要添加少量石膏和粉煤灰，因此，水泥中的各种重金属总量与熟料基本一致，相对误差均不大，结果偏差是合理的。

生料中各种重金属的浸出量要比熟料和水泥中略高；水泥和熟料的浸出结果比较接近，As、Cd 元素在三种样品的浸出液中基本都未检出。

尽管生料和熟料中的重金属总量均较高，超过了《水泥窑协同处置固体废物技术规范》（GB 30760—2014）中的限值，但重金属的浸出均符合要求，重金属实现了固化稳定化。

第二节　危险废物投加设施

一、危险废物投加设施要求

有关水泥窑协同处置危险废物投加设施要求的相关标准规范有：《水泥窑协同处置固体废物环境保护技术规范》（HJ 662—2013）、《水泥窑协同处置固体废物污染控制标准》（GB 30485—2013）、《水泥窑协同处置固体废物技术规范》（GB 30760—2014）以及《水泥窑协同处置危险废物经营许可证审查指南（试行）》（环境保护部 2017 年第 22 号公告）等。

（一）《水泥窑协同处置固体废物环境保护技术规范》（HJ 662—2013）

（1）投加位置选择。

固体废物在水泥窑中投加位置应根据固体废物特性从以下三处选择：

① 窑头高温段，包括主燃烧器投加点和窑门罩投加点；

② 窑尾高温段，包括分解炉、窑尾烟室和上升烟道投加点；

③ 生料配料系统（生料磨）。

（2）固体废物投加设施应满足以下条件：

① 能实现自动进料，并配置可调节投加速率的计量装置实现定量投料；

② 固体废物输送装置和投加口应保持密闭，固体废物投加口应具有防回火功能；

③ 保持进料通畅以防止固体废物搭桥堵塞；

④ 配置可实时显示固体废物投加状况的在线监视系统；

⑤ 具有自动联机停机功能，当水泥窑或烟气处理设施因故障停止运转，或者当窑内温度、压力、窑转速、烟气中氧含量等运行参数偏离设定值时，或者烟气排放超过

标准设定值时，可自动停止固体废物投加。

⑥ 处理腐蚀性废物时，投加和输送装置应采用防腐材料。

（3）不同位置的投加设施应满足以下特殊要求：

① 生料磨投加可借用常规生料投料设施；

② 主燃烧器投加设施应采用多通道燃烧器，并配备泵力或气力输送装置；窑门罩投加设施应配置泵力输送装置，并在窑门罩的适当位置开设投料口；

③ 窑尾投加设施应配置泵力、气力或机械传输带输送装置，并在窑尾烟室、上升烟道或分解炉的适当位置开设投料口；可对分解炉燃烧器的气固通道进行适当改造，使之适合液态或小颗粒废物的输送和投加。

（二）《水泥窑协同处置固体废物污染控制标准》（GB 30485—2013）

（1）在水泥窑达到正常生产工况并稳定运行至少 4 小时后，方可投加固体废物，因水泥窑维修、事故检修等原因停窑前至少 4 小时禁止投加固体废物；

（2）当水泥窑出现故障或事故造成运行工况不正常，如窑内温度明显下降、烟气中污染物浓度明显升高等情况时，必须立即停止投加固体废物，待查明原因并恢复正常后方可恢复投加。

（三）《水泥窑协同处置固体废物技术规范》（GB 30760—2014）

（1）水泥窑协同处置固体废物投料点可设在生料制备系统、分解炉和回转窑系统（不包括箅冷机）。设在分解炉和回转窑系统上的投料点应保持负压操作；

（2）水泥窑协同处置固体废物应有准确计量和自动控制装置。在水泥窑或烟气除尘设备出现不正常状况时，应自动联机停止固体废物投料。在水泥窑达到正常并稳定运行至少 4 小时后，可开始投加固体废物；在水泥窑计划停机前至少 4 小时内不得投加固体废物。

（四）《水泥窑协同处置危险废物经营许可证审查指南（试行）》（环境保护部
　　　2017 年第 22 号公告）

（1）应根据危险废物（或预处理产物）的特性在水泥窑中选择合适的投加位置，并设置危险废物投加设施；

（2）采用窑门罩抽气作为窑头余热发电热源的水泥窑禁止从窑门罩投加危险废物；

（3）危险废物从分解炉投加时，投加位置应选择在分解炉的煤粉或三次风入口附近，并在保证分解炉内氧化气氛稳定的前提下，尽可能靠近分解炉下部，确保足够的烟气停留时间；

（4）危险废物投加设施应能实现自动进料，并配置可调节投加速率的计量装置实现定量投加。在窑尾烟室或分解炉也可设置人工投加口用于临时投加自行产生或接收量少且不易进行预处理的危险废物（如危险废物的包装物、瓶装的实验室废物、专项整治活动中收缴的违禁化品、不合格产品等）；

（5）危险废物采用非密闭机械输送投加装置（如传送带、提升机等）或人工从分解炉或窑尾烟室投加时，应在分解炉或窑尾烟室的危险废物入口处设置锁风结构（如物料重力自卸双层折板门、程序自动控制双层门、回转锁风门等），防止在投加危险废物过程中向窑内漏风以及水泥窑工况异常时窑内高温热风外溢和回火；

（6）危险废物机械输送投加装置的卸料点应设置防风、防雨棚；含挥发或半挥发性成分的危险废物和固态危险废物的机械输送投加装置卸料点应设置在密闭性较好的室内车间；

（7）危险废物非密闭机械输送投加装置（如传送带、提升机等）的入料端口和人工投加口应设置在线监视系统，并将监视视频实时传输至中央控制室显示屏幕。

二、危险废物投加位置选择

（一）"两磨一烧"特性分析

（1）水泥物料和气体运动轨迹。根据第二章的内容可知，水泥生产被概括为"两磨一烧"，即：生料粉磨后经过煅烧，烧制的熟料再与混合材一起粉磨成水泥。

（2）物料和气体的运动轨迹。

水泥物料在水泥窑中的运动轨迹是：配料计量—生料磨—均化库—C1— C2—C3— C4— 分解炉—C5—回转窑—篦冷机—熟料—水泥。

气体在水泥窑中的运动轨迹是：篦冷机—C5—分解炉—C4—C3—C2—C1—生料磨—窑尾烟气。

（3）各环节的工艺参数。水泥窑的物料与气体运动方向示意如图 7-27 所示。

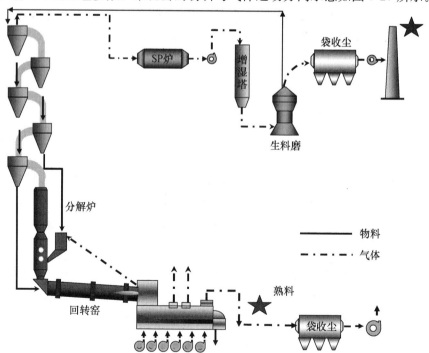

图 7-27　水泥窑的物料与气体运动方向示意

水泥窑中，为了实现物料与热量的充分交换，采用了物料与气体逆流的流程。气体的运动历程是：10%的一次风从窑头燃烧器进入窑体，与90%的来自箅冷机的二次风及煤粉，对窑头40%的煤粉助燃；产生的热量穿过熟料，随着窑尾风机进入分解炉，与来自箅冷机的三次风混合，对分解炉60%的煤粉助燃，产生的热量和热风依次穿过C4—C3—C2—C1—生料磨，经过袋收尘后从窑尾烟气排放。

以上各环节的工艺参数如图7-28所示。

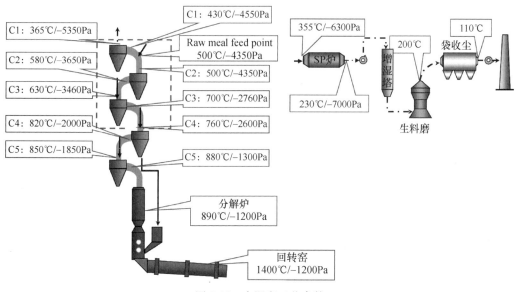

图 7-28 水泥窑工艺参数

从图7-28可以看出，物料在水泥窑中依次会经过200℃左右的生料磨—300℃左右的C1—500℃左右的C2—630℃左右的C3—800℃左右的C4—900℃左右的分解炉—850℃左右的C5—1400℃左右的回转窑—80℃左右的箅冷机。因此，物料中的有机物和重金属经历了挥发—生料吸附—再挥发—循环富集等复杂过程，最后分成固态和气态形态排放，固态为水泥熟料和水泥，气态为窑尾烟气。因此，协同处置危险废物过程中应该重点关注有机物和重金属在100~1400℃的挥发特性、水泥生料对重金属的吸附特性等；实际生产中，需要关注水泥熟料和胶砂块的重金属浸出特性以及烟气排放特性。这些就决定了危险废物在水泥窑中的投加点。

（二）"两磨两烧"危险废物投加点

根据水泥窑的工艺特点和标准规范中的要求，水泥窑协同处置危险废物的投加位置可归纳为"两磨两烧"投加区域，即：生料磨、窑尾、窑头、水泥磨，如图7-29所示。

（1）生料磨投加；

（2）窑尾投加：包括分解炉、上升烟道、烟室；

（3）窑头投加：包括主燃烧器和窑门罩；

（4）水泥磨投加。

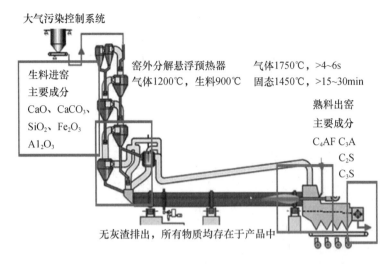

大气污染控制系统

生料进窑
主要成分
CaO、CaCO₃、
SiO₂、Fe₂O₃
Al₂O₃

窑外分解悬浮预热器　　气体1750℃，>4~6s
气体1200℃，生料900℃　　固态1450℃，>15~30min

熟料出窑
主要成分
C₄AF C₃A
C₂S
C₃S

无灰渣排出，所有物质均存在于产品中

图 7-29　危险废物投加区域

三、案例分析

（1）项目介绍。该水泥厂位于北京南部某区。生产能力为 2000t/d，没有危险废物经营许可证，2013 年做了焚烧一般固体废物实验。

（2）投加点选择。实验期间，尝试从篦冷机投加一般固体废物，引起火苗。

（3）不符合性分析。

① 标准和规范中规定的固体废物投加点没有篦冷机；

② 2014 年出台的《水泥窑协同处置固体废物技术规范》（GB 30760—2014）中明确规定：水泥窑协同处置固体废物投料点可设在生料制备系统、分解炉和回转窑系统（不包括篦冷机）。

第三节　危险废物投加限制

一、危险废物投加限制相关标准规范

有关水泥窑协同处置危险废物投加限制要求的相关标准规范有：《水泥窑协同处置固体废物环境保护技术规范》（HJ 662—2013）、《水泥窑协同处置固体废物技术规范》（GB 30760—2014）、《水泥窑协同处置固体废物污染防治技术政策》（环境保护部 2016年第 72 号公告）以及《水泥窑协同处置危险废物经营许可证审查指南（试行）》（环境保护部 2017 年第 22 号公告）等。

（一）《水泥窑协同处置固体废物环境保护技术规范》（HJ 662—2013）

（1）替代混合材的废物特性要求。

① 作为替代混合材的固体废物，应满足国家或行业有关标准，且不对水泥质量产

生不利影响；

②下列废物不能作为混合材原料：危险废物、有机废物。

（2）在主燃烧器投加的技术和操作要求如下：

①液态或易于气力输送的粉状废物；

②含 POPs 物质或高氯、高毒、难降解有机物质的废物；

③热值高、含水率低的有机废液；

④气力输送的液态废物不应含有沉淀物，以免堵塞燃烧器喷嘴；

⑤气力输送的粉状废物，从多通道燃烧器的不同通道喷入窑内，若废物灰分含量高，尽可能喷入更远的距离，尽量达到固相反应带。

（3）在窑门罩投加的技术要求如下：

①窑门罩宜投加不适于在窑头主燃烧器投加的液体废物，如各种低热值液态废物；

②在窑门罩投加固态废物时应采用特殊设计的投加设施；投加时应确保固态废物投至反应带，确保废物反应完全；

③液态废物应通过泵力输送至窑门罩喷入窑内。

（4）在窑尾投加的技术要求如下：

①含 POPs 物质或高氯、高毒、难降解有机物质的废物，优先从窑头投加；若受物理特性限制，需要从窑尾投加时，优先选择从烟室投加；

②含水率高或块状废物应优先选择从烟室投加；

③在窑尾投加的液态、浆状废物应通过泵力输送，粉状废物应通过密闭的机械传送装置或气力输送，大块废物应通过机械传送装置输送。

（5）在生料磨只能投加不含有机物和挥发半挥发性重金属的固态废物。

（6）入窑物料（包括常规原燃料和固废）中重金属最大投加量应不大于表 7-10 的限值。对于单位为 mg/kg-cem 的，还要包括混合材中的重金属。

表 7-10 重金属最大允许投加量限值

重金属	单位	最大允许投加量限值
汞（Hg）	mg/kg-cli	0.23
铊＋镉＋铅＋15×砷（Tl＋Cd＋Pb＋15As）		230
铍＋铬＋10×锡＋50×锑＋铜＋锰＋镍＋钒 （Be＋Cr＋10Sn＋50Sb＋Cu＋Mn＋Ni＋V）		1150
总铬（Cr）	mg/kg-cem	320
六价铬（Cr^{6+}）		10[1]
锌（Zn）		37760
锰（Mn）		3350
镍（Ni）		640
钼（Mo）		310
砷（As）		4280

重金属	单位	最大允许投加量限值
镉（Cd）		40
铅（Pb）	mg/kg-cem	1590
铜（Cu）		7920
汞（Hg）		4[(2)]

(1) 计入窑物料中的总铬和混合材中的六价铬。
(2) 仅计混合材中的汞。

（7）入窑重金属投加量与固体废物、常规燃料、常规原料中重金属含量以及重金属投加速率的关系如式（7-1）、式（7-2）所示。

$$FM_{hm\text{-}cli} = \frac{C_w \times m_w + C_f \times m_f + C_r \times m_r}{m_{cli}} \tag{7-1}$$

$$FR_{hm\text{-}cli} = FM_{hm\text{-}cli} \times m_{cli} = C_w \times m_w + C_f \times m_f + C_r \times m_r \tag{7-2}$$

式中　$FM_{hm\text{-}cli}$——重金属的单位熟料投加量，即入窑重金属的投加量，不包括由混合材带入的重金属，mg/kg-c li；

C_w、C_f、C_r——固体废物、常规燃料、常规原料中的重金属含量，mg/kg；

m_w、m_f、m_r——单位时间内固体废物、常规燃料、常规原料的投加量，kg/h；

m_{cli}——单位时间的熟料产量，kg/h；

$FR_{hm\text{-}cli}$——入窑重金属的投加速率，不包括由混合材带入的重金属，mg/h。

（8）对于表 7-10 中单位为 mg/kg-cem 的重金属，重金属投加量和投加速率计算如式（7-3）、式（7-4）所示。

$$FM_{hm\text{-}ce} = \frac{C_w \times m_w + C_f \times m_f + C_r \times m_r}{m_{cli}} \times R_{cli} + C_{mi} \times R_{mi} \tag{7-3}$$

$$FR_{hm\text{-}ce} = FM_{hm\text{-}ce} \times m_{cli} \times \frac{R_{mi} + R_{cli}}{R_{cli}} = C_w \times m_w + C_f \times m_f + C_r \times m_r + C_{mi} \times m_{cli} \times \frac{R_{mi}}{R_{cli}}$$

$$= FM_{hm\text{-}cli} \times m_{cli} + C_{mi} \times m_{cli} \times \frac{R_{mi}}{R_{cli}} \tag{7-4}$$

式中　　　$FM_{hm\text{-}ce}$——重金属的单位水泥投加量，包括由混合材带入的重金属，mg/kg-cem；

C_w、C_f、C_r、C_{mi}——固体废物、常规燃料、常规原料、混合材中的重金属含量，mg/kg；

m_w、m_f、m_r——单位时间内固体废物、常规燃料、常规原料的投加量，kg/h；

m_{cli}——单位时间的熟料产量，kg/h；

R_{cli} 和 R_{mi}——分别为水泥中熟料和混合材的百分比，%；

$FR_{hm\text{-}ce}$——重金属的投加速率，包括由混合材带入的重金属，mg/h；

$FR_{hm\text{-}cli}$——入窑重金属的投加速率，不包括由混合材带入的重金属，mg/h。

（9）卤族元素。

① 入窑废物中氯（Cl）和氟（F）元素的含量不应对水泥生产和水泥产品质量造成

不利影响，即入窑物料中氟（F）元素含量不应大于 0.5％，氯（Cl）元素含量不应大于 0.04％。

② 入窑物料中 F 元素或 Cl 元素含量的计算如式（7-5）所示：

$$C=\frac{C_w\times m_w+C_f\times m_f+C_r\times m_r}{m_w+m_f+m_r} \tag{7-5}$$

式中　　　C——入窑物料中 F 元素或 Cl 元素的含量，％；

C_w、C_f、C_r——固体废物、常规燃料和常规原料中 F 元素或 Cl 元素含量，％；

m_w、m_f、m_r——单位时间内固体废物、常规燃料和常规原料的投加量，kg/h。

（10）硫元素。

① 协同处置企业应控制物料中硫元素的投加量。通过配料系统投加的物料中硫化物 S 与有机 S 总含量不应大于 0.014％；从窑头、窑尾高温区投加的全硫与配料系统投加的硫酸盐硫总投加量不应大于 3000mg/kg-cli。

② 从配料系统投加的物料中硫化物 S 和有机 S 总含量的计算式如式（7-6）所示：

$$C=\frac{C_w\times m_w+C_r\times m_r}{m_w+m_r} \tag{7-6}$$

式中　　C——从配料系统投加的物料中硫化物的 S 和有机 S 总含量，％；

C_w 和 C_r——从配料系统投加的固体废物和常规原料中的硫化物 S 和有机 S 总含量，％；

m_w 和 m_r——单位时间内固体废物和常规原料的投加量，kg/h。

③ 从窑头、窑尾高温区投加的全 S 与配料系统投加的硫酸盐 S 总投加量的计算式如式（7-7）所示：

$$FM_s=\frac{C_{w1}\times m_{w1}+C_{w2}\times m_{w2}+C_f\times m_f+C_r\times m_r}{m_{cli}} \tag{7-7}$$

式中　　　FM_s——从窑头、窑尾高温区投加的全 S 与配料系统投加的硫酸盐 S 总投加量，mg/kg-cli；

C_{w1} 和 C_f——从高温区投加的固体废物和常规燃料中的全 S 含量，％；

C_{w2} 和 C_r——从配料系统投加的固体废物和常规原料中的硫酸盐 S 含量，％；

m_{w1}、m_{w2}、m_f 和 m_r——单位时间内从高温区投加的固体废物、从配料系统投加的固体废物、常规燃料和常规原料的投加量，kg/h；

m_{cli}——单位时间的熟料产量，kg/h。

（11）从水泥窑循环系统排出的窑灰和旁路放风收集的粉尘若采用直接掺入水泥熟料的处置方式，应保证水泥产品达标并满足环境安全要求。

（二）《水泥窑协同处置固体废物技术规范》（GB 30760—2014）

详见第五章第三节有关内容。

（三）《水泥窑协同处置固体废物污染防治技术政策》（环境保护部 2016 年第 72 号公告）

含有有机挥发性物质、含恶臭物质、含氰废物不能投入生料制备系统，应从高温段投入水泥窑。

（四）《水泥窑协同处置危险废物经营许可证审查指南（试行）》（环境保护部
2017年第22号公告）

（1）作为替代混合材向水泥磨投加的危险废物应为不含有机物（有机质含量小于
0.5%，二噁英含量小于10ngTEQ/kg，其他特征有机物含量不大于水泥熟料中相应的
有机物含量）和氰化物（CN^-含量小于0.01mg/kg）的固态废物，并确保水泥产品满
足水泥相关质量标准以及《水泥窑协同处置固体废物环境保护技术规范》（HJ 662）中
规定的"单位质量水泥的重金属最大允许投加量"限值。

（2）含有机卤化物等难降解或高毒性有机物的危险废物优先从窑头（窑头主燃烧
器或窑门罩）投加，若受危险废物物理特性限制（如半固态或大粒径固态危险废物）
不能从窑头投加时，则优先从窑尾烟室投加，若受危险废物燃烧特性限制（如可燃或
有机质含量较高的危险废物）也不能从窑尾烟室投加时，最后再选择从分解炉投加。

（3）采用窑门罩抽气作为窑头余热发电热源的水泥窑禁止从窑门罩投加危险废物。

（4）旁路放风粉尘和窑灰可以作为替代混合材直接投入水泥磨，但应严格控制其
掺加比例，确保水泥产品满足相关质量标准以及《水泥窑协同处置固体废物环境保护
技术规范》（HJ 662）中规定的"单位质量水泥的重金属最大允许投加量"限值。

其他有关内容详见第四章第二节中"二、（三）处置规模确定"。

二、危险废物投加限制原理

（一）水泥窑温度分布

从水泥温度场分布可知，温度从最高到最低依次为：窑头—烟室—上升烟道—分
解炉—C4—C3—C2—C1—生料磨。

从水泥物料轨迹可知，物料在水泥窑中依次会经过200℃左右的生料磨—300℃左
右的C1—500℃左右的C2—630℃左右的C3—800℃左右的C4—900℃左右的分解炉—
850℃左右的C5—1400℃左右的回转窑—80℃左右的篦冷机。

（二）危险废物投加限制原理

根据水泥生产的工艺参数，水泥窑协同处置危险废物的投加原理如下：

（1）生料磨。因为生料磨通入废气烘干物料，因此进入生料磨的危险废物中的有
机物应严格限制；不能从生料磨处置含挥发性、半挥发性重金属的危险废物。

（2）剧毒物质。剧毒物质以焚毁为主要目的，进入水泥窑时应该优先选择温度最
高的区域，因此，含有机卤化物、含POPs物质、高氯、高毒、难降解有机物质等危险
废物，其投料点选择顺序为：窑头—烟室—分解炉。

（3）汞。因为汞易挥发，200℃就开始挥发，500℃几乎全部挥发，进入水泥窑后
全部从窑尾烟气中排放，所以禁止投入水泥窑处置。

（4）水泥磨。水泥磨不具备对危险废物焚毁的功能，因此只能处置旁路放风收尘

器收集的灰。

（5）重金属。物料在水泥窑中依次会经过 200℃ 左右的生料磨—300℃ 左右的 C1—500℃ 左右的 C2—630℃ 左右的 C3—800℃ 左右的 C4—900℃ 左右的分解炉—850℃ 左右的 C5—1400℃ 左右的回转窑—80℃ 左右的篦冷机。因此，物料中的有机物和重金属经历了挥发—生料吸附—再挥发—循环富集等复杂过程，最后分成固态和气态形态排放，固态为水泥熟料和水泥，气态为窑尾烟气。

因此，在协同处置危险废物过程中，需要对有机物进行测试，并限制重金属的投加。

另外，在协同处置危险废物过程中，由于各种金属的挥发特性不同，应重点关注重金属在 100~1400℃ 的挥发特性、水泥生料对重金属的吸附特性以及水泥熟料和胶砂块的重金属浸出特性以及烟气排放特性等。

（6）水泥有害元素。水泥生产中的有害元素有硫、氯、氟及碱金属，因此要控制入窑的氯、硫等含量。

硫、氯、氟及碱金属等有害元素对水泥窑的影响表现在以下几个方面：

① 氯对窑体的腐蚀。富含氯元素的固体废物在水泥窑高温环境中分解后，含氯粉尘通过缝隙可以与窑体金属结构接触，在一系列反应下破坏窑体结构。这些反应主要通过两种模式：金属或氧化物与 HCl 或 Cl_2 直接反应的气相腐蚀；金属或氧化物与沉积盐中的低熔点氯化物如 $FeCl_2$、$PbCl_2$、$ZnCl_2$ 和硫酸盐发生的热腐蚀。

② 有害元素致水泥窑预分解系统结皮。结皮是指用于生产水泥的生料粉和窑气内有害成分所形成的黏附在预分解系统内壁的硬度不一的块状物。造成水泥窑协同处置过程中窑体结皮堵塞的原因很多，然而固体废物中硫、氯、碱金属等挥发性物质在水泥窑内循环富集，在窑尾预分解系统冷却凝结而引起的结皮堵塞是行内的一个难题。一般认为，结皮物质是由碱金属、氯、硫等元素在高温条件下形成的 $Ca_{10}(SiO_4)_3$ $(SO_4)_3Cl_2$ 等多组分低共熔融，它们与窑尾预分解系统的粉尘混合在一起后，通过湿液薄膜表面张力作用下的熔融粘结，熔体表面上的吸力造成的表面粘结及纤维状或网状物质的交织作用造成的粘结作用形成大量块状、硬度不一的结皮物质。

结皮的危害主要体现为在固体废物协同处置窑预分解系统的不同位置形成硬度不一的结皮物质，导致窑体出现不同程度的堵塞，轻者影响窑的正常生产和水泥产品质量。在正常工况时，烟室压力一般在 -20Pa 与 -30Pa 之间波动，当结皮严重时，压力降低至 -100Pa 以上。此时窑内通风阻力增大，有逼火现象发生，看火工无法操作，会造成熟料短、焰急烧、黄心料多等现象。重者出现水泥窑工艺与水泥生料不匹配，导致闭窑。

③ 硫元素对熟料强度的影响。硫元素在熟料晶体中以 SO_3 形式发挥作用。一方面，SO_3 可降低熟料液相出现温度和黏度，且使晶核形成的速率变慢，而晶体生长的速度加快。另一方面，过多的 SO_3 容易与熟料中的 C_3A（铝酸三钙）起作用形成体积膨胀

的水化硫铝酸钙（$CaO \cdot Al_2O_3 \cdot CaSO_4 \cdot 31H_2O$），从而造成水泥熟料早期强度的增加。

④ 碱金属元素对熟料强度的影响。碱金属元素在熟料晶体中以 R_2O 形式发挥作用，它通过改变熟料的凝结时间、水化效果、浆体流变性来影响水泥熟料的强度。

⑤ 有害元素对耐火材料的影响。熟料煅烧过程中，这些废物在低温部位，对耐火材料几乎没有影响或影响较少，还有一些熔融在熟料里形成窑皮，附在耐火砖上，这样对耐火材料影响也非常小，甚至对耐火材料还有一定的保护作用。对耐火衬料有直接影响的是在烧成过程中，预热器和回转窑之间的内循环所富集的碱（钾、钠）、卤族元素（氯、氟、溴）和硫的化合物等，这些元素化合物的熔融物随烟气和原料侵蚀耐火材料，与耐火材料发生热化学反应，生成新的低熔矿物，而新生矿物在体积上出现不同程度的膨胀，致使耐火材料剥落及开裂。有些新生低熔矿物使耐火材料结构变得疏松，这样耐火材料就失去它原有的特性，比如强度、热传导及弹性系数等物理性能发生一系列变化，致使耐火材料的使用寿命变低。

另外，危险废物大量用作原燃料，相应增加了碱氯硫的富集对耐火衬料施工所需的金属锚固件的腐蚀，特别是烟气通过膨胀缝、耐火衬料的裂缝等。烟气与金属锚固件反应，一层层剥落，最后失去作用，导致耐火材料整体脱落，缩短耐火衬料的使用寿命。

三、危险废物投加计算

（一）测量水泥厂的本底值

采集水泥厂所有的原材料、混合材以及煤灰样品，测量其本底的 S、Cl、F、K、Na 及 As、Pb、Cd、Cr、Cu、Ni、Zn、Mn 等重金属含量，列出严格控制的元素指标（严控指标）。

（二）检测危险废物中的含量

检测每类危险废物中的 S、Cl、F、K、Na 及 As、Pb、Cd、Cr、Cu、Ni、Zn、Mn 等重金属含量，按照每类元素的高中低含量将危险废物划为不同类别。

（三）危险废物配伍

按照水泥厂的本底值和严控指标，按照各类危险废物的含量和每天的进料量，采用加权平均法计算出每天不同危险废物的配伍量，加权平均后的 S、Cl、F、K、Na 及 As、Pb、Cd、Cr、Cu、Ni、Zn、Mn 等重金属含量应满足水泥质量的要求。

（四）限值计算

按照配伍计划，计算出每天的入窑掺量。

入窑掺量＝生料量×（国标值－本底值）／（实测值－国标值）

四、案例分析

（一）云南某项目

（1）项目背景。该水泥厂位于云南某城市，现有一条日产 4000 吨熟料的新型干法水泥生产线，是西南地区单条线生产能力最大的水泥生产线。

（2）处置危险废物类别。接纳的污染土主要是经过当地环保局确认的、浸出浓度超过 GB 5085.3 的含砷污染土。接纳的污染土放置在矿石堆放场，经筛分、破碎后进入生料配料系统。

部分批次的污染土测定指标见表 7-11。

表 7-11　部分批次污染土的 X 线荧光分析结果

样品编号	SiO_2	Al_2O_3	Fe_2O_3	CaO	MgO	K_2O	As_2O_3	其他	烧失量
1	59.52	19.40	5.85	1.87	0.63	2.62	0.007	10.04	6.35
2	55.96	18.75	5.92	1.69	0.51	0.09	0.01	16.99	6.08
3	52.81	19.62	5.74	1.38	0.24	1.51	0.003	18.67	6.01

进场土壤中砷含量较高，波动范围在 1100～9900mg/kg。远远超过了《水泥窑协同处置固体废物技术规范》（GB 30760—2014）中 As 为 28mg/kg 的限值。

（3）配料及产品中的重金属分析。添加污染土后，水泥生料、熟料及水泥产品中的重金属总量及浸出浓度见表 7-12。

表 7-12　生料、熟料及水泥中重金属测定结果

项目	As 总量（mg/kg）	As 浸出（mg/L）
生料	32.2	0.3
熟料	40.6	—
水泥	39.58	—

进窑 As（32.2mg/kg）的总量超过了《水泥窑协同处置固体废物技术规范》（GB 30760—2014）中 28mg/kg 的限值。经过水泥窑中的煅烧，熟料中各种重金属的含量普遍要高于原生料，这一方面是因为重金属在水泥窑工作条件下，挥发现象均不明显；另一方面还由于工业水泥窑体系中收集的窑灰均进行回用，形成某些重金属的循环，通过尾气排到体系外的重金属占总量的比例很少。这也从一个侧面说明了重金属在煅烧过程中的挥发量确实是很低的。熟料粉磨成水泥的过程中，由于还要添加少量石膏和粉煤灰，因此，水泥中的各种重金属总量与熟料基本一致，相对误差均不大，结果偏差是合理的。

生料中重金属 As 的浸出量为 0.3mg/kg，经过水泥窑中的煅烧，熟料中 As 的浸出量低于检测线，重金属的浸出均符合要求，重金属实现了固化稳定化。

（二）广东某项目

（1）项目背景。该水泥厂位于广东西部某城市，现有一条日产 4500 吨熟料的新型干法水泥生产线，拟依托该熟料生产线建设 1 条 10 万吨/年的危险废物处置线。

（2）水泥厂本底值及严控指标分析。该水泥厂的水泥产品中 Cr^{6+} 已经濒临国家标准控制限值。

（3）结论。该水泥厂不宜再接收含铬废物，HW21 以及 HW05、HW12 中的部分小代码危险废物。

第八章　协同处置过程控制

第一节　危险废物在水泥窑中的特性

一、有机物在水泥窑中的焚毁特性

（一）20 世纪 70 年代

1978 年，在瑞典斯托拉维卡水泥厂进行了一系列试验，以评价湿法水泥窑在焚毁各种氯化废水中的效率。尽管在烟道气中发现了三氯甲烷，但大部分氯化物没有被检测。确定了二氯甲烷的焚毁去除率大于 99.995%，而三氯乙烯的焚毁去除率则表现为 99.9998%。

（二）20 世纪 80 年代

20 世纪 80 年代的实验表明，含有有机成分的危险废物在水泥窑中仍然具有较高的焚毁去除率。当采用二氯甲烷、氟利昂 113、甲基乙基酮、1,1,1-三氯乙烷以及甲苯作为测试物料时，在湿法水泥窑和干法水泥窑中，有机物的焚毁去除率都超过了 99.9%。

各有机物的平均焚毁去除率见表 8-1。

表 8-1　湿法水泥窑和干法水泥窑中有机物焚毁去除率（%）

有机物名称	湿法水泥窑	干法水泥窑
二氯甲烷	99.983	99.96
氟利昂 113	99.999	99.999
甲基乙基酮	99.988	99.998
1,1,1-三氯乙烷	99.995	99.999
甲苯	99.961	99.995

（三）20 世纪末至 21 世纪初

（1）1999 年，哥伦比亚一座干法水泥窑对加入窑尾的杀虫剂土壤进行了焚烧实验，结果显示：所有杀虫剂的焚毁去除率均大于 99.9999%。

（2）2003 年，越南在主燃烧器中按照 2t/h 的速率加入过期的氯化杀虫剂化合物，杀虫剂的焚毁去除率大于 99.9999%。

（3）2007 年，委内瑞拉一座水泥窑对持久性有机污染物所污染的土壤进行了为期

5 天的焚烧实验。主要污染物为艾氏剂、狄氏剂和异氏剂等。按照 2t/h 的速度添加含量为 522mg/kg 的有机物污染土壤，结果显示，与未添加土壤相比，其烟气中的狄氏剂含量均一样，小于 $0.019\mu g/Nm^3$。

二、重金属在水泥窑中的挥发特性

（一）静态挥发实验

（1）实验设计。将重金属试剂 PbO、ZnO、CdO、As_2S_3 以不同比例分别添加到石英砂、石粉及水泥生料中，设定静态实验装置的温度为 $100\sim1400℃$，以空气和配置的标气作为不同气氛介质，分别测定固体特性以及气体中的重金属浓度。

（2）实验装置及气体收集系统研发。研发的静态实验装置如图 8-1 所示。

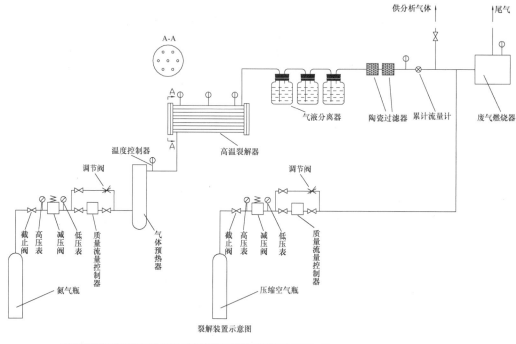

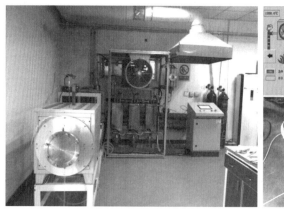
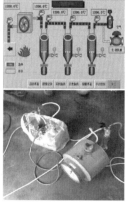

图 8-1　静态实验装置图

静态实验装置为横向放置。净容积大于 $10dm^3$，即可以容纳相对密度 0.5 的实验物料 5kg 以上。初定内腔尺寸为 $\phi300\times350mm$。最高加热温度为 1500℃。气体通过减压、质量流量控制进入气体预热器，然后进入主料仓，以保证冷空气的进入不致使得料仓温度降低。两端采用法兰加密封结构，开闭方便，以便装填物料和清理废物。所有管路采用快换接口，易拆易换。管路设计尽量减少弯头，以防堵塞。管路和各加热器、冷却器的适当位置配置温度控制器，以保证试验温度可准确控制。管路、阀门和加热器使用不锈钢为主要材料，保证耐高温、耐腐蚀。排出的气体，采用 $5\%HNO_3+10\%H_2O_2$ 吸收液吸收，测定液体中的重金属浓度。焚烧后的固体，打开高温裂解器两端的法兰进行收集和称重计量。

（3）硅质原料对重金属挥发的影响。

① 试剂选择。为考察重金属的挥发特性，选择难挥发的重金属氧化物 PbO、ZnO、CdO 及 As_2S_3 作为实验材料。几种试剂的熔点和沸点见表 8-2。从表 8-2 可以看出：4 种试剂的挥发温度均在 700℃以上，因此，将实验温度设定为 100～1400℃，完全可以涵盖总金属的挥发和熔融范围。在此温度下持续加热 30min，然后测定固体中的重金属含量。以绝对值计算重金属的挥发率。

表 8-2 实验所用试剂的熔、沸点（℃）

项目	PbO	ZnO	CdO	As_2S_3
熔点	886	1975	900	300
沸点	1470	2360	1385	700

② 不同温度下的重金属挥发。将重金属试剂 PbO、ZnO、CdO、As_2S_3 分别以 5% 的比例添加到石英砂中，100～1400℃下，重金属的挥发率情况如图 8-2 所示。

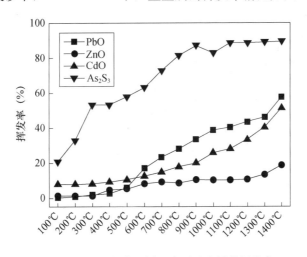

图 8-2 硅基材料中不同温度下重金属的挥发率

从图 8-2 可以看出：随着温度的升高，4 种重金属的挥发率也逐渐升高，尤其以砷的挥发性最强。因此，在含砷物质进入热环境时，首先要关注其挥发特性。

③ 不同温度下的微观分析。以 Cd 为例，不同温度下，添加了重金属的硅质原料微观分析如图 8-3 所示。

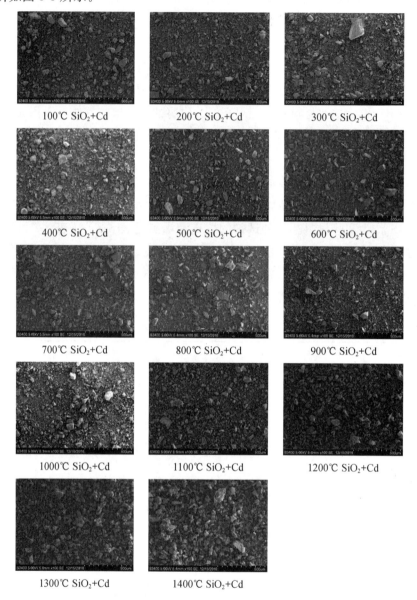

图 8-3　不同温度下硅基材料的微观分析

从图 8-3 可以看出：重金属试剂 CdO 添加到石英砂中，100～1400℃下，微观下的形态变化差异不大，说明硅质材料的熔融温度较高，没有液相呈现。

④ 硅质原料对重金属的固化作用。不同温度下，硅质原料与重金属的 XRD 图谱如图 8-4 所示。

从图 8-4 可以看出：在以硅基材料为载体的情况下，各种重金属与 SiO_2 均未生成新的化合物，XRD 衍射峰以 SiO_2 和金属试剂态为主。

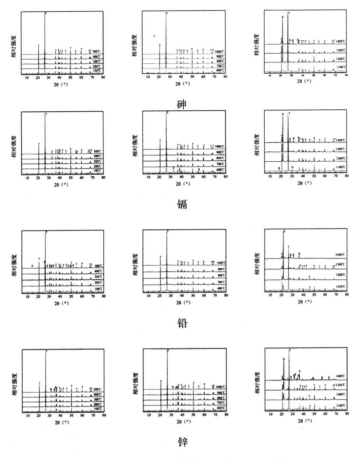

砷

镉

铅

锌

图 8-4　硅基材料中不同温度下重金属的固化

（4）钙基物质对重金属挥发的影响。

① 不同温度下的重金属挥发。将重金属试剂 PbO、ZnO、CdO、As_2S_3 分别以 5%、5%、5% 和 2% 的比例添加到石粉中，100～1400℃ 下，重金属的挥发率及固化率如图 8-5 所示。

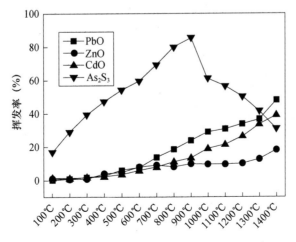

图 8-5　钙基材料中不同温度下重金属的挥发率

从图 8-5 可以看出：随着温度的升高，重金属 PbO、ZnO、CdO 的挥发率也逐渐升高，但重金属 As 却随着温度升高到 900℃ 以上时，其挥发率逐渐减少，即在有钙存在时，高温条件反而有利于砷的固定。水泥窑中含有大量的钙基物质，因此，当含砷物质进入水泥窑时，在高温环境中，更有利于砷的固定。

② 不同温度下的微观分析。以 Cd 为例，不同温度下，添加了重金属的钙基原料微观分析如图 8-6 所示。

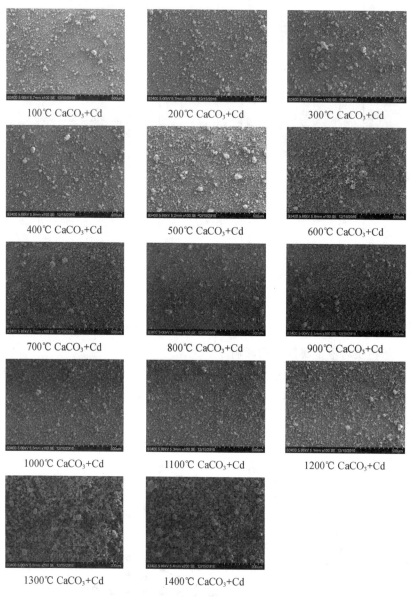

100℃ CaCO₃+Cd 　　　200℃ CaCO₃+Cd 　　　300℃ CaCO₃+Cd

400℃ CaCO₃+Cd 　　　500℃ CaCO₃+Cd 　　　600℃ CaCO₃+Cd

700℃ CaCO₃+Cd 　　　800℃ CaCO₃+Cd 　　　900℃ CaCO₃+Cd

1000℃ CaCO₃+Cd 　　　1100℃ CaCO₃+Cd 　　　1200℃ CaCO₃+Cd

1300℃ CaCO₃+Cd 　　　1400℃ CaCO₃+Cd

图 8-6　不同温度下钙基材料的微观分析

从图 8-6 可以看出：重金属试剂 ZnO 添加到石粉中，100～500℃ 下，微观下的形态变化差异不大，600～1400℃ 下，随着温度的升高，微观下的形态变化差异较大，致密性增加，说明石粉在 600℃ 以上开始分解。

③ 钙质原料对重金属的固化作用。不同温度下，钙基原料与重金属的 XRD 图谱如图 8-7 所示。

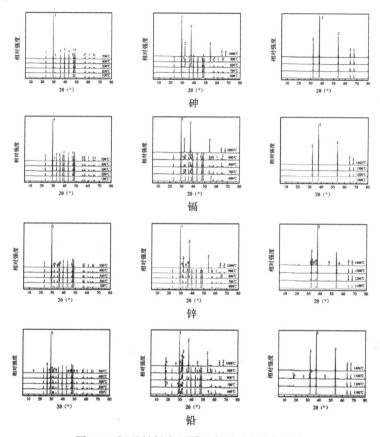

图 8-7　钙基材料中不同温度下重金属的固化

从图 8-7 可以看出：石粉在 500℃以下以 CaCO₃ 形态存在，从 600℃开始，CaCO₃ 发生分解，生成了部分 CaO，查阅文献可知，CaCO₃ 的分解温度在 800℃以上，而在升温过程中，CaCO₃ 在 600℃就开始分解。此外，添加重金属可以降低熔点，这是很多文献中的结论。从 600～1400℃，钙基物质与重金属生成了 $CaPbO_4$、$Ca_2As_2O_7$ 等化合物。

（5）生料粉对重金属挥发的影响。

① 不同温度下的重金属挥发。将重金属试剂 PbO、ZnO、CdO、As₂S₃ 分别以 5％、5％、5％和 2％的比例添加到生料粉中，100～1400℃下，重金属的挥发率如图 8-8 所示。

从图 8-8 可以看出：随着温度的升高，重金属 PbO、ZnO、CdO 的挥发率也逐渐升高，但重金属 As 却随着温度升高到 800℃以上时，其挥发率逐渐减少，即高温条件反而有利于砷与生料反应，使得砷被固定下来。与单纯的石灰石粉相比，生料粉对砷的固定效果更好。已有的研究表明，水泥窑共处置含砷危险废物时，挥发到烟气中的砷含量很低，与此规律一致。

② 不同温度下的微观分析。以 Cd 为例，不同温度下，添加了重金属的生料粉微观分析如图 8-9 所示。

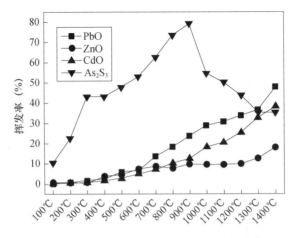

图 8-8　生料粉中不同温度下重金属的挥发率

图 8-9　不同温度下生料的微观分析

从图 8-9 可以看出：重金属试剂 CdO 添加到水泥生料中，100～700℃下，微观下的形态变化差异不大，800～1400℃下，随着温度的升高，微观下的形态变化差异较大，致密性增加，当温度升高到 1200℃，有部分晶型出现，说明重金属促进了液相的提前出现。

③ 生料粉对重金属的固化作用。不同温度下，生料粉与重金属的 XRD 图谱如图 8-10所示。

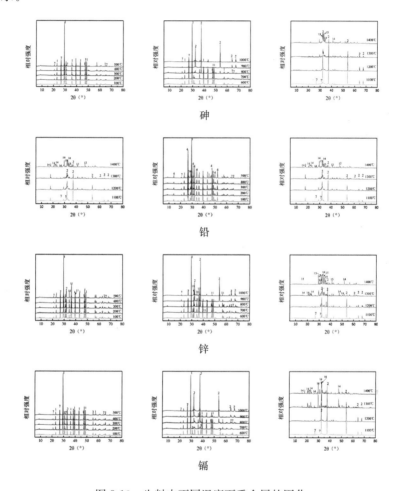

砷

铅

锌

镉

图 8-10　生料中不同温度下重金属的固化

从图 8-10 可以看出：生料粉在 500℃以下主要以 $CaCO_3$、SiO_2 及重金属试剂的形态存在，从 600℃开始，$CaCO_3$ 发生分解，生成了部分 CaO，查阅文献可知，$CaCO_3$ 的分解温度在 800℃以上，实际上在升温过程中，$CaCO_3$ 在 600℃就开始分解，此外，添加重金属可以降低熔点，这是很多文献中的结论。从 600～1400℃，生料粉与重金属生成了较为复杂的化合物，如 Ca_2SiO_4、$CaPbO_4$、$Ca_2As_2O_7$ 以及 $Ca_6Zn_3Al_8O_{15}$ 等。

（6）烧结对重金属的固化作用。将重金属试剂 PbO、ZnO、CdO、As_2S_3 分别以 5％、5％、5％和 2％的比例添加到生料粉中，100～1000℃下分别在静态装置中焚烧 30min，用改进的 BCR 法测定重金属的形态，结果如图 8-11 所示。

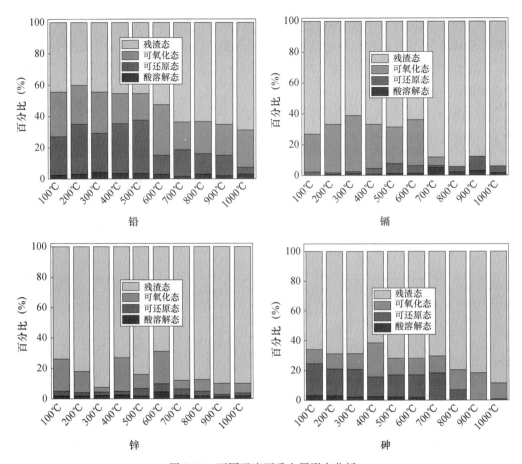

图 8-11　不同温度下重金属形态分析

从图 8-11 可以看出：随着温度的升高，重金属在残渣态中的含量也逐渐升高，说明烧结对重金属有极显著的固化作用。

（7）时间对重金属挥发的影响。将重金属试剂 PbO、ZnO、CdO、As$_2$S$_3$ 分别以 5％、5％、5％和 2％的比例添加到生料粉中，1200℃下分别在静态装置中焚烧 10～60min，重金属的挥发率如图 8-12 所示。

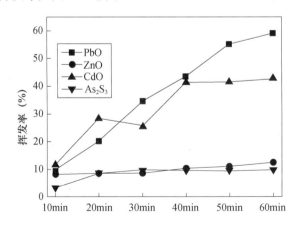

图 8-12　时间对重金属挥发的影响

从图 8-12 可以看出：随着焚烧时间的增加，重金属 PbO 的挥发率也逐渐增加，CdO 的总体趋势是增加的，但 40min 后到达平衡；ZnO、As₂S₃ 达到 30min 后，基本达到平衡状态，增加趋势不明显。水泥窑的焚烧时间一般为 30min，则大多重金属的挥发可达到平衡状态。

（8）气氛对重金属挥发的影响。按照水泥窑标定的平均值配置标准气体，将重金属试剂 PbO、ZnO、CdO、As₂S₃ 分别以 5%、5%、5% 和 2% 的比例添加到生料粉中，1200℃下分别在静态装置中焚烧 30min，重金属的挥发率如图 8-13 所示。

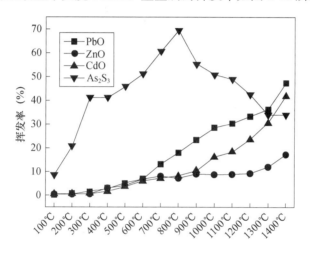

图 8-13　气氛对重金属挥发的影响

从图 8-13 可以看出：改变了焚烧气氛后，随着温度的升高，不同重金属的挥发率均低于空气气氛。因此，在协同处置重金属污染土时，由于水泥窑特殊的气体气氛，重金属的实际挥发率低于实验室的模拟实验。

（9）重金属不同化合物挥发的差异性。

为考察重金属不同化合物的挥发特性，选择重金属试剂 PbO、PbCl₂、PbS、ZnO、ZnCl₂、ZnS、CdO、CdCl₂、CdS 作为添加材料。几种试剂的熔点和沸点见表 8-3。

表 8-3　实验所用试剂的熔沸点（℃）

项目	PbO	PbCl₂	PbS	ZnO	ZnCl₂	ZnS	CdO	CdCl₂	CdS
熔点	886	501	1114	1975	170	1700	900	568	1750
沸点	1470	950	1281	2360	220	1185	1385	960	980

将不同重金属试剂分别以 5% 的比例添加到生料粉中，100～1400℃下，重金属的挥发率如图 8-14 所示。

从图 8-14 可以看出：随着温度的升高，不同重金属的挥发特性差异较大，以重金属的氯化物挥发率较高。氯元素也是水泥窑的有害元素，因此，在协同处置高含氯的废物时，应密切关注重金属的挥发情况，必要时，可增加旁路放风设备。

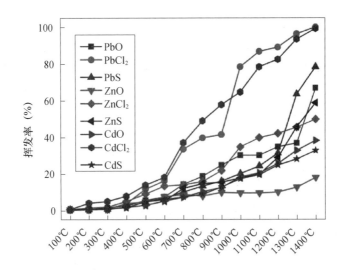

图 8-14　各种试剂在不同温度下的挥发率

（二）动态挥发实验

（1）实验装置研发。在静态实验的基础上，自主研发了小型水泥回转窑模拟装置（图 8-15），用以模拟水泥生产过程中动态过程污染土重金属挥发对烟气的影响。动态温度可设定为 900～1400℃。

本实验装置包括连续进料系统、分段高温热解析系统、燃烧器及火焰控制系统、烟气收集及净化系统、载气系统、外保温系统及在线监测系统等。本装置采用螺旋＋犁刀进料，进料口采用 1800 氧化铝多晶纤维材料深入燃烧器下端，为保证物料在回转窑旋转过程中不流出炉外，在进料口与回转窑之间设置了直角三角形挡料板，挡料板占进料口的长度为 2/3，保证了污染土随着窑体的转动顺利分布在窑内，从而实现了热脱附均匀性；在进料口与窑头燃烧器之间，采用 316S 不锈钢设置了缓冲室，避免了污染物在高温口挥发及有害尾气的逸散；热处理主体采用双层壳体结构和 50 段程序控温系统，炉膛采用 1800 氧化铝多晶纤维材料，炉管采用刚玉管、两端采用 316S 不锈钢，炉管与法兰采用高温硅橡胶密封，法兰两端配置针型阀，并配备流量计，可调节进、出气体的流量大小。分段高温热解析系统采用倾斜的回转窑式，回转窑的长径比、倾斜角度和转速范围根据热解析温度、进料土壤的密度及运行时间计算，与单位时间内单位质量土壤的运行轨迹吻合，保证了连续作业情况下热脱附均匀性和热处理效率，回转窑的倾斜角度和转速均可根据实际的污染土含水率、密度等进行手工调整。燃烧器设置在出料端，物料从进料端向出料端倾斜运动的过程中，物料经过高、中、低三个阶段，分段将污染物脱附出来，保证了连续分析的准确性。燃烧室后部设置烟室，收集从燃烧通道泄漏的少量含有颗粒的烟气，收集的烟气通过布袋除尘后收集颗粒物和气体，供分析。高温裂解器两端、烟气冷却装置和各加热器的适当位置配置温度控制器，以保证试验温度可准确控制。

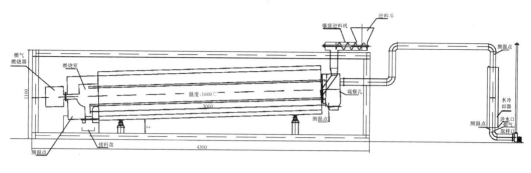

图 8-15　水泥回转窑模拟装置

（2）动态试验下重金属的挥发特性。选取北京水泥厂提供的石灰石、砂岩、铁矿石、黏土等水泥原料，按一定比例掺入分析纯重金属并充分混匀，分别按设计率值（$KH=0.94$，$n=2.48$，$P=1.2$）制备成水泥生料样品，加水压制成片，经干燥后再加热到 950℃ 保温 30min，然后再经 1450℃ 下煅烧 30min，取出急冷制成熟料样品。

① 生料中的重金属含量。对生料进行了全量消解实验，参照瑞士的熟料中重金属含量限值表，并在考虑了从生料到熟料的烧失率等因素的前提下确定了生料中的重金属添加限值，扣除本底值后，将重金属试剂 PbO、ZnO、CdO、As_2S_3 加入生料中，共配置五种样品，五种样品的区别在于入炉生料中各种重金属的添加量不同，构成了一个含量梯度（从低到高依次为 0、1、2、3、4）。添加后的重金属含量测定结果见表8-4。

表 8-4　生料中重金属的含量（mg/kg）

项目	As	Cd	Pb	Zn
生料 0	30	3	16	115
生料 1	32	8	480	320
生料 2	40	10	600	400
生料 3	80	20	1200	800
生料 4	300	100	3750	4000

② 熟料中的重金属含量。将添加了重金属的生料粉放入动态实验装置中烧制水泥，将烧制的温度设定为 1450℃。烧制成熟料后，测定熟料中的重金属含量，测定结果见表 8-5。

表 8-5　熟料中重金属的含量（mg/kg）

项目	As	Cd	Pb	Zn
熟料 0	41.2	3.9	175.4	46.4
熟料 1	43.4	9.8	477.8	486.4
熟料 2	52.4	12.7	603.4	641.8
熟料 3	107.4	23.2	1208.0	1172.6
熟料 4	377.6	116.2	3002.0	2434.0

③ 重金属的固化率。各批生料的烧失率均取 0.365。按照下式计算各种重金属元素在熟料中的固化率 G：

$$G = K (1 - Loss) / S \tag{8-1}$$

式中　K——熟料中各重金属元素含量，mg/kg；

S——入窑原料中各重金属元素总含量，mg/kg；

$Loss$——生料烧失量，取 0.365。

可得各样品中重金属在熟料中的固化率，见表 8-6。

表 8-6　熟料中重金属的固化率（%）

项目	As	Cd	Pb	Zn
熟料 0	85.97	81.98	81.51	97.90
熟料 1	86.12	87.95	87.88	85.09
熟料 2	83.19	80.65	87.60	89.79
熟料 3	85.25	83.66	84.00	88.39
熟料 4	84.93	83.79	81.47	81.41
平均值	85.09	83.61	84.49	88.52
文献值	83～91	80～99	72～95	74～88

各批熟料中各种重金属的固化率均较高：As 为 85.09%，Cd 为 83.61%，Pb 为

84.49%，Zn 为 88.52%，最高的固化率达到 97% 以上，最低的也在 81% 以上。与静态实验相比，固化率显著提高，因此，在动态实验装置的烧制条件下，可以认为大部分重金属元素在煅烧结束后都是固化在熟料当中的。

各种重金属在每批熟料中固化率的一致性均较好，原因一是各批熟料使用的同样生料，只是添加的重金属化合物量有所差异；原因二是实验室烧制可以保证各批生料是在完全相同的条件下发生反应形成熟料的。

④ 重金属的流向分布。将动态实验装置的温度设定为 900～1400℃，将重金属试剂 PbO、ZnO、CdO、As_2S_3 加入生料中，水泥熟料、袋除尘收集的颗粒物及烟气中的重金属含量分布如图 8-16 所示。

与静态实验相比，在有生料吸附的动态实验装置中，重金属的挥发率显著降低，而且大多被吸附在颗粒上，挥发到大气中的仅为 0.002%～0.2%。一般来说，协同处置废物的水泥厂处置生产线都具有飞灰、粉尘捕集效率很高的尾气处理装置，捕集的回灰全部回窑，挥发出的重金属多次循环固定，因此，重金属挥发进入大气中的比例极小，大部分的重金属均存在于熟料或者水泥中。

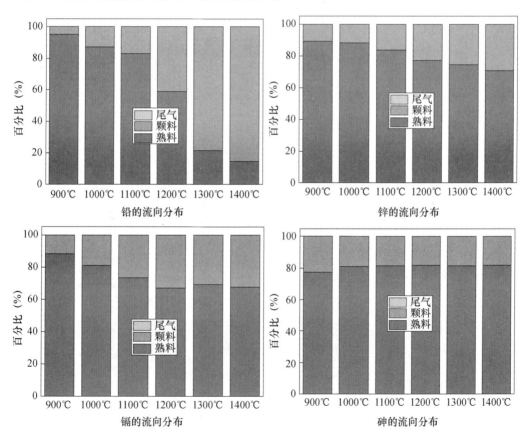

图 8-16 动态实验中重金属流向分布

（3）添加不同重金属后的熟料特性分析。实验用原材料化学成分见表 8-7。

表 8-7　水泥原材料化学成分分析（%）

项目	烧失量	SiO$_2$	Al$_2$O$_3$	Fe$_2$O$_3$	CaO	MgO	K$_2$O	Na$_2$O	P$_2$O$_5$	Σ
石灰石	42.05	2.79	0.75	0.49	51.19	1.82	0.2	0.04	0	99.48
页岩	2.45	82.62	6.53	5.09	1.22	0.54	0.83	0.05	0	99.35
黏土	6.96	54.12	29.13	4.98	1.08	0.31	1.47	0.33	0	98.40
铁矿渣	2.99	49.33	3.07	36.85	4.25	2.41	0.18	0.07	0	99.19

烧成的水泥熟料 XRD 测试结果、岩相分析结果及电镜扫描结果如图 8-17 所示。

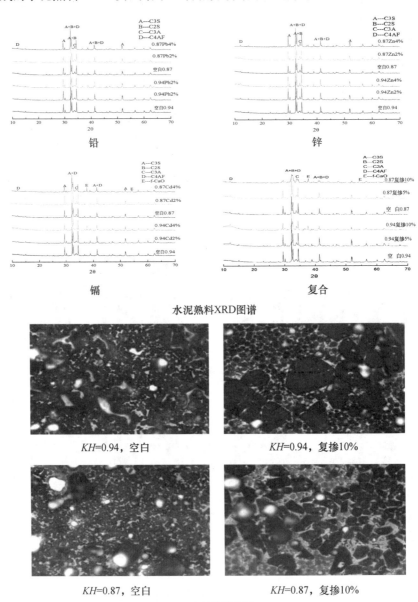

铅　　　　　　　锌

镉　　　　　　　复合

水泥熟料XRD图谱

KH=0.94，空白　　　　　KH=0.94，复掺10%

KH=0.87，空白　　　　　KH=0.87，复掺10%

水泥熟料岩相

水泥熟料的微观形貌

图 8-17　水泥熟料 XRD 测试结果、岩相分析结果及电镜扫描结果

从图 8-17 可知：添加重金属 Pb、Cd，熟料矿物 C_3S 衍射特征主峰强度均有不同程度降低，Zn 存在时 C_3S 衍射特征主峰（$d=0.3028$）强度有所增加，且 C_4AF 衍射特征峰也略有增强；随着重金属离子添加量增大，Pb、Cd 离子可使熟料矿物 C_3S 衍射特征主峰强度进一步减弱，添加 Cd 离子的熟料矿物中有 CaO 特征峰出现，由此可见，添加 Pb、Cd 有助于 C_3S 矿物的形成，但 Cd 离子含量过高则容易造成 C_3S 矿物的分解，即 $C_3S \rightarrow C_2S + f\text{-}CaO$，Zn 离子对 C_3A 的形成有促进作用；添加多种重金属离子有利于液相反应和熟料烧结的进行，促进 C_3S 的大量形成，即：重金属离子在熟料形成过程中具有矿化助熔作用。

三、氰化物在水泥窑中的转化特性

无机氰化物（HW33）是黄金工业的重要浸金药剂，黄金冶炼行业涉及的各种氰化物多为无机氰化物。无机氰化物为剧毒物质，可通过皮肤、口鼻吸入体内，危害极大。黄金尾渣中，主要考虑的危害物质为氰化物。

黄金尾矿中的氰化物主要以氢氰酸，碱金属和铵的氰化物，重金属氰络合物，以及与碱金属、碱土金属、重金属盐离子反应生成的重金属氰络合物或氰络物复盐等几种形式存在。氰化物及氰化氢均不稳定，易分解，当温度大于 60℃ 时分解加快。因此，在有氧气、水蒸气的条件下，氰化物可以通过加热方式达到降解的目的。但在加热过程中，尾矿中吸附的某些氰化物会以气体形式进入尾气，如果能保证尾气中氰化物浓度达到相关排放标准要求，则可采用水泥窑资源化共处置的方式处理黄金尾矿，利用水泥窑生产过程中的热能及有效气体成分分解氰化物，可以达到降低水泥生产和尾矿处理成本的效果。因此，采用含氰黄金尾矿替代水泥部分原料成分，需要对水泥窑资源化共处置含氰黄金尾矿过程中氰化物的消解效果开展试验研究，以期为氰化物污染尾矿的水泥窑资源化共处置提供科学依据和技术参考。

（一）不同温度下氰化物去除效果

采用图 8-18 的高温炉作为实验装置，模拟含氰黄金尾矿替代水泥部分原料成分烧制水泥实验。将高温炉的温度设定为 $100 \sim 500$℃，将含有氰化物的黄金尾渣分别放进高温炉内，保持 $10 \sim 20$min，取出测定物料中的氰化物含量。

不同温度下氰化物的去除效果如图 8-18 所示。

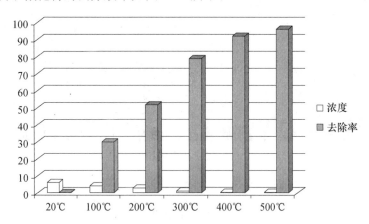

图 8-18　不同温度下氰化物的去除效果

从图 8-18 可以看出：随着温度的升高，氰化物分解加快，当温度升高到 300℃时，氰化物降解率达到 80%。根据中国环境科学研究院谷庆宝教授、北京金隅红树林环保有限公司等研究的结果和实践经验来看，氰化物在 150℃开始就发生分解，在 450℃就可实现 90% 以上的分解率。

如果采用含氰黄金尾矿替代水泥部分原料成分，含氰黄金尾矿与水泥窑其他生料一起进入生料磨粉磨。一般水泥熟料生产中，生料磨的进口温度为 200℃左右，在此温度下，氰化物的挥发率为 50% 左右，近一半的氰化物会挥发到布袋，部分会吸附在窑灰中，部分会随着窑尾烟气排放。实际生产中，必须监测窑尾烟气中的氰化物含量。

（二）黄金尾渣替代水泥硅质材料实验

黄金尾矿富含 SiO_2，石灰石富含 CaO，并且二者均含有一定量 Fe_2O_3、Al_2O_3，这就具备了通过煅烧形成 C_2S、C_3S、C_3A、C_4AF 等水泥熟料矿物的物质基础。通过配料计算配制出水泥生料，然后经不同温度煅烧制备水泥熟料，通过对熟料微观结构的测试和表征，综合评价熟料烧成质量，探索出采用含氰黄金尾矿替代水泥部分原料制备水泥熟料的工艺。

按照含氰黄金尾矿的硅质含量和有害元素含量，按照某水泥厂的率值，以含氰黄金尾矿 4% ～ 5% 的比例，替代水泥部分硅质原料，放置在高温炉中，调整温度至 1450℃，制备的水泥熟料性质测定结果见表 8-8。

表 8-8　水泥熟料特性检测

项目	抗压强度（MPa）		抗折强度（MPa）		标准稠度需水量（%）	细度	初凝（mm）	终凝（mm）	比表面积
	3d	28d	3d	28d					
CK	28.9	54.2	5.8	8.0	25.5	2.5	135	165	3460
黄金尾矿	28.6	54.0	5.7	8.0	25.4	2.5	112	150	3540

添加污染土后烧制的水泥熟料，其抗压强度、抗折强度、标准稠度需水量、比表面积均有所降低，但差异不显著；但初凝时间和终凝时间有所升高。

（三）协同处置黄金尾渣工艺选择

根据以上的研究结果，黄金尾渣从生料端配料，虽然氰化物降解率便可达到80%以上，但可能会存在窑尾烟气中氰化物超标的风险。

《水泥窑协同处置危险废物经营许可证审查指南（试行）》（环境保护部2017年第22号公告）中规定：生料磨投加的危险废物应为不含有机物，其中有机质含量应小于0.5%，二噁英含量小于10ngTEQ/kg，氰化物（CN⁻）含量小于0.01mg/kg。

因此，参考国家相关规范，为达到彻底降解氰化物的目的，应首先对氰化物进行检测，若氰化物（CN⁻）含量低于0.01mg/kg，可以采用生料配料的方式；若氰化物（CN⁻）含量超过0.01mg/kg，则应该采用进入分解炉、同时调整生料配比的处置方式。

四、二噁英在水泥窑中的分布特性

以协同处置垃圾焚烧飞灰为对象，研究处置过程中二噁英的分布及控制技术。

（一）水洗环节二噁英分布

采样在浙江某企业进行。

分别采集飞灰原样、经过三级漂洗后的湿灰以及烘干后的干灰，测定其中的二噁英含量，结果如图8-19所示。

飞灰所含的二噁英的同类物中，OCDD、1234678-HpCDD、1234678-HpCDF和OCDF的浓度较高，占总浓度的70%以上。

原灰经水洗、烘干后，所有二噁英类物质的质量浓度均有所下降。湿飞灰中PCDD/Fs的质量浓度是原灰的51%，烘干后飞灰PCDD/Fs质量浓度是原灰的43%，说明在水洗过程和烘干过程中均有一部分飞灰被带出。由于二噁英类在水中的溶解度极低，且三个样品飞灰的同类物浓度分布特征完全一致，说明飞灰是吸附在水中的小颗粒上被带出。同时也说明水洗和烘干过程只有二噁英的溶解扩散过程，不存在化学转化过程。

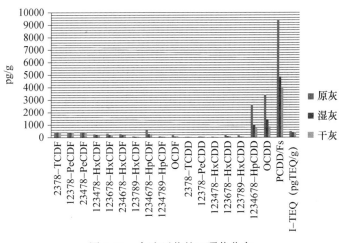

图8-19　水洗环节的二噁英分布

（二）处置环节二噁英分布

分别采集一级预热器出口、余热发电锅炉、增湿塔、生料磨、窑尾袋收尘、出箅冷机熟料、窑头余热发电锅炉、窑头袋收尘中收集的窑灰，测定其中的二噁英含量，结果如图 8-20 所示。

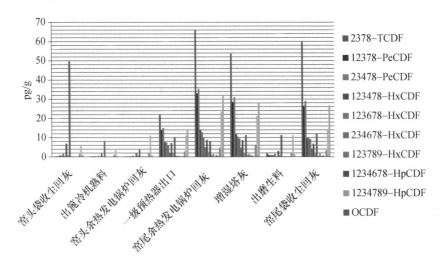

图 8-20　处置环节的二噁英分布

从图 8-20 可以看出：窑尾余热发电锅炉回灰、增湿塔灰、窑尾袋收尘灰以及一级预热器出口回灰中的 PCDD/Fs 浓度明显高于其他节点，这说明这些工艺节点是水泥窑 PCDD/Fs 形成和排放的主要贡献者。该结果对水泥窑协同处置飞灰关键工艺节点 PCDD/Fs 形成和排放的控制技术的开发有重要意义。出磨生料中 PCDD/Fs 含量较低，说明窑尾烟气中的粉尘进入生料磨中后与原材料混合，对 PCDD/Fs 具有稀释作用，这也可以解释经过生料磨后窑尾袋收尘中固体颗粒的 PCDD/Fs 含量低于窑尾锅炉和增湿塔。

（三）二噁英与氯含量相关性

分别采集一级预热器出口、余热发电锅炉、增湿塔、生料磨、窑尾袋收尘、出箅冷机熟料、窑头余热发电锅炉、窑头袋收尘中收集的窑灰，测定其中的氯含量，分析氯含量与二噁英的相关性，结果如图 8-21 所示。

从图 8-21 可以看出，氯离子含量与二噁英毒性当量具有明显的正相关性。说明：在水泥窑协同处置飞灰过程中，降低氯含量是降低二噁英的重要措施。

（四）水泥窑二噁英控制措施

根据以上测试结果，水泥窑协同处置过程中控制二噁英的措施如下：

（1）降低入窑危险废物的氯含量；

（2）增加袋收尘效率；

（3）生料磨对控制二噁英有帮助；

（4）窑尾是产生二噁英的主要环节，应控制窑尾一级预热器的出口温度并提高窑尾烟气排放口袋收尘效率。

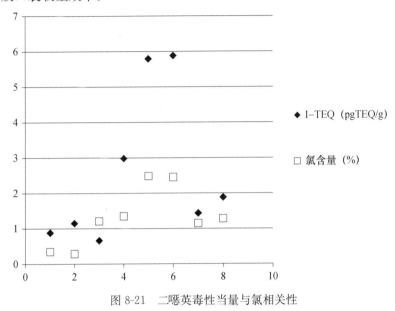

图 8-21 二噁英毒性当量与氯相关性

五、案例分析

（一）青海黄金尾渣处置

（1）项目背景。该黄金尾渣堆场位于昆仑山内，由昊龙矿业开采黄金矿产生。在 2016 版危险废物名录中，该固体废物明确属于危险废物，代码 092-003-33（采用氰化物进行黄金选矿过程中产生的氰化尾渣和含氰废水、污泥）。该矿地处格尔木河上游，在有雪或雨水的时候会有氰化钠溶于水然后顺着河流进入格尔木河，造成水源污染超标。

（2）处置工艺分析。经过尾渣堆场及厂内堆场取样，昊龙矿业的黄金尾渣样品测试分析结果见表 8-9。

表 8-9 黄金尾渣样品测试分析结果（%）

样品编号	含水率	SiO₂	Al₂O₃	Fe₂O₃	CaO	MgO	Cl⁻	SO₃	烧失量	CN⁻(mg/kg)
1	0.9	67.87	11.88	6.44	1.59	1.63	0.93	0.96	5.14	0.08
2	7.40	62.01	12.88	6.92	3.94	1.99	0.019	1.08	7.19	0.09
3	11.1	61.69	10.73	5.25	2.26	1.69	1.024	7.1	9.28	0.08
4	7.80	67.43	14.06	6.56	2.93	1.30	0.022	0.56	5.68	0.05
5	10.7	64.35	13.62	6.44	2.59	1.57	0.085	0.43	6.03	0.04
6	9.90	63.08	13.11	6.68	3.52	1.32	0.059	0.79	6.28	0.006
7	10.1	67.73	12.65	5.84	2.60	1.51	0.019	0.40	5.45	0.002
8	7.95	67.65	14.03	6.68	1.76	1.99	0.024	0.67	6.08	0.001

该黄金尾渣中氰化物分布呈现堆体表面较高、越往下越低的特点，这是由于青海地区蒸发量较大，土壤中的氰化物和盐分一起蒸发到了表面。黄金尾渣堆体表面呈现

白色，如图 8-22 所示。

图 8-22　黄金尾渣堆体外观

（3）处置方案。处置方案分为两部分：表层高浓度氰化物的黄金尾渣，进入分解炉；下部（堆体 1/3 以下）低浓度氰化物的黄金尾渣进入生料配料。

① 生料磨：设置黄金尾渣与页岩的比例为 3∶1，然后用铲车放入辊压机粉磨后，送入生料库，成为水泥物料的一部分。

② 分解炉：使用铲车将黄金尾渣添加到破碎机，经过破碎之后的黄金尾渣放入固态仓，经皮带输送至分解炉。含氰黄金尾矿进入分解炉的流程如下：含氰黄金尾矿堆场→铲车计量→破碎机→固态仓→分解炉→C5→回转窑→篦冷机→熟料。

（二）北京水泥厂危险废物处置

北京水泥厂（即北京金隅红树林环保科技有限责任公司）地处北京昌平中关村科技园区，离八达岭、十三陵风景旅游区 13km。1999 年 5 月，经北京市环保局批准，北京水泥厂开始进行焚烧处理有害固体工业废物的试验，并在进行可行性论证的基础上，于同年 11 月经北京市计委批准立项。1998 年，北京水泥厂在借鉴欧美发达国家成熟的处置工业废物理论和工艺技术的基础上，自主研发出国内首套利用水泥窑年处置工业危险废物约 8 万吨的工艺生产线。2000 年 1 月，北京水泥厂取得了北京市环保局颁发的北京市危险废物经营许可证。可处理的废物的种类涵盖了《国家危险废物名录》中列出的 47 类危险废物中的 37 类，如：废酸碱、废化学试剂、废有机溶剂、废矿物油、废乳化液、医药废物、涂料染料废物、含重金属废物（不含汞）、有机树脂类废物、精（蒸）馏残渣、焚烧处理残渣等。

北京水泥厂在试验过程中，委托北京市环保局和中国科学院生态环境研究所对其水泥回转窑在焚烧有害废物工况下，对大气污染物排放及水泥熟料进行采样监测。监测表明：在处理过程中，无机废物中微量元素被固化于水泥熟料晶格体系中，不再逸出；有机废物基本被焚毁，烟气中有毒有害物质含量远低于国家允许排放标准。根据《新世纪论坛》（2004 年增刊，P34）报道，2001 年 1 月 12 日至 13 日对北京水泥厂窑尾大布袋除尘器出口烟道排放废气中的二噁英进行了现场采样和监测，监测结果证明，回转窑焚烧危险废物，二噁英并未显著增加（表 8-10、表 8-11）。

表 8-10 窑尾废气监测结果

净化设施	监测点位	项目编号	污染物	焚烧废物监测结果		
				排放浓度（mg/m³）	排放速率（kg/h）	吨产品排放量（kg/t）
大布袋除尘器	排气筒出口	1	烟气黑度	<1 级	—	—
		2	颗粒物	13	3.5	0.023
		3	二氧化硫	3	0.8	5×10^{-3}
		4	氮氧化物	732	158	1.02
		5	一氧化碳*	21	—	—
		6	氟化物（HF）	0.252	6.40×10^{-2}	4.13×10^{-4}
		7	氯化氢（HCl）	1.6	0.36	—
		8	汞及其化合物（以 Hg 计）	2.15×10^{-2}	4.80×10^{-3}	—
		9	镉及其化合物（以 Cd 计）	9.0×10^{-5}	2.0×10^{-5}	—
		10	砷及其化合物（以 As 计）	6.1×10^{-5}	1.4×10^{-5}	—
		11	镍及其化合物（以 Ni 计）	1.24×10^{-3}	2.77×10^{-4}	—
		12	铅及其化合物（以 Pb 计）	$<4.6\times10^{-4}$	$<1.0\times10^{-4}$	—
		13	铬及其化合物（以 Cr 计）	2.99×10^{-3}	6.68×10^{-4}	—
		14	铜及其化合物（以 Cu 计）	1.90×10^{-3}	4.24×10^{-4}	—

＊一氧化碳监测点位为窑尾。

表 8-11 窑头废气监测结果

净化设施	监测点位	项目编号	污染物	焚烧废物监测结果		
				排放浓度（mg/m³）	排放速率（kg/h）	吨产品排放量（kg/t）
电除尘器	排气筒出口	1	烟气黑度	<1 级	—	—
		2	颗粒物	9.8	1.3	0.013
		3	二氧化硫	<1	<0.2	$<2\times10^{-3}$
		4	氮氧化物	<1	<0.2	$<2\times10^{-3}$
		5	一氧化碳	<1	<0.2	—
		6	氟化物（HF）	0.168	2.52×10^{-2}	2.52×10^{-4}
		7	氯化氢（HCl）	0.19	2.8×10^{-2}	—
		8	汞及其化合物（以 Hg 计）	8.0×10^{-3}	1.2×10^{-3}	—
		9	镉及其化合物（以 Cd 计）	1.2×10^{-4}	1.8×10^{-5}	—
		10	砷及其化合物（以 As 计）	7.5×10^{-5}	1.1×10^{-5}	—
		11	镍及其化合物（以 Ni 计）	2.5×10^{-4}	3.8×10^{-5}	—
		12	铅及其化合物（以 Pb 计）	7.05×10^{-3}	1.06×10^{-3}	—
		13	铬及其化合物（以 Cr 计）	2.99×10^{-3}	4.48×10^{-4}	—
		14	铜及其化合物（以 Cu 计）	1.64×10^{-3}	2.46×10^{-4}	—

从列出的分析结果可以看出，在回转窑烧制水泥同时焚烧危险废物时，窑头和窑尾除尘器后烟气中所测污染物的排放浓度基本能够符合现有《水泥窑协同处置固体废物污染物控制标准》（GB 30485—2013）要求，氮氧化物略高可能是由于脱硝装置未到位。

之后，北京水泥厂先后请北京市环保监测中心、中国科学院生态环境研究中心等多家机构对回转窑污染物排放进行定期监测，其结果远低于国家规定的排放标准：砷标准 $1.0mg/m^3$；实际排放小于 $1.6×10^{-4}mg/m^3$；镉标准 $0.1mg/m^3$，实际排放小于 $5×10^{-4}mg/m^3$；二噁英类标准 $0.5ngTEQ/m^3$，实际排放均小于 $0.009ngTEQ/m^3$。

2002 年 8 月中国科学院生态环境研究中心对北京水泥厂在水泥回转窑中处理危险废物前后，其窑尾布袋除尘器出口烟道排放的废气中二噁英进行了现场采样和监测。结果表明，水泥回转窑处理焚烧危险废物时烟气中排放的二噁英类浓度并没有显著差异，远低于《水泥窑协同处置固体废物污染控制标准》（GB 30485—2013）规定的排放限值，即 $0.1ngTEQ/m^3$（表 8-12）。

表 8-12 北京水泥厂二噁英类监测结果（2002 年）

二噁英 毒性同类物	焚烧危险废物（ng/m³）		未焚烧危险废物（ng/m³）
	1 号样品	2 号样品	3 号样品
2378-TCDF	0.037	0.017	0.284
2378-TCDD			
12378-PCDF			
23478-PCDF			
12378-PCDD			
123478-H6CDF			0.012
123678-H6CDF			
123789-H6CDF			
234678-H6CDF			
123478-H6CDD			
123678-H6CDD			
123789-H6CDD			
1234678-H7CDF			
1234789-H7CDF			
1234789-H7CDD			
OCDD	0.015	0.022	0.017
OCDF			
毒性当量浓度 （ng TEQ/m³）	0.004	0.002	0.029
排放限值	0.1		

综上，根据北京水泥厂协同处置危废相关监测数据可知，尾气中烟尘、SO_2、各类重金属、酸性气体以及二噁英的排放浓度均远低于《水泥窑协同处置固体废物污染控制标准》（GB 30485—2013），而氮氧化物略高可能是由于早期企业脱硝装置未到位。

第二节　协同处置常见问题及对策

一、生料磨常见问题及对策

（一）生料磨冒蓝烟

（1）现象与危害。处置固体废物，有时会发生生料磨冒蓝烟现象，严重时会造成窑尾烟气严重超标。

（2）原因分析。产生此现象的原因是从生料磨配了含有有机物的固体废物，如油墨、石化厂废白土等含有碳氢化合物较高的废物，容易产生蓝烟。

（3）解决对策。严格控制进入生料磨的有机物含量，尤其是易挥发性有机物含量。

（二）生料磨通风不畅

（1）现象与危害。固体废物参与配料，有时会发生生料磨通风不畅现象，严重时会造成堵塞。

（2）原因分析。产生此现象的原因是从生料磨配了含水率较高的固体废物，如电镀污泥、湿污染土等。

（3）解决对策。严格控制进入生料磨的含水率，必要时可单独为固体废物配置烘干炉。

二、预分解常见问题及对策

（一）结皮堵塞

（1）危害。结皮的危害主要体现为在固体废物协同处置窑预分解系统的不同位置形成硬度不一的结皮物质，导致窑体出现不同程度的堵塞，轻者影响窑的正常生产和水泥产品质量，重者出现水泥窑工艺与水泥生料不匹配，导致闭窑。

（2）原因分析。造成水泥窑协同处置过程中窑体结皮堵塞的原因很多，然而固体废物中硫、氯、碱金属等挥发性物质在水泥窑内循环富集，在窑尾预分解系统冷却凝结而引起的结皮堵塞是行内的一个难题。一般认为，结皮物质是由碱金属、氯、硫等元素在高温条件下形成的 $Ca_{10}(SiO_4)_3(SO_4)_3Cl_2$ 等多组分低共熔融，它们与窑尾预分解系统的粉尘混合在一起后，通过湿液薄膜表面张力作用下的熔融粘结，熔体表面上的吸力造成的表面粘结及纤维状或网状物质的交织作用造成的粘结作用形成大量块状、硬度不一的结皮物质。

与碱、氯相比，硫的挥发性最低，但是它对耐火材料及窑操过程的影响较大。一方面，硫会破坏耐火材料的粘结力；另一方面，硫会在窑、预热器及分解炉内部产生难处理的结皮固体物，如钙明矾石（$2CaSO_4 \cdot K_2SO_4$）、双硫酸盐、硅方解石（$2C_2S \cdot CaCO_3$）、硫硅钙石（$2C_2S \cdot CaSO_4$）、多元相钙盐（$Ca_{10}[(SiO_4)_2 \cdot (SiO_4)_2](OH^-,$ $Cl^-，F^-)$）以及二次硫酸钙、氯化钾等的一种或多种。通常，这些结皮物的形成取决于腐蚀元素含量的高低，也与温度有关。

各种腐蚀元素过量时易形成的结皮物及其产生、分解温度见表 8-13。

表 8-13　各种腐蚀元素过量时易形成的结皮物及其产生、分解温度

结皮物的特征矿物	形成温度（℃）	分解温度（℃）	备注
双硫酸盐 $3Na_2SO_4 \cdot CaSO_4$ $2Na_2SO_4 \cdot 3K_2SO_4$ $Na_2CO_3 \cdot 2Na_2SO_4$	—	800～950	还原气氛易形成 $K_2SO_4 \cdot Na_2SO_4$
$2CaSO_4 \cdot 3K_2SO_4$	—	>1000	氧化气氛易形成 $2CaSO_4 \cdot K_2SO_4$
碱的过渡性复盐 $K_2Ca(CO_3)_2$ $Na_2Ca(CO_3)_2$	—	814～817	仅为过渡性矿物，但在预热器温度为 850℃ 以下旋风筒内的结皮中存在
二次硫酸钙（$CaSO_4$）	750	>1200	在 Fe_2O_3 催化下更易形成二次硫酸钙（$CaSO_4$）
$2C_2S \cdot CaSO_3$	750～850	900	氯化物（Cl^-）的存在易促进硫硅钙石的生成
$2C_2S \cdot CaSO_4$	900	>1100	
$2CA \cdot CaSO_4$	>900	>1300	

（3）解决对策。

① 改善水泥原材料：选择低硫氯碱的原料和燃料，如低碱石灰石、低碱黏土、低硫铁粉、低氯化工废料、低硫煤等；

② 严格控制入窑固体废物中的硫、氯及碱金属含量；

③ 以水为洗脱剂，对生料、固体废物中的可溶性盐，如氯盐、硫酸盐等进行洗脱；

④ 增加旁路放风系统，通过将窑内气体、热料和窑灰排出水泥窑循环系统的方式，降低窑内有害元素含量。

（二）分解炉 CO 浓度偏高

（1）现象及危害。处置固体废物时，分解炉出口 CO 浓度的升高，意味着固体废物在分解炉内出现不完全燃烧现象。

CO 浓度升高，不仅造成热量的浪费，还会对废气处理和煤粉制备系统（当利用窑尾烟气做烘干热源时）造成安全隐患。因此应采取各种措施降低分解炉出口 CO 的浓度。

（2）原因分析。

① 分解炉炉容较小。对于早期建成投产的预分解窑工厂，或经过提产改造但分解

炉主体结构变化不大的工厂，其炉容较小，烟气在炉内停留时间较短，煤粉在炉内燃尽率低，预热器后燃现象明显。这种情况下分解炉内的 CO 浓度往往偏高。

以化工厂为例，其分解炉原型为早期的 NSF 型，后经提产改造熟料产量提高了50％以上。在某段正常生产期间的测试结果表明，分解炉出口 CO 的最低浓度为531ppm，最高浓度为 4644ppm，平均浓度为 2479ppm，远高于窑尾烟室的浓度，说明炉内有 CO 大量生成。

② 燃料与生料入炉位置不合理，燃料与生料分散不均。燃料燃烧放热和生料分解吸热是分解炉内主要的反应和换热过程。一般而言，燃料起燃时不宜过早和过多地与分解率很低的"冷料"接触。不同的燃料燃烧特性不同，需要的预燃空间不一样，因此要求燃料入炉与生料入炉的位置和距离不一样。当使用的燃料起燃温度高且燃尽速度慢时，燃料入炉位置应适当远离生料入炉位置，否则会影响燃料的燃烧过程，造成CO 浓度的上升。

有些工厂的设计是燃料和生料几乎在同一位置进入分解炉，相当于在煤粉起燃过程中掺入了一些吸热量很大的"灰分"，其后果是使分解炉内的 CO 浓度上升。

燃料在炉内分散不均匀会形成浓相区，使部分燃料在局部缺氧的条件下燃烧。同样，生料不能迅速分散均布也会形成局部的浓相区和稀相区，影响燃料在炉内燃烧的稳定性，形成局部不完全燃烧而生成 CO。

③ 窑列与三次风列气体流量不平衡。因为回转窑和分解炉的燃料分配问题，也相应地出现窑列与三次风列空气流量分配问题。而空气流量分配的准确性，取决于窑尾烟室缩口的面积和三次风管阀门的开度。

不考虑阀门损坏和工人操作不当等生产中的人为可控因素，从设计角度来看，当窑尾缩口设计尺寸不当时很容易影响窑列和炉列气体流量分配。尤其是对于带有离线燃烧分解炉系统且窑尾烟室缩口为固定缩口的工厂而言，对两列气体流量不平衡的问题应格外加以重视。

烟气流量不平衡带来的后果是，当窑内通风不足时会造成窑内形成还原气氛而影响熟料质量和窑运转率，且进而会影响到炉内 CO 含量的升高；当窑内通风过剩而三次风量不足时，将会导致窑内烧成带温度降低，分解炉内燃烧不完全，CO 浓度会大幅升高。尤其是带离线燃烧系统的分解炉，升高会更加明显。

④ 分级燃烧形成还原区。分级燃烧是从生产工艺本身来降低 NO_x 排放的重要技术手段。无论是燃料分级还是空气分级，还是两种分级方式的结合，都是要在分解炉内部一定范围内形成燃料的不完全燃烧区域即还原区，人为提高 CO 气体在还原区的浓度，将来自回转窑内烟气中的 NO_x 还原为 N_2。

与 NO_x 发生还原反应后 CO 气体浓度依然较高，需要利用分级空气中的新鲜 O_2 和一定的氧化时间将 CO 进一步燃尽。当没有空气分级燃烧工艺，或分级燃烧工艺设计不合理，或 SNCR 还原剂喷射入炉位置不合理，乃至直接喷入还原区内等情况出现时，均可能使烟气在还原性气氛下进行脱硝反应，降低 SNCR 的脱硝效率。

（3）解决对策。

① 烧成工艺的优化。

a. 分解炉的改造。对于分解炉容积较小，气体停留时间较短的分解炉，通过对分解炉主体加高延长以及增加后置鹅颈管的方式进行扩容改造，可以减少燃料不完全燃烧现象。实际上，即使不考虑脱硝问题，这类工厂也应通过工艺的优化来实现节能降耗，而如果在确定分解炉改造方案时，能结合 SNCR 技术的实施统筹考虑 CO 的燃尽区停留时间和脱硝还原剂反应时间，则无疑是实现生产节能高效和环保高效的最佳技术路线。

b. 优化燃料入炉和生料入炉工艺。对采用的燃料特性进行研究分析，确定合理的燃料预燃空间，避免刚入炉的生料过早与入炉燃料接触，使燃料稳定燃烧。

生料的入炉工艺应结合燃料特点来确定。尤其是当采用低品质煤和低热值固体废物燃料时，应考虑生料分级入炉的工艺和设施，以灵活控制燃烧温度和炉温，防止"冷炉"而造成的燃料不完全燃烧。

应考虑加强煤粉和生料分散均布的工艺措施，防止产生局部区域燃料或生料过浓的现象。充分利用喷腾、旋流等各种流场效应来加强分散、均布、混合，延长燃料和生料在炉内的停留时间。

c. 优化系统用风，满足正常生产平衡要求。

通过热工标定、热工计算等分析手段，可以找出系统中存在的因非操作因素造成的用风不平衡问题并加以解决。通过这种手段可以发现原始设计或安装砌筑过程中存在的问题，来解决那些在实际生产中长期存在的不明原因的困扰。如前所述的窑列与三次风列空气流量分配的问题，在实际生产中发现一些工厂的窑尾烟室固定缩口面积确实不合适，尤其是对于带离线燃烧系统的生产线，很容易出现因三次风量偏小导致燃料预燃不好而出现 CO 升高的现象。其实类似的一些问题很容易通过对系统进行热工诊断后发现，并通过一些简单的优化手段来完善。

② 三次风分级入炉形成燃尽区。燃料分级和空气分级是氮氧化物减排的一个重要技术措施，由于在分解炉内形成 CO 浓度较高的还原区，因此将一部分三次风由主风管引出送入分解炉中后段合理部位形成 CO 燃尽区，是减少分解炉出口 CO 浓度的有效措施。未来随着新型干法窑企业的转型，低热值废物替代燃料的使用范围和用量将不断增加，CO 浓度上升的问题会进一步受到关注，而三次风分级入炉来加强 CO 再燃烧的技术手段应用会越来越普遍。

当然，并不是从三次风管引出一根管道再进入分解炉就一定会收到明显效果，设计中需要注意下述问题：

a. 燃料或替代燃料的燃烧特性。对于起燃温度低、燃烧速度快的燃料，要求在还原区的停留时间短；反之，要求在还原区的停留时间长。

b. 三次风分级入炉位置。需要通过热工计算得出的有关部位工况烟气流量，根据分解炉的结构和容积，以及燃料在还原区的停留时间要求，确定入炉的位置。

c. 三次风分级比例。因不同工厂的工艺条件而异。20％～30％的分风比例无论是从研究结果还是生产实践效果来看，是被认可的。

d. 原有分解炉和三次风管的改造。原有三次风管与分解炉的连接尺寸应加以调整，以免过多影响三次风入炉的风速，进而对炉内流场、生料和燃料均布及热反应过程产生影响。

③ SNCR 还原剂入炉的位置。

a. 避免距离燃料主燃烧区过近。当采用氨水或尿素溶液时，喷射位置与燃料主燃区域过近，将会对燃料燃烧产生影响。

b. 避免直接喷入分级燃烧形成的还原区。还原区的 CO 浓度已经较高，还原剂喷入还原区后将消耗 OH 基元，造成 CO 浓度进一步升高，而高浓度的 CO 将会影响 SNCR 脱硝效率。

c. 应在空气分级入炉位置后的某段合理区域喷入还原剂。分级空气入炉后可使未燃尽 CO 进一步燃烧。为保证 CO 燃烧充分，应预留出 CO 燃烧反应的时间。此时间以不低于 0.5s 为宜。

d. 应在分解炉内预留还原剂与 NO_x 还原反应的时间。

三、窑尾烟气常见问题及对策

（一）烟气 NO_x 浓度升高

（1）现象及危害。窑尾 NO_x 浓度突然升高，增加氨水喷入量也没有降低。造成氨水浪费，氨逃逸严重，窑尾氨气指标急剧增加。

（2）原因分析。高温烟气中生成的 OH 基元是 SNCR 脱硝反应所必需的，大量 OH 基元的生成可以促进更多的 NH_2 自由基生成进而还原 NO_x，但同时 OH 基元也是 CO 氧化为 CO_2 的反应参与者，因此 CO 的氧化过程和脱硝还原反应过程存在对 OH 基元的争夺。这是 CO 浓度影响 SNCR 脱硝效率的本质原因。

国内外的研究结果表明，在低温条件下，CO 含量的增加，可以促进生成更多的 OH 基元，会加快总的 NO_x 的分解，因此 NO_x 的脱除效率会提高。而在高温条件下则恰恰相反，随着 CO 浓度的上升，NO_x 脱除效率会降低。因此 CO 浓度将直接影响温度窗范围和最佳脱硝温度。

事实上，界定低温条件和高温条件并没有一个绝对统一的标准，因为随着实验条件不同或生产条件不同，所得到的结论也会有差异。根据对国内外相关研究成果的初步总结，当采用氨水时，烟气温度高于850℃且CO浓度超过1000ppm后，可基本认为 CO 浓度与 SNCR 脱硝效率之间的关系符合高温条件下的变化规律，即随着 CO 浓度的进一步上升，脱硝效率将会降低；对于采用尿素溶液而言，当烟气温度高于900℃且

CO 浓度超过 1000ppm 也开始呈现类似上述规律。而分解炉的正常操作温度恰恰大多在 850～920℃范围内，且炉内还有局部的高温区，因此如设计不当，分解炉内 CO 浓度的进一步上升对 SNCR 脱硝效率造成负面影响的机会要大得多。

（3）解决对策。由于 CO 的存在势必会引起热耗的上升，并对后续工艺环节造成隐患，从工艺角度还是应该设法减少 CO 出分解炉的浓度。

（二）烟气二噁英浓度超标

（1）现象及危害。窑尾二噁英浓度突然升高，超标排放。

（2）原因分析。

① 生料磨中进入了易挥发性的含氯有机废物；

② 入窑物料中的氯含量升高；

③ 危险废物焚烧不完全。

（3）解决对策。

① 严格控制入窑固体废物中的硫、氯及碱金属含量。

② 以水为洗脱剂，对生料、固体废物中的可溶性盐，如氯盐、硫酸盐等进行洗脱。

③ 增加旁路放风系统，通过将窑内气体、热料和窑灰排出水泥窑循环系统的方式，降低窑内有害元素含量。

④ 将固体废物喂入分解炉的合理位置和回转窑内，通过空气分级燃烧保证氧化气氛，并利用高温工况确保二噁英不易生成、彻底分解。

⑤ 优化设计预热器系统，充分利用碱性物料的吸附作用。

一套具有合理结构的预热器系统，其预热器分离效率高、上升管道内的生料悬浮效果好，与烟气接触充分，可充分利用碱性物料吸附作用抑制二噁英的再生成。

粉磨合格的物料经均化后进入窑尾预热器系统，原料（含替代原料）中的氯，与预热器内烟气中含有大量的生料粉相遇。生料粉的钙质成分、镁等与氯迅速反应，消除二噁英产生所需的氯离子，抑制预热器内二噁英的生成。

⑥ 优化五级预热器结构设计，降低预热器出口温度，或采用改进型六级预热器，使烟气在预热器最顶部预热器得以迅速冷却，抑制二噁英的再循环。

对于传统的五级预热器系统而言，通过对工艺进行优化，在窑尾一级预热器的进口气体温度为 500～530℃时，可将出口气体温度控制为 290～315℃。因窑尾预热器系统内为气固悬浮换热，因此随着生料在一级预热器进口气体管道中的喂入，气体温度在 1.0s 内迅速降至 290～315℃（预热器出口温度），可以使烟气迅速急冷，抑制二噁英的再合成。

此外，国内已经出现改进型的六级预热器，既适用于原有五级预热器的改造，也适用于新建工程。其可以在 2.0s 的时间内使窑尾一级预热器的进口气体温度从 450～480℃降低至 250～270℃。因该温度区段是二噁英可以大量再合成的温度区域，该区域的迅速急冷可有效抑制二噁英的再合成。

四、回转窑常见问题

（一）窑内结圈

（1）现象及危害。熟料结粒超大，严重时卡住破碎机。后结圈的结果使窑内通风面积减少，供氧量下降，导致窑头煤燃烧不充分，还原加重，硫循环更加严重，热生料中的盐分含量进一步上升，窑内开始结大球，重者造成窑尾预热器堵料。

窑内结圈的几种情况如图 8-23 所示。

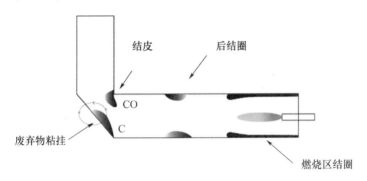

图 8-23　窑内结圈的几种情况

（2）原因分析。

① 固体废物黏度过大，水分过高；

② 窑尾区域温度过高，提前产生液相；

③ 有害元素含量升高，造成低温液相量的增加，产生包心球料；

④ 当有结圈情况时，增加球料在窑内的滞留时间，球料体积会不断增加，如图 8-24 所示。

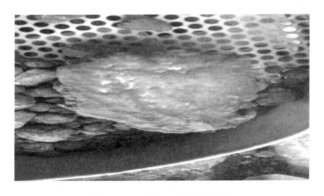

图 8-24　窑内球料体积增加

（3）解决对策。

① 严格控制入窑物料的有害元素含量和含水率；

② 及时调整窑头喂煤量和拉风。

（二）熟料质量不佳

（1）现象及危害。熟料出现"黄心"、欠烧等现象，导致水泥强度下降。

（2）原因分析。窑头加入替代燃料，因燃烧速度慢落入熟料，导致硫酸盐分解和三价铁还原，出现"黄心料"。燃烧速度慢还会使火焰变得细而长，改变窑内热力分布，使熟料欠烧，如图 8-25 所示。

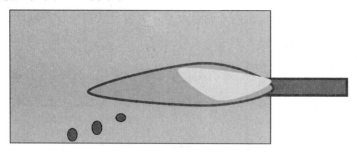

图 8-25　熟料欠烧原因示意

（3）解决对策。测试物料的燃烧速率。

五、耐火材料常见问题

（1）现象及危害。耐火材料膨胀、脱落，严重时导致窑筒体断裂。

（2）原因分析。

① 在烧成过程中，预热器和回转窑之间的内循环会富集碱（钾、钠）、卤族（氯、氟）以及硫的化合物等，这些元素化合物的熔融物随烟气和原料侵蚀耐火材料，与耐火材料发生热化学反应，生成新的低熔矿物，而新生矿物在体积上出现不同程度上的膨胀，致使耐火材料剥落及开裂，如图 8-26 所示。有些新生低熔矿物会使耐火材料结构变得疏松，这样耐火材料就失去原有的特性，比如强度、热传导及弹性系数等物理性能发生一系列变化，致使耐火材料的使用寿命变短。

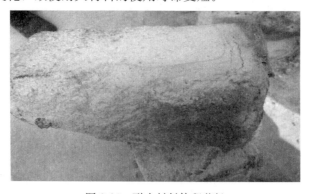

图 8-26　耐火材料体积蓬松

② 固体废物大量用作原燃料，相应增加了碱氯硫的富集对耐火衬料施工所需的金属锚固件的腐蚀，特别是烟气通过膨胀缝、耐火衬料的裂缝等。烟气与金属锚固件反应，一层层剥落，最后失去作用。导致耐火材料整体脱落，缩短耐火衬料的使用寿命。

（3）解决措施。大量使用固体废物作为替代燃料时，需要选择特殊耐火材料，说明如下：

① 回转窑过渡带一般选用尖晶石砖，若碱硫侵蚀严重，选用硅莫砖（SiC 浸渗高铝砖）；

② 分解带内的热端部位，若砖受侵蚀较快，寿命太短，可采用硅莫砖或尖晶石砖，否则可用特种高铝质砖；

③ 为提高其耐化学腐蚀性能，在三次风管、分解炉、窑门罩、冷却机需要不定性耐火浇注料的部位，可采用高 SiC 含量的低水泥耐火混凝土；

④ 分解炉、窑头罩、三次风管与分解炉相连的部位、篦冷机高温部分，这些部位温度高，热负荷、化学侵蚀和气流物料磨损比较严重，可使用含有少量 SiC 的高铝浇注料和耐火砖；

⑤ 隔热层可选择轻质隔热浇注料、轻质隔热喷涂料及隔热砖，适当减少硅酸钙板的使用；

⑥ 各条生产线使用的原燃料成分及性能差别很大，装备经长时期使用后，筒体及壳体变形情况也不一致，因此每条生产线必须按其生产特点及各种应力作用情况，综合分析判断，选用最合适的耐火材料制品。

各部位耐火材料的选择见表 8-14。

表 8-14 使用替代燃料时耐火材料的选择

预热器、分解炉		工作层：高强耐碱砖、高强耐碱浇注料、高铝质耐碱浇注料 隔热层：CB 隔热砖、硅藻土砖、硅酸钙板
三次风管		工作层：高强耐碱砖、耐碱浇注料 隔热层：CB 隔热砖、硅藻土砖、硅酸钙板、隔热浇注料
回转窑	后窑口	钢纤维增强高铝质浇注料、高铝质耐碱浇注料
	分解带	耐碱隔热砖，CB_{20}，CB_{30} 隔热砖，特种高铝砖
	过渡带 1	抗剥落高铝砖、化学结合高铝砖、磷酸盐结合高铝砖
	过渡带 2	尖晶石砖、半直接结合镁铬砖、硅莫砖（SiC 浸渗高铝砖）
	烧成带	直接结合镁铬砖、具有挂窑皮性能的尖晶石砖
	冷却带	抗剥落高铝砖、半直接结合镁铬砖、尖晶石砖
	前窑口	钢纤维增强刚玉质耐火材料、刚玉质耐火浇注料、高铝质耐火浇注料、钢纤维增强高铝质耐火浇注料、高铝-碳化硅质耐火浇注料
窑门罩		工作层：抗剥落高铝砖、硅莫砖、高铝质耐碱浇注料 隔热层：耐高温隔热砖、硬硅钙石型硅酸钙板、轻质隔热浇注料
冷却机		工作层：抗剥落高铝砖、碳化硅复合砖、磷酸盐结合高铝质耐磨砖、耐碱浇注料、高铝质耐碱浇注料 隔热层：耐高温隔热砖、硬硅钙石型酸钙板、隔热浇注料

六、案例分析

（一）窑尾冒蓝烟

（1）项目情况。此现象发生在北京某水泥厂。2010年，将来自北京燕山石化的废白土进入生料配料，废白土掺量最高为0.208t/h。

（2）原因分析。废白土中的油脂含量为20％～30％，主要为碳氢化合物，导致窑尾冒蓝烟。

（3）解决措施。严格控制进入生料磨的有机物含量，尤其是易挥发性有机物含量。

（二）耐火材料剥落

（1）项目情况。此现象发生在青海某水泥厂。2018年，窑头焚烧废液时，耐火材料脱落，如图8-27所示。

图8-27　耐火材料脱落

（2）原因分析。

① 废液热值低，使得窑内喷废液时突然降温，不喷废液时快速升温；

② 耐火砖的热震稳定性不够。

（3）解决措施。

① 调整废液的热值；

② 控制好升降温度的节奏；

③ 选择热震稳定性好的耐火砖。

（三）分解炉结皮堵塞

（1）项目情况。几乎所有的协同处置企业都发生过分解炉结皮堵塞问题。

（2）原因分析。预热器内有害元素循环富集，如氯、硫、碱等有害成分。

（3）解决措施。

① 从源头把关，控制有害元素含量进厂量；

② 严格执行配伍制度，控制有害元素含量进窑量；

③ 增加旁路放风设施。

第九章 协同处置企业管理

第一节 人员管理

一、定岗定编

（一）标准规范要求

详见第四章第二节中"二、（四）处置模式确定"的有关内容。

（二）协同处置企业的定岗定编

一般来说，采用集中经营模式的水泥窑协同处置企业，除了水泥生产之外的环保板块，至少需要 40 名人员。其中：30 人为固定员工，负责危险废物市场、生产等；10 人为临时人员，负责危险废物卸车、码放、装卸等。

协同处置企业的人员及岗位参考见表 9-1。

表 9-1　协同处置企业的人员及岗位参考

机构	管理	市场	生产	化验	财务
人数（人）	3	7	14＋10＝24	6 人	3
岗位	总经理 1 人，生产副总 1 人，经营副总 1 人	主任 1 人，业务员 5 人，统计 1 人	主任 1 人，技术员 1 人，机修 1 人，电工 1 人，安全员 1 人，巡检工 3 人，行车 3 人，中控员 3 人，临时工 10 人	主任 1 人，化验员 5 人	主任 1 人，出纳 1 人，会计 1 人

二、人员培训

（一）标准规范要求

2015 年 5 月 29 日，国家安全生产监督管理总局颁布了《生产经营单位安全培训规定》修改稿，自 2015 年 7 月 1 日起施行。

《生产经营单位安全培训规定》的主要内容如下：

（1）工矿商贸生产经营单位（以下简称生产经营单位）从业人员的安全培训，适用本规定。

（2）生产经营单位负责本单位从业人员安全培训工作。

（3）生产经营单位应当按照安全生产法和有关法律、行政法规和本规定，建立健全安全培训工作制度。

（4）生产经营单位应当进行安全培训的从业人员包括主要负责人、安全生产管理人员、特种作业人员和其他从业人员。

（5）生产经营单位从业人员应当接受安全培训，熟悉有关安全生产规章制度和安全操作规程，具备必要的安全生产知识，掌握本岗位的安全操作技能，了解事故应急处理措施，知悉自身在安全生产方面的权利和义务。

（6）未经安全培训合格的从业人员，不得上岗作业。

（7）生产经营单位主要负责人和安全生产管理人员应当接受安全培训，具备与所从事的生产经营活动相适应的安全生产知识和管理能力。

① 生产经营单位主要负责人安全培训应当包括下列内容：

a. 国家安全生产方针、政策和有关安全生产的法律、法规、规章及标准；

b. 安全生产管理基本知识、安全生产技术、安全生产专业知识；

c. 重大危险源管理、重大事故防范、应急管理和救援组织及事故调查处理的有关规定；

d. 职业危害及其预防措施；

e. 国内外先进的安全生产管理经验；

f. 典型事故和应急救援案例分析；

g. 其他需要培训的内容。

② 生产经营单位安全生产管理人员安全培训应当包括下列内容：

a. 国家安全生产方针、政策和有关安全生产的法律、法规、规章及标准；

b. 安全生产管理、安全生产技术、职业卫生等知识；

c. 伤亡事故统计、报告及职业危害的调查处理方法；

d. 应急管理、应急预案编制以及应急处置的内容和要求；

e. 国内外先进的安全生产管理经验；

f. 典型事故和应急救援案例分析；

g. 其他需要培训的内容。

（8）生产经营单位主要负责人和安全生产管理人员初次安全培训时间不得少于32学时。每年再培训时间不得少于12学时。

（9）煤矿、非煤矿山、危险化学品、烟花爆竹、金属冶炼等生产经营单位必须对新上岗的临时工、合同工、劳务工、轮换工、协议工等进行强制性安全培训，保证其具备本岗位安全操作、自救互救以及应急处置所需的知识和技能后，方能安排上岗作业。

（10）加工、制造业等生产单位的其他从业人员，在上岗前必须经过厂（矿）、车间（工段、区、队）、班组三级安全培训教育。

（11）生产经营单位应当根据工作性质对其他从业人员进行安全培训，保证其具备本岗位安全操作、应急处置等知识和技能。

（12）生产经营单位新上岗的从业人员，岗前安全培训时间不得少于 24 学时。

（13）煤矿、非煤矿山、危险化学品、烟花爆竹、金属冶炼等生产经营单位新上岗的从业人员安全培训时间不得少于 72 学时，每年再培训的时间不得少于 20 学时。

（14）厂（矿）级岗前安全培训内容应当包括：

a. 本单位安全生产情况及安全生产基本知识；

b. 本单位安全生产规章制度和劳动纪律；

c. 从业人员安全生产权利和义务；

d. 有关事故案例等；

e. 煤矿、非煤矿山、危险化学品、烟花爆竹、金属冶炼等生产经营单位厂（矿）级安全培训除包括上述内容外，应当增加事故应急救援、事故应急预案演练及防范措施等内容。

（15）车间（工段、区、队）级岗前安全培训内容应当包括：

a. 工作环境及危险因素；

b. 所从事工种可能遭受的职业危害和伤亡事故；

c. 所从事工种的安全职责、操作技能及强制性标准；

d. 自救互救、急救方法、疏散和现场紧急情况的处理；

e. 安全设备设施、个人防护用品的使用和维护；

f. 本车间（工段、区、队）安全生产状况及规章制度；

g. 预防事故和职业危害的措施及应注意的安全事项；

h. 有关事故案例；

i. 其他需要培训的内容。

（16）班组级岗前安全培训内容应当包括：

a. 岗位安全操作规程；

b. 岗位之间工作衔接配合的安全与职业卫生事项；

c. 有关事故案例；

d. 其他需要培训的内容。

（17）从业人员在本生产经营单位内调整工作岗位或离岗一年以上重新上岗时，应当重新接受车间（工段、区、队）和班组级的安全培训。

生产经营单位实施新工艺、新技术或者使用新设备、新材料时，应当对有关从业人员重新进行有针对性的安全培训。

（18）生产经营单位的特种作业人员，必须按照国家有关法律、法规的规定接受专门的安全培训，经考核合格，取得特种作业操作资格证书后，方可上岗作业。

（二）协同处置企业培训

（1）危险废物经营单位应当对本单位工作人员进行培训。年初应根据经营需求制订年度培训计划，明确培训对象、培训内容和学时。

（2）协同处置企业培训类型可分为：企业主要负责人培训、管理人员培训、技术人员培训、特种作业人员培训、操作人员培训等。

（3）主要负责人培训。主要负责人是指企业的正、副总经理，其担负着危险废物经营单位的管理决策，是企业管理中枢的核心。

对主要负责人进行培训的主要内容包括：安全和环保的法律法规、标准规范、地方政策、安全知识、协同处置知识、经营管理知识、财务知识等。对已经培训过的企业负责人，应定期进行再培训，主要内容包括：新技术、新知识、危险废物管理经验以及国家新颁布新修改的法律法规、标准规范、地方政策等。

危险废物处置企业的主要负责人培训时长不少于 48 小时，每年再培训时间不少于 16 小时。

（4）管理人员培训。管理人员是企业的中坚力量，包括部门经理、化验室主任等各级管理人员。

对管理人员的培训重点是：安全和环保的法律法规、标准规范、地方政策、安全知识、协同处置知识、水泥生产技术知识、环保技术知识、设备知识等。对已经培训过的管理人员，应定期进行再培训，主要内容包括：新技术、新知识、危险废物管理经验以及国家新颁布新修改的法律法规、标准规范、地方政策等。

危险废物处置企业的管理人员培训时长不少于 48 小时，每年再培训时间不少于 16 小时。

（5）特种作业人员培训。特种作业人员是指直接从事容易发生事故，对操作者本人、他人的安全健康及设备、设施的安全可能造成重大危害的作业的人员。特种作业的范围由特种作业目录规定。

协同处置危险废物的特种作业人员有：电工、焊工（热切割）、有限空间作业人员等；

协同处置危险废物的特种设备作业人员有：锅炉（导热油炉）司炉工、压力容器操作人员、叉车驾驶人员、行车操作工等；

特种作业人员和特种设备作业人员，都需要持证上岗，同一个人可以既是特种作业人员又是特种设备作业人员，比如某化工企业氯碱岗位操作人员，就需要取得双证方可上岗作业；

协同处置危险废物的特种作业人员，除了接受特殊培训和考核外，还应接受企业安排的培训，主要内容是法律法规、标准规范、规章制度、管理流程、操作规程、事故案例以及应急预案等；

危险废物处置企业特种作业人员培训时长不少于 8 小时。

（6）其他从业人员培训。其他从业人员是指除了主要负责人和管理人员以外从事生产的所有人员。

对其他从业人员的培训重点是：水泥生产基本知识、危险废物基本知识、危险特性知识、危险废物分类和包装知识、本企业处置线的工艺流程、安全知识、泄漏及事故的应急操作、设备维护及故障排除、操作规程、事故案例以及应急预案等。

（7）技术人员培训。对技术人员的培训应着眼于新技术，新知识，危险废物管理经验，国家新颁布新修改的法律法规、标准规范、地方政策以及专业提升等。

（三）培训效果评估

培训效果评估是在受训者完成培训任务后，对培训计划是否完成或达到效果进行的评价、衡量。内容包括对培训设计、培训内容以及培训效果的评价。通常采用对受训者反应、学习、行为、结果四类基本培训成果或效益的衡量来测定。

（四）注意事项

（1）企业培训应该设定主管部门。主管部门的主要职责为：

① 收集各管理部门编制的计划并汇总；

② 把控培训内容是否全面、受训人员是否全覆盖；

③ 培训资料留档。

（2）每次培训应有培训签到表、培训课件、培训评价表，还可以拍照或录像。

（3）培训计划、培训签到表、培训课件、培训评价表等培训资料需要留存备查。

（4）特种作业人员、特种设备作业人员要注意证书的时效性。

三、劳动防护

（一）标准规范要求

为了指导用人单位合理配备、正确使用劳动防护用品，保护劳动者在生产过程中的安全和健康，确保安全生产，北京市劳动保护科学研究所、国家劳动保护用品质量监督检验中心修订了《个体防护装备选用规范》（GB/T 11651—2008）。

《个体防护装备选用规范》（GB/T 11651—2008）的部分内容如下：

（1）用品分类。

① 安全帽类：是用于保护头部，防撞击、挤压伤害的护具。主要有塑料、橡胶、玻璃、胶纸、防寒和竹藤安全帽。

② 呼吸护具类：是预防尘肺和职业病的重要护品。按用途分为防尘、防毒、供氧三类，按作用原理分为过滤式、隔绝式两类。

③ 眼防护具：用以保护作业人员的眼睛、面部，防止外来伤害。分为焊接用眼防护具、炉窑用眼护具、防冲击眼护具、微波防护具、激光防护镜以及防 X 射线、防化学、防尘等眼防护具。

④ 听力护具：长期在 90dB（A）以上或短时在 115dB（A）以上环境中工作时应使用听力护具。听力护具有耳塞、耳罩和帽盔三类。

⑤ 防护鞋：用于保护足部免受伤害。主要产品有防砸、绝缘、防静电、耐酸碱、耐油、防滑等类型。

⑥ 防护手套：用于手部保护，主要有耐酸碱手套、电工绝缘手套、电焊手套、防X线手套、石棉手套等。

⑦ 防护服：用于保护职工免受劳动环境中的物理、化学因素的伤害。防护服分为特殊防护服和一般作业服两类。

⑧ 防坠落护具：用于防止坠落事故发生。主要有安全带、安全绳和安全网。

⑨ 护肤用品：用于外露皮肤的保护。分为护肤膏和洗涤剂。

（2）在各产业中，劳动防护用品都是必须配备的。根据实际使用情况，应按时间更换。在发放中，应按照工种不同进行分别发放，并保存台账。

（3）防毒护具的发放应根据作业人员可能接触毒物的种类，准确地选择相应的滤毒罐（盒），每次使用前应仔细检查是否有效，并按国家标准规定定时更换滤毒罐（盒）。

（4）生产管理、调度、保卫、安全检查以及实习、外来参观者等有关人员，应根据其经常进入的生产区域，配备相应的劳动防护用品。

（二）协同处置企业防护用品配置

水泥窑协同处置企业应用最多的劳动防护用品有：安全帽、过滤式防毒面具、防酸工作服、防砸安全鞋、耐酸碱手套、炉窑用眼镜、安全带等。

（三）注意事项

（1）劳动防护用品应按照工种不同分别进行发放，并保存台账；

（2）劳动防护用品应根据实际使用情况定期更换；

（3）外来参观者等有关人员，应配备相应的劳动防护用品。

四、职业健康

（一）标准规范要求

2018年12月29日第十三届全国人民代表大会常务委员会第七次会议对《中华人民共和国职业病防治法》进行了第四次修正。

《中华人民共和国职业病防治法》的主要内容如下：

（1）新建、扩建、改建建设项目和技术改造、技术引进项目（以下统称建设项目）可能产生职业病危害的，建设单位在可行性论证阶段应当向卫生行政部门提交职业病危害预评价报告。卫生行政部门应当自收到职业病危害预评价报告之日起三十日内，做出审核决定并书面通知建设单位。未提交预评价报告或者预评价报告未经卫生行政部门审核同意的，有关部门不得批准该建设项目。

职业病危害预评价报告应当对建设项目可能产生的职业病危害因素及其对工作场所和劳动者健康的影响做出评价，确定危害类别和职业病防护措施。

（2）产生职业病危害的用人单位的设立除应当符合法律、行政法规规定的设立条件外，其工作场所还应当符合下列职业卫生要求：

职业病危害因素的强度或者浓度符合国家职业卫生标准；

有与职业病危害防护相适应的设施；

生产布局合理，符合有害与无害作业分开的原则；

有配套的更衣间、洗浴间、孕妇休息间等卫生设施；

设备、工具、用具等设施符合保护劳动者生理、心理健康的要求；

法律、行政法规和国务院卫生行政部门关于保护劳动者健康的其他要求。

（3）用人单位应当采取下列职业病防治管理措施：

设置或者指定职业卫生管理机构或者组织，配备专职或者兼职的职业卫生专业人员，负责本单位的职业病防治工作；

制订职业病防治计划和实施方案；

建立、健全职业卫生管理制度和操作规程；

建立、健全职业卫生档案和劳动者健康监护档案；

建立、健全工作场所职业病危害因素监测及评价制度；

建立、健全职业病危害事故应急救援预案。

（4）用人单位必须采用有效的职业病防护设施，并为劳动者提供个人使用的职业病防护用品。

用人单位为劳动者个人提供的职业病防护用品必须符合防治职业病的要求；不符合要求的，不得使用。

（5）产生职业病危害的用人单位，应当在醒目位置设置公告栏，公布有关职业病防治的规章制度、操作规程、职业病危害事故应急救援措施和工作场所职业病危害因素检测结果。

对产生严重职业病危害的作业岗位，应当在其醒目位置，设置警示标志和中文警示说明。警示说明应当载明产生职业病危害的种类、后果、预防以及应急救治措施等内容。

（6）对可能发生急性职业损伤的有毒、有害工作场所，用人单位应当设置报警装置，配置现场急救用品、冲洗设备、应急撤离通道和必要的泄险区。

对放射工作场所和放射性同位素的运输、贮存，用人单位必须配置防护设备和报警装置，保证接触放射线的工作人员佩戴个人剂量计。

对职业病防护设备、应急救援设施和个人使用的职业病防护用品，用人单位应当进行经常性的维护、检修，定期检测其性能和效果，确保其处于正常状态，不得擅自拆除或者停止使用。

（7）用人单位与劳动者订立劳动合同（含聘用合同，下同）时，应当将工作过程中可能产生的职业病危害及其后果、职业病防护措施和待遇等如实告知劳动者，并在劳动合同中写明，不得隐瞒或者欺骗。

劳动者在已订立劳动合同期间因工作岗位或者工作内容变更，从事与所订立劳动合同中未告知的存在职业病危害的作业时，用人单位应当依照前款规定，向劳动者履行如实告知的义务，并协商变更原劳动合同相关条款。

用人单位违反前两款规定的，劳动者有权拒绝从事存在职业病危害的作业，用人单位不得因此解除或者终止与劳动者所订立的劳动合同。

（8）对从事接触职业病危害的作业的劳动者，用人单位应当按照国务院卫生行政部门的规定组织上岗前、在岗期间和离岗时的职业健康检查，并将检查结果如实告知劳动者。职业健康检查费用由用人单位承担。

用人单位不得安排未经上岗前职业健康检查的劳动者从事接触职业病危害的作业；不得安排有职业禁忌的劳动者从事其所禁忌的作业；对在职业健康检查中发现有与所从事的职业相关的健康损害的劳动者，应当调离原工作岗位，并妥善安置；对未进行离岗前职业健康检查的劳动者不得解除或者终止与其订立的劳动合同。

职业健康检查应当由省级以上人民政府卫生行政部门批准的医疗卫生机构承担。

（9）用人单位应当为劳动者建立职业健康监护档案，并按照规定的期限妥善保存。

职业健康监护档案应当包括劳动者的职业史、职业病危害接触史、职业健康检查结果和职业病诊疗等有关个人健康资料。

劳动者离开用人单位时，有权索取本人职业健康监护档案复印，用人单位应当如实、无偿提供，并在所提供的复印件上签章。

（10）用人单位不得安排未成年工从事接触职业病危害的作业；不得安排孕期、哺乳期的女职工从事对本人和胎儿、婴儿有危害的作业。

（二）协同处置企业职业病防护

（1）为员工配置劳动保护用品；

（2）在工作场所设置警示标识和中文警示说明，说明产生职业病危害的种类、后果、预防以及应急救治措施等；

（3）对可能发生急性职业损伤的有毒、有害工作场所，应当设置报警装置，配置现场急救用品、冲洗设备、应急撤离通道和必要的泄险区；

（4）实行定期体检制度并建立档案。

（三）注意事项

（1）工作场所要设置职业病警示标识和中文警示说明；

（2）急救用品应定期更换，冲洗设备应定期检查；

（3）组织上岗前职业健康检查。

五、案例分析

（一）人员培训

（1）项目背景。某水泥窑协同处置危险废物企业，2017年获得了临时危险废物经营许可证，2018年准备换证。材料提交当地省环保厅，省环保厅专家组织现场检查。

（2）不符合性说明。专家在检查中发现，该企业有培训内容，但是没有签到表，也拿不出照片、录像等证明材料。

（3）结论。培训内容造假。

（二）人员职业病防护

（1）项目背景。某水泥窑协同处置危险废物企业，2015 年获得了危险废物经营许可证（五年期）。

（2）不符合性说明。该企业雇用的一名临时工，上岗前未进行职业健康检查。工作两年后，发现心脏有问题。该员工认为是职业病，要求赔偿；企业不予认可，但缺乏证据。

（3）结论。法律纠纷。

第二节　制度管理

一、标准规范要求

有关水泥窑协同处置危险废物制度管理的相关标准规范有《水泥窑协同处置固体废物环境保护技术规范》（HJ 662—2013）、《危险废物经营许可证管理办法》等。

（一）《水泥窑协同处置固体废物环境保护技术规范》（HJ 662—2013）

（1）人员培训制度。

针对水泥窑协同处置技术的特点，企业应建立相应的培训制度，并针对管理人员、技术人员和操作人员分别进行专门的培训。

培训主要内容包括：固体废物管理、危险化学品管理、水泥窑协同处置技术、水泥生产管理技术、现场安全预防和人员防护等。

（2）安全管理制度。

从事固体废物协同处置的企业应根据企业特点制定相应的安全生产管理制度，针对固体废物收集、运输、协同处置过程中可能出现的安全问题，建立安全生产守则基本要求、消防安全管理制度、危险作业管理制度、剧毒物品管理制度、事故管理制度及其他安全生产管理制度。

（3）人员健康管理制度。

建立劳动保护制度，遵守 HJ/T 176 中有关劳动安全卫生和劳动保护的要求。

协同处置企业应建立从业人员定期体检制度，明确从业人员在上岗前、离岗前、在岗过程中的体检频次和体检内容，并按期体检。

（4）应急管理制度。

协同处置企业应建立包括安全生产事故和突发环境事件在内的全面应急管理制度。

应急管理制度主要内容包括：应急管理组织体系、应急救援预案管理、突发事件应急预案管理、应急管理培训、应急演练、应急物资保障等。

（5）环境管理制度。

协同处置水泥企业应建立环境管理制度，主要内容包括：

① 协同处置固体废物单位应与通过相关计量认可认证的环境监测机构签订监测合同，定期开展监测，监测结果以书面形式向环境保护主管部门报告。

② 协同处置危险废物的单位应按照《危险废物经营许可证管理办法》的要求办理《危险废物经营许可证》。

③ 协同处置危险废物的单位，应依法及时向环境保护主管部门报告危险废物管理计划。

④ 涉及含重金属危险废物处置的，要建立环境信息披露制度，每年向社会发布企业年度环境报告，公布重金属污染物排放和环境管理情况。

（二）《危险废物经营许可证管理办法》

申请领取危险废物收集、贮存、处置综合经营许可证，应当有保证危险废物经营安全的规章制度、污染防治措施和事故应急救援措施。

二、协同处置危险废物企业制度

除了常规的企业制度外，协同处置危险废物的企业还有一些特殊的管理制度，以规范企业的合法经营，达到环境保护主管部门的要求。这些制度分为十大类，分别是：危险废物分析管理制度、危险废物入厂流程、危险废物贮存管理制度、危险废物处置管理制度、安全管理制度、内部监督管理制度、风险预防管理制度、人员管理制度、环境监测制度、应急管理制度等。

（一）危险废物分析管理制度

危险废物分析管理制度包括：

（1）实验室管理制度；

（2）入场危险废物鉴别检测管理流程；

（3）危险废物分析检测项目及检测方法；

（4）危险废物取样管理制度；

（5）危险废物准入制度；

（6）危险废物外检管理制度；

（7）记录存放制度；

（8）试剂药品管理制度；

（9）危险废物样品管理制度。

（二）危险废物入厂流程

危险废物入厂流程包括：

（1）危险废物处置工作流程及部门职责；

（2）危险废物管理计划制度；

（3）危险废物申报登记制度；

（4）危险废物入厂环节管理制度及部门职责；

（5）危险废物称重管理规定。

（三）危险废物贮存管理制度

危险废物贮存管理制度包括：

（1）危险废物分类管理制度；

（2）危险废物管理计划制度；

（3）危险废物标识管理制度；

（4）转移联单管理制度；

（5）危险废物储运管理制度；

（6）危险废物接收安全操作规程；

（7）危险废物出库管理规定；

（8）库房巡检制度；

（9）库房交接班管理制度；

（10）剧毒品管理制度。

（四）危险废物处置管理制度

危险废物处置管理制度包括：

（1）危险废物利用设施管理制度；

（2）危险废物处置流程；

（3）危险废物配伍管理制度；

（4）危险废物预处理安全操作规程，包括破碎机操作规程、粉磨机操作规程、废液混配操作规程等；

（5）危险废物入窑控制标准。

（五）安全管理制度

安全管理制度包括：

（1）员工出入管理规定；

（2）安全生产管理制度，包括安全生产责任制、安全教育培训制度、安全生产例会制度、安全作业管理制度、消防安全管理规定、安全投入保障制度、安全检查制度等；

（3）安全隐患排查整改和责任追究制度；

（4）生产区域安全管理规定；

（5）劳动保护制度。

（六）内部监督管理制度

内部监督管理制度包括：

（1）备品备件管理制度；

（2）日常工作检查制度；

（3）计算机网络管理制度；

（4）5S 管理制度；

（5）危险废物经营许可证管理制度；

（6）台账管理制度；

（7）危险废物内部监督管理措施；

（8）污染防治责任制度。

（七）风险预防管理制度

风险预防管理制度包括：

（1）危险废物倒运作业指导书；

（2）危险废物岗位劳动保护管理制度；

（3）危险化学品注意事项；

（4）安全防护设施配置制度。

（八）人员管理制度

人员管理制度包括：

（1）人员培训制度；

（2）人员劳动防护用品配置制度；

（3）人员体检制度。

（九）环境监测制度

环境监测制度包括：

（1）内部监测管理制度包括窑工况、生料检测、熟料检测、水泥检测等；

（2）年度监测方案。

（十）应急管理制度

应急管理制度分为内部应急管理制度和外部应急管理制度。内部应急管理制度是指应急预案编制及演练。外部应急管理制度是指应对外部突发事件的废物处置，包括应急响应小组构建、采样规范、快速检测规定、入场管理、处置管理等。

三、注意事项

（1）各项管理制度应装订成册，并对各岗位人员进行培训；

（2）应急预案应有可操作性。

四、案例分析

（一）管理制度常见问题

（1）管理制度抄写其他企业，部分章节还有其他企业的名字；

（2）管理制度没有分类管理，询问相关制度时企业管理人员不知堆放在哪里；

（3）管理制度不全。

（二）应急预案常见问题

（1）应急预案抄写其他企业，领导小组人名均为其他企业的名字；

（2）应急预案没有操作性。

第三节　设备管理

一、运行设备管理

（一）建立设备台账

协同处置危险废物的企业应建立与处理或利用危险废物相关的设备台账。

（二）制定设备操作规程

协同处置危险废物的企业应制定各设备的操作规程，如：分析仪器、监测设备、处置设备、应急设备、压力容器等。

（三）制订设备检查方案

制订设备的内部检查方案。内部检查方案包括：

（1）定期巡检方案；

（2）定期维修方案；

（3）测量设备校验方案；

（4）定期大修方案。

二、拆除、报废设备管理

（1）拆除、报废设备应按照规定处理；

（2）拆除、报废设备属于环保设备的，应报告当地环境保护主管部门；

（3）拆除的设备涉及危险废物的，必须制订处置方案和应急措施，并严格组织实施；

（4）如旧设备的拆除或更换，影响到危险废物处置的核心工艺的，应在拆除或更换前将拆除及变更的原因、拆除方案、新设备选型依据、安装方案等全部内容详细汇报给许可证发证机关，得到批复后方能进行拆除或更换。

三、特种设备管理

（1）协同处置危险废物的企业应制定特种设备管理规定及操作流程；

（2）严禁无证人员操作特种设备；

（3）特种设备从购买、安装、使用、改造、维修、检验到报废等全过程均需由具备相关资质的机构完成。

四、设备文件管理

设备文件包括：设备台账、设备合格证、说明书、使用记录、检查记录、操作规程、维修保养记录等。

五、案例分析

叉车事故案例如下：

叉车管理不当，造成的事故如图 9-1 所示。

图 9-1　叉车事故案例

第四节　环保管理

一、相关标准规范

有关水泥窑协同处置危险废物环境管理的相关标准规范有：《水泥工业大气污染物排放标准》（GB 4915—2013）、《水泥窑协同处置固体废物污染控制标准》（GB 30485—

2013)、《恶臭污染物排放标准》（GB 14554—1993）、《水泥窑协同处置固体废物技术规范》（GB 30760—2014）以及《排污单位自行监测技术指南 水泥工业》（HJ 848—2017）。

（一）《水泥工业大气污染物排放标准》（GB 4915—2013）

《水泥工业大气污染物排放标准》（GB 4915—2013）中，规定水泥企业的污染物排放限值见表 9-2。

表 9-2　水泥企业的污染物排放限值（mg/m³）

生产设备		颗粒物	SO₂	NOₓ（以 NO₂ 计）	氟化物（以总氟计）	汞及其化合物	NH₃
水泥窑及窑尾余热利用系统	一般企业	30	200	400	5	0.05	10⁽¹⁾
	重点地区	20	100	320	3	0.05	8⁽¹⁾
烘干机、烘干磨、煤磨、冷却机	一般企业	30	600	400	—	—	—
	重点地区	20	400	300	—	—	—
破碎机、磨机、包装机及其他通风生产设备	一般企业	20	—	—	—	—	—
	重点地区	10	—	—	—	—	—
无组织排放		0.5	—	—	—	—	1⁽¹⁾

（1）适用于使用氨水、尿素等含氨物质作为还原剂，去除烟气中的氮氧化物

（二）《水泥窑协同处置固体废物污染控制标准》（GB 30485—2013）

《水泥窑协同处置固体废物污染控制标准》（GB 30485—2013）中，对环境管理及污染物排放的规定如下：

（1）在协同处置固体废物时，水泥窑及窑尾余热利用系统排气筒总有机碳（TOC）因协同处置固体废物增加的浓度不应超过 10mg/m³。

（2）利用水泥窑协同处置固体废物时，水泥窑及窑尾余热利用系统排气筒大气污染物中颗粒物、二氧化硫、氮氧化物和氨的排放限值按 GB 4915 中的要求执行。

（3）利用水泥窑协同处置固体废物时，水泥窑及窑尾余热利用系统排气筒大气污染物中其他污染物执行表 9-3 规定的最高允许排放浓度。

表 9-3　协同处置固体废物水泥窑大气污染物最高允许排放浓度（mg/m³）

序号	污染物	最高允许排放浓度限值
1	氯化氢（HCl）	10
2	氟化氢（HF）	1
3	汞及其化合物（以 Hg 计）	0.05
4	铊、镉、铅、砷及其化合物（以 Tl＋Cd＋Pb＋As 计）	1.0
5	铍、铬、锡、锑、铜、钴、锰、镍、钒及其化合物（以 Be＋Cr＋Sn＋Sb＋Cu＋Co＋Mn＋Ni＋V 计）	0.5
6	二噁英类	0.1ng TEQ/m³

（4）故障或事故情况下，所获得的监测数据不作为执行本标准烟气排放限值的监测数据。每次故障或事故持续排放污染物时间不应超过 4 小时，每年累计不得超过 60 小时。

（5）协同处置固体废物的水泥生产企业厂界恶臭污染物限值应按照 GB 14554 执行。

（6）企业对烟气中重金属（汞、铊、镉、铅、砷、铍、铬、锡、锑、铜、钴、锰、镍、钒及其化合物）以及总有机碳、氯化氢、氟化氢的监测，在水泥窑协同处置危险废物时，应当每季度至少开展 1 次；在水泥窑协同处置非危险废物时，应当每半年至少开展 1 次。对烟气中二噁英类的监测应当每年至少开展 1 次，其采样要求按 HJ 77.2 的有关规定执行，其浓度为连续 3 次测定值的算术平均值。

（三）《恶臭污染物排放标准》（GB 14554—1993）

《恶臭污染物排放标准》（GB 14554—1993）中，对工业企业厂界的恶臭污染物排放限值规定见表 9-4。

表 9-4　恶臭污染物厂界标准值

序号	控制项目	单位	一级	二级		三级	
				新扩改建	现有	新扩改建	现有
1	氨	mg/m³	1.0	1.5	2.0	4.0	5.0
2	三甲胺	mg/m³	0.05	0.08	0.15	0.45	0.80
3	硫化氢	mg/m³	0.03	0.06	0.10	0.32	0.60
4	甲硫醇	mg/m³	0.004	0.007	0.010	0.020	0.035
5	甲硫醚	mg/m³	0.03	0.07	0.15	0.55	1.10
6	二甲二硫	mg/m³	0.03	0.06	0.13	0.42	0.71
7	二硫化碳	mg/m³	2.0	3.0	5.0	8.0	10
8	苯乙烯	mg/m³	3.0	5.0	7.0	14	19
9	臭气浓度	无量纲	10	20	30	60	70

（四）《水泥窑协同处置固体废物技术规范》（GB 30760—2014）

详见第五章第三节有关内容。

（五）《排污单位自行监测技术指南　水泥工业》（HJ 848—2017）

《排污单位自行监测技术指南　水泥工业》（HJ 848—2017）中，规定了水泥企业及协同处置企业的监测项目和监测频次。

协同处置危险废物企业的监测项目和监测频次见表 9-5。

表 9-5　协同处置危险废物企业的监测项目和监测频次

监测点位	监测指标	监测频次[a]
水泥窑窑头（冷却机）排气筒	颗粒物	自动监测
烘干机、烘干磨、煤磨排气筒	颗粒物、二氧化硫[c]、氮氧化物[c]	半年[d]

续表

监测点位	监测指标	监测频次[a]
破碎机、磨机、包装机排气筒	颗粒物	半年[d]
输送设备及其他通风设备的排气筒	颗粒物	两年
水泥窑及窑尾余热利用系统排气筒	颗粒物、二氧化硫、氮氧化物	自动监测
	氨[b]	季度
	汞及其化合物	半年
	氯化氢，氟化氢，铊、镉、铅、砷及其化合物（以 Tl＋Cd＋Pb＋As 计），铍、铬、锡、锑、铜、钴、锰、镍、钒及其化合物（以 Be＋Cr＋Sn＋Sb＋Cu＋Co＋Mn＋Ni＋V 计），总有机碳（TOC）[c,d]	季度
	二噁英类	年
水泥窑旁路放风系统排气筒	颗粒物，二氧化硫，氮氧化物，氨[b]，氯化氢，氟化氢，铊、镉、铅、砷及其化合物（以 Tl＋Cd＋Pb＋As 计），铍、铬、锡、锑、铜、钴、锰、镍、钒及其化合物（以 Be＋Cr＋Sn＋Sb＋Cu＋Co＋Mn＋Ni＋V 计），总有机碳（TOC）[c,d]	季度
	二噁英类	年
固体废物储存、预处理单元排气筒[e]	臭气浓度、硫化氢、氨、非甲烷总烃、颗粒物	季度
厂界	颗粒物	季度
	氨[a]、非甲烷总烃[c]	年
	噪声	季度
废水总排放口[f]	pH 值、悬浮物、化学需氧量、五日生化需氧量、石油类、氟化物、氨氮、总磷、水温、流量	半年
土壤	汞、铊、镉、铅、砷、铍、铬、锡、锑、铜、钴、锰、镍、钒	年

a. 重点控制区可根据管理需要适当调整监测频次；
b. 适用于氨水、尿素等含氮物质作为还原剂，去除烟气中氮氧化物的生产工艺；
c. 在国家标准监测方法发布前，TOC 可按照 HJ 662 和 HJ 38 等相关标准进行监测；
e. 适用于协同处置危险废物的水泥（熟料）制造排污单位；
e. 2015 年 1 月 1 日（含）后取得环境影响评价批复的排污单位还应根据环境影响评价及其批复或其他环境管理要求确定其他监测项目；
f. 适用于废水外排的所有水泥工业排污单位。

二、协同处置企业环境管理

（一）环境监测

协同处置企业应该按照相关标准和规范的要求，制订全年的监测计划，并按照年度监测计划组织实施。

（二）工艺排查

工艺排查是危险废物经营单位内部对环境问题进行检查和处理的有效管理手段。排查中，重点关注跑冒滴漏等问题，提出整改要求，制定整改期限，并跟踪检查。

（三）信息公开

危险废物经营单位应将监测信息定期传送或报送到环境保护主管部门，定期向公众公开监测数据。

三、注意事项

（1）制订全年的监测计划时，监测点位和监测频次不要有遗漏；

（2）环境监测工作通常是每季度开展一次；

（3）企业安排环境监测时尽量安排在每季度的最初一个月，可以避免因突发情况影响本季度的监测，从而造成监测内容和频次不完整。

四、案例分析

环境监测常见问题如下：

（1）监测点位和监测频次不全，后补；

（2）某个季度忘记了环境监测，数据不完整。

第五节　台账管理

一、相关标准规范

有关水泥窑协同处置危险废物台账管理的相关标准规范有《危险废物经营单位记录和报告经营情况指南》《危险废物经营许可证管理办法》等。

（一）《危险废物经营单位记录和报告经营情况指南》

（1）危险废物经营情况记录的基本要求。

① 跟踪记录危险废物在危险废物经营单位内部运转的整个流程，确保危险废物经营单位掌握任何时候各危险废物的贮存数量和贮存地点、利用和处置数量、时间和方式等情况。

② 跟踪记录危险废物在危险废物经营单位内部整个运转流程中，相关保障经营安全的规章制度、污染防治措施和事故应急救援措施的实施情况。

③ 危险废物经营情况的记录要求应当分解落实到经营单位内部的运输、贮存（或物流）、利用（处置）、实验分析和安全环保等相关部门，各项记录应由相关经办人签字。危险废物经营单位可根据实际情况，对本《指南》规定的内容予以修改或精简。

④ 有关记录应当分类装订成册，由专人管理，防止遗失，以备环保部门检查。有

条件的单位应当采用信息软件进行辅助管理。

（2）危险废物经营情况记录的基本内容。

① 危险废物分析及实验相关记录。

a. 详细分析记录。为掌握贮存、利用、处置危险废物所必需的信息，危险废物经营单位应当对所接收的各危险废物以及在利用处置危险废物过程中新产生的危险废物（以下简称"新产生危险废物"）进行详细的物理化学分析并记录结果。

以下情况，应当重新进行详细分析：有理由相信所接收危险废物的产生工艺发生变化时；在对所接收的危险废物检查时，发现与转移联单或其他运输文件所列的危险废物不一致时。

b. 接收分析记录。危险废物经营单位在接收每批危险废物时，应当对危险废物进行检查，必要时进行分析，以确认所接收危险废物与转移联单、经营合同或其他运输文件所列危险废物是否一致。

c. 其他分析记录。如：为保证危险废物符合焚烧炉的进料要求，在焚烧危险废物前，对危险废物的热值、含氯量、含硫量、重金属含量等相关参数进行分析并记录结果。为保证危险废物符合允许进入填埋场的控制限值，在填埋前，对危险废物的相关参数进行分析并记录结果。为确定危险废物的物理化学处理方法，进行小试并记录结果等。

② 危险废物接收、产生和利用（处置）记录。危险废物经营单位应当记录所接收的每批危险废物及新产生危险废物的种类、数量及贮存、利用或处置的地点、数量、方式和时间。库存废物应当记录出库情况。

为利于跟踪危险废物在经营单位内部运转的整个流程，危险废物经营单位可以对所接收的各危险废物及各新产生危险废物确定唯一的内部编号（如按废物的来源，包括产生单位或产生工艺，性质，利用处置方式等进行编号）。对所接收的每批危险废物及每批新产生危险废物确定唯一的内部序号（如按接收日期加3位流水号确定序号，例2008-08-12-001）。

接收危险废物后直接入库一般应考虑以下情形：外来危险废物入库；新产生危险废物入库；临时收存危险废物入库（指由公安或环保等部门查没的以及无名危险废物或者其名称和特性不清的危险废物）；危险废物返库，即废物利用（处置）部门接收的危险废物未全部利用（处置）完毕，需将剩余危险废物返回贮存库等。

危险废物利用（处置）记录应考虑以下情形：外来危险废物直接利用（处置），即外来危险废物不经过贮存而直接进行利用（处置）；新产生危险废物直接利用（处置）；库存危险废物利用（处置）；危险废物提供或委托外单位利用（处置）；危险废物利用（处置）后的有关情况，如危险废物利用（处置）完毕的回复，即危险废物经营单位应将所收集的危险废物最终利用（处置）结果及时书面反馈危险废物产生单位、危险废物处置或利用过程中产生的产品或非危险废物入库和出厂情况等。

对于危险废物填埋设施，应当记录和标注危险废物所填埋区域（包括对应的高程）、种类、数量及所对应的危险废物转移联单号；必要时，要予以图示等。

③ 内部检查相关记录。为落实保障经营安全的规章制度、污染防治措施和事故应急救援措施，及时纠正问题以防止危害环境和人体健康，危险废物经营单位应当制订书面检查方案，针对可能导致危险废物泄漏以及对人体健康造成威胁的设备故障和老化，操作错误，有意或无意的危险废物溢出、泄漏等情况进行检查；对预防、侦测或应对有关安全和环境事故的重要设施和设备（如监测设备、安全及应急设备、安保设施、操作设备等）进行检查。

检查方案应当包括拟检查的问题类型及检查频率。如：对危险废物装卸区等易发生泄漏的区域是否存在泄漏，焚烧炉及附属设备（如泵、阀门、传送设施、管道）是否存在泄漏和无组织排放（可肉眼观察）等每天至少检查一次。对防火通道是否畅通，去污设备是否充足等每周至少检查一次等。

有关检查情况及对所发现问题采取的解决措施和时间应当予以记录。

④ 设施运行及环境监测有关记录。危险废物经营单位应当记录危险废物利用处置设施运行的相关参数。如危险废物焚烧设施运行的工艺参数（包括氧、一氧化碳、二氧化碳、一燃室和二燃室温度等），焚烧残渣热灼减率，活性炭和燃料油等主要原辅材料消耗情况等。

危险废物经营单位应当制订环境监测方案，对废水处理、大气污染物排放、噪声、地下水等定期监测并记录结果。环境监测方案应符合相关监测规范的要求，并要综合平衡监督管理的需要和企业的经济承受能力，合理确定监测指标和频率。危险废物经营单位自行监测的，还应当制订监测仪器的维护和标定方案，定期维护，标定并记录结果。

废水处理监测包括对物理化学处理车间出水，废水处理调节池、曝气池的废水及出水水质的监测。废水包括生产废水、生活污水、收集池收集的贮存及作业区的初期雨水，危险废物填埋设施的渗滤液等。

大气污染物排放监测主要包括焚烧炉焚烧烟气中烟尘、硫氧化物、氮氧化物、氯化氢等污染因子的在线监测，烟气黑度、氟化氢、重金属及其化合物的定期监测，二噁英的定期监测，贮存设施的大气污染物排放（包括无组织排放）监测，填埋设施的无组织排放监测等。

地下水监测主要指对填埋设施的地下水监测。

⑤ 其他记录。

a. 人员培训记录。危险废物经营单位应当清晰描述涉及危险废物管理的每个岗位的职责，并依此制订各个岗位从业人员的培训计划。培训计划应当包括针对该岗位的危险废物管理程序和应急预案的实施等，可分为课堂培训和现场操作培训。

应急培训应当使得受训人员能够有效地应对紧急状态。受训人员通过培训，应当掌握熟悉：应急程序、应急设备、应急系统，包括使用、检查、修理和更换设施内应急及监测设备的程序；自动进料切断系统的主要参数；通信联络或警报系统；火灾或爆炸的应对；地表水污染事件的应对等。

有关培训应当予以记录，受训人应当签字。培训后需进行考核的，应记录考核成绩。

b. 事故记录和报告。危险废物经营单位应当记录并报告危险废物泄漏、火灾、爆炸等事故。

事故记录和报告的内容一般包括：单位法定代表人的名称、地址、联系方式；设施的名称、地址和联系方式；事故发生的日期和时间，事故类型（如火灾、爆炸）；事故发生的原因、过程；采取的应急措施、措施效果；所涉及材料的名称和数量；对人体健康和环境的潜在或实际危害的评估；事故产生的污染处理情况，如被污染土壤的修复，所产生废水和废物或被污染物质处理或准备处理的情况；处理结果总结等。

c. 应急预案演练记录。危险废物经营单位应进行应急预案演练，并记录演练情况，参与演练人员应当签字。

（二）《危险废物经营许可证管理办法》

危险废物经营单位应当将危险废物经营情况记录簿保存 10 年以上，以填埋方式处置危险废物的经营情况记录簿应当永久保存。

二、协同处置企业台账管理

协同处置危险废物经营单位，按照其处置流程，其台账类别分为以下几类：

（一）危险废物进厂前台账

（1）产废企业调查表；

（2）危险废物采样记录表；

（3）危险废物小样测试报告；

（4）危险废物准入通知单；

（5）危险废物处置合同；

（6）危险废物运输合同；

（7）运输单位相关资质。

（二）危险废物进厂时台账

（1）危险废物转移联单；

（2）运输危险废物的车辆证件、驾驶员证件、押运员证件；

（3）危险废物大样测试报告；

（4）危险废物过磅单；

（5）危险废物入库通知单。

（三）危险废物处置台账

（1）危险废物交接单；

（2）危险废物库存台账；

（3）危险废物出库台账；

（4）危险废物处置通知单；

（5）危险废物配伍通知单；

（6）危险废物处置台账；

（7）危险废物处置工艺线运行台账；

（8）处置设施台账；

（9）水泥原材料及产品测试分析记录；

（10）水泥生产线工艺参数记录；

（11）人员培训记录；

（12）应急演练记录；

（13）经营活动情况台账；

（14）危险废物管理计划；

（15）事故台账。

（四）内部管理台账

如设备台账、内部检查台账等。

三、注意事项

（1）台账应专人保管；

（2）台账之间应对应；

（3）台账应准确真实。

四、案例分析

台账检查中常见问题如下：

（1）台账之间互相矛盾；

（2）台账不完整。

参考文献

［1］肖争鸣，李坚利．水泥工艺技术［M］．北京：化学工业出版社，2006．

［2］蒋克彬，张洪庄，谢其标．危险废物的管理与处理处置技术［M］．北京：中国石化出版社，2016．

［3］蒋建国．固体废物处置与资源化［M］．北京：化学工业出版社，2007．

［4］施惠生．生态水泥与废弃物资源化利用技术［M］．北京：化学工业出版社，2005．

［5］俞刚，蔡玉良，李波，等．使用特殊原、燃料对耐火材料与设备的腐蚀问题［M］．水泥工程，2010（4）：1-8．

［6］高长明．可燃废料在水泥工业中的处置与循环利用［J］．新世纪水泥导报，2001，1（1）：16-19．

［7］李卫明．城市生活垃圾分类评价、收费标准与卫生处理技术规范实用手册［M］．北京：北京科大电子出版社，2005．

［8］Caruth D，Klee A J．Analysis of Solid Waste Composition：Statistical Technique to Determine Sample Size［M］．U. S. Department of Health，Education and Welfare，Public Health Service，1969．

［9］Bindu N，Lohani S M．Optimal sampling of domestic solid waste［J］．Journal of Environment Engineering，1998，114（6）：1479-1483．

［10］李国学，周立祥，李彦明．固体废物处理与资源化［M］．北京：中国环境科学出版社，2005．

［11］聂永丰．三废处理工程技术手册——固体废物卷［M］．北京：化学工业出版社，2001．

［12］向丛阳，何永佳，等．水泥窑协同处置危废生产熟料的性能研究［J］．环境科学与管理，2013，38（9），81-86．

［13］Guorui Liu，Jiayu Zhan，Minghui Zheng，Li Li，Chunping Li，Xiaoxu Jiang，Mei Wang，Yuyang Zhao，Rong Jin．Field pilot study on emissions，formations and distributions of PCDD/Fs from cement kiln co-processing fly ash from municipal solid waste incinerations［J］．Journal of Hazardous Materials，2015，299（1）471-478．

［14］Guorui Liu，Jiayu Zhan，Yuyang Zhao，Li Li，Xiaoxu Jiang，Jianjie Fu，Chunping Li．Distributions，profiles and formation mechanisms of polychlorinated naphthalenes in cemnet kilns coprocessing municipal waste incinerator fly ash［J］．Chemosphere，2016（155）：348-357．

［15］战佳宇，刘国瑞，熊运贵，等．水泥窑协同处置废弃物 PCDD/Fs 形成控制参数研究［C］．持久性有机污染物论坛 2016 暨第十一届持久性有机污染物学术研讨会论文集，2016：386-387．

［16］Guorui Liu，Lili Yang，Jiayu Zhan，Minghui Zheng，Li Li，Rong Jin，Yuyang Zhao，Mei Wang．Concentrations and patterns of polychlorinated biphenyls at different process stages of cementkilns co-processing waste incinerator fly ash［J］．WasteManagement，2016．

［17］李春萍，顾军．水泥窑处置垃圾焚烧飞灰中试研究［J］．水泥，2012，11：1-3．

［18］李春萍，张觊，熊运贵，等．污泥热干化过程中的恶臭释放与控制［J］．环境工程，2014，32（s）：593-596.

［19］李春萍，杨飞华，叶勇，等．重金属污染土烧制水泥模拟实验［J］．环境工程，2014，32（12）：91-94.

［20］李春萍，朱延臣，叶勇，等．多环芳烃类有机污染土热解析实验［J］．环境工程，2015，33（1）：109-111.

［21］李春萍，黄乐，李寅明．不同基质材料及气氛对砷的静态高温挥发影响［J］．水泥，2018，5：7-9.